Dünnwandige Stäbe · Band 2

C. F. Kollbrunner · N. Hajdin

Dünnwandige Stäbe

Band 2

Stäbe mit deformierbaren Querschnitten

Nicht-elastisches Verhalten dünnwandiger Stäbe

Springer-Verlag Berlin Heidelberg GmbH 1975

Curt F. Kollbrunner

Senator h.c., Dr. h.c., Dr. sc. techn. Dipl. Bau-Ing. ETH, SIA
Zollikon/Zürich (Schweiz).
Präsident des Instituts für bauwissenschaftliche Forschung,
Zürich (Schweiz).

Nikola Hajdin

Dr. sc. techn., Dipl. Bau-Ing.
Professor an der Universität Belgrad (Jugoslawien).
k. Mitglied der Serbischen Akademie der Wissenschaften und Künste
Wissenschaftlicher Mitarbeiter des Instituts für
bauwissenschaftliche Forschung, Zürich (Schweiz).

Mit 127 Abbildungen

ISBN 978-3-662-06783-3 ISBN 978-3-662-06782-6 (eBook)

DOI 10.1007/978-3-662-06782-6

Ursprünglich erschienen bei Springer-Verlag Berlin Heidelberg New York 1975

Library of Congress Catalog Card Number 73-15496

Vorwort

Nach siebzehnjähriger praktischer und theoretischer Zusammenarbeit der beiden Autoren wird hier der Band 2 über die dünnwandigen Stäbe herausgegeben, ein Buch, das sowohl für den Bauingenieur in der Praxis wie auch für den Studierenden geschrieben wurde. Wie im Band 1 behandelt auch dieser Band 2 die Berechnung und Ausführung dünnwandiger Stäbe, wobei der Baustoff dieser Stäbe aus Stahl, Leichtmetall, Stahlbeton oder vorgespanntem Stahlbeton bestehen kann.

Währenddem im Band 1 nur die Stäbe mit undeformierbaren Querschnitten behandelt wurden (Erster Teil) werden hier die Stäbe mit deformierbaren Querschnitten (Zweiter Teil), wie auch das nicht-elastische Verhalten dünnwandiger Stäbe (Dritter Teil) behandelt.

In diesem Band 2 wird mehrfach auf die Kapitel des Bandes 1 (I., II., III., IV.) hingewiesen. Wie im Band 1 verlangt auch hier die Berechnung von dünnwandigen Konstruktionen im allgemeinen erhebliche mathematische Kenntnisse. Dabei stehen heute, für die numerische Auswertung, verschiedene Methoden zur Verfügung, welche unter Benutzung der Rechenautomaten, mit tragbarem Zeitaufwand, die Ergebnisse bis zur gewünschten Genauigkeit liefern.

Für die Berechnung der Beispiele wird folgenden Assistenten von *N. Hajdin* unser Dank ausgesprochen: Dipl.-Ing. *Duniza Scherif*, Dipl.-Ing. *Branislav Kolundžija* und Dipl.-Ing. *Branislav Ćorić*.

Festgehalten wird, daß ohne die große Unterstützung durch das Institut für bauwissenschaftliche Forschung, Stiftung Kollbrunner/Rodio, wie auch durch die Stahlton AG, Zürich (Präsident: Dr. h.c. *Max Birkenmaier*), dieser Band 2 nicht hätte herausgegeben werden können.

An dieser Stelle soll auch unser Dank dem Springer-Verlag für die gewohnte, gute Ausstattung dieses Buches übermittelt werden.

Zürich und Belgrad
im Juni 1973

Curt F. Kollbrunner · Nikola Hajdin

Inhaltsverzeichnis

Dritter Teil

Nicht-elastisches Verhalten dünnwandiger Stäbe

Inhalt des 1. Bandes

Bezeichnungen

(Siehe auch die Bezeichnungen im Band 1, Seite X bis XII)

e	Abstand von der Mittelfläche in Richtung der Normalen
f	Fließfunktion, Formfaktor
h	Abstand der Tangente zur Profilmittellinie vom Pol
h_n	Abstand der Normalen zur Profilmittellinie vom Pol
l	Stablänge
m_D, m_P	Äußere verteilte Torsionsmomente
m_x, m_y	Äußere verteilte Biegemomente
m_ω	Äußeres verteiltes Bimoment
m_s, m_z	Biegemoment der einzelnen Platte
m_{zs}	Torsionsmoment der einzelnen Platte
n_s, n_z	Normalkraft der einzelnen Platte
n_{zs}	Schubkraft der einzelnen Platte
n_{zn}, n_{sn}	Querkraft der einzelnen Platte
$\vec{n}$	Einheitsvektor in der Richtung der Normalen auf die Mittelfläche
$\vec{p}\,(p_x, p_y, p_z)$ $\vec{p}\,(p_n, p_s, p_z)$	Linienbelastung
$\vec{\bar{p}}\,(\bar{p}_x, \bar{p}_y, \bar{p}_z)$ $\vec{\bar{p}}\,(\bar{p}_n, \bar{p}_s, \bar{p}_z)$	Flächenbelastung
q	Schubfluß
s	Koordinate der Profilmittellinie
t	Wandstärke, Zeit, Zeitpunkt
$\vec{t}$	Einheitsvektor in der Richtung der Tangente auf die Profilmittellinie
u	Verschiebung in Richtung der Normalen zur Mittelfläche
$\vec{u}\,(u, v, w)$ $\vec{u}\,(\xi, \eta, w)$	Verschiebungsfaktor des Punktes der Mittelfläche
$\vec{u}_1$	Projektion der Verschiebung u auf der x, y-Ebene
$\vec{u}_*(u, v_*, w_*)$ $\vec{u}_*(\xi_*, \eta_*, w_*)$	Verschiebungsvektor des beliebigen, im Abstand von der Mittelfläche gelegenen Punktes
v, v_*	Verschiebung in Richtung der Tangente zur Profilmittellinie
w, w_*	Verschiebung in Richtung der Stabachse
x, y x_*, y_*	Kartesische Koordinaten der Profilmittellinie bzw. des Querschnitts
z	Koordinate in Richtung der Stabachse
A, A_i	Eingeschlossene Fläche
C	Schwerpunkt
$C(t, \tau)$	Kriechdehnung infolge der Einheitsspannung
D	Schubmittelpunkt
E	Elastizitätsmodul

$E' = \dfrac{E}{1 - \nu^2}$	
E_b	Elastizitätsmodul des Betons
E_a	Elastizitätsmodul des Stahls
F	Querschnittsfläche $dF = t\,ds$ $dF_* = de \cdot ds$
$\tilde{F}$	Fläche des abgeschnittenen Teiles des Querschnitts
F_a	Stahlfläche
F_b	Fläche des Betons
F_m	Fläche der schlaffen Bewehrung
F_n	Fläche des Spannstahls
G	Schubmodul
G_a	Schubmodul des Stahls
G_b	Schubmodul des Betons
$I_{hh} = \int_F h^2\,dF$	Zentrales Trägheitsmoment, $dF = t\,ds$
$I_{xx} = \int_F x^2\,dF$ $J_{xx} = \int_F x_*^2\,dF_*$	Flächenträgheitsmoment, $dF_* = de \cdot ds$
$I_{yy} = \int_F y^2\,dF$ $J_{yy} = \int_F y_*^2\,dF_*$	Flächenträgheitsmoment
$I_{xy} = \int_F xy\,dF$ $J_{xy} = \int_F x_* y_*\,dF_*$	Deviationsmoment
$I_{\omega\omega} = \int_F \left(1 - \dfrac{x}{R}\right)\omega^2 dF$ $J_{\omega\omega} = \int_F \omega_*^2\,dF_*$	Sektorielles Trägheitsmoment
$I_{x\omega} = \int_F x\omega\,dF$ $J_{x\omega} = \int_F x_*\omega_*\,dF_*$	Sektorielles Deviationsmoment
$I_{y\omega} = \int_F y\omega\,dF$ $J_{y\omega} = \int_F y_*\omega_*\,dF_*$	Sektorielles Deviationsmoment
K, K_*	Torsionskonstante
$M_x = \int_F \sigma_z x\,dF$ $M_x = \int_F \sigma_z x_*\,dF_*$	Biegemoment

$M_y = \int_F \sigma_z y \, dF$ $M_y = \int_F \sigma_z y_* \, dF_*$	Biegemoment
M_x^*, M_y^*	Äußere konzentrierte Biegemomente
M_ω	Bimoment
M_ω^*	Äußeres konzentriertes Bimoment
N	Normalkraft
O	Nullpunkt der Profilmittellinie, Koordinatennullpunkt
P	Äußere Kraft, Drehpol
P_n	Spannkraft
Q_x, Q_y	Querkräfte in x und y Richtungen
R	Krümmungsradius der Schwerachse
$S_x = \int_F x \, dF$ $S_y = \int_F y \, dF$	Statische Momente
$\tilde{S}_x$, $\tilde{S}_y$	Statische Momente des abgeschnittenen Teiles $\tilde{F}$ des Querschnitts
$S_\omega = \int_F \omega \, dF$	Sektorielles statisches Moment
$\tilde{S}_\omega = \int_{\tilde{F}} \omega \, dF$	Sektorielles statisches Moment des abgeschnittenen Teiles $\tilde{F}$ des Querschnitts
T	Torsionsmoment
T^*	Äußeres konzentriertes Torsionsmoment
T_S	St. Venantsches Torsionsmoment
T_ω	Wölbtorsionsmoment
$\overline{U}$	Arbeit der virtuellen inneren Kräfte
U, V, W, Θ	Verschiebungsparameter
$\overline{W}$	Arbeit der virtuellen äußeren Kräfte
γ_{zx}, γ_{yz}, γ_{xy} γ_{zs}, γ_{zn}, γ_{sn} γ_s, γ_n	Gleitverzerrungen
δ_i, δ	Wirkliche Verschiebungen
ε_b	Dehnung des Betons
ε_x, ε_y, ε_z ε_n, ε_s	Dehnungen
ε_s, ε_{s0}	Schwindmaß des Betons
η, η_*	Verschiebung in der Richtung der y-Achse
ν	Poissonsche Zahl
ξ, ξ_*	Verschiebung in der Richtung der x-Achse
ϱ	Relaxationskennwert
σ_a, σ_k	Normalspannung im Stahl bzw. Spannstab
σ_b, σ_{b0}	Normalspannung des Betons
σ_f	Fließspannung beim einachsigen Spannungszustand
$\vec{\sigma}_z$	Spannungsvektor
σ_z	Normalspannung
τ	Zeit
$\tilde{\tau}$	Schubspannungsverteilungs-Funktion
τ_f	Fließspannung des reinen Schubes

$\tau_{zx}, \tau_{yz}, \tau_{xy}$ τ_{zs}, τ_{zn}	Schubspannungen
τ_{sa}	Schubspannung im Stahl
τ_{sb}	Schubspannung im Beton
τ_0	Betonalter bei Aufbringen der Belastung
φ	Verdrehung des Stabes
φ'	Spezifische Stabverdrehung
$\omega, \hat{\omega}$	Sektorielle Koordinate, Einheitsverwölbung
ω_*	Verallgemeinerte sektorielle Koordinate
Θ	Verwindung des Stabes
Θ'	Spezifische Verwindung
Φ	Spannungsfunktion
$\Phi(t, \tilde{\tau})$	Kriechzahl
Φ_N	Normkriechmaß

Einführung

Dieser Band enthält die Teile 2 und 3 des Buches. Im zweiten Teil (Kapitel V. und VI.) werden die Stäbe mit deformierbaren Querschnitten behandelt. Der dritte Teil (Kapitel VII. und VIII.) befaßt sich mit dem nicht-elastischen Verhalten dünnwandiger Stäbe.

Die Stäbe mit verformbaren (deformierbaren) Querschnitten stellen einen Übergangsbereich von den Stäben zu den Schalen dar (prismatischen oder schwach gekrümmten), welche sich durch Vorhandensein der in bezug auf die Länge der Schale kleinen Querschnitte auszeichnen. Mit anderen Worten ausgedrückt fallen die geraden dünnwandigen Stäbe mit verformbaren Querschnitten in das Gebiet der langen prismatischen Faltwerke.

Im Stahlbau wie auch bei den Konstruktionen aus Beton bzw. Spannbeton werden immer mehr solche Tragwerke ausgeführt. Obwohl die Stahlkonstruktionen sehr oft anders als die Beton- bzw. Spannbetonkonstruktionen ausgebildet sind, haben wir versucht, ausgehend aus den möglichst allgemeinen Modellen, durch Einführung der entsprechenden Vereinfachungen, die Ausdrücke bzw. Lösungen für die verschiedenen Einzelfälle darzustellen.

Der zweite Teil (Kap. V. und VI.) hat in erster Linien einen monographischen Charakter und enthält hauptsächlich die originalen Beiträge der Autoren.

Die in diesen zwei Kapiteln besprochenen Stäbe sind schwieriger zu behandeln, und deren Berechnung erfordert einen größeren Zeitaufwand als diejenige mit unverformbaren Querschnitten. Die neuzeitlichen Rechenhilfsmittel ermöglichen jedoch die Anwendung leistungsfähiger Methoden. Die Ausnutzung der durch die neuzeitlichen Rechengeräte gegebenen Möglichkeiten führt zur Forderung die Berechnungsverfahren in Matrizenform aufzustellen. Nur auf diese Weise ist es möglich, daß solche, dem tatsächlichen Verhalten der Tragwerke angepaßten Berechnungsmethoden den ihnen zukommenden Platz in der Projektierung zeitgemäßer Baukonstruktionen einnehmen.

Die Querschnittsverformung spielt sehr oft in den beiden Arten der Konstruktionen eine Rolle, welche nicht vernachlässigt sein dürfte. Die Wandstärken der Stahlträger sind meistens sehr klein und besitzen eine geringe Quersteifigkeit. Die Anordnung der Querwände bzw. Querrahmen und ihre elastische Nachgiebigkeit beeinflussen die Verformbarkeit der Querschnitte und die Umlagerung der Spannungen.

Die Beton- bzw. Spannbetonkonstruktionen, welche als dünnwandig angesehen werden können, besitzen meistens eine viel größere Steifigkeit. Die neuzeitliche Tendenz, diese Träger ohne oder mit wenigen Querschotten auszuführen, erfordert eine Untersuchung des Trägers unter Berücksichtigung der Querschnittsverformung.

Der dritte Teil (Kapitel VII. und VIII.) ist, wie erwähnt, dem nicht-elastischen Verhalten der dünnwandigen Stäbe gewidmet.

Im Kapitel VII. wird die Berechnung der aus Beton und Stahl zusammengesetzten Stäbe bzw. Verbundtragwerke unter Berücksichtigung der zeitabhängigen Einflüsse gegeben.

Die Einflüsse des Kriechens und Schwindens des Betons in den Spannbeton- und Verbundkonstruktionen werden im Falle der Biegung eingehend in der Literatur behandelt.

Im Kapitel VII. wird der dünnwandige Träger für die allgemeine Beanspruchung untersucht und ein praktisches Verfahren gegeben, welches auf einfache Weise die Benutzung der bestehenden Methoden und der schon bestehenden Programme für das elektronische Rechengerät ermöglicht.

Im letzten Kapitel wird das plastische Verhalten der dünnwandigen Stäbe betrachtet.

Dieses Gebiet, ausgenommen bei Biege- und axialer Beanspruchung, wurde verhältnismäßig wenig erforscht.

Wir haben den Schwerpunkt auf Torsion und zusammengesetzte Beanspruchungen gesetzt.

Für die praktischen Zwecke ist die Tragfähigkeit der Stäbe bzw. Stabsysteme von besonderem Interesse.

Einige Beispiele erläutern die Tragfähigkeit der Träger infolge Torsion und Biegung.

Die beiden letzten Kapitel können unabhängig von den Kapiteln V. und VI. gelesen werden. Für das Verständnis ist nur die Kenntnis der Theorie aus den Kapiteln I., II. und III. erforderlich.

Theorie des dünnwandigen Stabes mit verformbarem Querschnitt unter Vernachlässigung der Gleitverzerrung in der Mittelfläche. Berechnung der Faltwerke nach der Verschiebungsmethode (Kapitel V.)

Die in diesem Kapitel dargelegte Theorie beruht auf der Vernachlässigung der Gleitverzerrung γ_{sz} in der Mittelfläche des Faltwerks (bzw. Stabes) sowie der Dehnung ε_s in der Richtung der Tangente an die Profilmittellinie des Querschnitts. Außerdem wird angenommen, daß die durch die Verschiebungen und Verdrehungen der Knotenlinien hervorgerufenen Verschiebungen u in der zur Mittelfläche normalen Richtung zwischen je zwei Knoten näherungsweise durch ein Polynom dritten Grades bestimmt sein mögen.

Im Unterschied zu den üblichen Methoden in der Theorie der Faltwerke, bei welchen die Zerlegung des Tragwerks in die einzelnen Platten, aus welchen es zusammengesetzt ist, erfolgt, werden in der hier gebrachten Theorie die Deformationen und Spannungen für die als einheitliches Tragwerk aufgefaßte Stabschale abgeleitet. Die in diesem Kapitel dargelegte Theorie ist derart allgemein abgefaßt, daß in ihr als Sonderfälle die Theorien des steifknotigen und des gelenkigen Faltwerks, sowie auch die Theorie der Wölbkrafttorsion und die klassische Theorie der Wölbkrafttorsion enthalten sind.

Außer diesen Sonderfällen ist es möglich, noch ein Berechnungsmodell, welches für besondere Querschnittsformen gilt, die für die praktische Anwendung interessant sind, zu gewinnen.

Dieses Modell bezieht sich auf die Stäbe, bei welchen außer den Biegemomenten m_s in der Querrichtung auch die Torsionsmomente m_{zs} zu berücksichtigen sind.

Die ganze Theorie ist so abgefaßt, daß sie einen klaren Einblick in die Verformung der Querschnitte ermöglicht und dadurch auch die Trennung der Einflüsse, welche eine Folge der Verformbarkeit sind, von denjenigen, die sich in dem Stab mit den unverformbaren Querschnitten auswirken, vorzunehmen.

Die in diesem Kapitel dargelegte Theorie bezieht sich auf die Stäbe mit offenem Querschnitt. Sie kann auch auf die Stäbe mit einzelligem, geschlossenem Querschnitt erweitert werden.

Theorie des dünnwandigen Stabes mit verformbarem Querschnitt unter Berücksichtigung der Gleitverzerrung in der Mittelfläche (*Kapitel VI.*)

Bei den Stäben mit den einzelligen oder mehrzelligen geschlossenen Querschnitten ist der Einfluß der Gleitverzerrung in der Mittelfläche auf die Beanspruchung von Bedeutung. Nur für die Stäbe ohne Querschotten, oder mit wenigen Queraussteifungen, kann die Vernachlässigung der Gleitverzerrung γ_{sz} zu den annehmbaren Ergebnissen führen.

Die in diesem Kapitel dargestellte Theorie stützt sich auf die Wlassowsche Theorie der dünnwandigen Stäbe mit geschlossenem, verformbarem Querschnitt und stellt eine Erweiterung derselben in zwei Richtungen dar. Die Differentialgleichungen werden mehr allgemein abgeleitet, wobei alle drei Plattenmomente berücksichtigt werden. Außerdem wird der Einfluß der Queraussteifungen (Querrahmen, Querschotten) eingehend untersucht.

Für ein so formuliertes Problem wird die numerische Lösung gegeben, welche die Berechnung dieser Stäbe unter Verwendung der Rechenautomaten ermöglicht.

Am Beispiel des Hauptträgers einer Spannbetonbrücke werden die wichtigsten Schritte der Berechnung gezeigt.

Um den Einfluß der Queraussteifungen bei den Kastenträgern anschaulich zu machen, sind im Zusammenhang mit dieser Theorie im *Anhang 1* die Tabellen gegeben, welche den Beitrag der starren Querschotten für die typischen Belastungen abzuschätzen ermöglichen.

Einfluß des Kriechens und Schwindens des Betons in dünnwandigen Stäben (*Kapitel VII.*)

Die Einflüsse des Kriechens und Schwindens in den Konstruktionen, bei welchen Stahl und Beton die Bestandteile der Querschnitte sind, wurden besonders in der Nachkriegszeit sowohl experimentell wie auch theoretisch erforscht.

Diese Arbeiten beziehen sich jedoch fast ausschließlich auf Biegung und axiale Beanspruchung der Tragwerke. Dabei wurden sehr oft nur die Sonderfälle in bezug auf die Anordnung des Stahls, des Spannstahls und des Betons im Querschnitt behandelt.

Unter Benutzung der neuesten Arbeiten über das Kriechen und mit der Absicht für die Anwendung ein geeignetes Verfahren zu geben, haben wir versucht eine möglichst allgemeine Festigkeitslehre dünnwandiger Stäbe dieser Art auszuarbeiten.

Dafür haben wir ein einfaches lineares Spannungs-Verzerrungs-Gesetz als Grundlage ausgewählt.

Diese Annäherung des tatsächlichen Verhaltens, welches in der Integralform formuliert wird, ermöglicht eine einfache Berechnung der zusammengesetzten Beanspruchungen inklusive Torsion für die beliebige Querschnittsform und beliebige Anordnung des Stahls bzw. der Spannglieder.

Diese Näherungsbeziehung kann für die numerische Lösung des Kriechproblems auch im Falle einer beliebigen Kriechfunktion angewendet werden, wenn man das Intervall der Integration in der Spannungs-Verzerrungs-Beziehung in einige Zeitunterintervalle teilt. Durch die schrittweise Berechnung für die einzelnen Zeitabschnitte kann eine gewünschte Genauigkeit erreicht werden.

Mit zwei Beispielen aus der Praxis wird der Verlauf der Berechnung gezeigt.

Plastisches Verhalten dünnwandiger Stäbe (*Kapitel VIII.*)

Die plastischen Methoden sind heute über den Stand der Forschung hinausgewachsen und eine Sache der täglichen Praxis im Bauwesen geworden. Indessen wurde das Verhalten der dünnwandigen Stäbe im Sinne der technischen Theorie verhältnismäßig weniger erforscht. Dieses Kapitel stellt einen Beitrag der praktischen Anwendung der Plastizitätstheorie in dem Gebiet der dünnwandigen Stäbe dar.

Nach der kurzen Darstellung der Grundlagen der Plastizitätstheorie werden getrennt alle wichtigen Beanspruchungen: Biegung, St. Venantsche Torsion und Wölbkrafttorsion behandelt. Dabei wurde zuerst die elastoplastische Verteilung der Spannungen im Querschnitt betrachtet und nachher der Übergang auf den vollplastischen Spannungszustand vorgenommen.

Für die zusammengesetzten Beanspruchungen wurden einige vollplastischen Querschnitte untersucht.

Eine Anwendung der Traglasttheorie für die Berechnung der Tragwerke ist in dem vorletzten Abschnitt gegeben.

Am Ende dieses Kapitels wird an Hand der Beispiele die Traglast im Falle der zusammengesetzten Beanspruchung, wobei die Wölbkrafttorsion eine bedeutende Rolle spielt, ermittelt.

Zweiter Teil

STÄBE MIT DEFORMIERBAREN QUERSCHNITTEN

V. Theorie des dünnwandigen Stabes mit verformbarem Querschnitt unter Vernachlässigung der Gleitverzerrung in der Mittelfläche. Berechnung der Faltwerke nach der Verschiebungsmethode[1]

1. Einleitung

Das Problem des dünnwandigen Stabes mit offenem Profil wird mittels der Verschiebungsmethode (Formänderungsgrößen-Verfahren) gelöst. Die grundlegenden Unbekannten sind die Verschiebungen und die Verdrehung des Querschnittes in seiner Ebene.

Dagegen bedient man sich zur Lösung des Problems des prismatischen Faltwerks der sogenannten gemischten Methode. Die grundlegenden Unbekannten sind die Biegemomente m_s längs der Knotenlinien und die Verschiebungen der einzelnen Platten in der Richtung der Tangenten auf die Profilmittellinie. Nach der Elimination der Verschiebungen wird das Problem auf ein System von linearen Differentialgleichungen mit den Unbekannten m_s zurückgeführt.

Das Hauptmerkmal dieser Theorie ist die Analyse der einzelnen aus dem Tragwerk getrennten Platten und die Aufstellung der Verträglichkeitsbedingungen längs der Knotenlinien[2].

In diesem Kapitel wird die Lösung des Problems des Faltwerks durch die konsequente Anwendung der Verschiebungsmethode gebracht und dadurch dieses Problem und die Berechnung des dünnwandigen Stabes zu einem einheitlichen Ganzen verbunden.[3]

Im ersten Teil (Abschnitte 1 bis 6) wird die auf die Anwendung der Verschiebungsmethode aufgebaute Theorie des Faltwerks dargelegt.

Hinsichtlich der über die Formänderungen getroffenen Voraussetzungen beruht diese Theorie auf den Vernachlässigungen der Gleitverzerrung γ_{zs} in der Mittelfläche des Faltwerks sowie der Dehnung ε_s in der Richtung der Tangenten an die Profilmittellinie des Querschnittes.

---

[1] *C. F. Kollbrunner* und *N. Hajdin*: Dünnwandige Stäbe mit in ihren Ebenen deformierbaren Querschnitten. Theorie der Faltwerke nach der Verschiebungsmethode. Institut für bauwissenschaftliche Forschung. Heft Nr. 1, Januar 1968, Verlag Leemann, Zürich.

[2] *E. Gruber*: Berechnung prismatischer Scheibenwerke. Internationale Vereinigung für Brückenbau und Hochbau. Abhandlungen 1932, Bd. I. S. 225–245.

[3] *C. F. Kollbrunner* und *N. Hajdin*: Betrachtungen zur Theorie der dünnwandigen Stäbe und ihrer Anwendung im Bauwesen. Schweiz. Bauzeitung, 84. Jg. Heft 41, 1966, S. 715–719, Abschnitt 5.

Außerdem wird angenommen, daß die durch die Verschiebungen und Verdrehungen der Knotenlinien hervorgerufenen Verschiebungen u in den zur Mittelfläche normalen Richtungen zwischen je zwei Knoten näherungsweise durch ein Polynom dritten Grades bestimmt seien.

Die Platten, aus denen das Faltwerk zusammengesetzt ist, verhalten sich hinsichtlich der Verschiebungen aus ihren Ebenen genau so wie die unter einer Biegungsbeanspruchung stehende Einzelplatten. In bezug auf die Schnittkräfte werden keine Vernachlässigungen gemacht.

Kennzeichnend für den ganzen Vorgang ist, daß die Stab-Schale in den Darlegungen stets als einheitliches Tragwerk aufgefaßt wird.

Im Abschnitt 7 wird die vereinfachte Theorie gezeigt, welche auf der Vernachlässigung der Biegemomente m_z in der Längsrichtung und auf der Annahme, daß die Torsionsmomente m_{zs} zwischen je zwei Knoten konstant und proportional der Verdrehung der die Knoten verbindenden Platte ist, beruht.

Dieses Modell für die Berechnung des Faltwerks wurde unseres Wissens in seiner allgemeinsten Form bisher noch nicht untersucht, und zwar weder mittels der Verschiebungsmethode, noch durch das Kraftgrößenverfahren oder unter Zuhilfenahme der gemischten Methode.

Für den Sonderfall des I-Trägers haben *Goodier* und *Barton*[1] ihren Untersuchungen dieselben Voraussetzungen zugrunde gelegt, auf denen das in diesem Kapitel dargelegte Verfahren beruht.

Dieses Berechnungsmodell der Schale wird für solche Fälle von Interesse sein, bei welchen der Anteil der Torsionsmomente an der Beanspruchung des Stabes bedeutend ist und ihre Vernachlässigung gegenüber den Biegemomenten m_s in der Querrichtung nicht gerechtfertigt erscheint. Ein charakteristisches Beispiel für einen solchen Fall ist der Einfluß der Verformung des Steges auf die Torsionsbeanspruchung des I-Trägers, welcher in der erwähnten Arbeit von *Goodier* und *Barton* gezeigt wird.

Das im Abschnitt 7 aufgestellte Berechnungsmodell ist auch noch deshalb bemerkenswert, weil es die einzig mögliche Grundlage darstellt um zu zeigen, daß die klassische Theorie der Wölbkrafttorsion als Sonderfall der allgemeineren Theorie der Stab-Schale mit in ihren Ebenen deformierbaren Querschnitten aufgefaßt werden kann.

Im Abschnitt 8 wird die Lösung für das sogenannte steifknotige Faltwerk mit Hilfe der Verschiebungsmethode unter Vernachlässigung der Torsionsmomente m_{zs} gegeben. Die im vorhergehenden Kapitel eingeführte Orthogonalisierung der grundlegenden Unbekannten ermöglicht die Trennung der Biegungs- und der Torsionsbeanspruchung. Im verbleibenden Gleichungssystem sind die einzigen Unbekannten diejenigen, welche die Verformung des Querschnittes in seiner Ebene definieren.

Im Abschnitt 9 wird die Lösung des gelenkigen Faltwerks mittels der Verschiebungsmethode gebracht. Durch die Einführung der gelenkigen Verbindungen der einzelnen Platten zerfällt die Lösung in ein System voneinander unabhängiger Differentialgleichungen, welche die gleiche Form wie die Differentialgleichung der Biegung des klassischen Stabes haben.

[1] *J. N. Goodier* und *M. V. Barton*: The Effects of Web Deformation on the Torsion of I-Beams. Journal of Applied Mechanics, March 1944.

Dieser Umstand ermöglicht es in allen praktisch vorkommenden Fällen diese Analogie zur Vereinfachung der Berechnung heranzuziehen.

Im letzten, 10. Abschnitt, werden die Differentialgleichungen des Stabes mit undeformierbaren Querschnitten gezeigt. Als Folge der allgemeinen, in den Abschnitten 1 bis 6 entwickelten Theorie, gelangen wir nach dem Ausscheiden der Biege- und der Axialbeanspruchung zu der Theorie der Wölbkrafttorsion.

Am Schlusse des letzten Abschnitts wird gezeigt, daß die klassische, im Abschnitt II.1.5 behandelte Theorie der Wölbkrafttorsion als Sonderfall der im Abschnitt 7 entwickelten Theorie hervorgeht. Ferner ergibt sich als Sonderfall der im Abschnitt 8 dargelegten Theorie des steifknotigen Faltwerks die Näherungslösung für die Wölbkrafttorsion, in welcher der St. Venantsche Anteil des Torsionsmomentes vernachlässigt ist.

2. Grundlegende Annahmen. Verformung des Stabes

Der dünnwandige Stab mit offenem, in seiner Ebene verformbaren Querschnitt wird als lange, prismatische Schale (Faltwerk) behandelt.

Die Profilmittellinie bestehe aus einzelnen, durch Knoten verbundenen geraden Seiten, so daß die Mittelfläche des Stabes sich aus einzelnen Rechtecken zusammensetzt. Die in der Richtung der Stabachse gelegenen Seiten dieser Rechtecke sollen wesentlich größer als die im Querschnitt gelegenen sein, welche die Profilmittellinie bilden.

Im allgemeinen Fall ersetzen wir die beliebig geformte Profilmittellinie durch einen Polygonzug, dessen Seitenlängen wir je nach der gewünschten Genauigkeit den krummlinigen Teilen derselben anpassen. Der dünnwandige Stab setzt sich somit aus rechteckigen Platten zusammen, deren Längskanten in Richtung von dessen Spannweite bedeutend länger als die den Querschnitt bildenden Kanten sind. Die Platten denken wir uns in den Längskanten steif miteinander verbunden. Die Stärken t der einzelnen Platten werden als konstant angenommen.

Die Lage eines beliebigen Punktes der Mittelfläche des Stabes ist durch die orthogonalen Koordinaten s und z bestimmt. Die Koordinate s ist der längs der Profilmittellinie gemessene Abstand des Punktes von einer vorher festgelegten Erzeugenden der Mittelfläche. Die Koordinate z ist der in der Richtung der Stabachse gemessene Abstand des Punktes von einem beliebig gewählten Stabquerschnitt (Abb. V.1). Den Abstand des beliebigen Punktes von der Mittelfläche, gemessen in Richtung der inneren Normalen $\vec{n}$ auf die Profilmittellinie, bezeichnen wir mit e.

Die mit der gestrichelten Linie bezeichnete Innenseite der Schale wählen wir so, daß die Richtung der inneren Normalen $\vec{n}$ für den Querschnitt mit positiver z-Achse als Normale bei einer Verdrehung um $\pi/2$ in dem Uhrzeiger entgegengesetztem Sinne mit der Richtung s übereinstimmt (Abb. V.1).

Außer dem durch s und z gebildeten Koordinatensystem führen wir noch ein kartesisches Koordinatensystem x, y, z ein, wobei wir der Einfachheit halber als Achsen x und y die Hauptträgheitsachsen des Querschnittes wählen[1].

[1] Bei der Berechnung der Schwerpunktslage, der Richtung der Hauptträgheitsachsen und der Größen der Hauptträgheitsmomente denken wir uns die Flächenelemente $dF = t\,ds$ längs der Profilmittellinie konzentriert.

Die Verschiebungen der Punkte der Mittelfläche in den Richtungen s und z bezeichnen wir mit v und w und in Richtung der Normalen zur Mittelfläche mit u.

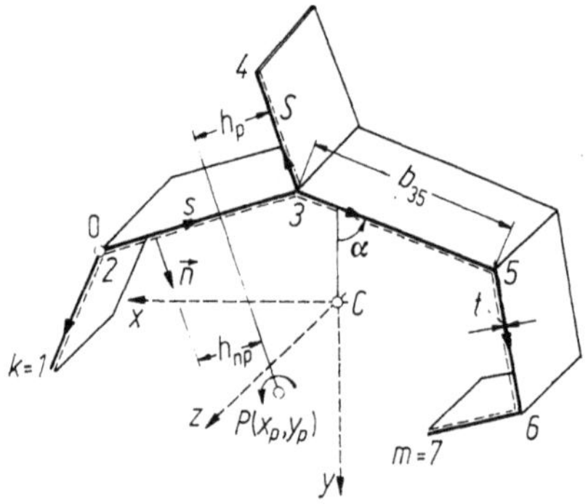

Abb. V.1

Die Verschiebungskomponenten in den Richtungen x und y bezeichnen wir mit ξ und η. In bezug auf die Verformung der Mittelfläche des Stabes treffen wir die folgenden Voraussetzungen:

1. Die den Stab bildenden Platten erleiden in der Querrichtung keine Dehnungen der Mittelfläche, d.h. $\varepsilon_s = 0$.
2. Die Gleitverzerrung γ_{zs} in der Mittelfläche des Stabes wird vernachlässigt.

Die erste Voraussetzung besagt, daß die Verschiebungen der Knoten der Profilmittellinie in der Ebene des Querschnittes gleich sind den entsprechenden Verschiebungen von Knoten eines Mechanismus, dessen einzelne Glieder aus in diesen Knoten gelenkig miteinander verbundenen Stäben bestehen, deren Achsen mit der gegebenen Profilmittellinie zusammenfallen.

Die Zahl der voneinander unabhängigen Verschiebungen ist gleich dem Freiheitsgrad des Mechanismus.

Diese voneinander unabhängigen Verschiebungen $V_i(z)$, $i = 1, 2, \ldots, I$, können wir auf verschiedene Weise annehmen.

Für eine möglichst klare Erfassung der Verformungen des Stabes ist es zweckmäßig, für die drei ersten unabhängigen Verschiebungen V_1, V_2 und V_3 die Verschiebungen des als starre Scheibe aufgefaßten Querschnittes in Richtung der Hauptträgheitsachsen x und y und dessen Verdrehung um den beliebigen Punkt P in der Querschnittsebene zu wählen:

$$V_1 = \xi_P, \quad V_2 = \eta_P, \quad V_3 = \varphi_P. \tag{V.1}$$

Die Verdrehung φ_P zählt positiv, wenn der Stab, beim Blick gegen die positive z-Achse, im dem Uhrzeiger entgegengesetzten Sinne verdreht wird.

Die übrigen $n - 3$-Verschiebungen beschreiben die Formänderung des Querschnittes in seiner Ebene für den Fall, daß wir die vollkommene Starrheit der Platten in der Querschnittsebene und ihre gelenkige Verbindung in den Knoten voraussetzen.

Zufolge der steifen Verbindung der Platten längs der Knotenlinien wird jedoch eine derartige Formänderung unmöglich sein. Jede einzelne Platte wird außer den angeführten Formänderungen noch diejenigen durch die Plattenbiegung hervorgerufenen erleiden.

Die Parameter V_i $(i = 1, 2, \ldots, I)$ bestimmen hingegen vollständig die Verschiebungen der Knotenpunkte.

In den Abb. V.2a, b und c sind die Verschiebungsdiagramme des Mechanismus, welcher dem in Abb. V.1 gezeigten Querschnitt entspricht, für die Einheiten der Parameter V_4 bis V_8 gezeichnet.

Mit V_4 und V_5 sind die Verschiebungen der Platten 2—3 und 3—5 in der Richtung der Tangente an die Profilmittellinie und mit V_6, V_7 und V_8 die Verschiebungen der Endpunkte der Profilmittellinie, hervorgerufen durch die Drehung der Endplatten um die Knoten 2, 3 und 6, bezeichnet.

Die Verschiebung eines beliebigen Punktes der Mittelfläche in Richtung der Tangente an die Profilmittellinie können wir nunmehr in der folgenden Form ausdrücken:

$$v(z, s) = \sum_{i=1}^{I} V_i(z)\, v^{(i)}(s), \tag{V.2}$$

wo $v^{(i)}(s)$ die Verschiebung des beliebigen Punktes infolge des Verschiebungszustandes $V_i = 1$ ist. Die Werte $v^{(i)}$ $(i = 1, 2, \ldots, I)$ sind, wegen der Voraussetzung $\varepsilon_s = 0$, für jede Platte konstant.

Im Beispiel der Abb. V.2 sind diese Diagramme durch die schraffierte Fläche dargestellt.

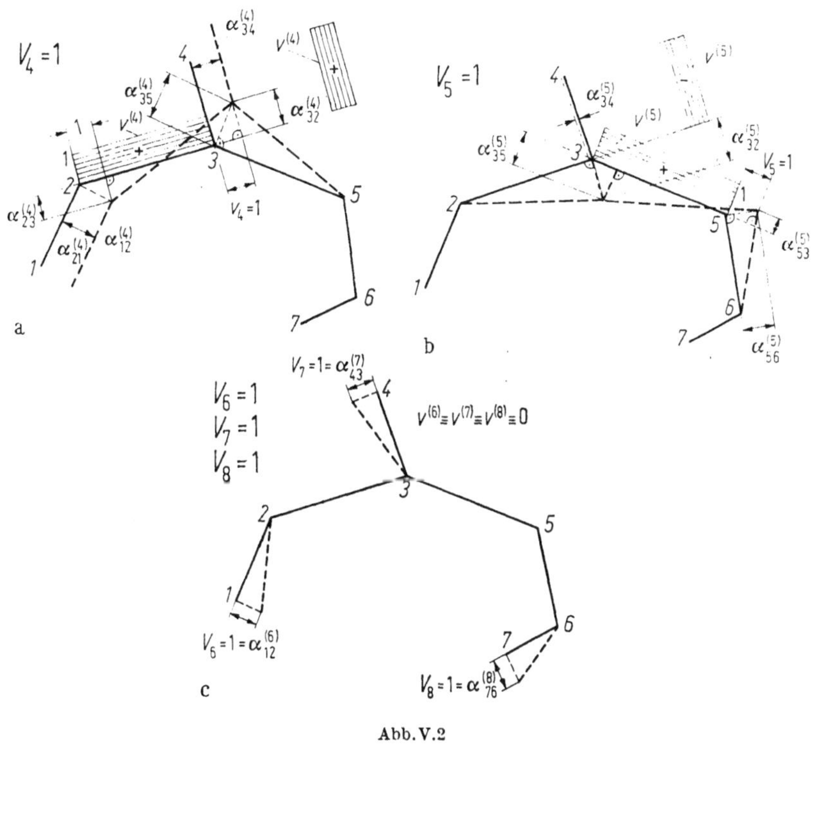

Abb. V.2

Die Werte $v^{(1)}$, $v^{(2)}$ und $v^{(3)}$ sind unter Berücksichtigung der Ausdrücke (V.1) die folgenden (siehe Abb. V.1):

$$\left.\begin{aligned} v^{(1)} &= -\sin\alpha\,, \\ v^{(2)} &= \cos\alpha\,, \\ v^{(3)} &= h_P\,, \end{aligned}\right\} \qquad (V.3)$$

wo

$$\cos\alpha = \frac{dy}{ds}$$

ist.

Den Abstand $h_P = h_P(s)$ fassen wir als positiv auf, wenn das positive Richtungselement ds für einen Querschnitt mit der positiven z-Achse als Normale in bezug auf den Pol einen dem Uhrzeiger entgegengesetzten Drehsinn hat.

Unter Benutzung der zweiten Voraussetzung erhalten wir:

$$\dot{w}(z, s) = -v'(z, s)\,, \qquad (V.4a)$$

bzw.

$$w(z, s) = -\int_0^s v'(z, s)\, ds + W_0(z)\,,$$

wo mit einem Strich die Ableitungen nach z und mit einem Punkt diejenigen nach s bezeichnet sind.

Durch Einsetzen des Ausdrucks (V.2) für $v(z, s)$ in die Gleichung (V.4a) folgt:

$$w(z, s) = -\sum_{i=1}^{I} V_i'(z) \int_0^s v^{(i)}\, ds + W_0(z)\,. \qquad (V.4b)$$

Das Integral $\int_0^s v^{(i)}\, ds$ hat einen rein geometrischen Charakter.

Führen wir die Bezeichnung:

$$\omega^{(i)} = \int_0^s v^{(i)}\, ds\,, \quad i = 1, 2, \ldots, I \qquad (V.5)$$

ein und setzen, der Einfachheit halber,

$$W_0 = -V_0'(z) \quad \text{und} \quad w^{(0)} = 1\,, \qquad (V.6)$$

können wir die Gleichung (V.4b) in der Form:

$$w(z, s) = -\sum_{i=0}^{I} V_i'(z)\, \omega^{(i)}(s) \qquad (V.7)$$

schreiben.

Mit Berücksichtigung der Ausdrücke (V.3) und der Gleichung (V.6) erhalten wir für $\omega^{(1)}$, $\omega^{(2)}$ und $\omega^{(3)}$ die bereits bekannten, für den Stab mit in seinen Ebenen unverformbaren Querschnitten geltenden Ausdrücke:

$$\omega^{(1)} = x, \quad \omega^{(2)} = y, \quad \omega^{(3)} = \int_0^s h_P\, ds = \omega_P. \qquad (V.8)$$

Die Funktionen $\omega^{(4)}$ und $\omega^{(5)}$, welche den Verschiebungen $v^{(4)}$ und $v^{(5)}$ (Abb. V.2) entsprechen, sind in der Abb. V.3 gezeigt.

Durch die Parameter V_i sind, wie bereits erwähnt, die Verschiebungen der Knotenpunkte k ($k = 1, 2, \ldots, K$) vollständig bestimmt, wobei wir die Endpunkte der Profilmittellinie ebenfalls als Knotenpunkte auffassen (Abb. V.1).

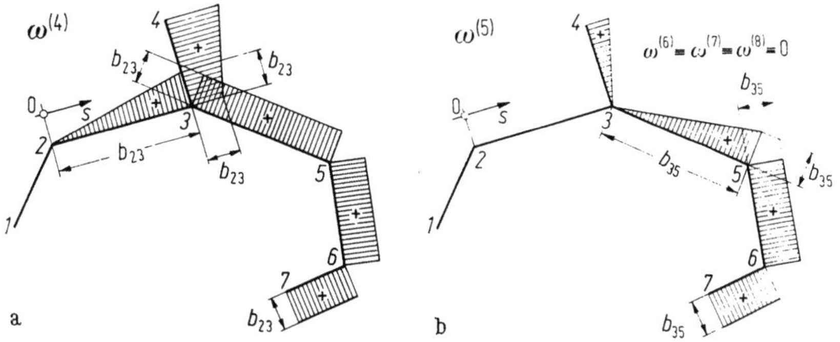

Abb. V.3

Dementsprechend sind auch die Komponenten dieser Verschiebungen in der Richtung der Normalen auf die Mittelfläche durch diese Parameter V_i festgelegt.

Für die Platte $k-r$, welche durch die Knotenlinien k und r begrenzt ist (Abb. V.4), bezeichnen wir diese Verschiebungen mit $U_{kr}(z)$ und $U_{rk}(z)$.

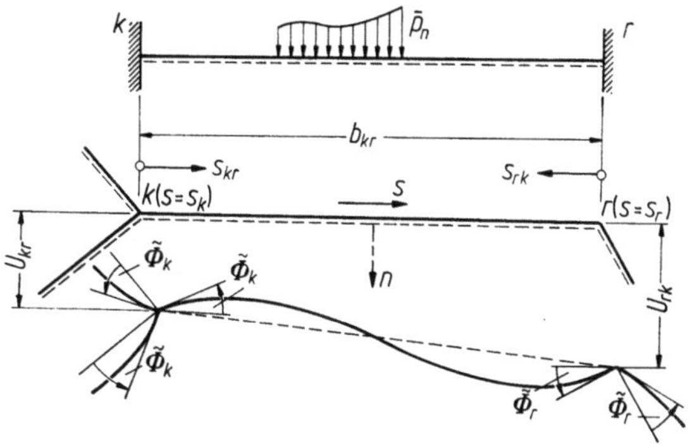

Abb. V.4

Zufolge der steifen Verbindung der Platten längs den Knotenlinien muß die Verdrehung der Tangente auf die Profilmittellinie in einem beliebigen Knoten k ($k = 1, 2, \ldots, K$) für alle an diesen Knoten angeschlossenen Platten dieselbe sein und gleich der Verdrehung $\tilde{\Phi}_k$ des betreffenden Knotens:

$$|\dot{v}(s = s_k)| = |\tilde{\Phi}_k(z)|.$$

Die Verdrehung $\tilde{\Phi}_k$ betrachten wir als positiv, wenn der Knoten k, gegen die positive z-Achse angesehen, in dem Uhrzeiger entgegengesetzten Sinn gedreht wird.

Wir nehmen an, daß die Näherungslösung für die Durchbiegung $u = u_{kr}(s, z)$ der Platte $k-r$ die folgende Form haben möge (Abb. V.4):

$$u_{kr} = U_{kr}u_V^{(kr)} + U_{rk}u_V^{(rk)} + \tilde{\Phi}_k u_\Phi^{(kr)} + \tilde{\Phi}_r u_\Phi^{(rk)} + u_{kr,p}, \tag{V.9}$$

wo

$$\left.\begin{aligned} u_V^{(kr)} &= \frac{s_{rk}}{b_{kr}}\left[1 - \frac{s_{kr}(s_{kr} - s_{rk})}{b_{kr}^2}\right], \\ u_V^{(rk)} &= \frac{s_{kr}}{b_{kr}}\left[1 - \frac{s_{rk}(s_{rk} - s_{kr})}{b_{kr}^2}\right], \end{aligned}\right\} \qquad (V.10\,a, b)$$

und

$$\left.\begin{aligned} u_\Phi^{(kr)} &= \mp \frac{s_{kr} s_{rk}^2}{b_{kr}^2} \\ u_\Phi^{(rk)} &= \pm \frac{s_{rk} s_{kr}^2}{b_{kr}^2} \end{aligned}\right\} \qquad (V.11\,a, b)$$

ist.

In den Ausdrücken (V.11a, b) gilt das obere Vorzeichen, wenn die innere Normale $\vec{n}$ (Abb. V.4) um den Knoten r entgegen, und das untere Vorzeichen, wenn sie im Sinne des Uhrzeigers gedreht wird.

Das Glied $u_{kr,p} = u_{kr,p}(s, z)$ stellt die genaue — oder die Näherungslösung des Problems der längs der Kanten $s_{kr} = 0$ und $s_{rk} = 0$ (Abb. V.4) vollständig eingespannten rechteckigen Platte mit beliebigen Randbedingungen an den Stabenden für den Fall einer in der Richtung der Normalen auf die Mittelfläche wirkenden Belastung $\bar{p}_n$ dar.

Die Funktionen $u_V^{(kr)} \cdots u_\Phi^{(kr)}$ sind so gewählt, daß längs der Kanten $s = s_k$ und $s = s_k + b_{kr}$ (Abb. V.4) die Bedingungen

$$s_{kr} = 0: \quad u_{kr} = U_{kr}, \quad \dot{u}_{kr} = -\tilde{\Phi}_k$$

und

$$s_{rk} = 0: \quad u_{kr} = U_{rk}, \quad \dot{u}_{kr} = -\tilde{\Phi}_r$$

erfüllt werden.

Da es sich um einen Stab handelt, ist die Plattenbreite klein im Verhältnis zur Stablänge l. Als Näherungslösung für $u_{kr,p}$ kann man daher die Durchbiegung des endlosen Plattenstreifens für eine gegebene Belastung $\bar{p}_n$ verwenden.

Auf Grund der Gleichung (V.9) läßt sich der Ausdruck für die Verschiebung $u(s, z)$ in der folgenden Form schreiben:

$$u = \sum_{k=1}^{K} \sum_{r=1}^{R} U_{kr} u_V^{(kr)} + \sum_{k=1}^{K} \tilde{\Phi}_k u_\Phi^{(k)} + u_p. \qquad (V.12)$$

In dieser Gleichung bedeuten (siehe Abb. V.5):

$$u_\Phi^{(k)} = \sum_{r=1}^{R} u_\Phi^{(kr)} \qquad (V.13)$$

und

$$u_p = \sum_{kr=1}^{n} u_{kr,p}. \qquad (V.14)$$

Ferner bedeutet R die Anzahl der in dem Knoten k zusammentreffenden Platten und n die Gesamtzahl der Platten aus welcher der Stab zusammengesetzt ist.

Im Falle von freien Enden der Profilmittellinie ist

$$n = 2K - I.$$

Für das in Abb. V.1 gezeigte Beispiel eines Querschnittes ist das Diagramm $u_\Phi^{(3)}$ in der Abb. V.5 gezeichnet.

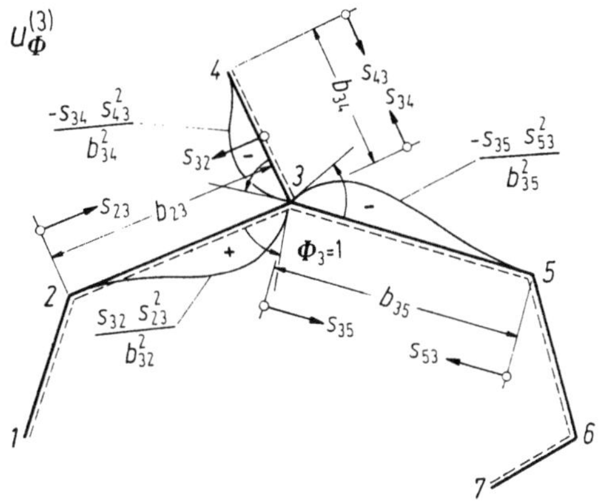

Abb. V.5

Die Verschiebungen U_{kr} in den Knoten der Stabquerschnitte sind, wie bereits erwähnt wurde, durch die Parameter V_i bestimmt:

$$U_{kr} = \sum_{i=1}^{I} V_i \alpha_{kr}^{(i)}. \tag{V.15}$$

Die Größen $\alpha_{kr}^{(i)}$ können unmittelbar aus dem Diagramm $V_i = 1$ (siehe Abb. V.2a, b und c) entnommen werden als Projektionen der Verschiebungsvektoren der einzelnen Knoten auf die Richtungen normal zur Mittelfläche.

Durch Einsetzen des Ausdrucks (V.15) in die Gleichung (V.12) erhalten wir:

$$u = \sum_{i=1}^{I} V_i \sum_{k=1}^{K} \sum_{r=1}^{R} \alpha_{kr}^{(i)} u^{(kr)} + \sum_{k=1}^{K} \tilde{\Phi}_k u_\Phi^{(k)} + u_p. \tag{V.16}$$

Der Ausdruck $\sum_{k=1}^{K} \sum_{r=1}^{R} \alpha_{kr}^{(i)} u^{(kr)}$ stellt den Verlauf der Verschiebungen längs der Profilmittellinie für $V_i = 1$ dar, wobei die Knotenverdrehungen $\tilde{\Phi}_k$ und die Durchbiegungen u_p gleich Null sind. Dieser Ausdruck ist eine bekannte Funktion von s und kann (Abb. V.6) aus dem Verschiebungsdiagramm $V_i = 1$ unter Benutzung der Gleichung (V.10) bestimmt werden.

Durch Einführung von:

$$\tilde{u}_V^{(i)} = \sum_{k=1}^{K} \sum_{r=1}^{R} \alpha_{kr}^{(i)} u_V^{(kr)} \tag{V.17}$$

erhalten wir:

$$u = \sum_{i=1}^{I} V_i \tilde{u}_V^{(i)} + \sum_{k=1}^{K} \tilde{\Phi}_k u_\Phi^{(k)} + u_p. \tag{V.18}$$

Die durch die Verdrehung des als starre Scheibe aufgefaßten Querschnittes hervorgerufenen Verdrehungen der Knoten

$$\varphi_k = \varphi_P = V_3, \quad (k = 1, 2, 3, \ldots, K)$$

trennen wir von denjenigen, welche eine Folge der Formänderungen des Querschnittes sind.

Indem wir mit $\tilde{\Phi}_k$ den Ausdruck:

$$\tilde{\Phi}_k = \Phi_k + V_3 \tag{V.19}$$

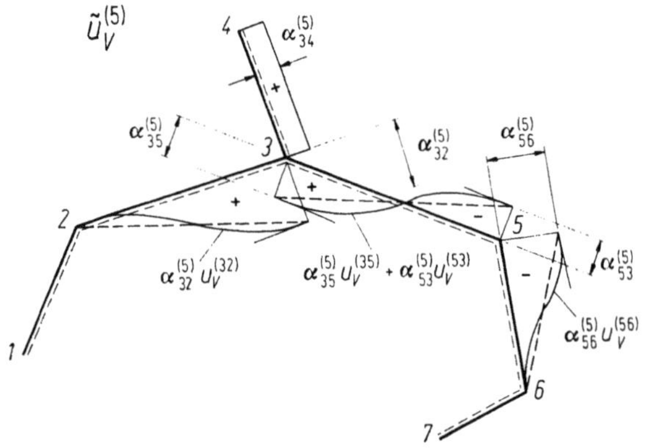

Abb. V.6

bezeichnen und denselben in die Gleichung (V.18) einführen, erhalten wir schlußendlich:

$$u(z, s) = \sum_{i=1}^{I} V_i(z)\, u_V^{(i)}(s) + \sum_{k=1}^{K} \Phi_k(z)\, u_\Phi^{(k)}(s) + u_p(z, s), \tag{V.20}$$

wo:

$$\left.\begin{aligned} u_V^{(1)} &= \cos\alpha, \\ u_V^{(2)} &= \sin\alpha, \\ u_V^{(3)} &= h_{nP} \end{aligned}\right\} \tag{V.21}$$

und

$$u_V^{(i)} = \sum_{k=1}^{K} \sum_{r=1}^{R} \alpha_{kr}^{(i)} u_V^{(kr)}, \tag{V.22}$$

$$i = 4, 5, 6, \ldots, I$$

sind.

Die Größe h_{nP} stellt den Abstand der Normalen auf die Profilmittellinie im betrachteten Punkt vom Pol P dar. Den Abstand h_{nP} setzen wir als positiv fest, wenn die Normale $\vec{n}$ für einen Querschnitt mit der positiven z-Achse als Normale in bezug auf den Pol P einen dem Uhrzeiger entgegengesetzten Drehsinn hat.

Nach der Plattentheorie sind die Verschiebungskomponenten

$$\left.\begin{aligned} u_* &= u(z, s, e), \\ v_* &= v(z, s, e), \\ w_* &= w(z, s, e) \end{aligned}\right\} \tag{V.23}$$

eines beliebigen Punktes im Abstand e von der Plattenmittelfläche durch die Ausdrücke

$$\left.\begin{aligned} u_* &= u(z, s), \\ v_* &= v(z, s) - \dot{u}(z, s)\, e, \\ w_* &= w(z, s) - u'(z, s)\, e \end{aligned}\right\} \qquad \text{(V.24)}$$

gegeben.

Setzen wir in diese Gleichungen die Ausdrücke (V.20), (V.2) und (V.7) ein, so erhalten wir:

$$\left.\begin{aligned} u_* &= \sum_{i=0}^{I} V_i u_V^{(i)} + \sum_{k=1}^{K} \Phi_k u_\Phi^{(k)} + u_p, \\ v_* &= \sum_{i=0}^{I} V_i (v^{(i)} - \dot{u}_V^{(i)} e) - \sum_{k=1}^{K} \Phi_k \dot{u}_\Phi^{(k)} e - \dot{u}_p e, \\ w_* &= - \sum_{i=0}^{I} V_i' (\omega^{(i)} + u_V^{(i)} e) - \sum_{k=1}^{K} \Phi_k' u_\Phi^{(k)} e - u_p' e. \end{aligned}\right\} \qquad \text{(V.25)}$$

In den ersten Gliedern der Ausdrücke (V.25) haben wir, um dieselben auf die gleiche Form zu bringen, die Summenbildungen über i für den gleichen Bereich von $i = 0$ bis $i = I$ vorgeschrieben. Damit diese Ausdrücke den Gleichungen (V.24), (V.20), (V.2) und (V.7) vollständig entsprechen, muß festgestellt werden, daß:

$$u_V^{(0)} \equiv 0 \quad \text{und} \quad v^{(0)} \equiv 0 \qquad \text{(V.26)}$$

sein muß.

Von den Verzerrungszustandskomponenten in der Mittelfläche ist, gemäß den eingangs getroffenen Voraussetzungen, nur ε_z von Null verschieden:

$$\varepsilon_z = - \sum_{i=0}^{I} V_i'' \omega^{(i)}. \qquad \text{(V.27)}$$

Die Verzerrungszustandskomponenten in einem beliebigen Punkt haben die folgenden Werte:

$$\left.\begin{aligned} \varepsilon_{z*} &= - \sum_{i=0}^{I} V_i'' (\omega^{(i)} + u_V^{(i)} e) - \sum_{k=1}^{K} \Phi_k'' u_\Phi^{(k)} e - u_p'' e, \\ \gamma_{zs*} &= -2 \left[\sum_{i=0}^{I} V_i' \dot{u}_V^{(i)} e + \sum_{k=1}^{K} \Phi_k' \dot{u}_\Phi^{(k)} e + \dot{u}_p' e \right], \\ \varepsilon_{s*} &= - \sum_{i=0}^{I} V_i \ddot{u}_V^{(i)} e - \sum_{k=1}^{K} \Phi_k \ddot{u}_\Phi^{(k)} e - \ddot{u}_p e, \\ \varepsilon_{n*} &= \gamma_{zn*} = \gamma_{sn*} = 0. \end{aligned}\right\} \qquad \text{(V.28)}$$

3. Schnittkräfte. Elastostatische Beziehungen

Die Schnittkräfte der einzelnen Platte definieren wir auf die übliche Weise wie folgt:

$$\left.\begin{aligned} n_z &= \int_{-t/2}^{t/2} \sigma_z \, de, & m_z &= \int_{-t/2}^{t/2} \sigma_z e \, de, \\ n_{zs} &= \int_{-t/2}^{t/2} \tau_{zs} \, de, & m_{zs} &= \int_{-t/2}^{t/2} \tau_{zs} e \, de, \\ n_s &= \int_{-t/2}^{t/2} \sigma_s \, de; & m_s &= \int_{-t/2}^{t/2} \sigma_s e \, de, \end{aligned}\right\} \qquad (V.29)$$

$$\left.\begin{aligned} n_{zn} &= \int_{-t/2}^{t/2} \tau_{zn} \, de, \\ n_{sn} &= \int_{-t/2}^{t/2} \tau_{sn} \, de. \end{aligned}\right\} \qquad (V.30)$$

Durch Anwendung des Hookeschen Gesetzes erhalten wir:

$$\left.\begin{aligned} \sigma_z &= E'(\varepsilon_{z*} + \nu \varepsilon_{s*}), \\ \tau_{zs} &= \frac{E'(1-\nu)}{2} \gamma_{zs*}, \\ \sigma_s &= E'(\varepsilon_{s*} + \nu \varepsilon_{z*}), \end{aligned}\right\} \qquad (V.31)$$

wo

$$E' = \frac{E}{1 - \nu^2}$$

ist.

E ist der Elastizitätsmodul und ν die Poissonsche Konstante.

Die Benutzung der Gleichungen (V.31) ermöglicht es, die Schnittkräfte n_z, m_z, m_{zs} und m_s durch die Verschiebungskomponenten auszudrücken.

Setzen wir ferner für ε_{z*}, γ_{zs*} und ε_{s*} die Ausdrücke (V.28) ein, so erhalten wir schlußendlich die folgenden Beziehungen zwischen den Schnittkräften und den Verschiebungskomponenten:

$$\left.\begin{aligned} n_z &= -E't \sum_{i=0}^{I} V_i'' \omega^{(i)}, \\ m_z &= -\frac{E't^3}{12} \left[\sum_{i=0}^{I} (V_i'' u_V^{(i)} + \nu V_i \ddot{u}_V^{(i)}) \right. \\ &\qquad \left. + \sum_{k=1}^{K} (\Phi_k'' u_\Phi^{(k)} + \nu \Phi_k \ddot{u}_\Phi^{(k)}) \right] + m_{z,p}, \\ m_{zs} &= -\frac{E't^3}{12} (1-\nu) \left[\sum_{i=0}^{I} V_i' \dot{u}_V^{(i)} + \sum_{k=1}^{K} \Phi_k' \dot{u}_\Phi^{(k)} \right] + m_{zs,p}, \\ m_s &= -\frac{E't^3}{12} \left[\sum_{i=0}^{I} (V_i \ddot{u}_V^{(i)} + \nu V_i'' u_V^{(i)}) \right. \\ &\qquad \left. + \sum_{k=1}^{K} (\Phi_k \ddot{u}_\Phi^{(k)} + \nu \Phi_k'' u_\Phi^{(k)}) \right] + m_{s,p}, \end{aligned}\right\} \qquad (V.32)$$

wo:

$$\left.\begin{aligned} m_{z,p} &= -\frac{E't^3}{12}(u_p'' + \nu\ddot{u}_p), \\ m_{zs,p} &= -\frac{E't^3}{12}(1-\nu)\,\dot{u}_p', \\ m_{s,p} &= -\frac{E't^3}{12}(\ddot{u}_p + \nu u_p'') \end{aligned}\right\} \qquad \text{(V.33)}$$

sind.

Die Biegungsmomente $m_{z,p}$ und $m_{s,p}$ sowie das Torsionsmoment $m_{zs,p}$ können als bekannte Größen angesehen werden, welche wir aus der Lösung der längs der Knotenlinien vollständig eingespannten Platte erhalten.

Die Schnittkräfte n_z, n_s, n_{zn} und n_{zs} können wegen der getroffenen Voraussetzungen über die Formänderungen nicht unmittelbar durch die Verschiebungen ausgedrückt werden.

4. Gleichgewichtsbedingungen. Differentialgleichungen des Problems

Wir denken uns ein von den Querschnitten z_0 und $z_0 + dz$ begrenztes Element aus dem betrachteten Stab herausgeschnitten und bringen die auf dasselbe wirkenden Kräfte an. Im beliebigen Punkt des Querschnittes $z = z_0$ greift der Spannungsvektor $\vec{\sigma}_z$ (Abb. V.7) mit den Komponenten σ_z, τ_{zs} und τ_{zn} und im entsprechenden Punkt des Querschnittes $z = z_0 + dz$ der Spannungsvektor $\vec{\sigma}_z + \vec{\sigma}_z'\,dz$ an.

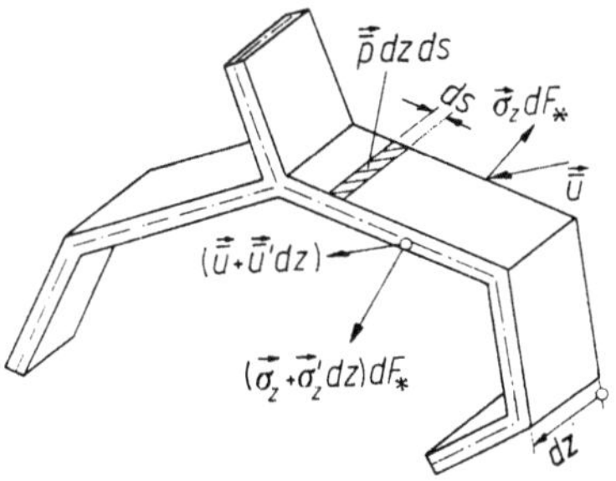

Abb. V.7

Die beliebige äußere Belastung $\vec{\bar{p}}$ mit den Komponenten $(\bar{p}_z, \bar{p}_s, \bar{p}_n)$ wirkt in den Punkten der Mittelfläche.

Die Gleichgewichtsbedingungen stellen wir durch Anwendung des Prinzipes der virtuellen Verschiebungen auf

Der Vektor der virtuellen Verschiebung $\vec{\bar{u}}$ mit den Komponenten $\bar{u}$, $\bar{v}_*$ und $\bar{w}_*$ ist eine stetige Funktion der Koordinaten, welche sowohl die Randbedingungen nach den Verschiebungen erfüllt (was hier nicht von Bedeutung ist) als auch den Voraussetzungen, welche eingangs gemacht wurden, entsprechen muß.

Für die Komponenten des virtuellen Verschiebungsvektors $\vec{\bar{u}}$ setzen wir Ausdrücke in derselben Form wie für die wirklichen Verschiebungen fest:

$$\left.\begin{aligned} \bar{u}_* &= \bar{u} = \sum_{i=0}^{I} \bar{V}_i u_V^{(i)} + \sum_{k=1}^{K} \bar{\Phi}_k u_\Phi^{(k)}, \\ \bar{v}_* &= \sum_{i=0}^{I} \bar{V}_i (v^{(i)} - \dot{u}_V^{(i)} e) - \sum_{k=1}^{K} \bar{\Phi}_k \dot{u}_\Phi^{(k)} e, \\ \bar{w}_* &= - \sum_{i=0}^{I} \bar{V}'_i (\omega^{(i)} + u_V^{(i)} e) - \sum_{k=1}^{K} \bar{\Phi}'_k u_\Phi^{(k)} e. \end{aligned}\right\} \qquad (V.34)$$

Die Parameter $\bar{V}_i(z)$ und $\bar{\Phi}_k(z)$ sind beliebige Funktionen der Koordinate z und im allgemeinen unabhängig von der wirklichen Belastung des Stabes.

Bezeichnen wir mit $\bar{W}$ die Arbeit der äußeren und mit $\bar{U}$ die entsprechende Arbeit der inneren Kräfte bei den gegebenen virtuellen Verschiebungen, so können wir das Prinzip der virtuellen Verschiebungen wie folgt formulieren:

$$\bar{W} + \bar{U} = 0. \qquad (V.35)$$

Die Arbeit der äußeren Kräfte bezogen auf die Längeneinheit des Stabes (Abb. V.7) beträgt:

$$\bar{W} = \int_F (\vec{\sigma}'_z \vec{\bar{u}} + \vec{\sigma}_z \vec{\bar{u}}') \, dF_* + \int_s \vec{p} \vec{\bar{u}} \, ds, \qquad (V.36)$$

wo $dF_* = ds\, de$ ist. Das erste Integral erstreckt sich über die gesamte Fläche des Querschnittes und das zweite auf die ganze Länge der Profilmittellinie.

Mit den skalaren Größen ausgedrückt lautet der Ausdruck (V.36):

$$\begin{aligned} \bar{W} = \int_F & [(\tau'_{zn} \bar{u} + \tau'_{zs} \bar{v}_* + \sigma'_z \bar{w}_*) + (\tau_{zn} \bar{u}' + \tau_{zs} \bar{v}'_* + \sigma_z \bar{w}'_*)] \, dF \\ & + \int_s (\bar{p}_n \bar{u} + \bar{p}_s \bar{v} + \bar{p}_z \bar{w}) \, ds, \end{aligned} \qquad (V.37)$$

wo:

$$\bar{v} = \bar{v}_*(z, s, e = 0)$$

und

$$\bar{w} = \bar{w}_*(z, s, e = 0)$$

sind.

Die Arbeit $\bar{U}$ der inneren Kräfte erhalten wir als negative Arbeit der Spannungskomponenten bei den gegebenen virtuellen Formänderungen.

Unter Berücksichtigung, daß

$$\varepsilon_{n*} = \gamma_{sn*} = \gamma_{zn*} = 0$$

sind, erhalten wir für die Einheit der Stablänge:

$$\bar{U} = - \int_F (\sigma_z \bar{\varepsilon}_{z*} + \tau_{zs} \bar{\gamma}_{zs*} + \sigma_s \bar{\varepsilon}_{s*}) \, dF_*$$

bzw.:

$$\bar{U} = -\int_F [\sigma_z \bar{w}'_* + \tau_{sz}(\bar{v}'_* + \dot{\bar{w}}_*) + \sigma_s \dot{\bar{v}}_*]\, dF_* . \tag{V.38}$$

Setzen wir die Ausdrücke (V.37) und (V.38) in die Gleichung (V.35) ein, so erhalten wir:

$$\int_F (\tau'_{zn}\bar{u} + \tau'_{zs}\bar{v}_* + \sigma'_z\bar{w}_* + \tau_{zn}\bar{u}' - \sigma_s\dot{\bar{v}}_* - \tau_{zs}\dot{\bar{w}}_*)\, dF_*$$
$$+ \int_s (\bar{p}_n\bar{u} + \bar{p}_s\bar{v} + \bar{p}_z\bar{w})\, ds = 0. \tag{V.39}$$

Durch Einsetzen der Ausdrücke (V.34) für $\bar{u}_*$, $\bar{v}_*$ und $\bar{w}_*$ in die obige Gleichung ergibt sich:

$$\left.\begin{aligned}
&\sum_{i=0}^{I}\Big\{\bar{V}_i\Big[\int_F \big(\tau'_{zn}u_V^{(i)} + \tau'_{zs}(v^{(i)} - \dot{u}_V^{(i)}e) + \sigma_s e\ddot{u}_V^{(i)}\big)\, dF_* \\
&\quad + \int_s (\bar{p}_s v^{(i)} + \bar{p}_n u_V^{(i)})\, ds\Big] \\
&\quad + \bar{V}'_i\Big[\int_F \big(-\sigma'_z(\omega^{(i)} + u_V^{(i)}e) + \tau_{zn}u_V^{(i)} + \tau_{zs}(\dot{\omega}^{(i)} + \dot{u}_V^{(i)}e)\big)\, dF_* \\
&\quad - \int_s \bar{p}_z\omega^{(i)} ds\Big]\Big\} \\
&\quad + \sum_{k=1}^{K}\Big\{\bar{\Phi}_k\Big[\int_F (\tau'_{zn}u_\Phi^{(k)} - \tau'_{sz}\dot{u}_\Phi^{(k)}e + \sigma_s\ddot{u}_\Phi^{(k)}e)\, dF_* + \int_s \bar{p}_n u_\Phi^{(k)}\, ds\Big] \\
&\quad + \bar{\Phi}'_k\Big[\int_F (-\sigma'_z u_\Phi^{(k)}e + \tau_{zs}\dot{u}_\Phi^{(k)}e + \tau_{zn}u_\Phi^{(k)})\, dF_*\Big]\Big\} = 0.
\end{aligned}\right\} \tag{V.40}$$

Da die Größen $\bar{V}_i$, $\bar{V}'_i$, $\bar{\Phi}_k$ und $\bar{\Phi}'_k$ im Punkt $z = z_0$ beliebig sein und von Null verschiedene Werte haben können, müssen, damit die Gleichung (V.40) befriedigt wird, die Ausdrücke in den eckigen Klammern für jedes i bzw. für jedes k gleich Null sein:

$$\left.\begin{aligned}
&\int_F [\tau'_{zn}u_V^{(i)} + \tau'_{zs}(v^{(i)} - \dot{u}_V^{(i)}e) + \sigma_s\ddot{u}_V^{(i)}e]\, dF_* \\
&\qquad + \int_s (\bar{p}_s v^{(i)} + \bar{p}_n u_V^{(i)})\, ds = 0, \\
&\int_F [-\sigma'_z(\omega^{(i)} + u_V^{(i)}e) + \tau_{zn}u_V^{(i)} + \tau_{zs}(\dot{\omega}^{(i)} + \dot{u}_V^{(i)}e)]\, dF_* \\
&\qquad - \int_s \bar{p}_z\omega^{(i)}\, ds = 0,
\end{aligned}\right\} \tag{V.41}$$

$$i = 0, 1, 2, \ldots, I$$

und

$$\left.\begin{aligned}
&\int_F (\tau'_{zn}u_\Phi^{(k)} - \tau'_{zs}\dot{u}_\Phi^{(k)}e + \sigma_s\ddot{u}_\Phi^{(k)}e)\, dF_* + \int_s \bar{p}_n u_\Phi^{(k)}\, ds = 0, \\
&\int_F (-\sigma'_z u_\Phi^{(k)}e + \tau_{zs}\dot{u}_\Phi^{(k)}e + \tau_{zn}u_\Phi^{(k)})\, dF_* = 0,
\end{aligned}\right\} \tag{V.42}$$

$$k = 1, 2, \ldots, K.$$

Die Integration nach e ergibt, unter Berücksichtigung der Ausdrücke (V.29) für die Schnittkräfte:

$$\left.\begin{aligned} &\int_s (n'_{zn} u_V^{(i)} + n'_{zs} v^{(i)} - m'_{zs} \dot{u}_V^{(i)} + m_s \ddot{u}_V^{(i)})\, ds \\ &\qquad + \int_s (\bar{p}_s v^{(i)} + \bar{p}_n u_V^{(i)})\, ds = 0, \\ &\int_s (-n'_z \omega^{(i)} - m'_z u_V^{(i)} + n_{zn} u_V^{(i)} + n_{zs} \dot{\omega}^{(i)} + m_{zs} \dot{u}_V^{(i)})\, ds \\ &\qquad - \int_s \bar{p}_z \omega^{(i)}\, ds = 0, \\ &\qquad\qquad i = 0, 1, 2, \ldots, I, \end{aligned}\right\} \quad (\text{V.43a, b})$$

$$\left.\begin{aligned} &\int_s (n'_{zn} u_\Phi^{(k)} - m'_{zs} \dot{u}_\Phi^{(k)} + m_s \ddot{u}_\Phi^{(k)})\, ds + \int_s \bar{p}_n u_\Phi^{(k)}\, ds = 0, \\ &\int_s (-m'_z u_\Phi^{(k)} + m_{zs} \dot{u}_\Phi^{(k)} + n_{zn} u_\Phi^{(k)})\, ds = 0. \\ &\qquad\qquad k = 1, 2, \ldots, K. \end{aligned}\right\} \quad (\text{V.44a, b})$$

Die Elimination der Schnittkräfte n_{zn} und n_{zs}, welche wir zufolge der über die Formänderungen getroffenen Voraussetzungen nicht durch die Verschiebungen ausdrücken können, ermöglicht es uns, die vier Gleichungssysteme (V.43) und (V.44) auf zwei Systeme von Gleichungen zurückzuführen.

Durch Differentiation der Gleichung (V.43b) nach z erhalten wir:

$$\int_s (n'_{zn} u_V^{(i)} + n'_{zs} \omega^{(i)})^{\bullet} ds = \int_s (n''_z \omega^{(i)} + m''_z u_V^{(i)} - m'_{zs} \dot{u}_V^{(i)})\, ds + \int_s \bar{p}'_z \omega^{(i)}\, ds. \quad (\text{V.45})$$

Auf die gleiche Weise erhalten wir aus Gleichung (V.44b):

$$\int_s n'_{zn} u_\Phi^{(k)}\, ds = \int_s (m''_z u_\Phi^{(k)} - m'_{zs} \dot{u}_\Phi^{(k)})^{\bullet} ds. \quad (\text{V.46})$$

Durch Einsetzen des Ausdruckes (V.45) in die Gleichung (V.43a) sowie des Ausdruckes (V.46) in die Gleichung (V.44a) erhalten wir unter Berücksichtigung, daß $v^{(i)} = \dot{\omega}^{(i)}$ ist, endlich:

$$\left.\begin{aligned} &\int_s (n''_z \omega^{(i)} + m''_z u_V^{(i)} - 2m'_{zs} \dot{u}_V^{(i)} + m_s \ddot{u}_V^{(i)})\, ds \\ &\qquad + \int_s (\bar{p}_n u_V^{(i)} + \bar{p}_s v^{(i)} + \bar{p}'_z \omega^{(i)})\, ds = 0, \\ &\int_s (m''_z u_\Phi^{(k)} - 2m'_{zs} \dot{u}_\Phi^{(k)} + m_s \ddot{u}_\Phi^{(k)})\, ds + \int_s \bar{p}_n u_\Phi^{(k)}\, ds = 0. \end{aligned}\right\} \quad (\text{V.47a, b})$$

Durch Einsetzen der Ausdrücke (V.32) für die Schnittkräfte in die Gleichungen (V.47) erhalten wir:

$$\left.\begin{aligned} &\sum_{j=0}^{I} [(a_{ij} + b_{ij}) V_j'''' - b^*_{ij} V_j'' + \ddot{b}_{ij} V_j] \\ &\qquad + \sum_{l=1}^{K} [c_{il} \Phi_l'''' - c^*_{il} \Phi_l'' + \ddot{c}_{il} \Phi_l] = \frac{1}{E'} A_{i0}, \\ &\qquad\qquad i = 0, 1, 2, \ldots, I, \\ &\sum_{j=0}^{I} [c_{kj} V_j'''' - c^*_{kj} V_j'' + \ddot{c}_{kj} V_j] \\ &\qquad + \sum_{l=1}^{K} [d_{kl} \Phi_l'''' - 2\dot{d}_{kl} \Phi_l'' + \ddot{d}_{kl} \Phi_l] = \frac{1}{E'} B_{k0}, \\ &\qquad\qquad k = 1, 2, \ldots, K. \end{aligned}\right\} \quad (\text{V.48a, b})$$

In diesen Gleichungen bedeuten:

$$\left.\begin{aligned}
a_{ij} &= \int_s t\omega^{(i)}\omega^{(j)}\,ds = a_{ji}, & c_{il} &= \frac{1}{12}\int_s t^3 u_V^{(i)} u_\Phi^{(l)}\,ds,\\
b_{ij} &= \frac{1}{12}\int_s t^3 u_V^{(i)} u_V^{(j)}\,ds = b_{ji}, & \dot{c}_{il} &= \frac{1}{12}\int_s t^3 \dot{u}_V^{(i)} \dot{u}_\Phi^{(l)}\,ds,\\
\dot{b}_{ij} &= \frac{1}{12}\int_s t^3 \dot{u}_V^{(i)} \dot{u}_V^{(j)}\,ds = \dot{b}_{ji}, & \bar{c}_{il} &= \frac{1}{12}\int_s t^3 u_V^{(i)} \ddot{u}_\Phi^{(l)}\,ds,\\
\ddot{b}_{ij} &= \frac{1}{12}\int_s t^3 \ddot{u}_V^{(i)} \ddot{u}_V^{(j)}\,ds = \ddot{b}_{ji}, & \ddot{c}_{il} &= \frac{1}{12}\int_s t^3 \ddot{u}_V^{(i)} \ddot{u}_\Phi^{(l)}\,ds,\\
\bar{b}_{ij} &= \frac{1}{12}\int_s t^3 u_V^{(i)} \ddot{u}_V^{(j)}\,ds,\\
\bar{\bar{b}}_{ij} &= \frac{1}{12}\int_s t^3 \ddot{u}_V^{(i)} u_V^{(j)}\,ds,\\
b_{ij}^* &= 2\dot{b}_{ij} \quad \text{für} \quad i, j \neq 3,\\
b_{ij}^* &= 2(1-\nu)\,\dot{b}_{ij} - \nu(\bar{b}_{ij} + \bar{\bar{b}}_{ij}) \quad \text{für} \quad i, j = 3.
\end{aligned}\right\} \tag{V.49}$$

$$\left.\begin{aligned}
c_{il}^* &= (2-\nu)\,\dot{c}_{il} - \nu\bar{c}_{il},\\
c_{kj} &= \frac{1}{12}\int_s t^3 u_\Phi^{(k)} u_V^{(j)}\,ds, & d_{kl} &= \frac{1}{12}\int_s t^3 u_\Phi^{(k)} u_\Phi^{(l)}\,ds = d_{lk},\\
\dot{c}_{kj} &= \frac{1}{12}\int_s t^3 \dot{u}_\Phi^{(k)} \dot{u}_V^{(j)}\,ds, & \dot{d}_{kl} &= \frac{1}{12}\int_s t^3 \dot{u}_\Phi^{(k)} \dot{u}_\Phi^{(l)}\,ds = \dot{d}_{lk},\\
\bar{c}_{kj} &= \frac{1}{12}\int_s t^3 \ddot{u}_\Phi^{(k)} u_V^{(j)}\,ds, & \ddot{d}_{kl} &= \frac{1}{12}\int_s t^3 \ddot{u}_\Phi^{(k)} \ddot{u}_\Phi^{(l)}\,ds = \ddot{d}_{lk},\\
\ddot{c}_{kj} &= \frac{1}{12}\int_s t^3 \ddot{u}_\Phi^{(k)} \ddot{u}_V^{(j)}\,ds,\\
c_{kj}^* &= (2-\nu)\,\dot{c}_{kj} - \nu\bar{c}_{kj}.
\end{aligned}\right\} \tag{V.50}$$

In diesen Ausdrücken wurde berücksichtigt, daß in Hinblick auf die Gleichungen (V.10), (V.11) und (V.21) die Beziehungen gelten:

$$\int_s t^3 u_\Phi^{(k)} \ddot{u}_\Phi^{(l)}\,ds = -\int_s t^3 \dot{u}_\Phi^{(k)} \dot{u}_\Phi^{(l)}\,ds,$$

$$\int_s t^3 \ddot{u}_V^{(i)} u_\Phi^{(l)}\,ds = -\int_s t^3 \dot{u}_V^{(i)} \dot{u}_\Phi^{(l)}\,ds$$

und daß

$$\bar{b}_{ij} = -\dot{b}_{ij} \quad \text{für} \quad j \neq 3,$$

$$\bar{\bar{b}}_{ij} = -\dot{b}_{ij} \quad \text{für} \quad i \neq 3$$

ist.

Die Belastungsglieder in den Gleichungen (V.48) sind:

$$\left.\begin{aligned} A_{i0} &= \int_s (m''_{z,p} u_V^{(i)} - 2m'_{zs,p} \dot{u}_V^{(i)} + m_{s,p} \ddot{u}_V^{(i)})\, ds \\ &\quad + \int_s (\bar{p}_n u_V^{(i)} + \bar{p}_s v^{(i)} + \bar{p}'_z \omega^{(i)})\, ds \\ \text{und}\qquad B_{k0} &= \int_s (m''_{z,p} u_\Phi^{(k)} - 2m'_{zs,p} \dot{u}_\Phi^{(k)} + m_{s,p} \ddot{u}_\Phi^{(k)})\, ds \\ &\quad + \int_s \bar{p}_n u_\Phi^{(k)}\, ds. \end{aligned}\right\} \qquad (\text{V.51a, b})$$

Durch partielle Integration können wir für $i > 3$ das erste Integral der Gleichung (V.51a) für die Platte $k-r$ auf die folgende Form bringen:

$$\int_s (m''_{z,p} + 2m'^{\cdot}_{zs,p} + \ddot{m}_{s,p})\, u_V^{(i)}\, ds - (\dot{m}_{s,p} + 2m'_{zs,p})\, u_V^{(i)} \Big|_{s_{kr}=0}^{s_{kr}=b_{kr}}.$$

Ebenso ergibt die partielle Integration des ersten Integrals der Gleichung (V.51b):

$$\int_s (m''_{z,p} + 2m'^{\cdot}_{zs} + \ddot{m}_{s,p})\, u_\Phi^{(k)}\, ds + m_{s,p} \dot{u}_\Phi^{(k)} \Big|_{s_{kr}=0}^{s_{kr}=b_{kr}}.$$

Da die Schnittkräfte $m_{z,p} \cdots m_{s,p}$ der Lösung u_p für die rechteckige, durch $\bar{p}_n$ belastete Platte entsprechen, muß der Ausdruck:

$$(m''_{z,p} + 2m'^{\cdot}_{zs,p} + \ddot{m}_{s,p} + \bar{p}_n)$$

in jedem Punkt der Plattenmittelfläche gleich Null sein und folglich ist auch:

$$\int_s (m''_{z,p} + 2m'^{\cdot}_{zs,p} + \ddot{m}_{s,p} + \bar{p}_n)\, u_V^{(i)}\, ds = 0.$$

Ebenso ist:

$$\int_s (m''_{z,p} + 2m'^{\cdot}_{zs,p} + \ddot{m}_{s,p} + \bar{p}_n)\, u_\Phi^{(k)}\, ds = 0.$$

Der Ausdruck:

$$\dot{m}_{s,p} + m'_{zs,p} = \bar{n}_{sn,p}$$

stellt die sogenannte Ersatzquerkraft dar.

Wir setzen:

$$\bar{n}_{sn,p}(s_{kr} = 0) = p_{kr},$$

$$-\bar{n}_{sn,p}(s_{kr} = b_{kr}) = p_{rk}$$

und erhalten (siehe Abb. V.8):

$$-(\dot{m}_{s,p} + 2m'_{zs,p})\, u_V^{(i)} \Big|_{s_{kr}=0}^{s_{kr}=b_{kr}} = p_{kr} \alpha_{kr}^{(i)} + p_{rk} \alpha_{rk}^{(i)}. \qquad (\text{V.52})$$

Die rechte Seite der Gleichung (V.52) bedeutet nichts anderes, als die negative Arbeit der Reaktionen längs der Kanten k und r, welche aus der Lösung u_p für eine virtuelle Verschiebung $V_i = 1$ erhalten wird.

Ziehen wir nunmehr alle Platten, aus welchen der Stab zusammengesetzt ist, in Betracht, so können wir das Glied A_{i0} in der folgenden Form schreiben:

$$A_{i0} = \sum_{k=1}^{K} \sum_{r=1}^{R} p_{kr} \alpha_{kr}^{(i)} + \int_s (\bar{p}_s v^{(i)} + \bar{p}'_z \omega^{(i)})\, ds \quad \text{für} \quad i > 3. \qquad (\text{V.53})$$

Wir (Abb. V.8) setzen:

$$m_{s,p}(s_{kr} = b_{kr}) = -m_{rk},$$
$$m_{s,p}(s_{kr} = 0) = -m_{kr}$$

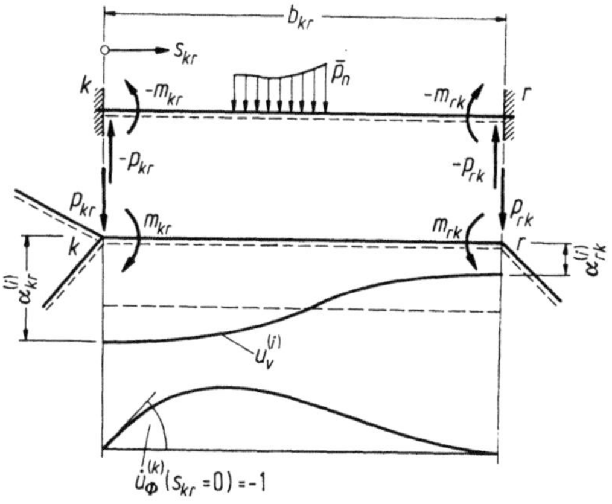

Abb. V.8

und erhalten:

$$m_{s,p}\dot{u}_{\Phi}^{(k)}\Big|_{s_{kr}=0}^{s_{kr}=b_{kr}} = m_{kr}\dot{u}_{\Phi}^{(k)}(s_{kr} = 0). \qquad (V.54)$$

Für alle im Knoten k zusammentreffenden Platten ergibt sich:

$$\sum_{r=1}^{R} m_{kr}\dot{u}_{\Phi}^{(k)}(s_{kr} = 0) = m_k. \qquad (V.55)$$

Mit Rücksicht darauf, daß $\dot{u}_{\Phi}^{(k)}(s_{kr} = 0)$ entweder den Wert $+1$ oder -1 hat, erhält man die Größe m_k, welche das äußere verteilte Biegungsmoment längs der Knotenlinie k darstellt, als Summe der Momente m_{kr}, wobei jene Momente m_{kr}, deren Drehsinn entgegen dem Uhrzeiger weist, mit dem positiven Vorzeichen einzusetzen sind.

Unter Berücksichtigung der Gleichungen (V.54) und (V.55) erhalten wir für das freie Glied B_{k0}:

$$B_{k0} = m_k. \qquad (V.56)$$

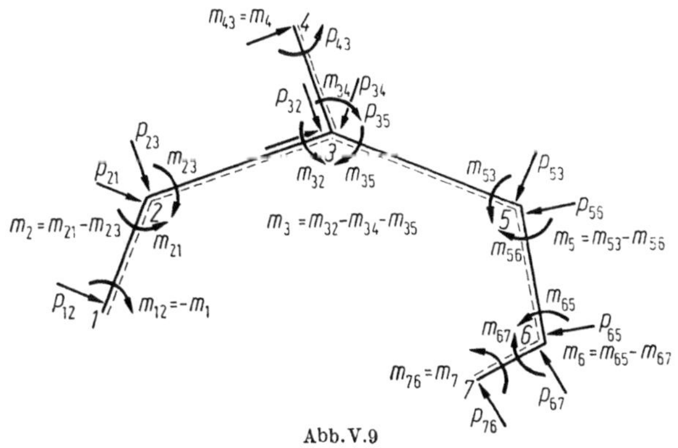

Abb. V.9

In Abb. V.9 sind die Linienbelastungen und die äußeren verteilten Momente für das Beispiel des in Abb. V.1 gezeigten Stabquerschnittes eingetragen.

Die axiale Beanspruchung des Stabes können wir aus dem Gleichungssystem (V.48a) eliminieren, wenn wir setzen:

$$\overline{\omega}^{(i)} = \omega^{(i)} + \beta_{i0}\omega^{(0)}, \qquad i = 1, 2, \ldots, I \tag{V.57}$$

und den Koeffizienten β_{i0} aus der Bedingung:

$$\int_F \overline{\omega}^{(i)}\omega^{(0)}\, dF = 0, \tag{V.58}$$

bestimmen, wo $dF = t\, ds$ ist.

Durch Einsetzen des Ausdruckes (V.57) in die Gleichung (V.58) erhalten wir:

$$\int_F \omega^{(0)}(\omega^{(i)} + \beta_{i0}\omega^{(0)})\, dF = 0,$$

beziehungsweise, weil $\omega^{(0)} = 1$ (Gleichung (V.6)):

$$\beta_{i0} = -\frac{\int_F \omega^{(i)}\, dF}{F}. \tag{V.59}$$

Unter Berücksichtigung dieser Transformation sowie der in der Gleichung (V.6) getroffenen Festsetzung, daß $W_0 = -V_0'$ ist und weil nach Gleichung (V.26) $v^{(0)} = u_V^{(0)} = 0$ gesetzt wurde, lautet die Gleichung (V.48a) für $i = 0$:

$$E'FW_0''' = -\int_s \bar{p}_z'\, ds,$$

bzw. mit Berücksichtigung der Gleichung (V.43b):

$$E'FW_0'' = -p_z, \tag{V.60}$$

wo

$$p_z = \int_s \bar{p}_z\, ds$$

ist.

Nach der Elimination der Axialbeanspruchung geht das Gleichungssystem (V.48) über in:

$$\left.\begin{aligned}
&\sum_{j=1}^{I} [(a_{ij} + b_{ij})\, V_j'''' - b_{ij}^* V_j'' + \ddot{b}_{ij} V_j] \\
&\qquad + \sum_{l=1}^{K} [c_{il}\Phi_l'''' - c_{il}^*\Phi_l'' + \ddot{c}_{il}\Phi_l] = \frac{1}{E'} A_{i0}, \\
&\qquad\qquad i = 1, 2, \ldots, I, \\
&\sum_{j=1}^{I} [c_{kj} V_j'''' - c_{kj}^* V_j'' + \ddot{c}_{kj} V_j] \\
&\qquad + \sum_{l=1}^{K} [d_{kl}\Phi_l'''' - 2\dot{d}_{kl}\Phi_l'' + \ddot{d}_{kl}\Phi_l] = \frac{1}{E'} B_{k0}, \\
&\qquad\qquad k = 1, 2, \ldots, K,
\end{aligned}\right\} \tag{V.61a, b}$$

wobei berücksichtigt werden muß, daß

$$a_{ij} = \int_s t\overline{\omega}^{(i)}\overline{\omega}^{(j)}\, ds \tag{V.62}$$

ist.

5. Randbedingungen. Lösung der Aufgabe

Die Randbedingungen an den Stabenden können durch Verschiebungen, durch Kräfte oder durch beide Arten von Einwirkungen gegeben sein.

Die gegebenen Verschiebungen u_*^*, v_*^* und w_*^* an den Stabenden müssen die getroffenen Voraussetzungen über die Verformung des Stabes befriedigen. Diese Verschiebungen können wir in der folgenden Form ausdrücken:

$$\left.\begin{aligned} u_*^* &= \sum_{i=1}^{I} V_i^* u_V^{(i)} + \sum_{k=1}^{K} \Phi_k^* u_\Phi^{(k)} + u_p^*, \\ v_*^* &= \sum_{i=1}^{I} V_i^* (v^{(i)} - \dot{u}_V^{(i)} e) - \sum_{k=1}^{K} \Phi_k^* \dot{u}_\Phi^{(k)} e - \dot{u}_p^* e, \\ w_*^* &= -\sum_{i=1}^{I} V_i^{*\prime} (\overline{\omega}^{(i)} + u_V^{(i)} e) - \sum_{k=1}^{K} \Phi_k^{*\prime} u_\Phi^{(k)} e - u_p^{*\prime} e + W_0^*, \end{aligned}\right\} \qquad \text{(V.63)}$$

wo V_i^* die gegebenen Parameter der Verschiebungen, Φ_k^* die gegebenen Knotenverdrehungen und $V_i^{*\prime}$ sowie $\Phi_k^{*\prime}$ deren Ableitungen sind. Die Funktionen u_p^*, $\dot{u}_p^*$ und $u_p^{*\prime}$ beschreiben die Verschiebungen der Punkte des Stabendquerschnittes, wenn die Parameter $V_i^* \cdots \Phi_k^{*\prime}$ gleich Null sind.

Die Randbedingungen nach den Verschiebungen führen wir auf die Gleichungen:

$$\left.\begin{aligned} u_* &= u_*^*, \\ v_* &= v_*^*, \\ w_* &= w_*^* \end{aligned}\right\} \qquad \text{(V.64)}$$

zurück, bzw. mit Rücksicht auf die Gleichungen (V.25) sowie im Hinblick auf die Ausdrücke (V.6) und (V.26) auf die Gleichungen:

$$\left.\begin{aligned} V_i &= V_i^*, \\ V_i' &= V_i^{*\prime}, \end{aligned}\right\} i = 1, 2, \ldots, I, \qquad \text{(V.65)}$$

$$\left.\begin{aligned} \Phi_k &= \Phi_k^*, \\ \Phi_k' &= \Phi_k^{*\prime}, \end{aligned}\right\} k = 1, 2, \ldots, K, \qquad \text{(V.66)}$$

$$W_0 = W_0^*, \qquad \text{(V.67)}$$

und

$$\left.\begin{aligned} u_p &= u_p^*, \\ u_p' &= u_p^{*\prime}. \end{aligned}\right\} \qquad \text{(V.68)}$$

Die Randbedingung (V.67) bezieht sich auf die Differentialgleichungen (V.60) und die Bedingungen (V.65) und (V.66) auf das Gleichungssystem (V.61). Im Falle, daß wir als Näherung für u_p die Lösung des unendlichen lang Plattenstreifens einführen, werden die Bedingungen (V.68) im allgemeinen nicht befriedigt.

Die Gesamtzahl der Randbedingungen (V.65) und (V.66) beträgt $4\,(I + K)$.

Die Randbedingungen durch die Kräfte formulieren wir in folgender Weise:

$$\int_F (\vec{\sigma}_z - \vec{p}_z)\, \vec{u}_*\, dF = 0, \qquad \text{(V.69)}$$

wo $\vec{\bar{p}}_z$ der Vektor der Flächenbelastung auf den Endquerschnitten mit den Komponenten $(\bar{p}_{zz}, \bar{p}_{zs}, \bar{p}_{zn})$ ist, bzw. durch die Bedingungen:

$$\int_F (\tau_{zn}\bar{u}_* + \tau_{zs}\bar{v}_* + \sigma_z\bar{w}_*)\,dF_* = \int_F (\bar{p}_{zn}\bar{u}_* + \bar{p}_{zs}\bar{v}_* + \bar{p}_{zz}\bar{w}_*)\,dF_*. \tag{V.70}$$

Nach dem Einsetzen der Ausdrücke (V.34) für $\bar{u}_*$, $\bar{v}_*$ und $\bar{w}_*$ und nach der Integration längs der Wandstärke t zerfällt die Gleichung (V.70) in die folgenden Gleichungssysteme:

$$\left.\begin{aligned}\int_s (n_{zn}u_V^{(i)} + n_{zs}v^{(i)} - m_{zs}\dot{u}_V^{(i)})\,ds &= \int_s (n^*_{zn}u_V^{(i)} + n^*_{zs}v^{(i)} - m^*_{zs}\dot{u}_V^{(i)})\,ds,\\ \int_s (n_z\bar{\omega}^{(i)} + m_z u_V^{(i)})\,ds &= \int_s (n^*_z\bar{\omega}^{(i)} + m^*_z u_V^{(i)})\,ds,\end{aligned}\right\} \tag{V.71a, b}$$

$$i = 1, 2, \ldots, I,$$

$$\left.\begin{aligned}\int_s (n_{zn}u_\Phi^{(k)} - m_{zs}\dot{u}_\Phi^{(k)})\,ds &= \int_s (n^*_{zn}u_\Phi^{(k)} - m^*_{zs}\dot{u}_\Phi^{(k)})\,ds,\\ \int_s m_z u_\Phi^{(k)}\,ds &= \int_s m^*_z u_\Phi^{(k)}\,ds,\end{aligned}\right\} \tag{V.72a, b}$$

$$k = 1, 2, \ldots, K$$

und

$$\int_s n_z\,ds = \int_s n^*_z\,ds. \tag{V.73}$$

In diesen Gleichungen bedeuten:

$$\left.\begin{aligned} n^*_{zn} &= \int_{-t/2}^{t/2} \bar{p}_{zn}\,de, & m^*_z &= \int_{-t/2}^{t/2} \bar{p}_{zz}e\,de,\\ n^*_{zs} &= \int_{-t/2}^{t/2} \bar{p}_{zs}\,de, & m^*_{zs} &= \int_{-t/2}^{t/2} \bar{p}_{zs}e\,de,\\ n^*_z &= \int_{-t/2}^{t/2} \bar{p}_{zz}\,de. \end{aligned}\right\} \tag{V.74}$$

Unter Verwendung der Ausdrücke (V.43b) und (V.44b) können wir die Gleichungen (V.71) und (V.72) auf die folgende Form bringen:

$$\left.\begin{aligned} &\int_s (n'_z\bar{\omega}^{(i)} + m'_z u_V^{(i)} - 2m_{zs}\dot{u}_V^{(i)})\,ds =\\ &\qquad -\int_s \bar{p}_z\bar{\omega}^{(i)}\,ds + \int_s (n^*_{zn}u_V^{(i)} + n^*_{zs}v^{(i)} - m^*_{zs}\dot{u}_V^{(i)})\,ds,\\ &\int_s (n_z\bar{\omega}^{(i)} + m_z u_V^{(i)})\,ds = \int_s (n^*_z\bar{\omega}^{(i)} + m^*_z u_V^{(i)})\,ds,\end{aligned}\right\} \tag{V.75}$$

$$i = 1, 2, \ldots, I,$$

$$\left.\begin{aligned}\int_s (m'_z u_\Phi^{(k)} - 2m_{zs}\dot{u}_\Phi^{(k)})\,ds &= \int_s (n^*_{zn}u_\Phi^{(k)} - m^*_{zs}\dot{u}_\Phi^{(k)})\,ds,\\ \int_s m_z u_\Phi^{(k)}\,ds &= \int_s m^*_z u_\Phi^{(k)}\,ds,\end{aligned}\right\} \tag{V.76}$$

$$k = 1, 2, \ldots, K.$$

Die linken Seiten der Gleichungen (V.75) und (V.76) drücken wir nun, unter Benutzung der Gleichungen (V.32), durch die Verschiebungskomponenten aus, und die bekannten Integrale auf der rechten Seite dieser Gleichungen bezeichnen wir der Reihe nach mit Q_V^{*i}, M_V^{*i}, Q_Φ^{*k} und M_Φ^{*k}.

Auf diese Weise erhalten wir nach der Integration über s:

$$\left.\begin{aligned} &\sum_{j=1}^{I} [(a_{ij}+b_{ij}) V_j''' - (2(1-\nu)\dot{b}_{ij} - \nu\bar{b}_{ij}) V_j'] \\ &\quad + \sum_{l=1}^{K} [c_{il}\Phi_l''' - (2(1-\nu)\dot{c}_{il} - \nu\bar{c}_{il})\Phi_l'] \\ &\quad - \frac{1}{E'}\int_s (m_{zp}'u_V^{(i)} - 2m_{zs,p}\dot{u}_V^{(i)})\,ds = -\frac{1}{E'}Q_V^{*i}, \\ &\sum_{j=1}^{I} [(a_{ij}+b_{ij}) V_j'' + \nu\bar{b}_{ij}V_j] + \sum_{l=1}^{K} (c_{il}\Phi_l'' + \nu\bar{c}_{il}\Phi_l) \\ &\quad - \frac{1}{E'}\int_s m_{z,p}u_V^{(i)}\,ds = -\frac{1}{E'}M_V^{*i}, \\ &\qquad i = 1, 2, \ldots, I, \end{aligned}\right\} \tag{V.77}$$

$$\left.\begin{aligned} &\sum_{j=1}^{I} [c_{kj}V_j''' - (2-\nu)\dot{c}_{kj}V_j'] + \sum_{l=1}^{K} [d_{kl}\Phi_l''' - (2-\nu)\dot{d}_{kl}\Phi_l'] \\ &\quad - \frac{1}{E'}\int_s (m_{z,p}'u_\Phi^{(k)} - 2m_{zs,p}\dot{u}_\Phi^{(k)})\,ds = -\frac{1}{E'}Q_\Phi^{*k}, \\ &\sum_{j=1}^{I} (c_{kj}V_j'' - \nu\dot{c}_{kj}V_j) + \sum_{l=1}^{K} (d_{kl}\Phi_l'' - \nu\,\dot{d}_{kl}\Phi_l) \\ &\quad - \frac{1}{E'}\int_s m_{z,p}u_\Phi^{(k)}\,ds = -\frac{1}{E'}M_\Phi^{*k}, \\ &\qquad k = 1, 2, \ldots, K. \end{aligned}\right\} \tag{V.78}$$

Durch partielle Integration und mit Berücksichtigung, daß $m_{zs,p}(s_{kr}=0) = m_{zs,p}(s_{rk}=0) = 0$ erhalten wir:

$$\int_s (m_{z,p}'u_V^{(i)} - 2m_{zs,p}\dot{u}_V^{(i)})\,ds = \int_s (m_{z,p}' + 2\dot{m}_{zs,p})\,u_V^{(i)}\,ds = \int_s \bar{n}_{zn,p}u_V^{(i)}\,ds,$$

wo

$$\bar{n}_{zn,p} = m_{z,p}' + 2\dot{m}_{zs,p}$$

die sogenannte Ersatzquerkraft der Platte ist.

Auf die gleiche Weise erhalten wir:

$$\int_s (m_{z,p}'u_\Phi^{(k)} - 2m_{zs,p}\dot{u}_\Phi^{(k)})\,ds = \int_s \bar{n}_{zn,p}u_\Phi^{(k)}\,ds.$$

Wählen wir die Lösung u_p derart, daß sie außer den bereits erwähnten Bedingungen an den Stabenden noch die homogenen Randbedingungen

$$\bar{n}_{zn,p} = 0 \tag{V.79}$$

und

$$m_{z,p} = 0 \tag{V.80}$$

erfüllt, so werden die Integrale in den Gleichungen identisch gleich Null.

Die Differentialgleichungen (V.61) werden wir in Matrizenform darstellen.

Die unbekannten Größen V_i und Φ_k werden als Komponenten der Spaltvektoren $\boldsymbol{V}$ und $\boldsymbol{\Phi}$ aufgefaßt:

$$\boldsymbol{V} = \left\| \begin{matrix} V_1 \\ V_2 \\ \vdots \\ V_i \\ \vdots \\ V_I \end{matrix} \right\|, \qquad \boldsymbol{\Phi} = \left\| \begin{matrix} \Phi_1 \\ \Phi_2 \\ \vdots \\ \Phi_k \\ \vdots \\ \Phi_K \end{matrix} \right\|. \tag{V.81}$$

Aus den Koeffizienten a_{ij}, b_{ij}, b_{ij}^* bilden wir die quadratischen Matrizen $\boldsymbol{A}$, $\boldsymbol{B}$, $\boldsymbol{B}^*$ von der Ordnung I und aus den Koeffizienten c_{il}, c_{il}^*, $\ddot{c}_{il}$ die Rechtecksmatrizen $\boldsymbol{C}$, $\boldsymbol{C}^*$ und $\ddot{\boldsymbol{C}}$ mit I Zeilen und K Spalten.

Ebenso bilden wir aus den Koeffizienten d_{kl}, $\dot{d}_{kl}$ und $\ddot{d}_{kl}$ die quadratischen Matrizen $\boldsymbol{D}$, $\dot{\boldsymbol{D}}$ und $\ddot{\boldsymbol{D}}$ von der Ordnung K.

Die Koeffizienten c_{kj}, c_{kj}^* und $\ddot{c}_{kj}$ bilden die Matrizen $\tilde{\boldsymbol{C}}$, $\tilde{\boldsymbol{C}}^*$ und $\tilde{\ddot{\boldsymbol{C}}}$ mit K Zeilen und I Spalten, wobei sie mit Rücksicht auf den Charakter der Koeffizienten (siehe die Gleichungen (V.49) und (V.50)) die transponierten Matrizen von $\boldsymbol{C}$, $\boldsymbol{C}^*$ und $\ddot{\boldsymbol{C}}$ sind.

Das System der Gleichungen (V.61) können wir nun in der folgenden Form schreiben:

$$\left.\begin{aligned} (\boldsymbol{A} + \boldsymbol{B})\, \boldsymbol{V}'''' - \boldsymbol{B}^*\boldsymbol{V}'' + \ddot{\boldsymbol{B}}\boldsymbol{V} + \boldsymbol{C}\boldsymbol{\Phi}'''' - \boldsymbol{C}^*\boldsymbol{\Phi}'' + \ddot{\boldsymbol{C}}\boldsymbol{\Phi} &= \frac{1}{E'}\boldsymbol{A}_0, \\ \tilde{\boldsymbol{C}}\boldsymbol{V}'''' - \tilde{\boldsymbol{C}}^*\boldsymbol{V}'' + \tilde{\ddot{\boldsymbol{C}}}\boldsymbol{V} + \boldsymbol{D}\boldsymbol{\Phi}'''' - 2\dot{\boldsymbol{D}}\boldsymbol{\Phi}'' + \ddot{\boldsymbol{D}}\boldsymbol{\Phi} &= \frac{1}{E'}\boldsymbol{B}_0, \end{aligned}\right\} \tag{V.82}$$

wobei:

$$\boldsymbol{A}_0 = \left\| \begin{matrix} A_{10} \\ A_{20} \\ \vdots \\ A_{i0} \\ \vdots \\ A_{I0} \end{matrix} \right\|, \qquad \boldsymbol{B}_0 = \left\| \begin{matrix} B_{10} \\ B_{20} \\ \vdots \\ B_{k0} \\ \vdots \\ B_{K0} \end{matrix} \right\| \tag{V.83}$$

ist.

Durch Einführung von:

$$\boldsymbol{K} = \left\| \begin{matrix} (\boldsymbol{A} + \boldsymbol{B}) & \boldsymbol{C} \\ \tilde{\boldsymbol{C}} & \boldsymbol{D} \end{matrix} \right\|, \qquad \dot{\boldsymbol{K}} = \left\| \begin{matrix} \boldsymbol{B}^* & \boldsymbol{C}^* \\ \tilde{\boldsymbol{C}}^* & 2\dot{\boldsymbol{D}} \end{matrix} \right\|, \qquad \ddot{\boldsymbol{K}} = \left\| \begin{matrix} \ddot{\boldsymbol{B}} & \ddot{\boldsymbol{C}} \\ \tilde{\ddot{\boldsymbol{C}}} & \ddot{\boldsymbol{D}} \end{matrix} \right\| \tag{V.84}$$

und

$$\boldsymbol{\Psi} = \left\| \begin{matrix} \boldsymbol{V} \\ \boldsymbol{\Phi} \end{matrix} \right\|, \qquad \boldsymbol{K}_0 = \left\| \begin{matrix} \boldsymbol{A}_0 \\ \boldsymbol{B}_0 \end{matrix} \right\|, \tag{V.85}$$

können wir die Matrizengleichungen (V.82) durch die Gleichung

$$\boldsymbol{K}\boldsymbol{\Psi}'''' - \dot{\boldsymbol{K}}\boldsymbol{\Psi}'' + \ddot{\boldsymbol{K}}\boldsymbol{\Psi} = \frac{1}{E'}\boldsymbol{K}_0 \tag{V.86}$$

ersetzen.

Die Randbedingungen (V.65) und (V.66) werden mit Rücksicht auf die Ausdrücke (V.81) wie folgt angeschrieben:

$$\boldsymbol{V} = \boldsymbol{V}^*, \qquad \boldsymbol{V}' = \boldsymbol{V}^{*\prime}, \tag{V.87}$$

$$\boldsymbol{\Phi} = \boldsymbol{\Phi}^*, \qquad \boldsymbol{\Phi}' = \boldsymbol{\Phi}^{*\prime} \tag{V.88}$$

und unter Berücksichtigung von Gleichung (V.85) durch:

$$\boldsymbol{\Psi} = \boldsymbol{\Psi}^*, \qquad \boldsymbol{\Psi}' = \boldsymbol{\Psi}^{*\prime}, \tag{V.89}$$

wo:

$$\boldsymbol{\Psi}^* = \left\| \begin{matrix} \boldsymbol{V}^* \\ \boldsymbol{\Phi}^* \end{matrix} \right\|^1_{(I+K)} \tag{V.90}$$

bedeutet.

Die Bedingungen (V.77) und (V.78) lauten in Matrizenform:

$$\left.\begin{aligned} &(\boldsymbol{A} + \boldsymbol{B})\,\boldsymbol{V}''' - [2(1-\nu)\,\dot{\boldsymbol{B}} - \nu\bar{\boldsymbol{B}}]\,\boldsymbol{V}' + \boldsymbol{C}\boldsymbol{\Phi}''' \\ &\qquad - [2(1-\nu)\,\dot{\boldsymbol{C}} - \nu\bar{\boldsymbol{C}}]\,\boldsymbol{\Phi}' = -\frac{1}{E'}(\boldsymbol{Q}_V^* - \boldsymbol{Q}_V^0), \\ &\tilde{\boldsymbol{C}}\boldsymbol{V}''' - (2-\nu)\,\dot{\tilde{\boldsymbol{C}}}\boldsymbol{V}' + \boldsymbol{D}\boldsymbol{\Phi}''' - (2-\nu)\,\dot{\boldsymbol{D}}\boldsymbol{\Phi}' = \\ &\qquad -\frac{1}{E'}(\boldsymbol{Q}_\Phi^* - \boldsymbol{Q}_\Phi^0), \end{aligned}\right\} \tag{V.91}$$

$$\left.\begin{aligned} &(\boldsymbol{A} + \boldsymbol{B})\,\boldsymbol{V}'' + \nu\bar{\boldsymbol{B}}\boldsymbol{V} + \boldsymbol{C}\boldsymbol{\Phi}'' + \nu\bar{\boldsymbol{C}}\boldsymbol{\Phi} = \\ &\qquad -\frac{1}{E'}(\boldsymbol{M}_V^* - \boldsymbol{M}_V^0), \\ &\tilde{\boldsymbol{C}}\boldsymbol{V}'' - \nu\bar{\tilde{\boldsymbol{C}}}\boldsymbol{V} + \boldsymbol{D}\boldsymbol{\Phi}'' - \nu\dot{\boldsymbol{D}}\boldsymbol{\Phi}' = -\frac{1}{E'}(\boldsymbol{M}_\Phi^* - \boldsymbol{M}_\Phi^0). \end{aligned}\right\} \tag{V.92}$$

In diesen Gleichungen bedeuten:

$\bar{\boldsymbol{B}}$ die quadratische Matrix von der Ordnung I mit den Elementen $\bar{b}_{ij}$,

$\bar{\boldsymbol{C}}$ die rechteckige Matrix von der Ordnung IK mit den Elementen $\bar{c}_{il}$.

$$\boldsymbol{Q}_V^* = \left\| \begin{matrix} Q_V^{*1} \\ Q_V^{*2} \\ \vdots \\ Q_V^{*I} \end{matrix} \right\|, \qquad \boldsymbol{Q}_\Phi^* = \left\| \begin{matrix} Q_\Phi^{*1} \\ Q_\Phi^{*2} \\ \vdots \\ Q_\Phi^{*K} \end{matrix} \right\|, \tag{V.93}$$

$$\boldsymbol{M}_V^* = \left\| \begin{matrix} M_V^{*1} \\ M_V^{*2} \\ \vdots \\ M_V^{*I} \end{matrix} \right\|, \qquad \boldsymbol{M}_\Phi^* = \left\| \begin{matrix} M_\Phi^{*1} \\ M_\Phi^{*2} \\ \vdots \\ M_\Phi^{*K} \end{matrix} \right\| \tag{V.94}$$

und $\boldsymbol{Q}_V^0$, $\boldsymbol{Q}_\Phi^0$, $\boldsymbol{M}_V^0$ sowie $\boldsymbol{M}_\Phi^0$ Vektoren mit den Komponenten:

$$\left.\begin{aligned} Q_V^{0i} &= \int_s \bar{n}_{zn,\nu} u_V^{(i)}\, ds, \\ Q_\Phi^{0k} &= \int_s \bar{n}_{zn,\nu} u_\Phi^{(k)}\, ds, \end{aligned}\right\} \qquad (V.95)$$

$$\left.\begin{aligned} M_V^{0i} &= \int_s m_{z,\nu} u_V^{(i)}\, ds, \\ M_\Phi^{0k} &= \int_s m_{z,\nu} u_\Phi^{(k)}\, ds, \end{aligned}\right\} \qquad (V.96)$$

welche im Falle, daß die Bedingungen (V.79) und (V.80) erfüllt sind zu Null werden.

Durch die Einführung des Vektors $\boldsymbol{\Psi}$ gemäß der Gleichung (V.85) können wir die Randbedingungen (V.91) und (V.92) in folgender Form ausdrücken:

$$\left.\begin{aligned} \boldsymbol{K}\boldsymbol{\Psi}''' - \boldsymbol{K}_1\boldsymbol{\Psi}' &= -\frac{1}{E'}(\boldsymbol{Q}^* - \boldsymbol{Q}^0), \\ \boldsymbol{K}\boldsymbol{\Psi}'' + \nu\boldsymbol{K}_2\boldsymbol{\Psi} &= -\frac{1}{E'}(\boldsymbol{M}^* - \boldsymbol{M}^0), \end{aligned}\right\} \qquad (V.97)$$

wo

$$\boldsymbol{K}_1 = \left\| \begin{matrix} 2(1-\nu)\,\dot{\boldsymbol{B}} - \nu\bar{\boldsymbol{B}} & 2(1-\nu)\,\dot{\boldsymbol{C}} - \nu\bar{\boldsymbol{C}} \\ (2-\nu)\,\dot{\tilde{\boldsymbol{C}}} & (2-\nu)\,\dot{\boldsymbol{D}} \end{matrix} \right\|, \qquad (V.98)$$

$$\boldsymbol{K}_2 = \left\| \begin{matrix} \bar{\boldsymbol{B}} & \bar{\boldsymbol{C}} \\ -\dot{\tilde{\boldsymbol{C}}} & -\dot{\boldsymbol{D}} \end{matrix} \right\| \qquad (V.99)$$

und

$$\boldsymbol{Q}^0 = \left\| \begin{matrix} \boldsymbol{Q}_V^0 \\ \boldsymbol{Q}_\Phi^0 \end{matrix} \right\|, \quad \boldsymbol{M}^0 = \left\| \begin{matrix} \boldsymbol{M}_V^0 \\ \boldsymbol{M}_\Phi^0 \end{matrix} \right\| \qquad (V.100)$$

sind.

Die Zahl der skalaren Gleichgewichtsbedingungen (V.97) beträgt für den Fall, daß die Randbedingungen an beiden Stabenden durch Kräfte gegeben sind $2\times 2\,(I + K)$.

Sind die Randbedingungen in gemischter Form, d.h. teils durch Verschiebungen und teils durch Kräfte gegeben, müssen wir aus den Gleichungssystemen (V.65), (V.66), (V.77), (V.78) diejenigen Gleichungen wählen, welche die gegebenen gemischten Randbedingungen ausdrücken.

Die Gesamtzahl dieser Bedingungen muß für das betrachtete Stabende gleich $2\,(I + K)$ sein.

Für das vollständig eingespannte Stabende lauten die Randbedingungen durch die Verschiebungen:

$$\left.\begin{aligned} \boldsymbol{\Psi} &= 0, \\ \boldsymbol{\Psi}' &= 0. \end{aligned}\right\} \qquad (V.101)$$

Das frei aufgelagerte Stabende ist durch die Randbedingungen

$$\left.\begin{aligned} \boldsymbol{\Psi} &= 0 \\ \boldsymbol{K}\boldsymbol{\Psi}'' - \frac{1}{E'}\boldsymbol{M}^0 &= 0, \end{aligned}\right\} \quad (\text{V.102})$$

gekennzeichnet und für das vollständig freie Stabende ($\bar{p}_z = 0$) sind die entsprechenden Bedingungen:

$$\left.\begin{aligned} \boldsymbol{K}\boldsymbol{\Psi}''' - \boldsymbol{K}_1\boldsymbol{\Psi}' - \frac{1}{E'}\boldsymbol{Q}^0 &= 0, \\ \boldsymbol{K}\boldsymbol{\Psi}'' + \nu\boldsymbol{K}_2\boldsymbol{\Psi} - \frac{1}{E'}\boldsymbol{M}^0 &= 0. \end{aligned}\right\} \quad (\text{V.103})$$

Die Lösung der Matrizengleichung (V.86) bzw. des Systems der linearen Differentialgleichungen (V.61) mit den konstanten Koeffizienten kann in geschlossener Form für die beliebigen Randbedingungen erhalten werden. Die Lösung einer ähnlichen Aufgabe haben wir im Kapitel III.1 gezeigt.

Diese Arbeit ist bei einer einigermaßen größeren Anzahl von Unbekannten V_i und Φ_k zwar praktisch durchführbar, jedoch macht der Aufwand an Mühe und Zeit den Einsatz eines elektronischen Rechengerätes unbedingt erforderlich.

Die Differentialgleichungen (V.86) haben in erster Linie eine theoretische Bedeutung. Die in den Abschnitten 2 bis 6 dargelegte Theorie wurde in einer genügend allgemeinen Form entwickelt, so daß in ihr als Sonderfälle einfachere und für technische Zwecke brauchbare Theorien enthalten sind.

Die Gleichungen (V.86) dienen als Ausgangspunkt für die vereinfachten Lösungen, welche in den Abschnitten 7 bis 10 dargestellt werden.

Für den an beiden Enden $z = 0$ und $z = l$ frei gelagerten Stab, d.h. für die Randbedingungen (V.102) erhalten wir, unter der Voraussetzung, daß $\boldsymbol{M}^0 \equiv 0$, ist, die Lösung auf einfachere Weie durch Anwendung einer trigonometrischen Reihe.

Zu diesem Zwecke setzen wir die folgende Form der Lösung voraus:

$$\boldsymbol{\Psi} = \sum_{\mu=1}^{\infty} \boldsymbol{\Psi}_\mu \sin\frac{\mu\pi z}{l}, \quad (\text{V.104})$$

wo $\boldsymbol{\Psi}_\mu$ ($\mu = 1, 2 \ldots \infty$) ein unbekannter, konstanter Vektor mit $(I + K)$ Komponenten ist.

Durch Einsetzen des Ausdruckes (V.104) für $\boldsymbol{\Psi}$ in die Gleichung (V.86) erhalten wir:

$$\sum_{\mu=1}^{\infty} [\alpha_\mu^4 \boldsymbol{K} + \alpha_\mu^2 \dot{\boldsymbol{K}} + \ddot{\boldsymbol{K}}]\, \boldsymbol{\Psi}_\mu \sin\frac{\mu\pi z}{l} = \frac{1}{E'}\boldsymbol{K}_0, \quad (\text{V.105})$$

wo

$$\alpha_\mu = \frac{\mu\pi}{l}$$

ist.

Wir multiplizieren nun die linke und die rechte Seite der Gleichung (V.105) mit $\sin \nu\pi z/l$ ($\nu = 1, 2 \ldots \infty$) und integrieren sie in den Grenzen von 0 bis l. Auf diese Weise erhalten wir unendlich viele Systeme von $(I + K)$ linearen

Gleichungen:

$$[\alpha_\nu^4 \boldsymbol{K} + \alpha_\nu^2 \dot{\boldsymbol{K}} + \ddot{\boldsymbol{K}}]\, \boldsymbol{\Psi}_\nu = \frac{2}{E' l} \int\limits_{z=0}^{l} \boldsymbol{K}_0 \sin\frac{\nu\pi z}{l}\, dz, \qquad \text{(V.106)}$$

$$\nu = 1, 2, \ldots, \infty.$$

Durch die Auflösung dieser Gleichung:

$$\boldsymbol{\Psi}_\nu = [\alpha_\nu^4 \boldsymbol{K} + \alpha_\nu^2 \dot{\boldsymbol{K}} + \ddot{\boldsymbol{K}}]^{-1} \frac{2}{E' l} \int\limits_{z=0}^{l} \boldsymbol{K}_0 \sin\frac{\nu\pi z}{l}\, dz, \qquad \text{(V.107)}$$

$$\nu = 1, 2, \ldots, \infty,$$

erhalten wir die Koeffizienten $\boldsymbol{\Psi}_\nu$ im Ausdruck (V.104) und damit die Lösung der Aufgabe.

6. Bestimmung der Schubkräfte n_{zs}, der Querkräfte n_{sn} und n_{zn} und der Längskräfte n_s

Die Schnittkräfte n_{zs}, n_s, n_{sn} und n_{zn} konnten wir mit Rücksicht auf die getroffenen Voraussetzungen über die Formänderungen nicht unmittelbar durch die Verschiebungen durch die Anwendung des Hookeschen Gesetzes ausdrücken.

Indessen können wir diese Kräfte nunmehr durch die Verwendung der Gleichgewichtsbedingungen bestimmen.

Wir denken uns ein Element (Abb. V.10) aus dem Stab derart herausgeschnitten, daß wir zwei Ebenen, z = const und $z + dz$ = const senkrecht zur Stabachse legen und eine Ebene parallel zur Stabachse und senkrecht zur Profilmittellinie, welche durch den beliebigen Punkt S geht.

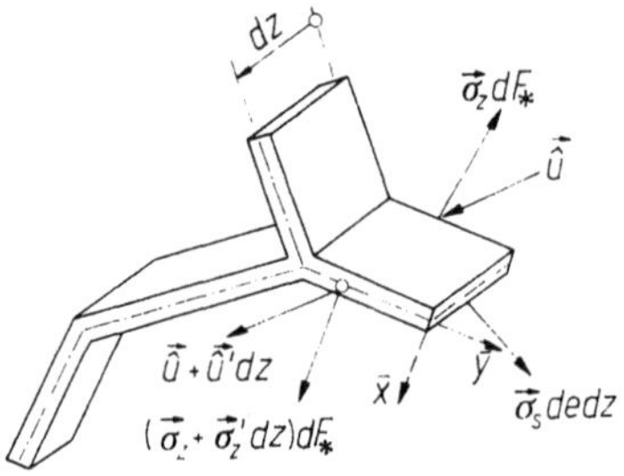

Abb. V.10

Wir erteilen den Punkten des Elementes virtuelle Verschiebungen, welche durch die Ausdrücke (V.34) bestimmt sind:

$$\left.\begin{aligned} \hat{u}_* &= \sum_{i=0}^{\hat{I}} \hat{V}_i \hat{u}_V^{(i)}, \\ \hat{v}_* &= \sum_{i=0}^{\hat{I}} \hat{V}_i (\hat{v}^{(i)} - \hat{u}_V^{(i)} e), \\ \hat{w}_* &= -\sum_{i=0}^{\hat{I}} \hat{V}_i' (\hat{\omega}^{(i)} + \hat{u}_V^{(i)} e), \end{aligned}\right\} \qquad \text{(V.108)}$$

wo $\hat{V}_i$ $(i = 1, 2, \ldots, \hat{I})$ die Verschiebungsparameter des abgeschnittenen Profilmittellinienteiles und $\hat{u}_V^{(i)} \cdots \hat{\omega}^{(i)}$ $(i = 1, 2, \ldots, \hat{I})$ im allgemeinen von $u_V^{(i)} \cdots \overline{\omega}^{(i)}$ verschiedene Funktionen sind.

Die Arbeit der äußeren, auf das herausgeschnittene Stabelement wirkenden Kräfte beträgt, bezogen auf die Längeneinheit:

$$\overline{W} = \int_{\tilde{F}} (\vec{\sigma}_z' \vec{\hat{u}} + \vec{\sigma}_z \vec{\hat{u}}')\, dF_* + \int_{\tilde{s}} \vec{\overline{p}} \vec{\hat{u}}\, ds + \int_{-t/2}^{+t/2} \vec{\sigma}_s \vec{\hat{u}}\, de, \qquad (\text{V}.109)$$

wo $\tilde{F}$ die Fläche des abgeschnittenen Querschnitteiles, $\tilde{s}$ die zugehörige Länge der Profilmittellinie und $\vec{\hat{u}}$ ein Vektor mit den Komponenten $\hat{u}_*$, $\hat{v}_*$ und $\hat{w}_*$ sind.

Der Ausdruck (V.109) für $\overline{W}$ unterscheidet sich vom Ausdruck (V.36) durch das zusätzliche letzte Glied und durch die sich nur über den abgeschnittenen Querschnittsteil erstreckenden Integrationsbereiche. Der Ausdruck für die Arbeit der inneren Kräfte unterscheidet sich von $\overline{U}$ nach Gleichung (V.38) nur dadurch, daß sich das Integral über $\tilde{F}$ statt über F erstreckt.

Die Gleichung (V.35) zerfällt nach Einsetzen der Ausdrücke (V.108) für $\hat{u}_*$, $\hat{v}_*$ und $\hat{w}_*$ sowie nach der Integration über die Wandstärke t in die folgenden Systeme von Gleichungen:

$$\int_{\tilde{s}} (n_{zn}' \hat{u}_V^{(i)} + n_{zs}' \hat{v}^{(i)} - m_{zs}' \dot{\hat{u}}_V^{(i)} + m_s \ddot{\hat{u}}_V^{(i)})\, ds + n_{sn} \hat{u}_V^{(i)} + n_s \hat{v}^{(i)} - m_s \dot{\hat{u}}_V^{(i)}$$
$$+ \int_{\tilde{s}} (\overline{p}_s \hat{v}^{(i)} + \overline{p}_n \hat{u}_V^{(i)})\, ds = 0, \qquad (\text{V}.110)$$

$$\int_{\tilde{s}} (n_{zn} \hat{u}_V^{(i)} + n_{zs} \dot{\hat{\omega}}^{(i)})\, ds =$$
$$\int_{\tilde{s}} (n_z' \hat{\omega}^{(i)} + m_z' \hat{u}_V^{(i)} - m_{zs} \dot{\hat{u}}_V^{(i)})\, ds + n_{zs} \hat{\omega}^{(i)} + m_{zs} \hat{u}_V^{(i)} + \int_{\tilde{s}} \overline{p}_z \hat{\omega}^{(i)}\, ds, \qquad (\text{V}.111)$$

welche, nach der Elimination, in die Gleichung:

$$\left.\begin{aligned} &\int_{\tilde{s}} (n_z'' \hat{\omega}^{(i)} + m_z'' \hat{u}_V^{(i)} - 2 m_{zs}' \dot{\hat{u}}_V^{(i)} + m_s \ddot{\hat{u}}_V^{(i)})\, ds \\ &\quad + \int_{\tilde{s}} (\overline{p}_n \hat{u}_V^{(i)} + \overline{p}_s \hat{v}^{(i)} + \overline{p}_z' \hat{\omega}^{(i)})\, ds - m_s \dot{\hat{u}}_V^{(i)} \\ &\quad + n_{sn} \hat{u}_V^{(i)} + n_s \hat{v}^{(i)} + n_{zs}' \hat{\omega}^{(i)} + m_{zs}' \hat{u}_V^{(i)} = 0 \end{aligned}\right\} \qquad (\text{V}.112)$$

übergehen.

Wählen wir für V_1 und V_2 die Verschiebungen des als starre Scheibe aufgefaßten Querschnitteiles in den Richtungen $\bar{x}$ und $\bar{y}$ (Abb. V.10), so sind:

$$\hat{v}^{(0)} = 0, \qquad \hat{\omega}^{(0)} = 1, \qquad \hat{u}_V^{(0)} = 0,$$
$$\hat{v}^{(1)} = -\sin\gamma, \qquad \hat{\omega}^{(1)} = \bar{x}, \qquad \hat{u}_V^{(1)} = \cos\gamma,$$
$$\hat{v}^{(2)} = \cos\gamma, \qquad \hat{\omega}^{(2)} = \bar{y}, \qquad \hat{u}_V^{(2)} = \sin\gamma,$$

wo

$$\cos\gamma = \frac{d\bar{y}}{ds}$$

ist.

Für $i = 0$ erhalten wir aus Gleichung (V.112)

$$\int_{\tilde{s}} n_z'' \, ds + \int_{\tilde{s}} \bar{p}_z' \, ds + n_{zs}' = 0,$$

beziehungsweise nach der Integration längs z, mit Berücksichtigung der Gleichung (V.111):

$$n_{zs} = -\int_{\tilde{s}} n_z' \, ds - \int_{\tilde{s}} \bar{p}_z \, ds. \tag{V.113}$$

Für $i = 1$ und $i = 2$ erhalten wir:

$$\begin{aligned} n_{sn} = &- \int_{\tilde{s}} (n_z'' \bar{x} + m_z'' \cos\gamma) \, ds \\ &- \int_{\tilde{s}} (\bar{p}_n \cos\gamma - \bar{p}_s \sin\gamma + \bar{p}_z' \bar{x}) \, ds - m_{zs}', \end{aligned} \tag{V.114}$$

$$\begin{aligned} n_s = &- \int_{\tilde{s}} (n_z'' \bar{y} + m_z'' \sin\gamma) \, ds \\ &- \int_{\tilde{s}} (\bar{p}_n \sin\gamma + \bar{p}_s \cos\gamma + \bar{p}_z' \bar{y}) \, ds. \end{aligned} \tag{V.115}$$

Den Ausdruck für n_{zn} können wir aus der Gleichung (V.111) ableiten. Durch partielle Integration erhalten wir zunächst:

$$\left.\begin{aligned} \int_{\tilde{s}} n_{zs} \dot{\hat{\omega}}^{(i)} \, ds &= n_{zs} \hat{\omega}^{(i)} - \int_{\tilde{s}} \dot{n}_{zs} \hat{\omega}^{(i)} \, ds, \\ \int_{\tilde{s}} m_{zs} \dot{\hat{u}}_V^{(i)} \, ds &= m_{zs} \hat{u}_V^{(i)} - c - \int_{\tilde{s}} \dot{m}_{zs} \hat{u}^{(i)} \, ds, \end{aligned}\right\} \tag{V.116}$$

wo c eine beliebige Funktion von z ist.

Aus Gleichung (V.113) folgt ferner ebenso:

$$\dot{n}_{zs} + n_z' + \bar{p}_z = 0. \tag{V.117}$$

Unter Berücksichtigung der Ausdrücke (V.116) und (V.117) können wir die Gleichung (V.111) in der folgendn Form anschreiben:

$$\int_{\tilde{s}} (n_{zn} - m_z' - \dot{m}_{zs}) \, \hat{u}_V^{(i)} \, ds = c(z).$$

Da diese Gleichung für jedes s erfüllt sein muß, folgt daraus unmittelbar:

$$n_{zn} = m_z' + \dot{m}_{zs}. \tag{V.118}$$

Durch Einsetzen des Ausdruckes für n_z aus den Gleichungen (V.32) in die Gleichung (V.113) erhalten wir:

$$n_{zs} = E' \sum_{j=0}^{I} V_j''' \int_{\tilde{s}} t\omega^{(j)} \, ds - \int_{\tilde{s}} \bar{p}_z \, ds. \tag{V.119}$$

Da ferner aus Gleichung (V.6) die Ausdrücke $V_0' = -W_0$ und $\omega^{(0)} = 1$ folgten, so ist

$$E' V_0''' \int_{\tilde{s}} t\omega^{(0)} \, ds = -E' \tilde{F} W_0''$$

und ferner nach Gleichung (V.60):

$$-E'\tilde{F}W_0'' = p_z \frac{\tilde{F}}{F},$$

so daß wir den Ausdruck für n_{zs} auch in der folgenden Form schreiben können:

$$n_{zs} = \left(p_z \frac{\tilde{F}}{F} - \int\limits_{\tilde{s}} \bar{p}_z\, ds\right) + E' \sum_{j=1}^{I} V_j''' \hat{a}_{0j}(s), \tag{V.120}$$

wo

$$\hat{a}_{0j}(s) = \int\limits_{\tilde{s}} t\omega^{(j)}\, ds$$

ist.

Unter Benutzung der Ausdrücke der Gleichungen (V.32) können wir die Gleichungen (V.114) und (V.115) auf die folgende Form bringen:

$$\begin{aligned} \bar{n}_{sn} = n_{sn} - m_{zs}' = E' \left\{ \sum_{j=0}^{I} [(\hat{a}_{1j} + \hat{b}_{1j})\, V_j'''' + \nu \ddot{\hat{b}}_{1j} V_j''] + \sum_{l=1}^{K} (\hat{c}_{1l}\Phi_l'''' + \nu \ddot{\hat{c}}_{1l}\Phi_l'') \right\} \\ - \int\limits_{\tilde{s}} m_{z,p}'' \hat{u}_V^{(1)}\, ds - \int\limits_{\tilde{s}} (\bar{p}_n \hat{u}_V^{(1)} + \bar{p}_s \hat{v}^{(1)} + \bar{p}_z' \hat{\omega}^{(1)})\, ds, \end{aligned} \tag{V.121}$$

$$\begin{aligned} n_s = E' \left\{ \sum_{j=0}^{I} [(\hat{a}_{2j} + \hat{b}_{2j})\, V_j'''' + \nu \ddot{\hat{b}}_{2j} V_j''] + \sum_{l=1}^{K} (\hat{c}_{2l}\Phi_l'''' + \nu \ddot{\hat{c}}_{2l}\Phi_l'') \right\} \\ - \int\limits_{\tilde{s}} m_{z,p}'' \hat{u}_V^{(2)}\, ds - \int\limits_{\tilde{s}} (\bar{p}_n \hat{u}_V^{(2)} + \bar{p}_s \hat{v}^{(2)} + \bar{p}_z' \hat{\omega}^{(2)})\, ds. \end{aligned} \tag{V.122}$$

Die einzelnen Koeffizienten in den vorstehenden Gleichungen sind:

$$\left.\begin{aligned} \hat{a}_{ij}(s) &= \int\limits_{\tilde{s}} t\hat{\omega}^{(i)}\omega^{(j)}\, ds, \\ \hat{b}_{ij}(s) &= \frac{1}{12} \int\limits_{\tilde{s}} t^3 \hat{u}_V^{(i)} u_V^{(j)}\, ds, \\ \ddot{\hat{b}}_{ij}(s) &= \frac{1}{12} \int\limits_{\tilde{s}} t^3 \hat{u}_V^{(i)} \ddot{u}_V^{(j)}\, ds, \qquad i = 1, 2 \\ \hat{c}_{il}(s) &= \frac{1}{12} \int\limits_{\tilde{s}} t^3 \hat{u}_V^{(i)} u_\Phi^{(l)}\, ds, \\ \ddot{\hat{c}}_{il}(s) &= \frac{1}{12} \int\limits_{\tilde{s}} t^3 \hat{u}_V^{(i)} \ddot{u}_\Phi^{(l)}\, ds. \end{aligned}\right\} \tag{V.123}$$

Für n_{zn} erhalten wir den folgenden Ausdruck:

$$n_{zn} = -E' \frac{t^3}{12} \left[\sum_{j=1}^{I} (V_j''' u_V^{(j)} + V_j' \ddot{u}_V^{(j)}) + \sum_{l=1}^{K} (\Phi_l''' u_\Phi^{(l)} + \Phi_l' \ddot{u}_\Phi^{(l)}) \right] + n_{zn,p}, \tag{V.124}$$

wo

$$n_{zn,p} = m_{z,p}' + \dot{m}_{zs,p} \tag{V.125}$$

ist.

Die Spannungen in einem beliebigen Punkt des Stabes sind durch die folgenden Ausdrücke bestimmt:

$$\left.\begin{aligned}
\sigma_z &= \frac{n_z}{t} + \frac{12}{t^3} m_z e\,,\\
\tau_{zs} &= \frac{n_{zs}}{t} + \frac{12}{t^3} m_{zs} e\,,\\
\sigma_s &= \frac{n_s}{t} + \frac{12}{t^3} m_s e\,,\\
\tau_{zn} &= \frac{3}{2t} n_{zn}\left[1 - \left(\frac{e}{t}\right)^2\right],\\
\tau_{sn} &= \frac{3}{2t} n_{sn}\left[1 - \left(\frac{e}{t}\right)^2\right].
\end{aligned}\right\} \quad \text{(V.126a–e)}$$

7. Vernachlässigung der Biegemomente m_z in der Längsrichtung

Die durch die Biegungsmomente m_z hervorgerufenen Normalspannungen σ_z können im Vergleich zu den Normalspannungen σ_z zufolge von n_z (Gleichung (V.126a)) sehr oft vernachlässigt werden.

Der größere Anteil der Momente m_z wird durch Belastungen, welche lokalen Charakter haben, sowie durch konzentrierte Einzellasten hervorgerufen. Ferner fallen diese Momente bei Stäben ins Gewicht, bei welchen das Verhältnis der charakteristischen Querschnittsabmessungen zur Stablänge die Größe $^1/_5$ überschreitet. In solchen Fällen können indessen auch die Voraussetzungen, welche wir unseren Betrachtungen zugrunde legten, zu beträchtlichen Ungenauigkeiten führen.

Die Biegemomente m_z sind auch von gewisser Bedeutung, wenn die Wandstärke nicht ausgesprochen klein im Verhältnis zu den anderen linearen Querschnittsabmessungen ist.

Wenn wir in den Gleichgewichtsbedingungen die Biegungsmomente m_z vernachlässigen, ferner den Einfluß der Krümmung in der Längsrichtung, d.h. die Glieder

$$\nu V_j'' u_{V_i}^{(j)} \quad \text{und} \quad \nu \Phi_l'' u_{\Phi}^{(l)}$$

im Ausdruck für m_s (Gleichung (V.32)) außer acht lassen, erhalten die Gleichungen (V.61) die folgende Form:

$$\left.\begin{aligned}
&\sum_{j=1}^{I} (a_{ij} V_j'''' - 4\varkappa \dot{b}_{ij} V_j'' + \ddot{b}_{ij} V_j)\\
&\qquad + \sum_{l=1}^{K} (-4\varkappa \dot{c}_{il} \Phi_l'' + \ddot{c}_{il} \Phi_l) = \frac{1}{E'} A_{i0}\,,\\
&\qquad\qquad i = 1, 2, \ldots, I\,,\\
&\sum_{j=1}^{I} (-4\varkappa \dot{c}_{kj} V_j'' + \ddot{c}_{kj} V_j) + \sum_{l=1}^{K} (-4\varkappa\, \dot{d}_{kl} \Phi_l'' + \ddot{d}_{kl} \Phi_l) = \frac{1}{E'} B_{k0}\,,\\
&\qquad\qquad k = 1, 2, \ldots, K\,,
\end{aligned}\right\} \quad \text{(V.127)}$$

wobei in den Ausdrücken für A_{i0} und B_{k0} das Biegungsmoment $m_{z,p}$ und das Glied vu_p'' vernachlässigt werden.

Statt der Gleichungen (V.82) haben wir nun:

$$\left.\begin{aligned} \boldsymbol{A}V'''' - 4\varkappa\dot{\boldsymbol{B}}V'' + \ddot{\boldsymbol{B}}V - 4\varkappa\dot{\boldsymbol{C}}\Phi'' + \ddot{\boldsymbol{C}}\Phi &= \frac{1}{E'}\boldsymbol{A}_0,\\ -4\varkappa\tilde{\dot{\boldsymbol{C}}}V'' + \tilde{\ddot{\boldsymbol{C}}}V - 4\varkappa\dot{\boldsymbol{D}}\Phi'' + \ddot{\boldsymbol{D}}\Phi &= \frac{1}{E'}\boldsymbol{B}_0, \end{aligned}\right\} \quad (V.128)$$

wo

$$\varkappa = \frac{G}{E'}$$

ist. Ebenso wird die Gleichung (V.86) durch

$$\bar{\boldsymbol{K}}\Psi'''' - \dot{\bar{\boldsymbol{K}}}\Psi'' + \ddot{\boldsymbol{K}}\Psi = \frac{1}{E'}\boldsymbol{K}_0 \quad (V.129)$$

ersetzt, wo

$$\bar{\boldsymbol{K}} = \begin{Vmatrix} \boldsymbol{A} & \\ & \boldsymbol{O} \end{Vmatrix}, \quad \dot{\bar{\boldsymbol{K}}} = 4\varkappa \begin{Vmatrix} \dot{\boldsymbol{B}} & \dot{\boldsymbol{C}} \\ \tilde{\dot{\boldsymbol{C}}} & \dot{\boldsymbol{D}} \end{Vmatrix} \quad (V.130)$$

sind.

Die Randbedingungen nach den Verschiebungen bleiben unverändert und statt der Bedingungen (V.75) und (V.76) haben wir nun die folgenden:

$$\left.\begin{aligned} &\int_{s} (n_z'\bar{\omega}^{(i)} - 2m_{zs}\dot{u}_V^{(i)})\, ds = \\ &\qquad -\int_{s} \bar{p}_z\bar{\omega}^{(i)}\, ds + \int_{s} (n_{zn}^* u_V^{(i)} + n_{zs}^* v^{(i)} - m_{zs}^* \dot{u}_V^{(i)}\, ds),\\ &\int_{s} n_z\bar{\omega}^{(i)}\, ds = \int_{s} n_z^*\bar{\omega}^{(i)}\, ds, \end{aligned}\right\} \quad (V.131)$$

$$\int_{s} 2m_{zs}\dot{u}_\Phi^{(k)}\, ds = \int_{s} (m_{zs}^*\dot{u}_\Phi^{(k)} - n_{zn}^* u_\Phi^{(k)})\, ds. \quad (V.132)$$

Dabei setzen wir voraus, daß die Flächenbelastung $\bar{p}_{zz}$ gleichmäßig über die Wandstärke t verteilt, d.h. daß:

$$\int_{-t/2}^{+t/2} \bar{p}_{zz} e\, de = 0$$

ist. Die vorstehenden Bedingungen lauten durch die Verschiebungen ausgedrückt folgendermaßen:

$$\left.\begin{aligned} \sum_{j=1}^{I} (a_{ij}V_j''' - 4\varkappa\dot{b}_{ij}V_j') - \sum_{l=1}^{K} 4\varkappa\dot{c}_{il}\Phi_l' + \frac{1}{E'}\int_{s} 2m_{zs,p}\dot{u}_V^{(i)}\, ds &= -\frac{1}{E'}\bar{Q}_V^{*i},\\ \sum_{j=1}^{I} a_{ij}V_j'' &= -\frac{1}{E'}\bar{M}_V^{*i}, \end{aligned}\right\} \quad (V.133)$$

$$i = 1, 2, \ldots, I,$$

$$-\sum_{j=1}^{I} 4\varkappa\dot{c}_{kj}V_j' - \sum_{k=1}^{K} 4\varkappa\, \dot{d}_{kl}\Phi_l' + \frac{1}{E'}\int_{s} 2m_{zs,p}\dot{u}_\Phi^{(k)}\, ds = -\frac{1}{E'}\bar{Q}_\Phi^{*k}, \quad (V.134)$$

$$k = 1, 2, \ldots, K,$$

wobei

$$\left.\begin{aligned} \bar{Q}_V^{*i} &= -\int_s \bar{p}_z \bar{\omega}^{(i)}\, ds + \int_s (n_{zn}^* u_V^{(i)} + n_{zs}^* v^{(i)} - m_{zs}^* \dot{u}_V^{(i)})\, ds, \\ \bar{M}_V^{*i} &= \int_s n_z^* \bar{\omega}^{(i)}\, ds, \\ \bar{Q}_\Phi^{*k} &= -\int_s (m_{zs}^* \dot{u}_\Phi^{(k)} - n_{zn}^* u_\Phi^{(k)})\, ds \end{aligned}\right\} \qquad (V.135)$$

sind.

In Matrizenform lauten die Bedingungen (V.133) und (V.134):

$$\left.\begin{aligned} \boldsymbol{A}\boldsymbol{V}''' - 4\varkappa \dot{\boldsymbol{B}}\boldsymbol{V}' - 4\varkappa \dot{\boldsymbol{C}}\boldsymbol{\Phi}' &= -\frac{1}{E'}(\bar{\boldsymbol{Q}}_V^* - \bar{\boldsymbol{Q}}_V^0), \\ -4\varkappa \dot{\tilde{\boldsymbol{C}}}\boldsymbol{V}' - 4\varkappa \dot{\boldsymbol{D}}\boldsymbol{\Phi}' &= -\frac{1}{E'}(\bar{\boldsymbol{Q}}_\Phi^* - \bar{\boldsymbol{Q}}_\Phi^0), \\ \boldsymbol{A}\boldsymbol{V}'' &= -\frac{1}{E'}\bar{\boldsymbol{M}}_V^*, \end{aligned}\right\} \qquad (V.136)$$

wo $\bar{\boldsymbol{Q}}_V^*$, $\bar{\boldsymbol{Q}}_\Phi^*$ und $\bar{\boldsymbol{M}}_V^*$ Vektoren mit den Komponenten $\bar{Q}_V^{*i}$, $\bar{Q}_\Phi^{*k}$ und $\bar{M}_V^{*i}$ sind, ferner $\bar{\boldsymbol{Q}}_V^0$ und $\bar{\boldsymbol{Q}}_\Phi^0$ Vektoren mit den Komponenten:

$$\bar{Q}_V^{0i} = -\int_s 2 m_{zs,p} \dot{u}_V^{(i)}\, ds,$$

bzw.

$$\bar{Q}_\Phi^{0k} = -\int_s 2 m_{zs,p} \dot{u}_\Phi^{(k)}\, ds.$$

Die Bedingungen (V.97) werden nunmehr durch die folgenden ersetzt:

$$\left.\begin{aligned} \bar{\boldsymbol{K}}\boldsymbol{\Psi}''' - \dot{\bar{\boldsymbol{K}}}\boldsymbol{\Psi}' &= -\frac{1}{E'}(\bar{\boldsymbol{Q}}^* - \bar{\boldsymbol{Q}}^0), \\ \bar{\boldsymbol{K}}\boldsymbol{\Psi}'' &= -\frac{1}{E'}\bar{\boldsymbol{M}}^*, \end{aligned}\right\} \qquad (V.137)$$

wo:

$$\bar{\boldsymbol{Q}}^* = \left\| \begin{matrix} \bar{\boldsymbol{Q}}_V \\ \bar{\boldsymbol{Q}}_\Phi \end{matrix} \right\|; \quad \bar{\boldsymbol{Q}}^0 = \left\| \begin{matrix} \bar{\boldsymbol{Q}}_V^0 \\ \bar{\boldsymbol{Q}}_\Phi^0 \end{matrix} \right\|; \quad \bar{\boldsymbol{M}}^* = \left\| \begin{matrix} \bar{\boldsymbol{M}}_V^* \\ \boldsymbol{O} \end{matrix} \right\| \qquad (V.138)$$

sind.

Vom Standpunkte der Berechnung aus gesehen bieten die Gleichungen (V.128) bzw. (V.129) gegenüber den Gleichungen (V.82) bzw. (V.86) keinen wesentlichen Vorteil.

Eine weitere Vereinfachung des Problems können wir durch die Annahme erreichen, daß die Torsionsmomente m_{zs} zwischen je zwei Knoten konstant und proportional der spezifischen Verdrehung der diese Knoten verbindenden Sehne sein mögen.

Die spezifische Verdrehung $\dot{u}_0'$ einer beliebigen Sehne ist durch den Ausdruck:

$$\dot{u}_0' = \sum_{i=0}^{I} V_i' \dot{u}_{V0}^{(i)} \qquad (V.139)$$

gegeben, wo $\dot{u}_{V0}^{(i)}$ die Verdrehung der Sehne an der betrachteten Stelle für den Verschiebungszustand $V_i = 1$ ist. Diese kann unmittelbar aus dem Diagramm der Verschiebungen $V_i = 1$ entnommen werden:

$$\dot{u}_{V0}^{(i)} = \sum_{k=1}^{K} \sum_{r=1}^{R} \alpha_{kr}^{(i)} \dot{u}_{V0}^{(kr)}, \tag{V.140}$$

wo:

$$\dot{u}_{V0}^{(kr)} = \mp \frac{1}{b_{kr}} \tag{V.141}$$

ist, wobei $1/b_{kr}$ mit dem negativen Vorzeichen eingesetzt wird, wenn die Richtung $k-r$ mit derjenigen von s übereinstimmt und mit dem positiven, wenn diese Richtungen einander entgegengesetzt sind.

Für das Torsionsmoment setzen wir gemäß den getroffenen Voraussetzungen den Ausdruck:

$$m_{zs} = -\frac{E' t^3}{12} (1 - \nu) \sum_{i=1}^{I} V_i' \dot{u}_{V0}^{(i)}. \tag{V.142}$$

Statt der Gleichungen (V.61) erhalten wir nun:

$$\left.\begin{aligned} \sum_{j=1}^{I} (a_{ij} V_j'''' - 4\varkappa \dot{b}_{ij}^0 V_j'' + \ddot{b}_{ij} V_j) + \sum_{l=1}^{K} \ddot{c}_{il} \Phi_l &= \frac{1}{E'} A_{i0}, \\ \sum_{j=1}^{I} \ddot{\ddot{c}}_{kj} V_j + \sum_{l=1}^{K} \ddot{d}_{kl} \Phi_l &= \frac{1}{E'} B_{k0}, \\ i = 1, 2, \ldots, I, \qquad k = 1, 2, \ldots, K, & \end{aligned}\right\} \tag{V.143a, b}$$

wo:

$$\dot{b}_{ij}^0 = \frac{1}{12} \int_s t^3 \dot{u}_V^{(i)} \dot{u}_{V0}^{(j)} \, ds = \frac{1}{12} \int_s t^3 \dot{u}_{V0}^{(i)} \dot{u}_{V0}^{(j)} \, ds \tag{V.144}$$

ist.

In den Ausdrücken (V.51) für die Belastungsglieder A_{i0} und B_{k0} werden die Glieder mit $m_{z,p}''$ und mit $m_{zs,p}'$ vernachlässigt. Für $u_{kr,p}$ kann, mit Ausnahme einer stark konzentrierten Belastung, die Näherungslösung in der Form:

$$u_{kr,p} = \int_{\tau=s_k}^{\tau=s_r} u_{kr}^{(\tau)}(s, \tau) \, \bar{p}_n(z, \tau) \, d\tau \tag{V.145}$$

genommen werden, wo $u_{kr}^{(\tau)}(s, \tau)$ die Einflußfunktion für die Durchbiegung eines an seinen Enden k und r vollständig eingespannten Trägers mit der Breite 1, der Höhe t und dem Elastizitätsmodul E' ist.

In Matrizenform lauten die Gleichungen (V.143):

$$\left.\begin{aligned} \boldsymbol{A} \boldsymbol{V}'''' - 4\varkappa \dot{\boldsymbol{B}}^0 \boldsymbol{V}'' + \ddot{\boldsymbol{B}} \boldsymbol{V} + \ddot{\boldsymbol{C}} \boldsymbol{\Phi} &= \frac{1}{E'} \boldsymbol{A}_0, \\ \ddot{\ddot{\boldsymbol{C}}} \boldsymbol{V} + \ddot{\boldsymbol{D}} \boldsymbol{\Phi} &= \frac{1}{E'} \boldsymbol{B}_0. \end{aligned}\right\} \tag{V.146a, b}$$

Aus der zweiten Gleichung erhalten wir:

$$\boldsymbol{\Phi} = -\ddot{\boldsymbol{D}}^{-1} \ddot{\ddot{\boldsymbol{C}}} \boldsymbol{V} + \frac{1}{E'} \ddot{\boldsymbol{D}}^{-1} \boldsymbol{B}_0. \tag{V.147}$$

Durch Einsetzen des Ausdruckes (V.147) in die Gleichung (V.146a) erhalten wir

$$\boldsymbol{A}\boldsymbol{V}'''' - 4\varkappa\dot{\boldsymbol{B}}^0\boldsymbol{V}'' + (\ddot{\boldsymbol{B}} - \ddot{\boldsymbol{C}}\ddot{\boldsymbol{D}}^{-1}\ddot{\tilde{\boldsymbol{C}}})\,\boldsymbol{V} = \frac{1}{E'}(\boldsymbol{A}_0 - \ddot{\boldsymbol{C}}\ddot{\boldsymbol{D}}^{-1}\boldsymbol{B}_0). \quad \text{(V.148)}$$

Das Gleichungssystem (V.148) enthält, zum Unterschied von den vorhergegangenen Systemen von Differentialgleichungen nur die Parameter V_j als unbekannte Größen. Die Gesamtzahl der skalaren Gleichungen (und der Unbekannten) ist um K kleiner als diejenige in den Systemen (V.86) und (V.129).

Die Randbedingungen nach den Verschiebungen sind durch die Gleichung (V.87) ausgedrückt.

Statt der Randbedingungen (V.136) haben wir die folgenden Bedingungen nach den Kräften:

$$\left.\begin{aligned} \boldsymbol{A}\boldsymbol{V}''' - 4\varkappa\dot{\boldsymbol{B}}^0\boldsymbol{V}' &= -\frac{1}{E'}\bar{\boldsymbol{Q}}_V^*, \\ \boldsymbol{A}\boldsymbol{V}'' &= -\frac{1}{E'}\bar{\boldsymbol{M}}_V^*. \end{aligned}\right\} \quad \text{(V.149)}$$

Für die Komponenten des Vektors $\bar{\boldsymbol{Q}}_V^*$ können wir statt den Ausdruck (V.135) den vereinfachten Ausdruck:

$$\bar{Q}_V^{*i} = -\int_s \bar{p}_z\bar{\omega}^{(i)}\,ds + \int_s (n_{zn}^* u_{V0}^{(i)} + n_{zs}^* v^{(i)} - m_{zs}^* \dot{u}_{V0}^{(i)})\,ds \quad \text{(V.150)}$$

setzen, wo

$$u_{V0}^{(i)} = \sum_{k=1}^{K}\sum_{r=1}^{R} \alpha_{kr}^{(i)} u_{V0}^{(kr)}$$

und

$$u_{V0}^{(kr)} = \frac{s_{rk}}{b_{kr}}$$

sind.

Aus den Gleichungssystemen (V.143) können wir die Unbekannten Φ_l, welche sich auf die Endknoten der Profilmittellinie beziehen, leicht eliminieren und auf diese Weise die Zahl der unbekannten Knotenverdrehungen herabsetzen.

Wir bezeichnen nun die nicht an den Enden der Profilmittellinie gelegenen Knoten der Reihe nach mit $k = 1, 2, \ldots, \bar{K}$ und mit $g = \bar{K} + 1, \bar{K} + 2, \ldots, K$ die Endknoten der Profilmittellinie.

Wir betrachten eine Endplatte zwischen den Knoten g und r (Abb. V.11).

Aus der zweiten Gleichung des Gleichungssystems (V.143) folgt für $k = g$:

$$\sum_{j=1}^{I} \ddot{c}_{gj} V_j + \ddot{d}_{gg}\Phi_g + \ddot{d}_{gr}\Phi_r = \frac{1}{E'} B_{g0},$$

bzw.:

$$\Phi_g = -\sum_{j=1}^{I} \frac{\ddot{c}_{gj}}{\ddot{d}_{gg}} V_j - \frac{\ddot{d}_{gr}}{\ddot{d}_{gg}}\Phi_r + \frac{1}{\ddot{d}_{gg}}\frac{B_{g0}}{E'}, \quad \text{(V.151)}$$

wo mit Rücksicht auf die Diagramme der Abb. V.11 und der Ausdrücke (V.50)

$$\frac{\ddot{c}_{gj}}{\ddot{d}_{gg}} = -\frac{3}{2}(\alpha_{gr}^{(j)} - \alpha_{rg}^{(j)})$$

und

$$\frac{\ddot{d}_{gr}}{\ddot{d}_{gg}} = \frac{1}{2}$$

sind.

Wenn wir für das partikuläre Integral $u_{gr,p}$ die Lösung der elastischen Fläche des längs der Kante r eingespannten und längs der Kante g vollkommen freien Plattenstreifens einführen, wird das Belastungsglied B_{g0} (siehe Gleichung (V.56)) gleich Null.

In diesem Falle bezieht sich in der Näherungslösung

$$u_{gr,p} = \int\limits_{\tau=s_g}^{\tau=s_r} u_{gr}^{(\tau)}(s,\tau)\, \bar{p}_n(z,\tau)\, d\tau$$

die Einflußfunktion $u_{gr}^{(\tau)}$ auf den in r eingespannten Kragträger.

Den Ausdruck $u(z, s)$ können wir jetzt in der folgenden Form anschreiben:

$$u = \sum_{i=1}^{I} V_i \underline{u}_V^{(i)} + \sum_{k=1}^{\bar{K}} \Phi_k \underline{u}_\Phi^{(k)} + \underline{u}_p, \tag{V.152}$$

wo

$$\left.\begin{aligned} \underline{u}_V^{(i)} &= \sum_{k=1}^{\bar{K}} \sum_{r=1}^{R} \alpha_{kr}^{(i)} u_V^{(kr)} + \sum_{g=\bar{K}+1}^{K} (\alpha_{gr}^{(i)} \underline{u}_V^{(gr)} + \alpha_{rg}^{(i)} \underline{u}_V^{(rg)}) \\ \text{und} \quad \underline{u}_\Phi^{(k)} &= \sum_{r=1}^{R} u_\Phi^{(kr)} + \sum_{g=1}^{G} \underline{u}_\Phi^{(kg)} \end{aligned}\right\} \tag{V.153}$$

sind, wobei G die Gesamtzahl der an den Knoten k angeschlossenen Endplatten ist. Die Funktionen $\underline{u}_V^{(gr)}$, $\underline{u}_V^{(rg)}$ und $\underline{u}_\Phi^{(kg)}$ sind durch die Ausdrücke:

$$\left.\begin{aligned} \underline{u}_V^{(gr)} &= u_V^{(gr)} + \frac{3}{2} u_\Phi^{(gr)} = \frac{s_{rg}}{b_{gr}} \left[1 - \frac{s_{gr}(s_{gr} + \frac{1}{2} s_{rg})}{b_{gr}^2}\right], \\ \underline{u}_V^{(rg)} &= u_V^{(rg)} - \frac{3}{2} u_\Phi^{(gr)} = \frac{s_{gr}}{b_{gr}} \left[1 - \frac{s_{rg}(s_{rg} + \frac{1}{2} s_{gr})}{b_{gr}^2}\right] \\ \text{und} \quad \underline{u}_\Phi^{(kg)} &= u_\Phi^{(kg)} - \frac{1}{2} u_\Phi^{(gk)} = \frac{s_{kg} s_{gk}}{b_{kg}^2} \left(s_{gk} + \frac{1}{2} s_{kg}\right) \end{aligned}\right\} \tag{V.154}$$

bestimmt.

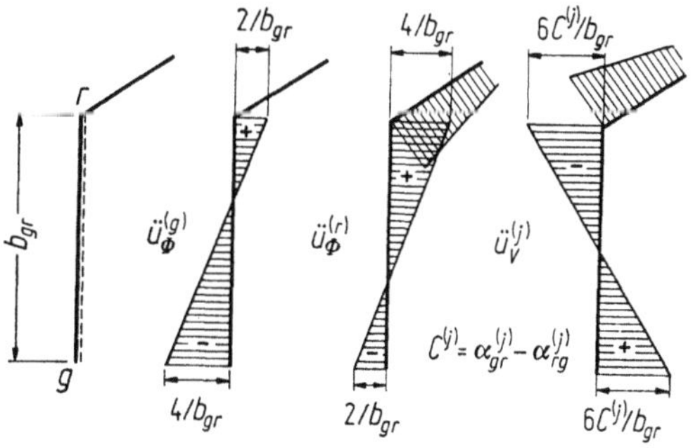

Abb. V.11

Es kann leicht gezeigt werden, daß das Biegungsmoment m_s an den freien Enden der Profilmittellinie gleich Null ist, wie das ja tatsächlich aus der durch die Gleichung (V.150) ausgedrückten Gleichgewichtsbedingung folgt.

Durch diese Elimination verringert sich die Anzahl der Gleichungen (V.143) von K auf $\overline{K} = K - \nu$, wo ν die Zahl der freien Enden der Profilmittellinie ist.

Die Gleichungen (V.143) behalten ihre Gültigkeit mit den folgenden Einschränkungen:

— die Indizes $k, l = 1, 2, \ldots, \overline{K}$ beziehen sich nur auf Knoten, welche nicht an den freien Enden der Profilmittellinie liegen;

— die Koeffizienten $\dot{c}_{il}$, $\ddot{c}_{il}$ bzw. $\ddot{c}_{kj}$ und $\ddot{d}_{kj}$ sowie das freie Glied B_{k0} werden auf Grund der Ausdrücke (V.154) berechnet.

Die Matrix $\ddot{\boldsymbol{C}}$ ist rechteckig mit I Zeilen und $\overline{K}$ Spalten und die Matrix $\ddot{\boldsymbol{D}}$ ist quadratisch von der Ordnung $\overline{K}$. Der Vektor $\boldsymbol{\Phi}$ enthält als Komponenten die Knotenverdrehungen mit Ausnahme derjenigen an den freien Enden der Profilmittellinie und der Vektor $\boldsymbol{B}_0$ hat die Komponenten B_{k0} $(k = 1, 2, \ldots, \overline{K})$.

Durch die Orthogonalisierung der Funktionen $\bar{\omega}_i$ $(i = 1, 2, \ldots, I)$ können wir die Biegung des Stabes um die Achsen y und x vom Gleichungssystem (V.143) trennen und die verbliebenen Gleichungen des Systems in gewisser Hinsicht vereinfachen.

Wir wählen die von den Funktionen $\bar{\omega}^{(i)}$ linear abhängigen, orthogonalen Funktionen:

$$\omega_\Theta^{(1)}, \omega_\Theta^{(2)}, \ldots, \omega_\Theta^{(i)}, \ldots, \omega_\Theta^{(I)}.$$

Für die beiden ersten Funktionen setzen wir:

$$\omega_\Theta^{(1)} = \bar{\omega}^{(1)} = x, \qquad \omega_\Theta^{(2)} = \bar{\omega}^{(2)} = y \tag{V.155}$$

und für die folgenden:

$$\omega_\Theta^{(i)} = \bar{\omega}^{(i)} + \sum_{j=1}^{i-1} \beta_{ij}\omega_\Theta^{(j)}, \qquad i = 3, 4, \ldots, I. \tag{V.156}$$

Aus der Orthogonalitätsbedingung

$$\int_s t\omega_\Theta^{(i)}\omega_\Theta^{(\mu)}\, ds = \int_s t\left(\bar{\omega}^{(i)} + \sum_{j=1}^{i-1} \beta_{ij}\omega_\Theta^{(j)}\right)\omega_\Theta^{(\mu)}\, ds = 0$$

erhalten wir, unter Berücksichtigung, daß

$$\int_s t\omega_\Theta^{(j)}\omega_\Theta^{(\mu)}\, ds = 0, \quad \text{für} \quad \mu \neq j$$

ist, für β_{ij} den Ausdruck

$$\beta_{ij} = -\frac{\int_s t\bar{\omega}^{(i)}\omega_\Theta^{(j)}\, ds}{\int_s t[\omega_\Theta^{(j)}]^2\, ds}. \tag{V.157}$$

An Stelle der Funktionen $v^{(i)}$ und $\underline{u}_V^{(i)}$ erhalten wir

$$\left.\begin{aligned} v_\Theta^{(i)} &= v^{(i)} + \sum_{j=1}^{i-1} \beta_{ij} v_\Theta^{(j)}, \\ u_\Theta^{(i)} &= \underline{u}_V^{(i)} + \sum_{j=1}^{i-1} \beta_{ij} u_\Theta^{(j)}, \end{aligned}\right\} \quad i = 3, 4, \ldots, I \tag{V.158}$$

und

$$\left.\begin{aligned} v_\Theta^{(1)} &= v^{(1)} = -\sin\alpha\,,\\ v_\Theta^{(2)} &= v^{(2)} = \cos\alpha\,,\\ u_\Theta^{(1)} &= u^{(1)} = \cos\alpha\,,\\ u_\Theta^{(2)} &= u^{(2)} = \sin\alpha\,. \end{aligned}\right\}\qquad (\text{V}.159)$$

Den neueingeführten orthogonalen Funktionen $\omega_\Theta^{(i)}$ entsprechen die neuen verallgemeinerten Verschiebungsparameter Θ_i, welche durch folgende Ausdrücke bestimmt sind:

$$\Theta_1 = V_1 - \sum_{i=3}^{I} V_i\beta_{i1},\qquad \Theta_2 = V_2 - \sum_{i=3}^{I} V_i\beta_{i2},\qquad (\text{V}.160)$$

$$\Theta_j = V_j - \sum_{i=j+1}^{I} V_i\beta_{ij},\qquad j = 3, 4, \ldots, I. \qquad (\text{V}.161)$$

Für $i = 3$ erhalten wir, unter Berücksichtigung der Gleichungen (V.57), (V.59), (V.155) und (V.8):

$$\beta_{31} = -\frac{\int\limits_F \omega_P x\,dF}{\int\limits_F x^2\,dF} = -\frac{I_{x\omega P}}{I_{xx}},$$

$$\beta_{32} = -\frac{\int\limits_F \omega_P y\,dF}{\int\limits_F y^2\,dF} = -\frac{I_{y\omega P}}{I_{yy}},$$

ferner ist

$$\omega_\Theta^{(3)} = \bar{\omega}^{(3)} + \beta_{31}x + \beta_{32}y$$

und

$$v_\Theta^{(3)} = h_P - \beta_{31}\sin\alpha + \beta_{32}\cos\alpha\,.$$

Unter Berücksichtigung der Beziehung (II.96a):

$$h_P = (x - x_P)\cos\alpha + (y - y_P)\sin\alpha\,,$$

können wir den Ausdruck für $v_\Theta^{(3)}$ in der folgenden Form schreiben:

$$v_\Theta^{(3)} = (x - x_P + \beta_{32})\cos\alpha + (y - y_P - \beta_{31})\sin\alpha\,.$$

Die rechte Seite dieser Gleichung ist der Abstand der Tangente auf die Profilmittellinie im betrachteten Punkt von einem Punkt D mit den Koordinaten

$$\left.\begin{aligned} y_D &= y_P + \beta_{31}\,,\\ x_D &= x_P - \beta_{32}\,. \end{aligned}\right\}\qquad (\text{V}.162)$$

Daraus folgt (siehe die Gleichungen (II.108)):

$$\left.\begin{aligned} \beta_{31} &= y_D - y_P = -\frac{I_{x\omega P}}{I_{xx}}\,,\\ \beta_{32} &= x_P - x_D = -\frac{I_{y\omega P}}{I_{yy}}\,. \end{aligned}\right\}\qquad (\text{V}.163)$$

Der Punkt D ist der sogenannte Schubmittelpunkt und die Funktion $\omega_\Theta^{(3)}$ stellt, weil sie die Bedingung:

$$\int_F \omega_\Theta^{(3)}\, dF = 0$$

erfüllt, die in der Theorie der Wölbkrafttorsion wohlbekannte normierte sektorielle Koordinate ω dar:

$$\omega_\Theta^{(3)} = \omega . \tag{V.164}$$

Den Abstand der Tangente an die Profilmittellinie vom Punkt D werden wir mit h bezeichnen, so daß

$$v_\Theta^{(3)} = h \tag{V.165}$$

folgt. Auf ähnliche Weise erhalten wir aus

$$u_\Theta^{(3)} = \underline{u}_V^{(3)} + \beta_{31}\cos\alpha + \beta_{32}\sin\alpha$$

den Ausdruck

$$u_\Theta^{(3)} = h_n, \tag{V.166}$$

wo h_n der Abstand der Normalen auf die Profilmittellinie im betrachteten Punkt vom Schubmittelpunkt D ist.

Durch die Einführung der orthogonalen Funktionen $\omega_\Theta^{(i)}$ gehen die Gleichgewichtsbedingungen (V.143) in die unabhängigen Differentialgleichungen (II.84b, c):

$$\left.\begin{aligned} E' I_{xx}\Theta_1'''' &= p_x + m_x',\\ E' I_{yy}\Theta_2'''' &= p_y + m_y' \end{aligned}\right\} \tag{V.167}$$

über, wo

$$\left.\begin{aligned} p_x &= \int_s (-\bar{p}_n \sin\alpha + \bar{p}_s \cos\alpha)\, ds,\\ m_x' &= \int_s \bar{p}_z' x\, ds,\\ p_y &= \int_s (\bar{p}_n \cos\alpha + \bar{p}_s \sin\alpha)\, ds,\\ m_y' &= \int_s p_z' y\, ds \end{aligned}\right\} \tag{V.168}$$

sind, sowie in das Gleichungssystem

$$\left.\begin{aligned} A_{ii}\Theta_i'''' + \sum_{j=3}^{I} (-4\varkappa \dot{B}_{ij}^0 \Theta_j'' + \ddot{B}_{ij}\Theta_j) + \sum_{l=1}^{\bar{K}} \ddot{C}_{il}\Phi_l &= \frac{1}{E'} A_{i0}^\Theta,\\ \sum_{j=3}^{I} \ddot{C}_{kj}\Theta_j + \sum_{l=1}^{\bar{K}} \ddot{d}_{kl}\Phi_l &= \frac{1}{E'} B_{k0},\\ i = 3, 4, \ldots, I, \qquad k = 1, 2, \ldots, \bar{K}. \end{aligned}\right\} \tag{V.169}$$

Die Parameter Θ_1, Θ_2 und Θ_3 stellen gemäß den Formeln (V.159), (V.165) und (V.166) die Verschiebungen des als starre Scheibe aufgefaßten Querschnitts in Richtung der Hauptträgheitsachsen x und y und dessen Verdrehung um den Schubmittelpunkt D dar:

$$\Theta_1 = \xi_D, \qquad \Theta_2 = \eta_D, \qquad \Theta_3 = \varphi_D = \varphi .$$

Durch die Gleichungen (V.167) wird die Biegung des Stabes gegeben.

Für $I = 3$ sind die Werte ξ_D und η_D gleichzeitig die Verschiebungen des Schubmittelpunktes.

In den Gleichungen (V.169) bedeuten:

$$\left.\begin{aligned} A_{ii} &= \int_s t[\omega_\Theta^{(i)}]^2\, ds, \\ \dot{B}_{ij}^0 &= \frac{1}{12}\int_s t^3 \dot{u}_{\Theta 0}^{(i)} \dot{u}_{\Theta 0}^{(j)}\, ds, \quad i, j = 3, 4, \ldots, I, \\ \ddot{B}_{ij} &= \frac{1}{12}\int_s t^3 \ddot{u}_\Theta^{(i)} \ddot{u}_\Theta^{(j)}\, ds, \end{aligned}\right\} \tag{V.170}$$

$$\left.\begin{aligned} \ddot{C}_{il} &= \frac{1}{12}\int_s t^3 \ddot{u}_\Theta^{(i)} \ddot{\underline{u}}_\Phi^{(l)}\, ds, \\ \ddot{C}_{kj} &= \frac{1}{12}\int_s t^3 \ddot{\underline{u}}_\Phi^{(k)} \ddot{u}_\Theta^{(j)}\, ds, \quad k, l = 1, 2, \ldots, \overline{K}, \\ \ddot{d}_{kl} &= \frac{1}{12}\int_s t^3 \ddot{\underline{u}}_\Phi^{(k)} \ddot{\underline{u}}_\Phi^{(l)}\, ds, \end{aligned}\right\} \tag{V.171}$$

wo

$$\dot{u}_{\Theta 0}^{(i)} = \dot{u}_{V0}^{(i)} + \sum_{j=1}^{i-1} \beta_{ij} \dot{u}_{\Theta 0}^{(j)} \tag{V.172}$$

ist.

Die Belastungsglieder sind durch die folgenden Ausdrücke gegeben:

$$\left.\begin{aligned} A_{i0}^\Theta &= \int_s m_{s,p} \ddot{u}_\Theta^{(i)}\, ds + \int_s (\bar{p}_n u_\Theta^{(i)} + \bar{p}_s v_\Theta^{(i)} + \bar{p}_z' \omega_\Theta^{(i)})\, ds, \\ B_{k0} &= \int_s m_{s,p} \ddot{\underline{u}}_\Phi^{(k)}\, ds + \int_s \bar{p}_n \underline{u}_\Phi^{(k)}\, ds \end{aligned}\right\} \tag{V.173}$$

oder

$$A_{i0}^\Theta = A_{i0} + \sum_{j=1}^{i-1} \beta_{ij} A_{j0}^\Theta, \tag{V.174}$$

$$B_{k0} = m_k. \tag{V.175}$$

In Matrizenform lauten die Gleichungen (V.169)

$$\left.\begin{aligned} \boldsymbol{A}_\Theta \boldsymbol{\Theta}'''' - 4\varkappa \dot{\boldsymbol{B}}_\Theta^0 \boldsymbol{\Theta}'' + \ddot{\boldsymbol{B}}_\Theta \boldsymbol{\Theta} + \ddot{\boldsymbol{C}}_\Theta \boldsymbol{\Phi} &= \frac{1}{E'} \boldsymbol{A}_0^\Theta, \\ \ddot{\tilde{\boldsymbol{C}}}_\Theta \boldsymbol{\Theta} + \ddot{\boldsymbol{D}} \boldsymbol{\Phi} &= \frac{1}{E'} \boldsymbol{B}_0. \end{aligned}\right\} \tag{V.176}$$

In diesen Matrizengleichungen sind:

$\boldsymbol{A}_\Theta$ eine Diagonalmatrix von der Ordnung $I - 2$, mit den Elementen A_{ii} $(i = 3, 4, \ldots, I)$,

$\dot{\boldsymbol{B}}_\Theta^0$ und $\ddot{\boldsymbol{B}}_\Theta$ quadratische Matrizen von der Ordnung $I - 2$ mit den Elementen $\dot{B}_{ij}^0$ und $\ddot{B}_{ij}$ $(i, j = 3, 4, \ldots, I)$,

$\ddot{\boldsymbol{C}}_\Theta$ eine rechteckige Matrix mit $I - 2$ Zeilen und $\overline{K}$ Spalten, mit den Elementen $\ddot{C}_{il}$ $(i = 3, 4, \ldots, I)$, $(l = 1, 2, \ldots, \overline{K})$,

$\tilde{\ddot{\boldsymbol{C}}}_\Theta$ die transponierte Matrix von $\ddot{\boldsymbol{C}}_\Theta$ und

$\ddot{\boldsymbol{D}}$ eine quadratische Matrix von der Ordnung $\bar{K}$ mit den Elementen $\ddot{d}_{kl}$ $(k, l = 1, 2, \ldots, \bar{K})$,

$\boldsymbol{\Theta}$ und $\boldsymbol{A}_0^\Theta$ Spaltenvektoren mit den Komponenten Θ_i und A_{i0}^Θ $(i = 3, 4, 5, \ldots, I)$ sowie

$\boldsymbol{\Phi}$ und $\boldsymbol{B}_0$ Spaltenvektoren mit den Komponenten Φ_k und B_{k0} $(k = 1, 2, \ldots, \bar{K})$.

Aus der zweiten Gleichung des Systems (V.176) erhalten wir:

$$\boldsymbol{\Phi} = -\ddot{\boldsymbol{D}}^{-1}\tilde{\ddot{\boldsymbol{C}}}_\Theta\boldsymbol{\Theta} + \frac{1}{E'}\ddot{\boldsymbol{D}}^{-1}\boldsymbol{B}_0. \tag{V.177}$$

Durch Einsetzen dieses Wertes für $\boldsymbol{\Phi}$ in die erste Gleichung des Systems (V.176) geht sie über in:

$$\boldsymbol{A}_\Theta\boldsymbol{\Theta}'''' - 4\varkappa\dot{\boldsymbol{B}}_\Theta^0\boldsymbol{\Theta}'' + (\ddot{\boldsymbol{B}}_\Theta - \ddot{\boldsymbol{C}}_\Theta\ddot{\boldsymbol{D}}^{-1}\tilde{\ddot{\boldsymbol{C}}}_\Theta)\,\boldsymbol{\Theta} = \frac{1}{E'}(\boldsymbol{A}_0^\Theta - \ddot{\boldsymbol{C}}_\Theta\ddot{\boldsymbol{D}}^{-1}\boldsymbol{B}_0). \tag{V.178}$$

Die Randbedingungen nach den Verschiebungen sind in der Form der Gleichungen (V.87):

$$\left.\begin{aligned}\boldsymbol{\Theta} &= \boldsymbol{\Theta}^*,\\ \boldsymbol{\Theta}' &= \boldsymbol{\Theta}^{*\prime}\end{aligned}\right\} \tag{V.179}$$

gegeben.

Statt der Bedingungen (V.149) haben wir die folgenden Randbedingungen nach den Kräften:

$$\left.\begin{aligned}\boldsymbol{A}_\Theta\boldsymbol{\Theta}''' - 4\varkappa\dot{\boldsymbol{B}}_\Theta^0\boldsymbol{\Theta}' &= -\frac{1}{E'}\boldsymbol{Q}_\Theta^*,\\ \boldsymbol{A}_\Theta\boldsymbol{\Theta}'' &= -\frac{1}{E'}\boldsymbol{M}_\Theta^*,\end{aligned}\right\} \tag{V.180}$$

wo $\boldsymbol{Q}_\Theta^*$ und $\boldsymbol{M}_\Theta^*$ Spaltenvektoren mit den Komponenten (siehe Gleichungen (V.135) und (V.150)):

$$\left.\begin{aligned}Q_{\Theta i}^* &= -\int_s \bar{p}_z\omega_\Theta^{(i)}\,ds + \int_s (n_{zn}^*u_{\Theta 0}^{(i)} + n_{zs}^*v_\Theta^{(i)} - m_{zs}^*\dot{u}_{\Theta 0}^{(i)})\,ds,\\ M_{\Theta i}^* &= \int_s n_z^*\omega_\Theta^{(i)}\,ds, \qquad i = 3, 4, 5, \ldots, I\end{aligned}\right\} \tag{V.181}$$

sind, wobei

$$u_{\Theta 0}^{(i)} = u_{V0}^{(i)} + \sum_{j=1}^{i-1}\beta_{ij}u_{\Theta 0}^{(i)}, \qquad i = 3, 4, 5, \ldots, I$$

und

$$u_{\Theta 0}^{(1)} = u_\Theta^{(1)}, \qquad u_{\Theta 0}^{(2)} = u_\Theta^{(2)}$$

bedeuten.

Als Beispiel für die Anwendung dieser Theorie wollen wir das Problem der Wölbkrafttorsion des doppeltsymmetrischen I-Profiles unter Berücksichtigung der Stegverformung betrachten.

Dieses Wölbkrafttorsionsproblem wurde von *Goodier* und *Barton*[1] untersucht, welche nachwiesen, daß die Voraussetzung der Erhaltung der Querschnittsform im Falle des relativ dünnen Steges zu falschen Resultaten führt.

Das gleiche Problem wurde auf experimentellem Wege von *Kubo, Johnston* und *Eney*[2] untersucht, wobei die Schlußfolgerungen *Goodiers* und *Bartons* in der Hauptsache bestätigt werden konnten.

Die in diesem Kapitel gebrachte Theorie der Faltwerke ermöglicht Untersuchungen dieser Art auf allgemeinere Weise, unabhängig von der Querschnittsform, durchzuführen und das zu betrachtende Problem ist in dieser Theorie als Spezialfall enthalten.

Wir wählen für unsere Untersuchung den in Abb. V.12 dargestellten I-Querschnitt und setzen voraus, daß die Flanschen eine bedeutend größere Steifigkeit als der Steg gegen Biegung in der Querschnittsebene besitzen, so daß wir die Flanschbiegung vernachlässigen können.

Der Träger sei durch ein an beliebiger Stelle angreifendes äußeres konzentriertes Torsionsmoment T^* belastet. Da eine Torsionsbeanspruchung vorliegt, sind die Parameter V_1 und V_2 gleich Null.

Die Gesamtzahl der Freiheitsgrade des Mechanismus ist, wegen der Symmetrie des Trägerquerschnittes, der Art der Beanspruchung und der Voraussetzung, daß die Flanschen unendlich steif sind, gleich 2. Die Diagramme der Verschiebungen für $V_3 = 1$ und $V_4 = 1$ sind in Abb. V.13 gezeigt.

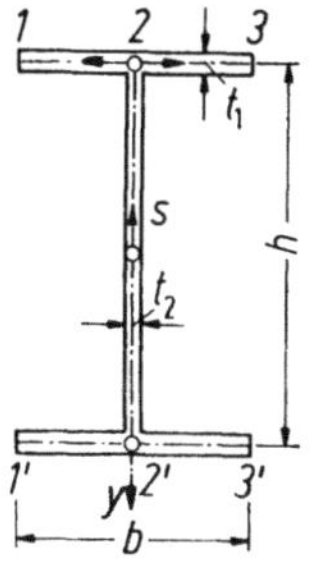

Abb. V.12

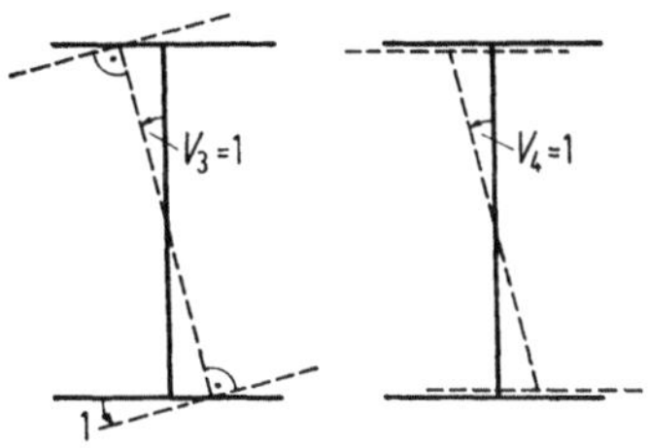

Abb. V.13

Auf Grund der Ausdrücke (V.5) und (V.57) erhalten wir die Diagramme $\bar{\omega}^{(3)} = \bar{\omega}^{(4)}$ und auf Grund der Ausdrücke (V.140) und (V.141) die Diagramme $\dot{u}_{V0}^{(3)}$ und $\dot{u}_{V0}^{(4)}$. Das Diagramm $\ddot{u}_V^{(4)}$ erhalten wir durch Differentiation der Gleichung (V.22).

Dieses Diagramm ist gleich demjenigen für die Biegemomente eines an seinen Enden eingespannten Trägers mit konstanter Steifigkeit und einer Spannweite h für den Fall einer Stützensenkung von der Größe $1h$.

Die Diagramme $\bar{\omega}^{(3)} = \bar{\omega}^{(4)}$, $\dot{u}_{V0}^{(3)}$ und $\dot{u}_{V0}^{(4)}$ sind in Abb. V.14 gezeigt.

Die Verdrehungswinkel Φ_1, Φ_2 und Φ_3 sind mit Rücksicht auf die Voraussetzung der unendlich großen Steifigkeit der Flanschen gleich Null.

---

[1] *J. N. Goodier* und *M. V. Barton*: The Effects of Web Deformation on the Torsion of I-Beams. Journal of Applied Mechanics, March, 1944.

[2] *G. G. Kubo, B. G. Johnston* und *W. J. Eney*: Non-Uniform Torsion of Plate Girders. Proceedings of the American Society of Civil Engineers, Bd. 80, Nr. 449, 1954.

Durch die Orthogonalisierung der Funktionen $\bar{\omega}^{(i)}$ gemäß Gleichung (V.156) erhalten wir:

$$\omega_\Theta^{(3)} = \bar{\omega}^{(3)} = \omega\,,$$

$$\beta_{43} = -\frac{\int\limits_s t\bar{\omega}^{(4)}\omega_\Theta^{(3)}\,ds}{\int\limits_s t[\omega_\Theta^{(3)}]^2\,ds} = -\frac{\int\limits_s t\omega^2\,ds}{\int\limits_s t\omega^2\,ds} = -1,$$

so daß

$$\omega_\Theta^{(4)} = 0$$

folgt. Ferner folgt aus den Gleichungen (V.158) und (V.172):

$$\dot{u}_{\Theta 0}^{(3)} = \dot{u}_{V0}^{(3)},$$

$$\dot{u}_{\Theta 0}^{(4)} = \dot{u}_{V0}^{(4)} - \dot{u}_{V0}^{(3)}$$

und

$$\ddot{u}_\Theta^{(4)} = \ddot{u}_V^{(4)}.$$

Die Diagramme $\dot{u}_{\Theta 0}^{(4)}$ und $\ddot{u}_\Theta^{(4)}$ sind in Abb. V.15 gezeigt.

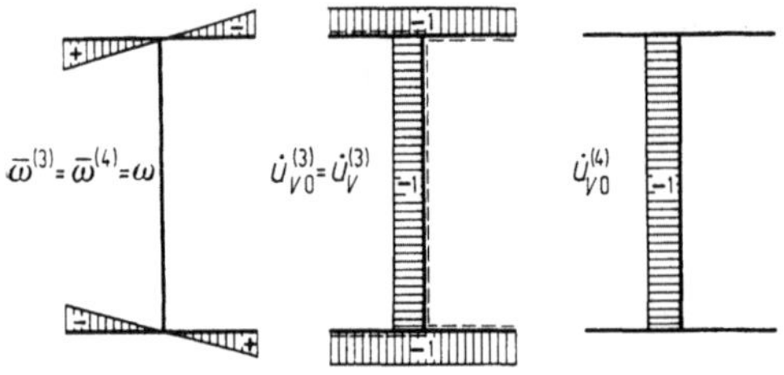

Abb. V.14

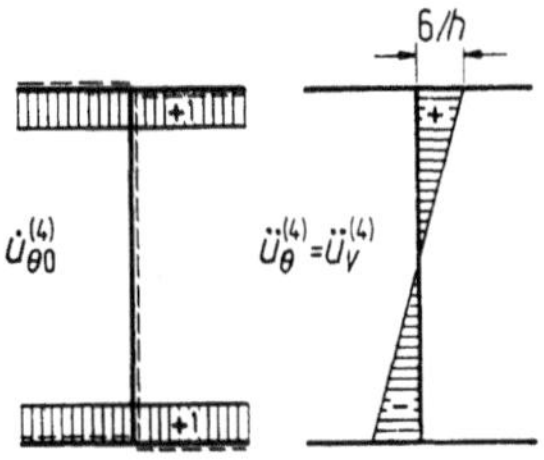

Abb. V.15

Für die Koeffizienten in den Gleichungen (V.169) erhalten wir aus den Gleichungen (V.170) und (V.171):

$$A_{33} = \int\limits_s t\omega^2\,ds = I_{\omega\omega},$$

$$A_{44} = 0,$$

wo $I_{\omega\omega}$ das sektorielle Trägheitsmoment des gesamten Querschnittes ist; ferner

$$\dot{B}_{33}^0 = \frac{1}{12}(2t_1^3 b + t_2^3 h) = \frac{1}{4}K,$$

$$\dot{B}_{34}^0 = -\frac{1}{12}2t_1^3 b = -\frac{1}{6}t_1^3 b = -\frac{1}{2}K_f,$$

$$\ddot{B}_{33} = 0,$$

$$\ddot{B}_{44} = \frac{1}{12}t_2^3\frac{12}{h^2}h = \frac{t_2^3}{h} = 12\frac{J_{st}}{h},$$

$$\dot{B}_{44}^0 = 2\frac{1}{12}t_1^3 b = \frac{1}{2}K_f.$$

In diesen Ausdrücken sind:

K die Torsionskonstante des Gesamtquerschnittes,
K_f die Torsionskonstante eines Flansches und
$J_{st} = t_2^3/12$.

Das Gleichungssystem (V.169) wird auf die folgenden beiden Gleichungen zurückgeführt:

$$\left.\begin{aligned} I_{\omega\omega}\Theta_3'''' - \varkappa(K\Theta_3'' - 2K_f\Theta_4'') &= 0, \\ 2\varkappa K_f(\Theta_3'' - \Theta_4'') + 12\frac{J_{st}}{h}\Theta_4 &= 0. \end{aligned}\right\} \quad (V.182)$$

Die Gleichungen (V.182) können wir auch in etwas geänderter Form darstellen. Statt der ersten Gleichung können wir die Gleichung, welche wir aus der Summe der beiden Gleichungen erhalten, setzen:

$$\left.\begin{aligned} I_{\omega\omega}\Theta_3'''' - \varkappa K_{st}\Theta_3'' + 12\frac{J_{st}}{h}\Theta_4 &= 0, \\ \varkappa K_f(\Theta_3'' - \Theta_4'') + 6\frac{J_{st}}{h}\Theta_4 &= 0, \end{aligned}\right\} \quad (V.183)$$

wo $K_{st} = K - 2K_f$ die Torsionskonstante des Steges ist.

Die Gleichungen (V.183) stimmen vollständig mit den von *Goodier* und *Barton* abgeleiteten überein[1].

Eine weitere Vereinfachung der Gleichungen (V.169) erreichen wir, wenn wir die Torsionsmomente m_{zs} vernachlässigen.

Einen Übergang zur vollständigen Vernachlässigung dieser Momente stellt die Berücksichtigung derselben in den Randplatten des Stabes dar.

Zur Erhöhung der Genauigkeit der Theorie des sogenannten steifknotigen Faltwerkes, welche im nächsten Kapitel behandelt wird, haben *Ohlig*[2] und *Girkmann*[3] die schärfere Erfassung der Beanspruchung der Randplatten vorgeschlagen.

Die Lösung von *Girkmann* beruht auf der Anwendung der von *M. Levy* für die rechteckige Platte gegebenen Lösung auf die Randplatten. Diese entspricht nur der freien Auflagerung der Platte längs ihren kürzeren Rändern. *Ohlig* trifft für die Randplatten die gleichen Voraussetzungen, wie sie der in diesem Kapitel angegebenen Lösung zugrunde gelegt wurden.

Wir wollen nun voraussetzen, daß die Verschiebungsdiagramme Θ_i derart beschaffen seien — und diese Möglichkeit wird immer gegeben sein —, daß die Verdrehungen der Randplatten um die Knotenlinien als gesonderte Parameter Θ_p ($p = 1, 2, \ldots, \nu$) auftreten.

Den Verschiebungszustand Θ_i ($i = 4, 5, \ldots, I - \nu$) wählen wir derartig, daß die Randplatten keine Verdrehungen, sondern nur translatorische Verschiebungen erfahren (wie dies z.B. in der Abb. V.2a gezeigt ist).

---

[1] Siehe z.B. *J. Scheer*: Die Berücksichtigung der Stegverformungen bei der Wölbkrafttorsion von doppelsymmetrischen I-Profilen. Der Stahlbau 1955, S. 257—260, Gleichungen 9 und 8.

[2] *R. Ohlig*: Beitrag zur Theorie der prismatischen Faltwerke, Ing.-Arch. 6, 346 (1935).

[3] *K. Girkmann*: Flächentragwerke, IV. Auflage, S. 561. Wien, Springer-Verlag, 1956.

Durch die Vernachlässigung der Torsionsmomente, mit Ausnahme der von den Verschiebungen Θ_p abhängigen in den Gleichgewichtsbedingungen, erhalten die Gleichungen (V.169) die folgende Form:

$$\left.\begin{array}{lll}
\text{für } i = p & -4\varkappa \dot{B}^0_{pp}\Theta''_p + \ddot{B}_{pp}\Theta_p + \ddot{C}_{pr}\Phi_r = \frac{1}{E'} A^{\Theta}_{p0}, & \\
& p = 1, 2, \ldots, \nu, & \\
\text{für } i \neq p & A_{ii}\Theta''''_i + \sum_{j=3}^{I} \ddot{B}_{ij}\Theta_j + \sum_{l=1}^{\bar{K}} \ddot{C}_{il}\Phi_l = \frac{1}{E'} A^{\Theta}_{i0}, & \\
& i = 1, 2, \ldots, I - \nu & \\
\text{und} & \sum_{j=3}^{I} \ddot{C}_{kj}\Theta_j + \sum_{l=1}^{\bar{K}} \ddot{d}_{kl}\Phi_l = \frac{1}{E'} B_{k0}, & \\
& k = 1, 2, \ldots, \bar{K}, &
\end{array}\right\} \quad (\text{V.}184)$$

wo:

$$\left.\begin{array}{l} B_{ij} = 0, \\ \ddot{C}_{kj} = 0, \end{array}\right\} \text{für } j = p$$

ist.

8. Vernachlässigung der Biegemomente m_z und der Torsionsmomente $m_{z\varkappa}$. Theorie des steifknotigen Faltwerks

Werden auch die Torsionsmomente in allen Platten des dünnwandigen Stabes vernachlässigt, so gelangen wir zum Modell des prismatischen Faltwerks mit steifen Knoten, welches von *Gruber*[1] stammt.

Zufolge des Weglassens des Torsionsmoments aus dem Gleichungssystem (V.169) erhalten wir zunächst die einzelne Gleichung (für $i = 3$):

$$A_{33}\Theta''''_3 = \frac{1}{E'} A^{\Theta}_{30}, \qquad (\text{V.}185)$$

und weiter das Gleichungssystem:

$$\left.\begin{array}{l}
A_{ii}\Theta''''_i + \sum_{j=4}^{I} \ddot{B}_{ij}\Theta_j + \sum_{l=1}^{\bar{K}} \ddot{C}_{il}\Phi_l = \frac{1}{E'} A^{\Theta}_{i0}, \\
\sum_{j=4}^{I} \ddot{C}_{kj}\Theta_j + \sum_{l=1}^{\bar{K}} \ddot{d}_{kl}\Phi_l = \frac{1}{E'} B_{k0},
\end{array}\right\} \quad (\text{V.}186\,\text{a, b})$$

$$i = 4, 5, \ldots, I, \quad k = 1, 2, \ldots, \bar{K}.$$

Die Gleichung (V.185) ist die Differentialgleichung der Wölbkrafttorsion des Stabes für den Fall der Vernachlässigung des sog. St. Venantschen Anteiles des Torsionsmomentes.

---

[1] *E. Gruber*: Berechnung prismatischer Scheibenwerke. Int. Vereinigung für Brückenbau und Hochbau, Abh. I, 1932.

Zufolge der Gleichung (V.164) erhalten wir:

$$A_{33} = \int_F [\omega_\Theta^{(3)}]^2 \, dF = \int_F \omega^2 \, dF = I_{\omega\omega}$$

und

$$\Theta_3 = \varphi .$$

Das Glied

$$A_{30}^{\Theta} = \int_s \bar{p}_z' \omega_\Theta^{(3)} \, ds + \int_s (\bar{p}_n u_\Theta^{(3)} + \bar{p}_s v_\Theta^{(3)}) \, ds$$

kann mit Rücksicht auf die Gleichungen (V.164), (V.165) und (V.166) in folgender Form geschrieben werden:

$$A_{30}^{\Theta} = m_\omega' + m_D ,$$

wo

$$m_\omega' = \int_s \bar{p}_z' \omega \, ds ,$$

$$m_D = \int_s (\bar{p}_n h_n + \bar{p}_s h) \, ds$$

sind.

Die Größen m_D und m_ω' stellen das verteilte äußere Torsionsmoment und das verteilte äußere Bimoment dar. Durch Einsetzen der Ausdrücke für A_{33} und A_{30}^{Θ} in die Gleichung (V.185) erhalten wir die bekannte Differentialgleichung der Wölbkrafttorsion für $GK = 0$:

$$E' I_{\omega\omega} \Theta'''' = m_\omega' + m_D . \tag{V.187}$$

Die Parameter der Verschiebungen Θ_i nehmen wir in der am Ende des vorigen Kapitels gezeigten Art an.

Die Parameter Θ_p ($p = 1, 2, \ldots, \nu$) können aus dem System (V.186) eliminiert werden, wodurch die Zahl der unbekannten Größen verkleinert wird.

Da wir vorausgesetzt haben, daß die Momente m_z und m_{zs} gleich Null sind, verbleibt uns nur das Biegemoment m_s, welches bei der Verschiebung Θ_p zum Ausdruck kommt. Dieses Moment ist gleich dem Moment einer Konsole von der Einheitsbreite zufolge der Belastung $\bar{p}_n$.

Gemäß dem Ausdruck für m_s (siehe die Gleichungen (V.32)) müssen dann die Funktionen $u_\Theta^{(p)}$ und $u_\Phi^{(r)}$ (Abb. V.16) die linearen Funktionen sein.

Dadurch wird die Gleichung (V.186a) für $i = p$ identisch befriedigt, und das Belastungsglied $B_{r0} = m_r$ in der Gleichung (V.186b), für $k = r$ enthält die Biegemomente aller im Knoten r angeschlossenen Endplatten (Abb. V.16).

Da sich die Endplatten für $\Theta_i \neq \Theta_p$ nur sich selbst parallel verschieben, kann die Belastung dieser Platten bei der Berechnung der Belastungsglieder A_{i0}^{Θ} durch die Resultierende R_{rg} (Abb. V.16) ersetzt werden.

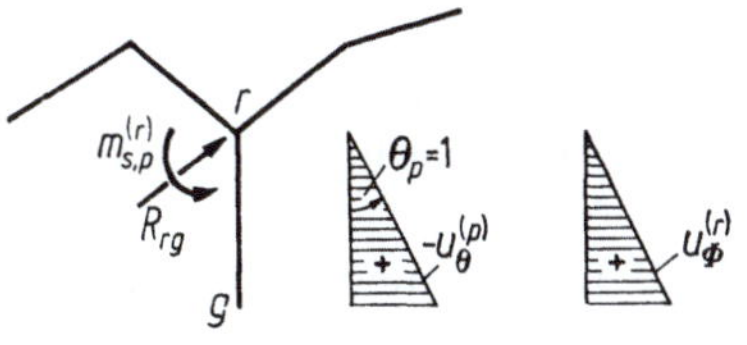

Abb. V.16

Die statisch äquivalenten Belastungen $m_{sp}^{(r)}$ und R_{rg} werden bei der Berechnung der entsprechenden Belastungsglieder berücksichtigt. Dadurch werden die Endplatten als unbelastet angenommen.

Die Zahl der unbekannten Parameter wird um ν verkleinert, wobei ν die Gesamtzahl der Endplatten ist.

Wir betrachten den Knoten f (Abb. V.17) in welchem, außer der Platte fk, nur Endplatten angeschlossen sind.

Das Biegungsmoment m_s am Ende f der Platte fk ist gleich dem statischen Moment der Belastungen $\bar{p}_n$ der Endplatten in bezug auf den Querschnitt f.

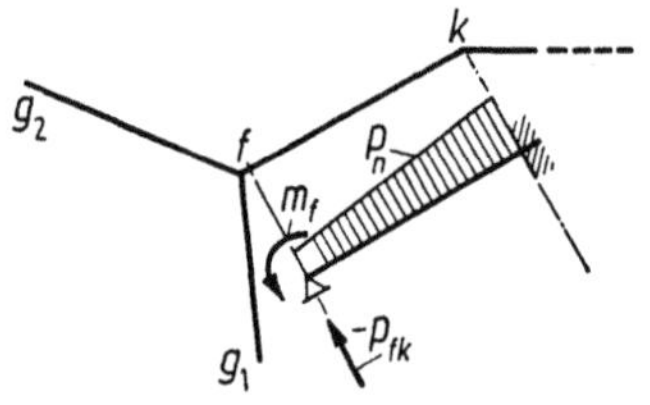

Abb. V.17

Die Unbekannten Φ_f können wir nun aus dem Gleichungssystem eliminieren, und zwar auf dieselbe Weise, wie wir dies mit den Unbekannten Φ_g der Endknoten im System der Gleichungen (V.143) durchgeführt haben.

Die Elimination der Unbekannten Φ_f wird auf die Umwandlung der Ausdrücke für $u_\Theta^{(kr)} = u_V^{(kr)}$, $u_\Theta^{(rk)} = u_V^{(rk)}$ und $u_\Phi^{(kr)}$ für den Fall, daß $r = f$ ist, zurückgeführt.

Für $r \neq f$ sind diese Funktionen durch die Ausdrücke (V.10) und (V.11) gegeben. Für $r = f$ erhalten wir (Gleichung (V.154)):

$$\left.\begin{aligned} u_\Theta^{(kf)} &= \frac{s_{fk}}{b_{fk}}\left[1 - \frac{s_{kf}(s_{kf} + \frac{1}{2} s_{fk})}{b_{fk}}\right], \\ u_\Theta^{(fk)} &= \frac{s_{kf}}{b_{fk}}\left[1 - \frac{s_{fk}(s_{fk} + \frac{1}{2} s_{kf})}{b_{fk}}\right], \\ u_\Phi^{(kf)} &= \frac{s_{kf} s_{fk}}{b_{fk}^2}\left(s_{fk} + \frac{1}{2} s_{kf}\right). \end{aligned}\right\} \qquad \text{(V.188)}$$

Dabei ist zu beachten, daß sich infolge des Momentes

$$m_f = \sum m_{s,p}^{(f)} \qquad \text{(V.189)}$$

ein Anteil der Knotenbelastung p_{fk} ergibt, welcher als die Auflagerkraft eines entlang der Knotenlinie k eingespannten Plattenstreifens (Abb. V.17) gegeben wird.

Die Knoten wollen wir der Reihe nach mit $k = 1, 2, \ldots, \overline{\overline{K}}$ bezeichnen, wobei wir die Knoten g an den Enden der Profilmittellinie sowie die Knoten vom Typus f auslassen.

Das Gleichungssystem (V.186) können wir, nach der Elimination der Unbekannten Θ_p ($p = 1, 2, \ldots, \nu$) und Φ_f ($f = 1, 2, \ldots, \overline{K} - \overline{\overline{K}}$), in der folgenden

Form schreiben:

$$\left.\begin{aligned} A_{ii}\Theta_i'''' + \sum_{j=4}^{\bar{I}} \ddot{B}_{ij}\Theta_j + \sum_{l=1}^{\bar{\bar{K}}} \ddot{C}_{il}\Phi_l &= \frac{1}{E'} A_{i0}^{\Theta}, \\ \sum_{j=4}^{\bar{I}} \ddot{\tilde{C}}_{kj}\Theta_j + \sum_{l=1}^{\bar{\bar{K}}} \ddot{d}_{kl}\Phi_l &= \frac{1}{E'} B_{k0}, \end{aligned}\right\} \qquad (V.190)$$

$$i = 4, 5, \ldots, \bar{I}, \qquad k = 1, 2, \ldots, \bar{\bar{K}},$$

wo $\bar{I} = I - \nu$ ist.

Bei dem Aufstellen der Koeffizienten der Unbekannten müssen die Ausdrücke (V.188) berücksichtigt werden.

In Matrizenform lauten die Gleichungen (V.190) wie folgt:

$$\left.\begin{aligned} \boldsymbol{A}_\Theta \boldsymbol{\Theta}'''' + \ddot{\boldsymbol{B}}_\Theta \boldsymbol{\Theta} + \ddot{\boldsymbol{C}}_\Theta \boldsymbol{\Phi} &= \frac{1}{E'} \boldsymbol{A}_0^\Theta, \\ \ddot{\tilde{\boldsymbol{C}}}_\Theta \boldsymbol{\Theta} + \ddot{\boldsymbol{D}}\boldsymbol{\Phi} &= \frac{1}{E'} \boldsymbol{B}_0. \end{aligned}\right\} \qquad (V.191)$$

Wo, im Unterschied zu den Gleichungen (V.176), die einzelnen Größen das Folgende bedeuten:

$\boldsymbol{A}_\Theta$ eine Diagonalmatrix von der Ordnung $\bar{I} - 3$, deren Elemente die Koeffizienten A_{ii} ($i = 4, 5, \ldots, \bar{I}$) sind,

$\ddot{\boldsymbol{B}}_\Theta$ eine quadratische Matrix der Ordnung $\bar{I} - 3$ mit den Elementen $\ddot{B}_{ij}$ ($i, j = 4, 5, \ldots, \bar{I}$),

$\ddot{\boldsymbol{C}}_\Theta$ eine rechteckige Matrix mit $\bar{I} - 3$ Zeilen und $\bar{\bar{K}}$ Spalten mit den Elementen $\ddot{C}_{il}$ ($i = 4, 5, \ldots, \bar{I}$) und ($l = 1, 2, \ldots, \bar{\bar{K}}$),

$\ddot{\tilde{\boldsymbol{C}}}_\Theta$ die transponierte Matrix von $\ddot{\boldsymbol{C}}_\Theta$ und

$\ddot{\boldsymbol{D}}$ eine quadratische Matrix von der Ordnung $\bar{\bar{K}}$ mit den Elementen $\ddot{d}_{kl}$ ($k, l = 1, 2, \ldots, \bar{\bar{K}}$).

Die Spaltenvektoren $\boldsymbol{\Theta}$ und $\boldsymbol{A}_0^\Theta$ haben die Komponenten Θ_i und A_{i0}^Θ ($i = 4, 5, \ldots, \bar{I}$) und die Spaltenvektoren $\boldsymbol{\Phi}$ und $\boldsymbol{B}_0$ die Komponenten Φ_k und B_{k0} ($k = 1, 2, \ldots, \bar{\bar{K}}$).

Aus der zweiten Gleichung des Systems (V.191) erhalten wir:

$$\boldsymbol{\Phi} = -\ddot{\boldsymbol{D}}^{-1}\ddot{\tilde{\boldsymbol{C}}}_\Theta \boldsymbol{\Theta} + \frac{1}{E'} \ddot{\boldsymbol{D}}^{-1} \boldsymbol{B}_0. \qquad (V.192)$$

Setzen wir diesen Ausdruck für $\boldsymbol{\Phi}$ in die erste Gleichung des Systems (V.191) ein, so geht diese über in:

$$\boldsymbol{A}_\Theta \boldsymbol{\Theta}'''' + \boldsymbol{H}\boldsymbol{\Theta} = \frac{1}{E'} \boldsymbol{H}_0, \qquad (V.193)$$

wo:

$$\boldsymbol{H} = (\ddot{\boldsymbol{B}}_\Theta - \ddot{\boldsymbol{C}}_\Theta \ddot{\boldsymbol{D}}^{-1} \ddot{\tilde{\boldsymbol{C}}}_\Theta) \qquad (V.194)$$

und

$$\boldsymbol{H}_0 = (\boldsymbol{A}_0^{\Theta} - \ddot{\boldsymbol{C}}_{\Theta}\ddot{\boldsymbol{D}}^{-1}\boldsymbol{B}_0) \tag{V.195}$$

sind.

Die allgemeine Lösung des Systems der linearen Differentialgleichungen (V.193) ist durch die Summe der allgemeinen Lösung $\boldsymbol{\Theta}_h$ der entsprechenden homogenen Differentialgleichung und des partikulären Integrals $\boldsymbol{\Theta}_0$ der nicht homogenen Gleichung (V.193) gegeben.

Es läßt sich zeigen, daß $\boldsymbol{H}$ eine symmetrische positiv definite Matrix ist. Alle Wurzeln λ_μ^4 des charakteristischen Polynomes:

$$|\lambda_\mu^4 \boldsymbol{A}_\Theta + \boldsymbol{H}| = 0$$

sind reell und negativ, und wir erhalten:

$$\lambda_{1\mu} = k_\mu(1 + i); \qquad -\lambda_{1\mu},$$

$$\lambda_{2\mu} = k_\mu(1 - i); \qquad -\lambda_{2\mu},$$

$$\mu = 1, 2, \ldots, \bar{I} - 3,$$

wo

$$k_\mu = \sqrt[4]{-\frac{\lambda_\mu^4}{4}}$$

ist.

Die allgemeine Lösung der homogenen Gleichung (V.193) können wir, wie im Kapitel III.2 in der Form

$$\boldsymbol{\Theta}_h = \boldsymbol{R}\boldsymbol{L} \tag{V.196}$$

schreiben, wo die Matrix $\boldsymbol{R}$ durch:

$$\boldsymbol{R} = [\boldsymbol{r}_1, \boldsymbol{r}_2, \ldots, \boldsymbol{r}_{\bar{I}-3}]$$

gegeben ist.

Die Spaltenvektoren

$$\boldsymbol{r}_\mu = \left\| \begin{matrix} r_1 \\ r_2 \\ \vdots \\ r_{\bar{I}-3} \end{matrix} \right\|, \qquad \mu = 1, 2, \ldots, \bar{I} - 3$$

finden wir als Lösungen der $\bar{I} - 4$-Systeme homogener algebraischer Gleichungen:

$$[\lambda_\mu^4 \boldsymbol{A}_\Theta + \boldsymbol{H}]\, \boldsymbol{r}_\mu = 0,$$

$$\mu = 1, 2, \ldots, \bar{I} - 3.$$

Der Spaltenvektor $\boldsymbol{L}$ hat mit Rücksicht auf den Charakter der Wurzeln die folgenden Komponenten:

$$\begin{aligned} L_\mu = A_\mu \cosh \mu z \cos \mu z &+ B_\mu \cosh \mu z \sin \mu z \\ &+ C_\mu \sinh \mu z \cos \mu z + D_\mu \sinh \mu z \sin \mu z, \end{aligned} \tag{V.197}$$

$$\mu = 1, 2, \ldots, \bar{I} - 3.$$

Das partikuläre Integral $\boldsymbol{\Theta}_0$ finden wir durch Variation der Konstanten.

Die Randbedingungen nach den Verschiebungen sind die gleichen, wie die in den Ausdrücken (V.179) angegebenen:

$$\left.\begin{aligned} \boldsymbol{\Theta} &= \boldsymbol{\Theta}^*, \\ \boldsymbol{\Theta}' &= \boldsymbol{\Theta}^{*\prime}. \end{aligned}\right\} \quad (V.198)$$

Statt der Ausdrücke (V.180) erhalten wir nunmehr:

$$\left.\begin{aligned} \boldsymbol{A}_\Theta \boldsymbol{\Theta}''' &= -\frac{1}{E'} \boldsymbol{Q}^*_\Theta, \\ \boldsymbol{A}_\Theta \boldsymbol{\Theta}'' &= -\frac{1}{E'} \boldsymbol{M}^*_\Theta, \end{aligned}\right\} \quad (V.199)$$

wo $\boldsymbol{Q}^*_\Theta$ und $\boldsymbol{M}^*_\Theta$ Spaltenvektoren mit den Komponenten

$$\left.\begin{aligned} Q^*_{\Theta i} &= -\int_s \bar{p}_z \omega^{(i)}_\Theta \, ds + \int_s (n^*_{zn} u^{(i)}_{\Theta 0} + n^*_{zs} v^{(i)}_\Theta) \, ds, \\ M^*_{\Theta i} &= \int_s n^*_z \omega^{(i)}_\Theta \, ds, \qquad i = 4, 5, \ldots, \bar{I} \end{aligned}\right\} \quad (V.200)$$

sind. Dabei haben wir, mit Rücksicht auf die Vernachlässigung der Torsionsmomente m^*_{zs}, vorausgesetzt, daß auch die an den Enden wirkenden Kräfte in auf der Profilmittellinie gelegenen Punkten angreifen.

Für gewisse, vom praktischen Standpunkte aus interessante homogene Randbedingungen können wir die Lösung der Aufgabe mittels Reihen erreichen.

Wir verwenden hierzu die normalen Funktionen der Querschwingungen des Stabes[1], welche wir mit $g_\mu(z)$, $\mu = 1, 2, \ldots, \infty$ bezeichnen und welche die homogene Differentialgleichung:

$$g_\mu(z)'''' = \omega^4_\mu g_\mu(z) \quad (V.201)$$

sowie die gegebenen homogenen Randbedingungen befriedigen. Die Koeffizienten ω_μ werden aus den Randbedingungen bestimmt.

Die Funktionen g_μ sind orthogonal, d.h.:

$$\int_0^l g_\mu g_\nu \, dz \begin{cases} = 0 & \text{für } \mu \neq \nu, \\ \neq 0 & \text{für } \mu = \nu. \end{cases}$$

Dieselben können auch normiert werden, so daß

$$\int_0^l g^2_\mu \, dz = l$$

ist.

Wir setzen die Lösung für $\boldsymbol{\Theta}$ in der Form

$$\boldsymbol{\Theta} = \sum_{\mu=1}^{\infty} \boldsymbol{\Theta}_\mu g_\mu(z) \quad (V.202)$$

an, wo $\boldsymbol{\Theta}_\mu$ noch zu bestimmende Koeffizienten sind.

[1] *M. Djurić* hat in seiner Arbeit: Theorie des langen prismatischen Faltwerks, Zbornik Gradjevinskog fakulteta u Beogradu, 1953 (serbokroatisch) diese Funktionen eingeführt.

Durch Einsetzen des Ausdruckes (V.202) in die Differentialgleichung (V.193) erhalten wir:

$$\sum_{\mu=1}^{\infty} (\boldsymbol{A}_\Theta \omega_\mu^4 + \boldsymbol{H}) \boldsymbol{\Theta}_\mu g_\mu(z) = \frac{1}{E'} \boldsymbol{H}_0 .$$

Wir multiplizieren nun die linke und die rechte Seite dieser Gleichung mit $g_\nu(z)$ ($\nu = 1, 2, \ldots, \mu, \ldots, \infty$) und integrieren sie in den Grenzen von 0 bis l. Auf diese Weise erhalten wir unendlich viele Systeme von $\bar{I} - 3$ linearen Gleichungen

$$(\omega_\nu^4 \boldsymbol{A}_\Theta + \boldsymbol{H}) \boldsymbol{\Theta}_\nu = \frac{1}{E' l} \int_{z=0}^{l} \boldsymbol{H}_0 g_\nu \, dz ,$$

$$\nu = 1, 2, \ldots, \infty .$$

Die Auflösung ergibt:

$$\boldsymbol{\Theta}_\nu = (\omega_\nu^4 \boldsymbol{A}_\Theta + \boldsymbol{H})^{-1} \frac{1}{E' l} \int_{z=0}^{l} \boldsymbol{H}_0 g_\nu \, dz . \qquad \text{(V.203)}$$

Die Randbedingungen des beiderseits frei aufliegenden Stabes (Abb. V.18a)

$$\left.\begin{aligned} \boldsymbol{\Theta} &= 0 \\ \boldsymbol{\Theta}'' &= 0 \end{aligned}\right\} \text{ für } z = 0 \text{ und für } z = l$$

befriedigen die vorher erwähnten trigonometrischen Funktionen

$$g_\mu = \sin \omega_\mu z ,$$

wo

$$\omega_\mu = \frac{\mu \pi}{l}$$

ist.

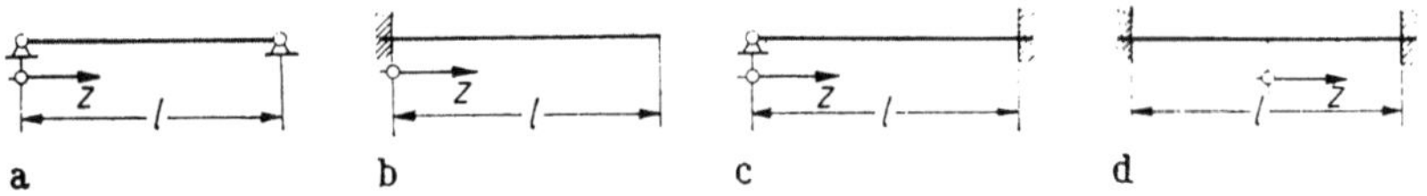

Abb. V.18

Für den einerseits eingespannten Stab, dessen anderes Ende vollständig frei ist (Abb. V.18b), bzw. für die Randbedingungen:

$$\left.\begin{aligned} \boldsymbol{\Theta} &= 0 \\ \boldsymbol{\Theta}' &= 0 \end{aligned}\right. \quad \text{für } z = 0$$

und

$$\left.\begin{aligned} \boldsymbol{\Theta}'' &= 0 \\ \boldsymbol{\Theta}''' &= 0 \end{aligned}\right. \quad \text{für } z = l$$

setzen wir:

$$g_\mu = \frac{(\sinh \omega_\mu l + \sin \omega_\mu l)(\cosh \omega_\mu z - \cos \omega_\mu z) - (\cosh \omega_\mu l + \cos \omega_\mu l)(\sinh \omega_\mu z - \sin \omega_\mu z)}{\cosh \omega_\mu l \sin \omega_\mu l - \sinh \omega_\mu l \cos \omega_\mu l} ,$$

wobei die Größen ω_μ durch Auflösung der transzendenten Gleichung

$$\cosh \omega_\mu l \cos \omega_\mu l + 1 = 0$$

erhalten werden. Für die ersten 6 Glieder der Reihe erhält man die Werte:

$$\omega_1 l = 1{,}87510, \qquad \omega_4 l = 10{,}99554,$$
$$\omega_2 l = 4{,}69410, \qquad \omega_5 l = 14{,}13717,$$
$$\omega_3 l = 7{,}85476, \qquad \omega_6 l = 17{,}27876.$$

Dem an einem Ende frei aufliegenden und am anderen Ende eingespannten Stabe (Abb. V.18c) bzw. mit den Randbedingungen:

$$\begin{matrix} \boldsymbol{\Theta} = 0 \\ \boldsymbol{\Theta}'' = 0 \end{matrix} \quad \text{für } z = 0$$

und

$$\begin{matrix} \boldsymbol{\Theta} = 0 \\ \boldsymbol{\Theta}' = 0 \end{matrix} \quad \text{für } z = l$$

entsprechen die Funktionen:

$$g_\mu = \frac{\sinh \omega_\mu z}{\sinh \omega_\mu l} - \frac{\sin \omega_\mu z}{\sin \omega_\mu l},$$

wobei die Größen ω_μ durch die Auflösung der Gleichung

$$\coth \omega_\mu l - \operatorname{ctg} \omega_\mu l = 0$$

bestimmt werden. Für die ersten 6 Glieder der Reihe erhalten wir:

$$\omega_1 l = 3{,}92660, \qquad \omega_4 l = 13{,}35177,$$
$$\omega_2 l = 7{,}06858, \qquad \omega_5 l = 16{,}49336,$$
$$\omega_3 l = 10{,}21018, \qquad \omega_6 l = 19{,}63496.$$

Für den an beiden Enden eingespannten Stab (Abb. V.18d) bzw. für die Randbedingungen:

$$\left.\begin{matrix} \boldsymbol{\Theta} = 0 \\ \boldsymbol{\Theta}' = 0 \end{matrix}\right\} \text{für } z = 0 \text{ und für } z = l$$

sind die entsprechenden Funktionen für eine symmetrische Belastung:

$$g_\mu = \frac{\cosh \omega_\mu z}{\cosh \omega_\mu l} - \frac{\cos \omega_\mu z}{\cos \omega_\mu l}.$$

Die Größen ω_μ werden in diesem Falle aus der Gleichung:

$$\tanh \frac{\omega_\mu l}{2} + \operatorname{tg} \frac{\omega_\mu l}{2} = 0$$

bestimmt und lauten für $\mu = 1, 2, 3$ und 4:

$$\omega_1 \frac{l}{2} = 2{,}36502, \qquad \omega_3 \frac{l}{2} = 8{,}63938,$$
$$\omega_2 \frac{l}{2} = 5{,}49780, \qquad \omega_4 \frac{l}{2} = 11{,}78097.$$

Für eine antisymmetrische Belastung haben die Funktionen g_μ die folgende Form:

$$g_\mu = \frac{\sinh \omega_\mu z}{\sinh \omega_\mu \frac{l}{2}} - \frac{\sin \omega_\mu z}{\sin \omega_\mu \frac{l}{2}},$$

und die Größen ω_μ werden aus der Gleichung:

$$\coth \frac{\omega_\mu l}{2} - \operatorname{ctg} \frac{\omega_\mu l}{2} = 0$$

bestimmt. Für $\mu = 1, 2, 3$ und 4 erhält man:

$$\omega_1 \frac{l}{2} = 3{,}92660, \qquad \omega_3 \frac{l}{2} = 10{,}21018,$$

$$\omega_2 \frac{l}{2} = 7{,}06858, \qquad \omega_4 \frac{l}{2} = 13{,}35177.$$

Als Beispiel wählen wir die Berechnung des in Abb. V.19 dargestellten Faltwerks.

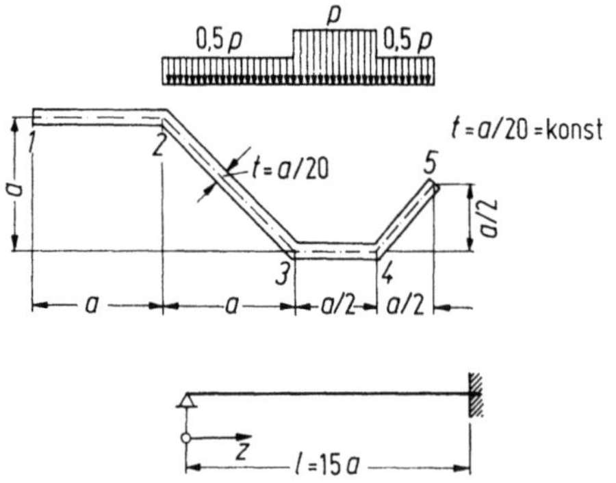

Abb. V.19

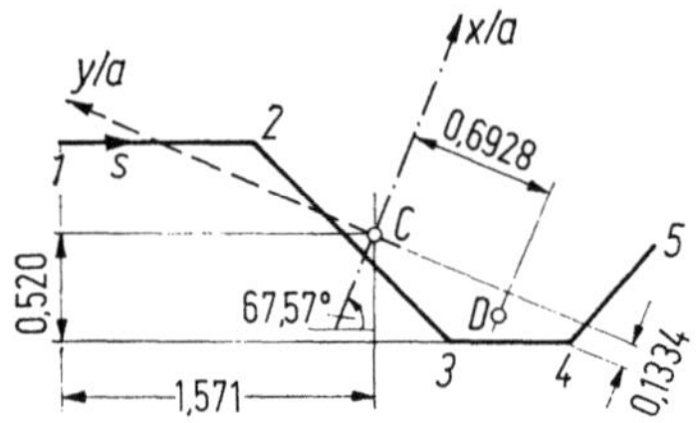

Abb. V.20

Nach der Bestimmung des Schwerpunktes, der Hauptträgheitsachsen und des Schubmittelpunktes (Abb. V.20) ergeben sich die in Abb. V.21 gezeigten Diagramme der Funktionen, $\omega_\Theta^{(1)} = x$, $\omega_\Theta^{(2)} = y$, $\omega_\Theta^{(3)} = \omega$, welche den Verschiebungsparametern Θ_1, Θ_2 und Θ_3 entsprechen.

Die Querschnittswerte F, $I_{xx} = A_{11}$, $I_{yy} = A_{22}$ und $I_{\omega\omega} = A_{33}$ (Abb. V.21) sind die folgenden:

$$F = 0{,}18105a^2, \quad I_{xx} = 0{,}006529a^4, \quad I_{yy} = 0{,}15065a^4, \quad I_{\omega\omega} = 0{,}00746a^6.$$

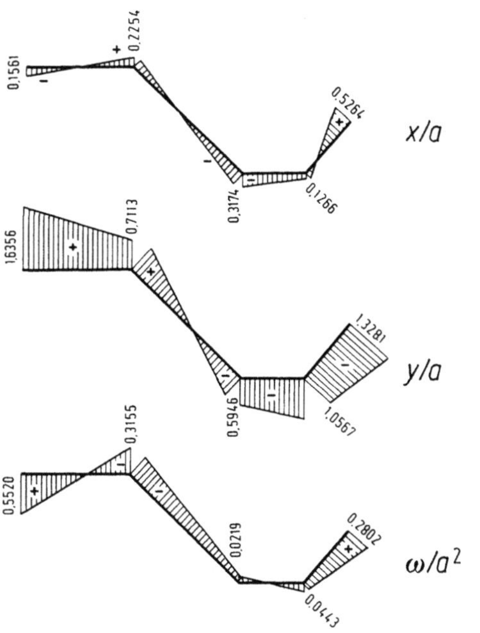

Abb. V.21

Als Verschiebungsparameter V_4 wird die Verdrehung der Platte 3—4 um den Punkt 3 gewählt. Dadurch erhält man die in Abb. V.22a dargestellte Verschiebung $V_4 = 1$ des Mechanismus und das $v^{(4)}$ Diagramm. Die Funktion $v^{(4)}$ stellt die Verschiebung in s-Richtung für $V_4 = 1$ dar. Auf Grund der Formel (V.5) ergibt sich (Abb. V.22b) das Diagramm $\omega^{(4)}$.

Da die Platten 3—4 und 3—2 die k—f Platten (Abb. V.17) sind, werden die Funktionen $u_V^{(3,4)} = u_\Theta^{(3,4)}$, $u_\Phi^{(3.2)}$ und $u_\Phi^{(3,4)}$ nach den Ausdrücken (V.188) bestimmt. Die Funktionen bilden gemäß den Formeln (V.22) und (V.13) die Diagramme

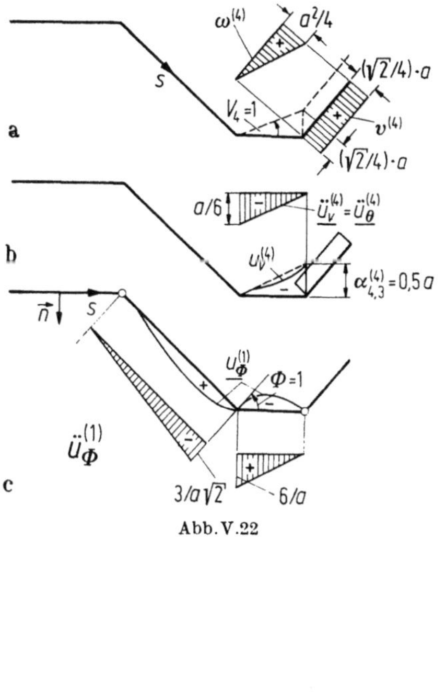

Abb. V.22

$u_V^{(4)}$ und $u_\Phi^{(1)}$wobei $\alpha_{4,3}^{(4)} = -0{,}5a$ ist. Durch Differenzieren ergeben sich die in Abb. V.22b, c dargestellten Diagramme $\ddot{u}_V^{(4)}$ und $\ddot{u}_\Phi^{(1)}$. Dabei wurde der Knoten im Punkt 3 mit 1 bezeichnet. Die Formeln (V.57) und (V.59) liefern:

$$\bar{\omega}^{(4)} = \omega^{(4)} + \beta_{40}\omega^{(0)}, \qquad \omega^{(0)} = 1,$$

$$\beta_{40} = -\frac{\int\limits_F \omega^{(4)}\, dF}{F} = -0{,}02441a^2,$$

bzw.:

$$\bar{\omega}^{(4)} = \omega^{(4)} - 0{,}02441a^2.$$

Nach den Ausdrücken (V.156) und (V.157) erhält man:

$$\omega_\Theta^{(4)} = \bar{\omega}^{(4)} + \beta_{41}x + \beta_{42}y + \beta_{43}\omega,$$

$$\beta_{4j} = -\frac{\int\limits_F \bar{\omega}^{(4)}\omega_\Theta^{(j)}\, dF}{\int\limits_F [\omega_\Theta^{(j)}]^2\, dF} = -\frac{\int\limits_F \omega^{(4)}\omega_\Theta^{(j)}\, dF}{\int\limits_F [\omega_\Theta^{(j)}]^2\, dF}.$$

Auf Grund der Diagramme $\omega^{(4)}$, x, y, ω erhält man:

$$\beta_{41} = -\frac{\int\limits_F \omega^{(4)}x\, dF}{\int\limits_F x^2\, dF} = -0{,}20890a,$$

$$\beta_{42} = -\frac{\int\limits_F \omega^{(4)}y\, dF}{\int\limits_F y^2\, dF} = 0{,}03630a,$$

$$\beta_{43} = -\frac{\int\limits_F \omega^{(4)}\omega\, dF}{\int\limits_F \omega^2\, dF} = -0{,}11941,$$

und ferner:

$$\omega_\Theta^{(4)} = \omega^{(4)} - 0{,}02441a^2 - 0{,}20890ax + 0{,}03630ay - 0{,}11941\omega.$$

Das Diagramm $\omega_\Theta^{(4)}$ ist in Abb. V.23 gezeigt.

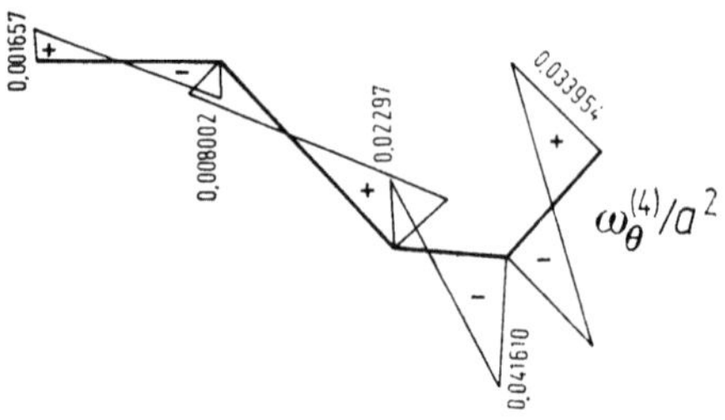

Abb. V.23

Das System der Differentialgleichungen (V.193) wird auf eine einzige Differentialgleichung zurückgeführt:

$$A_{44}\Theta_4^{IV} + H_{44}\Theta_4 = \frac{1}{E'} H_{40}^\Theta.$$

Für den Koeffizient A_{44} (Abb. V.23) erhält man:

$$A_{44} = \int_s t[\omega_\Theta^{(4)}]^2\, ds = 0{,}038666 a^6.$$

Da $\ddot{u}_\Theta^{(4)} = \ddot{u}_V^{(4)}$ ist, ergibt sich (Abb. V.22b)

$$\ddot{B}_{44} = \frac{1}{12} \int_s t^3 [\ddot{u}_V^{(4)}]^2\, ds = 0{,}0625 \cdot 10^{-3} a^2,$$

und ferner (Abb. V.22b, c):

$$\ddot{C}_{41} = \frac{1}{12} \int_s t^3 \ddot{u}_V^{(4)} \ddot{u}_\Phi^{(1)}\, ds = -0{,}0625 \cdot 10^{-3} a^2 = \ddot{C}_{14},$$

$$\ddot{d}_{11} = \frac{1}{12} \int_s t^3 [\ddot{u}_\Phi^{(1)}]^2\, ds = 0{,}08485 \cdot 10^{-3} a^2.$$

Für H_{44} ergibt sich nach der Gleichung (V.194):

$$H_{44} = \left(0{,}0625 - \frac{0{,}0625 \cdot 0{,}0625}{0{,}084597}\right) \cdot 10^{-3} a^2 = 0{,}016325 \cdot 10^{-3} a^2.$$

Die Formeln (V.174) und (V.175) für die Belastungsglieder liefern:

$$A_{i0}^\Theta = A_{i0} + \sum_{j=1}^{i-1} \beta_{ij} A_{j0}^\Theta,$$

$$B_{k0} = m_k.$$

Mit Rücksicht auf die Darstellung der Belastung auf den Endplatten (siehe Abb. V.16) kann die gegebene Belastung (Abb. V.19) wie in Abb. V.24 dargestellt werden.

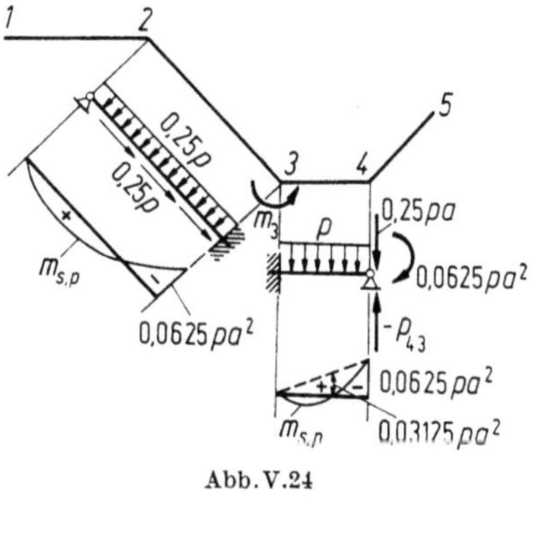

Abb. V.24

Die Knotenbelastung p_{43} wird als Auflagerkraft (mit entgegengesetzter Richtung) eines Plattenstreifens, welcher an der Knotenlinie 3 eingespannt, an der Knotenlinie 4 (Abb. V.24) frei drehbar gelagert ist, erhalten:

$$p_{43} = \left(0{,}25 + \frac{3}{8}\, 0{,}5 + \frac{3}{2}\, \frac{0{,}0625}{0{,}5}\right) pa = 0{,}625 pa.$$

Für A_{40} ergibt sich auf Grund des Ausdrucks (V.53), (Abb. V.22b):

$$A_{40} = p_{43} \cdot \alpha_{43}^{(4)} = 0{,}625(-0{,}5)\, pa^2 = -0{,}3125 pa^2 .$$

Die Resultierende Belastung des Faltwerks beträgt (Abb. V.19):

$$p_R = \left(0{,}5 + \frac{1}{2}\, 1{,}0 + \frac{1}{2}\, 0{,}5\right) pa = 1{,}25 pa .$$

Die Komponenten in Richtungen x und y sind die folgenden:

$$p_x = A_{10}^{\Theta} = -1{,}25 \cdot \sin 67{,}57°\, pa = -1{,}1554 pa ,$$

$$p_y = A_{20}^{\Theta} = -1{,}25 \cos 67{,}57°\, pa \;= -0{,}4771 pa .$$

Das verteilte Torsionsmoment m_D beträgt:

$$m_D = A_{30}^{\Theta} = 1{,}25 \cdot 0{,}1110 pa^2 = 0{,}1388 pa^2 .$$

Mit diesen Werten wird das Belastungsglied:

$$A_{40}^{\Theta} = A_{40} + \beta_{41} p_x + \beta_{42} p_y + p_{43} m_D$$

zu

$$A_{40}^{\Theta} = (-0{,}3125 + 0{,}20894 \cdot 1{,}1554 - 0{,}03630 \cdot 0{,}4771$$

$$- 0{,}11941 \cdot 0{,}1388)\, pa^2 = -0{,}10503 pa^2$$

bestimmt.

Für B_{10} ergibt sich auf Grund der Gleichungen (V.54) und (V.56), (siehe Abb. V.24):

$$B_{10} = m_3 = m_{32} + m_{34} = 0{,}0625 pa^2 .$$

Das Glied

$$H_{40}^{\Theta} = A_{40}^{\Theta} - \frac{\ddot{C}_{41}}{\ddot{d}_{11}} B_{10}$$

hat den Wert:

$$H_{40}^{\Theta} = \left(-0{,}10503 + \frac{0{,}0625}{0{,}08485}\, 0{,}0625\right) pa^2 = -0{,}05886 pa^2 .$$

Die Differentialgleichung lautet nun:

$$0{,}038666 a^4 Y^{IV} + 0{,}016325\, Y = -0{,}05886 p ,$$

bzw.

$$Y^{IV} + 0{,}42221 \frac{1}{a^4}\, Y = -1{,}5223 \frac{p}{a^4} ,$$

wo

$$Y = E' \cdot 10^{-3} \cdot \Theta_4$$

ist.

Die Lösung dieser Gleichung können wir in folgender Form anschreiben:

$$Y = A_1\varphi_1(\lambda z) + A_2\varphi_2(\lambda z) + A_3\varphi_3(\lambda z) + A_4\varphi_4(\lambda z) + Y_p ,$$

wo

$$\varphi_1 = \cosh(\lambda z)\cos(\lambda z),$$

$$\varphi_2 = \frac{1}{2}[\cosh(\lambda z)\sin(\lambda z) + \sinh(\lambda z)\cos(\lambda z)],$$

$$\varphi_3 = \frac{1}{2}\sinh(\lambda z)\sin(\lambda z),$$

$$\varphi_4 = \frac{1}{4}[\cosh(\lambda z)\sin(\lambda z) - \sinh(\lambda z)\cos(\lambda z)],$$

$$\lambda = \sqrt{\frac{1}{4}0{,}42221}\,\frac{1}{a} = 0{,}80597\,\frac{1}{a}$$

und

$$Y_p = -\frac{1{,}5223p}{0{,}42221} = -3{,}6055p$$

sind.

Die Integrationskonstanten $A_1, \ldots, A_4$ werden aus den Randbedingungen des einerseits eingespannten Trägers (Abb. V.19) zu:

$$Y = Y'' = 0, \quad \text{für } z = 0$$

$$Y = Y' = 0, \quad \text{für } z = l$$

bestimmt.

Diese Konstanten sind die folgenden:

$$A_1 = -Y_p = 3{,}6055p, \qquad A_2 = -3{,}6033p,$$

$$A_3 = 0, \qquad A_4 = 7{,}2145p.$$

Die Schnittkräfte n_z und m_s werden auf Grund der Ausdrücke:

$$n_z = E' t \Theta_4'' \omega_\Theta^{(4)},$$

$$m_s = -\frac{E' t^3}{12}[\Theta_4 \ddot{u}_V^{(4)} + \Phi_1 \ddot{u}_\Phi^{(1)}] + m_{s,p}$$

berechnet, wobei

$$\Phi_1 = -\frac{\ddot{C}_{14}}{\ddot{d}_{11}}\Theta_4 + \frac{1}{E'}\frac{B_{10}}{\ddot{d}_{11}}$$

bzw.

$$\Phi_1 = 0{,}7388\Theta_4 + 0{,}09235\frac{1}{10^{-3}E'}$$

ist.

Für $a = 1$ m ($l = 15$ m) und $p = 1{,}0$ t/m² werden die Normalspannungen $\sigma_z = n_z/t$ im Querschnitt $z = l$ ausgewertet.

Die Normalspannungen $\sigma_z^{(1)}$, $\sigma_z^{(2)}$, $\sigma_z^{(3)}$ infolge Biegung um die Achsen y, x und Torsion werden als Spannungen eines Trägers mit unverformbarem Querschnitt nach den Formeln:

$$\sigma_z^{(1)} = \frac{M_x}{I_{xx}} x ,$$

$$\sigma_z^{(2)} = \frac{M_y}{I_{yy}} y ,$$

$$\sigma_z^{(3)} = \frac{M_\omega}{I_{\omega\omega}} \omega$$

berechnet, wobei M_ω durch die Lösung der vereinfachten Differentialgleichung (V.187) erhalten wird.

Diese Spannungen, sowie die Spannungen $\sigma_z^{(4)} = n_z/t$ infolge der Querschnittsverformung sind in der folgenden Tabelle gegeben.

Punkt	$\sigma_z^{(1)}$	$\sigma_z^{(2)}$	$\sigma_z^{(3)}$	$\sigma_z^{(4)}$	$\sum_{i=1}^{4} \sigma_z^{(i)} \left[\frac{t}{m^2}\right]$
1	−774,4	145,7	−288,9	−3,9	−921,5
2	1118,2	63,4	165,1	18,8	1365,5
3	−1574,7	−53,0	11,5	−53,7	−1669,9
4	−628,1	−94,1	−23,2	97,5	−647,9
5	2611,6	−118,3	−146,6	−79,6	2267,1

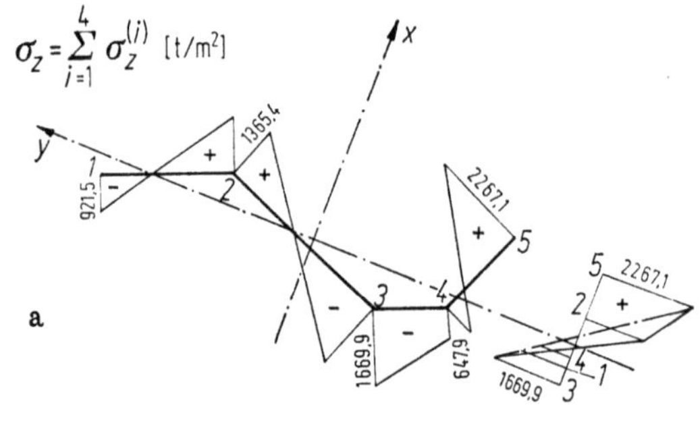

a

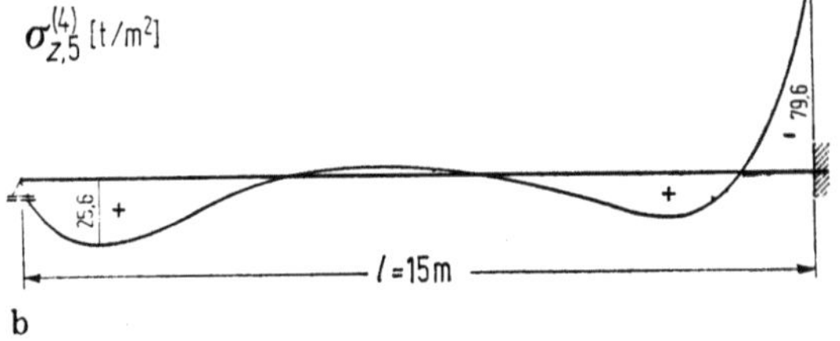

b

Abb. V.25

Eine graphische Darstellung dieser Spannungen ist in Abb. V.25a gegeben. Abb. V.25b zeigt den Verlauf der $\sigma_z^{(4)}$ Spannungen längs der Knotenlinie 5.

Die Tabelle der Normalspannungen zeigt, daß eine Berechnung unter Vernachlässigung der Querschnittsverformung in diesem Fall berechtigt wäre.

Das Diagramm der Biegemomente m_s im Querschnitt $z = 0{,}4l$ ist in Abb. V.26 gegeben.

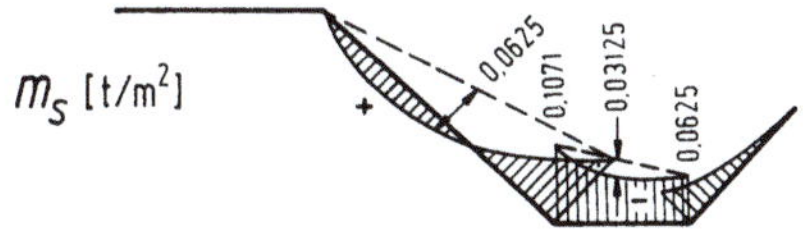

Abb. V.26

9. Theorie des gelenkigen Faltwerks

Eine weitere Vereinfachung in der Faltwerkstheorie wird durch die Einführung des sogenannten gelenkigen Faltwerks als Modell für die Berechnung erzielt.

Wir setzen voraus, daß die einzelnen Platten längs der Knotenlinien gelenkig miteinander verbunden sind.

In diesem Falle sind die Verschiebungen u nur durch die Parameter $\Theta_i(z)$ bestimmt:

$$u(z, s) = \sum_{i=1}^{\bar{I}} \Theta_i u_{\Theta 0}^{(i)} + u_p^0, \tag{V.204}$$

wo

$$u_p^0 = \sum_{kr=1}^{n-\nu} u_{kr,p}^0, \tag{V.205}$$

wobei $u_{kr,p}^0$ die Ordinaten der elastischen Fläche eines unendlich langen, längs der Kanten k und r frei aufgelagerten Plattenstreifens zufolge der gegebenen Belastung $\bar{p}_n$ sind. Für die Endplatten setzen wir voraus, daß sie normal zu ihren Ebenen nicht belastet sind.

Auf Grund der getroffenen Voraussetzungen leistet eine beliebige Endplatte qr (Abb. V.16) keinerlei Widerstand gegen eine Verdrehung um die Knotenlnie r.

Die Gleichungen (V.190) zerfallen in ein System unabhängiger Gleichungen, welche dieselbe Form wie die Gleichungen (V.167) und (V.185) haben:

$$A_{ii}\Theta_i'''' = \frac{1}{E'} A_{i0}^{\Theta}, \tag{V.206}$$

$$i = 4, 5, \ldots, \bar{I},$$

wobei

$$A_{i0}^{\Theta} = \int_s (\bar{p}_n u_{\Theta 0}^{(i)} + \bar{p}_s v_{\Theta}^{(i)} + \bar{p}_z' \omega_{\Theta}^{(i)})\, ds \tag{V.207}$$

ist.

Die Gleichung (V.206) hat die gleiche Form wie die Differentialgleichung der Biegung des einfachen Balkens. Diese Analogie kann man, in Abhängigkeit von den Randbedingungen, für die Berechnung benützen.

Das Biegungsmoment m_s ist (siehe Gleichung (V.32)):

$$m_s = m_{s,p}^0, \tag{V.208}$$

wo:

$$m_{s,p}^0 = -\frac{E' t^3}{12} \ddot{u}_p^0 \tag{V.209}$$

ist.

Außer den Gleichungen (V.206) behalten natürlich auch die Gleichungen (V.60), (V.167) und (V.185) ihre Gültigkeit.

Die Randbedingungen nach den Verschiebungen und nach den Kräften sind die gleichen wie in den Ausdrücken (V.198) und (V.199).

Die Randbedingungen für die freie Auflagerung und für die Einspannung sind in jeder Hinsicht analog den entsprechenden Bedingungen für den klassischen Stab.

Für das vollkommen freie Ende besteht eine derartige Analogie nur im Falle, daß

$$\int_s \bar{p}_z' \omega_\Theta^{(i)} \, ds = 0$$

ist.

Wir führen verallgemeinerte Schnittkräfte für den Gesamtquerschnitt ein, welche wir folgendermaßen definieren:

$$M_{\Theta i} = \int_s n_z \omega_\Theta^{(i)} \, ds \tag{V.210}$$

und

$$Q_{\Theta i} = \int_s n_{zs} v_\Theta^{(i)} \, ds, \tag{V.211}$$

$$i = 4, 5, \ldots, \bar{I}.$$

Zufolge der ersten Gleichung (V.32) ist unter Berücksichtigung der neu eingeführten Funktionen Θ_i und $\omega_\Theta^{(i)}$ statt der dort verwendeten V_i und $\omega^{(i)}$:

$$n_z = -E' t \sum_{j=0}^{\bar{I}} \Theta_j'' \omega_\Theta^{(j)}, \tag{V.212}$$

ferner nach Gleichung (V.120), ebenfalls mit den neu eingeführten Funktionen:

$$n_{zs} = \left(p_z \frac{\tilde{F}}{F} - \int_{\tilde{s}} \bar{p}_z \, ds \right) + E' \sum_{j=1}^{\bar{I}} \Theta_j''' \int_{\tilde{s}} t \omega_\Theta^{(j)} \, ds. \tag{V.213}$$

Für $M_{\Theta i}$ und $Q_{\Theta i}$ erhalten wir nach der Integration:

$$M_{\Theta i} = -E' A_{ii} \Theta_i'' \tag{V.214}$$

und

$$Q_{\Theta i} = -E' A_{ii} \Theta_i''' + m_\omega^{(i)}, \tag{V.215}$$

$$i = 4, 5, \ldots, \bar{I},$$

wo:

$$m_\omega^{(i)} = \int_s \bar{p}_z \omega_\Theta^{(i)} \, ds \tag{V.216}$$

ist.

Die Gleichung (V.206) können wir jetzt durch zwei Differentialgleichungen zweiter Ordnung ersetzen:

$$\Theta_i'' = -\frac{M_{\Theta i}}{E' A_{ii}} \tag{V.217}$$

und

$$M_{\Theta i}'' = -A_{i0}, \tag{V.218}$$

$$i = 4, 5, \ldots, \bar{I}.$$

Für $i = 1, 2$ führen diese Gleichungen auf die bekannten Beziehungen zwischen der Durchbiegung, dem Biegungsmoment und der Belastung zurück.

Die Randbedingungen für den freiaufliegenden Träger oder für den Kragträger können wir für jede der Gleichungen gesondert aufstellen.

Für die Gleichung (V.218) ist für den freiaufliegenden Träger:

$$M_{\Theta i} = 0, \quad \text{für} \quad z = 0 \quad \text{und für} \quad z = l$$

und für den Kragträger

$$\left.\begin{aligned} M_{\Theta i} &= 0 \\ Q_{\Theta i} &= 0 \end{aligned}\right\} \text{für } z = l.$$

Diese Fälle stellen ein sogenanntes statisch bestimmtes Problem dar, da die Beanspruchung der Stabschale ohne die unmittelbare Einführung der Verschiebungen bestimmt werden kann.

10. Undeformierbare Querschnitte. Wölbkrafttorsion

Für den Stab mit in seinen Ebenen undeformierbaren Querschnitten sind nur die Parameter V_1, V_2 und V_3 von Null verschieden. Alle anderen, die Formänderungen des Querschnittes beschreibenden Parameter, sind hingegen gleich Null.

Das Gleichungssystem (V.61) wird, unter Berücksichtigung der Bezeichnungen der Ausdrücke (V.1) auf folgende drei Gleichungen zurückgeführt:

$$\left.\begin{aligned} (a_{11} + b_{11})\,\xi_P'''' + (a_{12} + b_{12})\,\eta_P'''' + (a_{13} + b_{13})\,\varphi_P'''' \qquad &= \frac{1}{E'} A_{10}, \\ (a_{21} + b_{21})\,\xi_P'''' + (a_{22} + b_{22})\,\eta_P'''' + (a_{23} + b_{23})\,\varphi_P'''' \qquad &= \frac{1}{E'} A_{20}, \\ (a_{31} + b_{31})\,\xi_P'''' + (a_{32} + b_{32})\,\eta_P'''' + (a_{33} + b_{33})\,\varphi_P'''' - b_{33}^*\varphi_P'' &= \frac{1}{E'} A_{30}, \end{aligned}\right\} \quad (V.219)$$

wobei, mit Rücksicht auf die Gleichungen (V.49) und die Ausdrücke (V.8) und (V.21) folgende Beziehungen gelten:

$$\left.\begin{aligned} a_{11} + b_{11} &= I_{xx} + \frac{1}{12} \int_s t^3 \cos^2\alpha\, ds, \\ a_{12} + b_{12} &= \frac{1}{12} \int_s t^3 \cos\alpha \sin\alpha\, ds, \qquad I_{xy} = 0, \\ a_{13} + b_{13} &= I_{x\omega_P} + \frac{1}{12} \int_s t^3 h_{nP} \cos\alpha\, ds, \\ a_{22} + b_{22} &= I_{yy} + \frac{1}{12} \int_s t^3 \sin^2\alpha\, ds, \\ a_{23} + b_{23} &= I_{y\omega_P} + \frac{1}{12} \int_s t^3 h_{nP} \sin\alpha\, ds, \\ a_{33} + b_{33} &= I_{\omega\omega_P} + \frac{1}{12} \int_s t^3 h_{nP}^2\, ds. \end{aligned}\right\} \quad (V.220)$$

Die Größen

$$\left.\begin{aligned} I_{xx} &= \int_s t x^2\, ds, \\ I_{yy} &= \int_s t y^2\, ds, \\ I_{xy} &= 0 \end{aligned}\right\} \qquad (V.221)$$

sind, wie wir bereits erwähnt haben, die Hauptträgheitsmomente des Querschnittes, unter der Voraussetzung, daß wir uns das Flächenelement $dF = t\, ds$ in der Profilmittellinie konzentriert denken.

Mit anderen Worten ausgedrückt, vernachlässigen wir bei dieser Art der Berechnung der Trägheitsmomente die Eigenträgheitsmomente der einzelnen Flächenteile in bezug auf die Profilmittellinie des Querschnittes.

Von den Größen

$$\left.\begin{aligned} I_{x\omega_P} &= \int_s t x \omega_P\, ds, \\ I_{y\omega_P} &= \int_s t y \omega_P\, ds \\ \text{und} \quad I_{\omega\omega_P} &= \int_s t \omega_P^2\, ds \end{aligned}\right\} \qquad (V.222)$$

bezeichnen wir in der Theorie der Wölbkrafttorsion (siehe den Abschnitt II.1.5) die beiden ersten als sektorielle Deviationsmomente und die dritte als das sektorielle Trägheitsmoment des Querschnittes.

Die in den Gleichungen (V.220) ausgedrückten Koeffizienten haben eine bestimmte geometrische Bedeutung, welche in den folgenden Ausführungen gezeigt werden soll.

Der Ausdruck für w_* der Gleichung (V.25) hat für den vorliegenden Fall der Beanspruchung die folgende Form:

$$w_* = -\xi_P'(x + e\cos\alpha) - \eta_P'(y + e\sin\alpha) - \varphi_P'(\omega_P + h_{nP} e) + w_0. \qquad (V.223)$$

Diese Gleichung stimmt mit Rücksicht auf die Ausdrücke (II.65) mit der Gleichung (II.13) überein.

Wenn wir in die Ausdrücke (II.44b, c) für x_* und y_* die Ausdrücke (II.65) einführen, so erhalten wir:

$$\left.\begin{aligned} J_{xx} &= \int_F (x + e\cos\alpha)^2\, ds\, de = a_{11} + b_{11}, \\ J_{yy} &= \int_F (y + e\sin\alpha)^2\, ds\, de = a_{22} + b_{22}. \end{aligned}\right\} \qquad (V.224)$$

Auf ähnliche Weise ergibt sich:

$$J_{xy} = \int_F (x + e\cos\alpha)(y + e\sin\alpha)\, ds\, de = a_{12} + b_{12}. \qquad (V.225)$$

Auf Grund der Gleichungen (II.45b—c) erhält man ferner:

$$\left.\begin{aligned} J_{x\omega_P} &= \int_F (x + e\cos\alpha)(\omega_P + h_{nP} e)\, ds\, de = a_{13} + b_{13}, \\ J_{y\omega_P} &= \int_F (y + e\sin\alpha)(\omega_P + h_{nP} e)\, ds\, de = a_{23} + b_{23}, \\ J_{\omega\omega_P} &= \int_F (\omega_P + h_{nP})^2\, ds\, de = a_{33} + b_{33}. \end{aligned}\right\} \qquad (V.226)$$

Für den Koeffizienten b_{33}^* erhalten wir, unter Berücksichtigung, daß

$$\frac{d(h_{nP})}{ds} = -1$$

ist, den Ausdruck

$$b_{33}^* = \frac{1}{12} 2(1-\nu) \int_s t^3\, ds = \frac{1-\nu}{2} K, \tag{V.227}$$

wo K die Torsionskonstante ist.

Die Belastungsglieder nach Gleichung (V.51a) lauten, unter Berücksichtigung der Ausdrücke (V.3), (V.8) und (V.21) in expliziter Form:

$$\left.\begin{aligned} A_{10} &= p_x + m_x', \\ A_{20} &= p_y + m_y', \\ A_{30} &= m_P + m_{\omega P}', \end{aligned}\right\} \tag{V.228}$$

wo:

$$\left.\begin{aligned} p_x &= \int_s (\bar{p}_n \cos\alpha - \bar{p}_s \sin\alpha)\, ds, \\ p_y &= \int_s (\bar{p}_n \sin\alpha + \bar{p}_s \cos\alpha)\, ds, \\ m_P &= \int_s (\bar{p}_n h_{nP} + \bar{p}_s h_P)\, ds \end{aligned}\right\} \tag{V.229}$$

und

$$\left.\begin{aligned} m_x &= \int_s \bar{p}_z x\, ds, \\ m_y &= \int_s \bar{p}_z y\, ds, \\ m_{\omega P} &= \int_s \bar{p}_z \omega_P\, ds \end{aligned}\right\} \tag{V.230}$$

sind.

Die Größen p_x, p_y und m_P (siehe die Gleichungen (II.38)) stellen die äußeren verteilten Linienbelastungen in den Richtungen x und y und das äußere verteilte Torsionsmoment, und die Größen m_x, m_y und $m_{\omega P}$ die äußeren verteilten Biegemomente um die y- und x-Achse sowie das äußere verteilte Bimoment dar.

Mit den Bezeichnungen (V.224) bis (V.228) lauten die Gleichungen (V.219):

$$\left.\begin{aligned} J_{xx}\xi_P'''' + J_{xy}\eta_P'''' + J_{x\omega P}\varphi_P'''' &= \frac{1}{E'}(p_x + m_x'), \\ J_{xy}\xi_P'''' + J_{yy}\eta_P'''' + J_{y\omega P}\varphi_P'''' &= \frac{1}{E'}(p_y + m_y'), \\ J_{x\omega P}\xi_P'''' + J_{y\omega P}\eta_P'''' + J_{\omega\omega P}\varphi_P'''' - \frac{1-\nu}{2}K\varphi_P'' &= \frac{1}{E'}(m_P + m_{\omega P}'). \end{aligned}\right\} \tag{V.231}$$

Die Achsen x, y sind, wie am Anfang des Kapitels erwähnt, die Hauptträgheitsachsen des Querschnitts, wobei die Flächenelemente $dF = t\,ds$ längs der Profilmittellinie konzentriert gedacht wurden.

Wir wählen nun für die x, y Achsen die Hauptträgheitsachsen des Querschnitts unter Berücksichtigung der Trägheitsmomente der einzelnen Flächenteile in bezug auf die Profilmittellinie.

In diesem Fall wird

$$J_{xy} = 0.$$

Wenn wir noch die sektorielle Koordinate $\omega_{P*} = \omega_{D*}$ auf den Schubmittelpunkt beziehen, wie es im Kapitel II. gemacht wurde (siehe die Gleichungen (II.108)), ergibt sich:

$$J_{x\omega_D} = J_{y\omega_D} = 0,$$

und die Gleichungen (V.231) werden in die Gleichungen (II.52b, c) und (II.53) übergeführt.

Aus dem im Abschnitt 7 analysierten Berechnungsmodell des Faltwerks erhielten wir für den Fall des in seiner Ebene nicht deformierbaren Querschnittes die Gleichungen (V.167), welche die Differentialgleichungen der Biegung sind. Die erste Gleichung des Systems (V.169) lautet mit den im vorliegenden Abschnitt eingeführten Bezeichnungen:

$$E' I_{\omega\omega}\varphi'''' - GK\varphi'' = m_D + m_\omega', \qquad \text{(V.232)}$$

wo:

$$I_{\omega\omega} = \int_s t\omega^2\,ds$$

und

$$m_\omega = \int_s \bar{p}_z \omega\,ds$$

sind.

Die Gleichung (V.232) ist die klassische Differentialgleichung (II.85) der Wölbkrafttorsion.

Schlußendlich erhielten wir für das im Abschnitt 8 behandelte Berechnungsmodell des steifknotigen Faltwerks, für den Fall des in seiner Ebene undeformierbaren Querschnittes, die bereits erwähnte Gleichung (V.187).

In der derart vereinfachten Gleichung der Wölbkrafttorsion wird der St.-Venantsche Anteil des Torsionsmomentes vernachlässigt. Diese Gleichung dient als Näherungslösung für Stäbe mit kleinen Werten des Verhältnisses $l\sqrt{GK/E'I_{\omega\omega}}$ (siehe die Gleichung (II.89)).

VI. Theorie des dünnwandigen Stabes mit verformbarem Querschnitt unter Berücksichtigung der Gleitverzerrung in der Mittelfläche

1. Einleitung. Verformung des Stabes

Bei Stäben mit offenem Querschnitt ist die Voraussetzung über die Vernachlässigung der Gleitverzerrung gerechtfertigt, ebenso bei Stäben mit geschossenem Profil und ausgesprochen dünnen Wänden ohne oder mit einer geringen Anzahl von Querschotten. Je größer die Zahl der Queraussteifungen eines Stabes von bestimmter Länge ist, desto mehr nähert sich dessen Verhalten demjenigen eines Stabes mit in seinen Ebenen unverformbaren Querschnitten. In diesem Falle spielt jedoch der Einfluß der Gleitverzerrung der Mittelfläche des Stabes, sofern er ein geschossenes Profil hat, eine bedeutende Rolle.

In diesem Kapitel wird, neben der Darlegung der Theorie, auch ein numerisches Verfahren zur Berechnung behandelt. Dabei werden die elastischen bzw. starren Queraussteifungen in das Verfahren eingeführt, was für die praktische Anwendbarkeit, in bezug auf die in der Praxis vorkommenden Tragwerke, von Bedeutung ist.

Im Unterschied zu der im Kapitel V. dargelegten Theorie, wird hier in bezug auf die Formänderung der Mittelfläche nur die Voraussetzung 1. über die Vernachlässigung der Dehnung ε_s beibehalten.

Die Verschiebungskomponente $v(z, s)$ in der Richtung der Tangente auf die Profilmittellinie ist auf die gleiche Weise wie im Kapitel V. gegeben:

$$v(z, s) = \sum_{i=1}^{I} V_i(z)\, v^{(i)}(s). \tag{VI.1}$$

Ebenso sind für die ersten drei Parameter die Verschiebungen des als starre Scheibe aufgefaßten Querschnittes in Richtung der Hauptträgheitsachsen x und y und dessen Verdrehung um den beliebigen Punkt P in der Querschnittsebene gewählt:

$$V_1 = \xi_P, \quad V_2 = \eta_P, \quad V_3 = \varphi_P. \tag{VI.2}$$

Dann sind die Funktionen $v^{(1)}$, $v^{(2)}$ und $v^{(3)}$ wie folgt:

$$\left.\begin{aligned} v^{(1)} &= -\sin\alpha, \\ v^{(2)} &= \cos\alpha, \\ v^{(3)} &= h_P, \end{aligned}\right\} \tag{VI.3}$$

wo

$$\cos\alpha = \frac{dy}{ds}$$

ist.

Für die Verschiebung $w(z, s)$ in Richtung der Stabachse, wird wie im Kapitel III.2 angenommen, daß sie sich zwischen den Knoten der Profilmittellinie linear verändert.

Außerhalb der Eckpunkte der polygonalen Profilmittellinie können noch beliebige Punkte derselben als Knoten gewählt werden. In Abhängigkeit von der gewünschten Genauigkeit der Berechnung wählen wir mehr oder weniger Knoten längs der Profilmittellinie.

Mit Rücksicht auf die gemachte Voraussetzung wird die Verschiebung w durch die Parameter W_p $(p = 1, 2, \ldots, P)$:

$$w(z, s) = \sum_{p=1}^{P} W_p(z)\, \omega^{(p)}(s) \tag{VI.4}$$

gegeben, wobei P die Anzahl der Knoten ist.

Wie im Kapitel III.2 können wir als unabhängige Parameter W_p die Knotenverschiebungen in Richtung der Achse wählen (siehe Abb. III.22).

Ebenso können wir als erste drei Parameter W_1, W_2, W_3 die Verschiebung des ganzen Querschnitts in Richtung der Stabachse und dessen Verdrehung um die Achsen x und y wählen. In diesem Fall sind die Funktionen $\omega^{(1)}$, $\omega^{(2)}$ und $\omega^{(3)}$:

$$\omega^{(1)} = 1, \quad \omega^{(2)} = x, \quad \omega^{(3)} = y. \tag{VI.5}$$

Der Ausdruck für die Verschiebungskomponente $u(z, s)$ ist der gleiche wie der entsprechende Ausdruck (V.20):

$$u(z, s) = \sum_{i=1}^{I} V_i(z)\, u_V^{(i)}(s) + \sum_{k=1}^{K} \Phi_k(z)\, u_\Phi^{(k)}(s) + u_p(z, s). \tag{VI.6}$$

Alle eingeführten Bezeichnungen entsprechen denjenigen vom Kapitel V.

Es ist zu bemerken, daß die Punkte $k = 1, 2, \ldots, K$ nicht unbedingt mit den Punkten $p = 1, 2, \ldots, P$ zusammenfallen müssen.

Auf Grund der Plattentheorie sind die Verschiebungskomponenten des beliebigen Punktes außerhalb der Mittelfläche durch die folgenden Ausdrücke gegeben:

$$\left.\begin{aligned} u_* &= u, \\ v_* &= v - \dot{u} \cdot e, \\ w_* &= w - u' \cdot e. \end{aligned}\right\} \tag{VI.7}$$

Durch Einsetzen der Ausdrücke (VI.1), (VI.4) und (VI.6) in die obigen Gleichungen ergibt sich:

$$\left.\begin{aligned} u_* &= u = \sum_{i=1}^{I} V_i u_V^{(i)} + \sum_{k=1}^{K} \Phi_k u_\Phi^{(k)} + u_p, \\ v_* &= \sum_{i=1}^{I} V_i (v^{(i)} - \dot{u}_V^{(i)} e) - \sum_{k=1}^{K} \Phi_k \dot{u}_\Phi^{(k)} e - \dot{u}_p e, \\ w_* &= \sum_{p=1}^{P} W_p \omega^{(p)} - \sum_{i=1}^{I} V_i' u_V^{(i)} e - \sum_{k=1}^{K} \Phi_k' u_\Phi^{(k)} e - \dot{u}_p' e. \end{aligned}\right\} \tag{VI.8}$$

Die Verzerrungskomponenten der Mittelfläche sind die folgenden:

$$\left.\begin{aligned}
\varepsilon_z &= \sum_{p=1}^{P} W'_p \omega^{(p)}, \\
\gamma_{zs} &= \gamma = \sum_{i=1}^{I} V'_i v^{(i)} + \sum_{p=1}^{P} W_p \dot{\omega}^{(p)}, \\
\varepsilon_s &= 0.
\end{aligned}\right\} \quad (\mathrm{VI.9})$$

Die Verzerrungskomponenten in einem beliebigen Punkt haben die Werte:

$$\left.\begin{aligned}
\varepsilon_{z*} &= \sum_{p=1}^{P} W'_p \omega^{(p)} - \sum_{i=1}^{I} V''_i u_V^{(i)} e - \sum_{k=1}^{K} \Phi''_k u_\Phi^{(k)} e - u''_p e, \\
\gamma_{zs*} &= \sum_{i=1}^{I} V'_i (v^{(i)} - 2\dot{u}_V^{(i)} e) + \sum_{p=1}^{P} W_p \dot{\omega}^{(p)} - 2 \sum_{k=1}^{K} \Phi'_k \dot{u}_\Phi^{(k)} e - 2\dot{u}'_p e, \\
\varepsilon_{s*} &= - \sum_{i=1}^{I} V_i \ddot{u}_V^{(i)} e - \sum_{k=1}^{K} \Phi_k \ddot{u}_\Phi^{(k)} e - \ddot{u}_p e, \\
\varepsilon_{n*} &= \gamma_{zn*} = \gamma_{sn} = 0.
\end{aligned}\right\} \quad (\mathrm{VI.10})$$

2. Schnittkräfte. Beziehungen zwischen den Schnittkräften und den Verschiebungen

Unter Benutzung der Ausdrücke (V.29) und (V.30) für die Schnittkräfte, der Ausdrücke (V.31), sowie der Gleichungen (VI.10) erhalten wir:

$$\left.\begin{aligned}
n_z &= E' t \sum_{p=1}^{I} W'_p \omega^{(p)}, \\
n_{zs} &= G t \left(\sum_{i=1}^{I} V'_i v^{(i)} + \sum_{p=1}^{P} W_p \dot{\omega}^{(p)} \right), \\
m_z &= - \frac{E' t^3}{12} \left[\sum_{i=1}^{I} (V''_i u_V^{(i)} + \nu V_i \ddot{u}_V^{(i)}) + \right. \\
&\quad \left. + \sum_{k=1}^{K} (\Phi''_k u_\Phi^{(k)} + \nu \Phi_k \ddot{u}_\Phi^{(k)}) \right] + m_{z,p}, \\
m_{zs} &= - \frac{E' t^3}{12} (1 - \nu) \left(\sum_{i=1}^{I} V'_i \dot{u}_V^{(i)} + \sum_{k=1}^{K} \Phi'_k \dot{u}_\Phi^{(k)} \right) + m_{zs,p}, \\
m_s &= - \frac{E' t^3}{12} \left[\sum_{i=1}^{I} (V_i \ddot{u}_V^{(i)} + \nu V''_i u_V^{(i)}) + \right. \\
&\quad \left. + \sum_{k=1}^{K} (\Phi_k \ddot{u}_\Phi^{(k)} + \nu \Phi''_k u_\Phi^{(k)}) \right] + m_{s,p},
\end{aligned}\right\} \quad (\mathrm{VI.11})$$

wo

$$\left.\begin{aligned} m_{z,p} &= -\frac{E't^3}{12}\left(u_p'' + \nu \ddot{u}_p\right), \\ m_{zs,p} &= -\frac{E't^3}{12}(1-\nu)\,\dot{u}', \\ m_{s,p} &= -\frac{E't^3}{12}\left(\ddot{u}_p + \nu u_p''\right) \end{aligned}\right\} \quad \text{(VI.12)}$$

sind.

Die Biegemomente $m_{z,p}$ und $m_{s,p}$ und das Torsionsmoment $m_{zs,p}$ werden als bekannte, durch die Lösung des beidseitig eingespannten Plattenstreifens erhaltene Größen betrachtet.

3. Gleichgewichtsbedingungen. Differentialgleichungen. Randbedingungen

Die Gleichgewichtsbedingungen stellen wir, wie vorher (siehe Abb. VI.1) durch die Anwendung des Prinzips der virtuellen Verschiebungen dar.

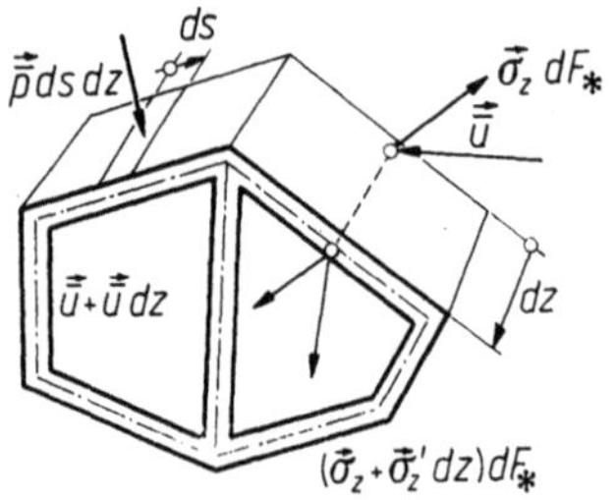

Abb. VI.1

Für den Vektor der virtuellen Verschiebung $\bar{\vec{u}}(\bar{u}_*, \bar{v}_*, \bar{w}_*)$ werden die Ausdrücke in derselben Form (ausgenommen von dem Belastungsglied) wie für die wirklichen Verschiebungen festgesetzt.

Für die Arbeit der äußeren und inneren Kräfte erhalten wir die Ausdrücke (V.37) und (V.38) und ferner die Gleichgewichtsbedingung (V.39).

Durch Einsetzen der Ausdrücke für $\bar{u}_*$, $\bar{v}_*$, $\bar{w}_*$, welche verschieden von den entsprechenden Ausdrücken im Kapitel V. sind, erhalten wir statt der Gleichung (V.40) die Gleichung:

$$\left.\begin{aligned} &\sum_{i=1}^{I}\Bigg\{\bar{V}_i\Bigg[\int_F \left(\tau_{zn}' u_V^{(i)} + \tau_{zs}'(v^{(i)} - \dot{u}_V^{(i)} e) + \sigma_s e \ddot{u}_V^{(i)}\right) dF_* + \\ &+ \int_s \left(\bar{p}_s v^{(i)} + \bar{p}_n u_V^{(i)}\right) ds\Bigg] + \\ &+ \bar{V}_i'\Bigg[\int_F \left(-\sigma_z' u_V^{(i)} e + \tau_{zn} u_V^{(i)} + \tau_{zs}\dot{u}_V^{(i)} e\right) dF_*\Bigg]\Bigg\} + \\ &+ \sum_{k=1}^{K}\Bigg\{\bar{\Phi}_k\Bigg[\int_F \left(\tau_{zn}' u_\Phi^{(k)} - \tau_{zs}'\dot{u}_\Phi^{(k)} e + \sigma_s \ddot{u}_\Phi^{(k)} e\right) dF_* + \int_s \bar{p}_n u_\Phi^{(k)}\, ds\Bigg] + \\ &+ \bar{\Phi}_k'\Bigg[\int_F \left(-\sigma_z' u_\Phi^{(k)} e + \tau_{zs}\dot{u}_\Phi^{(k)} e + \tau_{zn} u_\Phi^{(k)}\right) dF_*\Bigg]\Bigg\} + \\ &+ \sum_{p=1}^{P}\Bigg\{\bar{W}_p\Bigg[\int_F \left(\sigma_z'\omega^{(p)} - \tau_{zs}\dot{\omega}^{(p)}\right) dF_* + \int_s \bar{p}_z \omega^{(p)}\, ds\Bigg]\Bigg\} = 0. \end{aligned}\right\} \quad \text{(VI.13)}$$

Da die Größen $\overline{V}_i$, $\overline{V}'_i$, $\overline{\Phi}_k$, $\overline{\Phi}'_k$ und $\overline{W}_p$ in einem bestimmten Punkt beliebig sind und von Null verschiedene Werte haben können, müssen die Ausdrücke in den eckigen Klammern für jedes i, bzw. k und p gleich Null sein:

$$\left.\begin{aligned}
&\int_F [\tau'_{zn} u_V^{(i)} + \tau'_{zs}(v^{(i)} - \dot{u}_V^{(i)} e) + \sigma_s e \ddot{u}_V^{(i)}]\, dF_* + \\
&+ \int_s (\bar{p}_s v^{(i)} + \bar{p}_n u_V^{(i)})\, ds = 0, \qquad i = 1, 2, \ldots, j, \ldots, I, \\
&\int_F (-\sigma'_z u_V^{(i)} e + \tau_{zn} u_V^{(i)} + \tau_{zs} \dot{u}_V^{(i)} e)\, dF_* = 0, \\
&\qquad i = 1, 2, \ldots, j, \ldots, I, \\
&\int_F (\tau'_{zn} u_\Phi^{(k)} - \tau'_{zs} \dot{u}_\Phi^{(k)} e + \sigma_s \ddot{u}_\Phi^{(k)} e)\, dF_* + \int_s \bar{p}_n u_\Phi^{(k)}\, ds = 0, \\
&\qquad k = 1, 2, \ldots, l, \ldots, K, \\
&\int_F (-\sigma'_z u_\Phi^{(k)} e + \tau_{zs} \dot{u}_\Phi^{(k)} e + \tau_{zn} u_\Phi^{(k)})\, dF_* = 0, \\
&\qquad k = 1, 2, \ldots, l, \ldots, K, \\
&\int_F (\sigma'_z \omega^{(p)} - \tau_{zs} \dot{\omega}^{(p)})\, dF_* + \int_s \bar{p}_z \omega^{(p)}\, ds = 0, \\
&\qquad p = 1, 2, \ldots, q, \ldots, P.
\end{aligned}\right\} \quad \text{(VI.14)}$$

Die Integration nach e ergibt, unter Berücksichtigung der Ausdrücke (V.29) für die Schnittkräfte:

$$\left.\begin{aligned}
&\int_s (n'_{zn} u_V^{(i)} + n'_{zs} v^{(i)} - m'_{zs} \dot{u}_V^{(i)} + m_s \ddot{u}_V^{(i)})\, ds + \int_s (\bar{p}_s v^{(i)} + \bar{p}_n u_V^{(i)})\, ds = 0, \\
&\qquad i = 1, 2, \ldots, j, \ldots, I, \\
&\int_s (-m'_z u_V^{(i)} + n_{zn} u_V^{(i)} + m_{zs} \dot{u}_V^{(i)})\, ds = 0, \\
&\qquad i = 1, 2, \ldots, j, \ldots, I, \\
&\int_s (n'_{zn} u_\Phi^{(k)} - m'_{zs} \dot{u}_\Phi^{(k)} + m_s \ddot{u}_\Phi^{(k)})\, ds + \int_s \bar{p}_n u_\Phi^{(k)}\, ds = 0, \\
&\qquad k = 1, 2, \ldots, l, \ldots, K, \\
&\int_s (-m'_z u_\Phi^{(k)} + m_{zs} \dot{u}_\Phi^{(k)} + n_{zn} u_\Phi^{(k)})\, ds = 0, \\
&\qquad k = 1, 2, \ldots, l, \ldots, K, \\
&\int_0 (n'_z \omega^{(p)} - n_{zs} \dot{\omega}^{(p)})\, ds + \int_0 \bar{p}_z \omega^{(p)}\, ds = 0, \\
&\qquad p = 1, 2, \ldots, q, \ldots, P.
\end{aligned}\right\} \quad \text{(VI.15 a—e)}$$

Aus der Gleichung (VI.15b) erhalten wir nach der Differentiation:

$$\int_s n'_{zn} u_V^{(i)}\, ds = \int_s (m''_z u_V^{(i)} - m'_{zs} \dot{u}_V^{(i)})\, ds.$$

Auf die gleiche Weise erhalten wir aus Gleichung (VI.15d):

$$\int_s n'_{zn} u_\Phi^{(k)}\, ds = \int_s (m''_z u_\Phi^{(k)} - m'_{zs} \dot{u}_\Phi^{(k)})\, ds.$$

Durch Einsetzen dieser Ausdrücke in die Gleichungen (VI.15a) und (VI.15c) erhalten wir:

$$\left.\begin{aligned}
&\int_s (m_z'' u_V^{(i)} - 2m_{zs}' \dot{u}_V^{(i)} + m_s \ddot{u}_V^{(i)} + n_{zs}' v^{(i)})\, ds + \\
&+ \int_s (\bar{p}_n u_V^{(i)} + \bar{p}_s v^{(i)})\, ds = 0, \qquad i = 1, 2, \ldots, j, \ldots, I, \\
&\int_s (m_z'' u_\Phi^{(k)} - 2m_{zs}' \dot{u}_\Phi^{(k)} + m_s \ddot{u}_\Phi^{(k)})\, ds + \int_s \bar{p}_n u_\Phi^{(k)}\, ds = 0, \\
&\qquad\qquad k = 1, 2, \ldots, l, \ldots, K, \\
&\int_s (n_z' \omega^{(p)} - n_{zs} \dot{\omega}^{(p)})\, ds + \int_s \bar{p}_z \omega^{(p)}\, ds = 0, \\
&\qquad\qquad p = 1, 2, \ldots, q, \ldots, P.
\end{aligned}\right\} \quad \text{(VI.16a–c)}$$

Nach der Einführung der Ausdrücke (VI.11) für die Schnittkräfte erhalten wir:

$$\left.\begin{aligned}
&\sum_{j=1}^{I} [b_{ij} V_j^{IV} - (f_{ij} + b_{ij}^*) V_j'' + \ddot{b}_{ij} V_j] + \\
&+ \sum_{l=1}^{K} (c_{il} \Phi_l^{IV} - c_{il}^* \Phi_l'' + \ddot{c}_{il} \Phi_l) - \sum_{q=1}^{P} g_{iq} W_q' = \frac{1}{E'} A_{i0}, \\
&\qquad\qquad i = 1, 2, \ldots, j, \ldots, I, \\
&\sum_{j=1}^{I} (c_{kj} V_j^{IV} - c_{kj}^* V_j'' + \ddot{c}_{kj} V_j) + \\
&+ \sum_{l=1}^{K} (d_{kl} \Phi_l^{IV} - 2\dot{d}_{kl} \Phi_l'' + \ddot{d}_{kl} \Phi_l) = \frac{1}{E'} B_{k0}, \\
&\qquad\qquad k = 1, 2, \ldots, l, \ldots, K, \\
&- \sum_{j=1}^{I} g_{pj} V_j' + \sum_{q=1}^{P} (a_{pq} W_q'' - \dot{a}_{pq} W_q) = \frac{1}{E'} C_{p0}, \\
&\qquad\qquad p = 1, 2, \ldots, q, \ldots, P,
\end{aligned}\right\} \quad \text{(VI.17a–c)}$$

mit:

$$\left.\begin{aligned}
a_{pq} &= \int_s t \omega^{(p)} \omega^{(q)}\, ds = a_{qp}, \\
\dot{a}_{pq} &= \frac{1}{\varkappa} \int_s t \dot{\omega}^{(p)} \dot{\omega}^{(q)}\, ds = \dot{a}_{qp}, \\
b_{ij} &= \frac{1}{12} \int_s t^3 u_V^{(i)} u_V^{(j)}\, ds = b_{ji}, \\
\dot{b}_{ij} &= \frac{1}{12} \int_s t^3 \dot{u}_V^{(i)} \dot{u}_V^{(j)}\, ds = \dot{b}_{ji}, \\
\ddot{b}_{ij} &= \frac{1}{12} \int_s t^3 \ddot{u}_V^{(i)} \ddot{u}_V^{(j)}\, ds = \ddot{b}_{ji}, \\
\bar{b}_{ij} &= \frac{1}{12} \int_s t^3 u_V^{(i)} \ddot{u}_V^{(j)}\, ds,
\end{aligned}\right\} \quad \text{(VI.18)}$$

$$\left.\begin{aligned}
\bar{\bar{b}}_{ij} &= \frac{1}{12}\int_s t^3 \ddot{u}_V^{(i)} u_V^{(j)}\, ds,\\
b_{ij}^* &= 2\dot{b}_{ij}, \quad i, j \neq 3,\\
b_{ij}^* &= 2(1-\nu)\,\dot{b}_{ij} - \nu(\bar{b}_{ij} + \bar{\bar{b}}_{ij}), \quad i, j = 3,\\
c_{il} &= \frac{1}{12}\int_s t^3 u_V^{(i)} u_\Phi^{(l)}\, ds,\\
\dot{c}_{il} &= \frac{1}{12}\int_s t^3 \dot{u}_V^{(i)} \dot{u}_\Phi^{(l)}\, ds,\\
\bar{c}_{il} &= \frac{1}{12}\int_s t^3 u_V^{(i)} \ddot{u}_\Phi^{(l)}\, ds,\\
\ddot{c}_{il} &= \frac{1}{12}\int_s t^3 \ddot{u}_V^{(i)} \ddot{u}_\Phi^{(l)}\, ds,\\
c_{il}^* &= (2-\nu)\,\dot{c}_{il} - \nu\bar{c}_{il},\\
c_{kj} &= \frac{1}{12}\int_s t^3 u_\Phi^{(k)} u_V^{(j)}\, ds,\\
\dot{c}_{kj} &= \frac{1}{12}\int_s t^3 \dot{u}_\Phi^{(k)} \dot{u}_V^{(j)}\, ds,\\
\bar{c}_{kj} &= \frac{1}{12}\int_s t^3 \ddot{u}_\Phi^{(k)} u_V^{(j)}\, ds,\\
\ddot{c}_{kj} &= \frac{1}{12}\int t^3 \ddot{u}_\Phi^{(k)} \ddot{u}_V^{(j)}\, ds,\\
c_{kj}^* &= (2-\nu)\,\dot{c}_{kj} - \nu\bar{c}_{kj},\\
d_{kl} &= \frac{1}{12}\int_s t^3 u_\Phi^{(k)} u_\Phi^{(l)}\, ds = d_{lk},\\
\dot{d}_{kl} &= \frac{1}{12}\int_s t^3 \dot{u}_\Phi^{(k)} \dot{u}_\Phi^{(l)}\, ds = \dot{d}_{lk},\\
\ddot{d}_{kl} &= \frac{1}{12}\int_s t^3 \ddot{u}_\Phi^{(k)} \ddot{u}_\Phi^{(l)}\, ds = \ddot{d}_{lk},\\
f_{ij} &= \frac{1}{\varkappa}\int_s t v^{(i)} v^{(j)}\, ds = f_{ji},\\
g_{iq} &= \frac{1}{\varkappa}\int_s t v^{(i)} \dot{\omega}^{(q)}\, ds,\\
g_{pj} &= \frac{1}{\varkappa}\int_s t \dot{\omega}^{(p)} v^{(j)}\, ds.
\end{aligned}\right\} \qquad \text{(VI.18)}$$

Die Belastungsglieder haben die folgenden Werte:

$$\left.\begin{aligned} A_{i0} &= \int_s (m''_{z,p} u_V^{(i)} - 2 m'_{zs,p} \dot{u}_V^{(i)} + m_{s,p} \ddot{u}_V^{(i)})\, ds \\ &\quad + \int_s (\bar{p}_n u_V^{(i)} + \bar{p}_s v^{(i)})\, ds, \\ B_{k0} &= \int_s (m''_{z,p} u_\Phi^{(k)} - 2 m'_{zs,p} \dot{u}_\Phi^{(k)} + m_{s,p} \ddot{u}_\Phi^{(k)})\, ds \\ &\quad + \int_s \bar{p}_n u_\Phi^{(k)}\, ds, \\ C_{p0} &= - \int_s \bar{p}_z \omega^{(p)}\, ds. \end{aligned}\right\} \qquad \text{(VI.19)}$$

Diese Glieder, wie die Glieder (V.51), können auch in folgender Form dargestellt werden:

$$\left.\begin{aligned} A_{i0} &= \sum_{k=1}^{K} \sum_{r=1}^{R} p_{kr} \alpha_{kr}^{(i)} + \int_s \bar{p}_s v^{(i)}\, ds, \qquad \text{für } i > 3, \\ B_{k0} &= m_k, \end{aligned}\right\} \qquad \text{(VI.20)}$$

wo die eingeführten Bezeichnungen dieselbe Bedeutung wie im Kapitel V. haben.

Die Randbedingungen nach den Verschiebungen sind durch die Ausdrücke (V.82) gegeben, welche mit Rücksicht auf die Ausdrücke (VI.1), (VI.4) und (VI.6), wie folgt lauten:

$$\left.\begin{aligned} V_i &= V_i^*, \quad \Phi_k = \Phi_k^*, \\ V_i' &= V_i^{*\prime}, \quad \Phi_k' = \Phi_k^{*\prime}, \\ W_p &= W_p^*. \end{aligned}\right\} \qquad \text{(VI.21)}$$

Wie vorher mit Stern, sind die gegebenen Verschiebungen bzw. Verschiebungsparameter an den Stabenden bezeichnet.

Die Randbedingungen durch die Kräfte formulieren wir in folgender Weise:

$$\int_F (\vec{\sigma}_z - \bar{\vec{p}}_z)\, \bar{\vec{u}}_*\, dF_* = 0, \qquad \text{(VI.22)}$$

wo $\bar{\vec{p}}_z(\bar{\vec{p}}_{zz}, \bar{\vec{p}}_{zs}, \bar{\vec{p}}_{zn})$ der Vektor der Flächenbelastung an den Endquerschnitten ist. In der skalaren Form ergibt sich:

$$\begin{aligned} &\int_F (\tau_{zn} \bar{u} + \tau_{zs} \bar{v}_* + \sigma_z \bar{w}_*)\, dF_* \\ &= \int_F (\bar{p}_{zn} \bar{u}_* + \bar{p}_{zs} \bar{v}_* + \bar{p}_{zz} \bar{w}_*)\, dF_*. \end{aligned} \qquad \text{(VI.23)}$$

Durch Einführung der Ausdrücke für die Verschiebungen finden wir, ähnlich wie im Kapitel V., das folgende Gleichungssystem:

$$\left.\begin{aligned} &\int_s (n_{zn} u_V^{(i)} + n_{zs} v^{(i)} - m_{zs} \dot{u}_V^{(i)})\, ds \\ &= \int_s (n_{zn}^* u_V^{(i)} + n_{zs}^* v^{(i)} - m_{zs}^* \dot{u}_V^{(i)})\, ds, \\ &\int_s m_z u_V^{(i)}\, ds = \int_s m_z^* u_V^{(i)}\, ds, \\ &i = 1, 2, \ldots, I, \end{aligned}\right\} \qquad \text{(VI.24a,b)}$$

$$\left.\begin{aligned}
&\int_s (n_{zn}u_\Phi^{(k)} - m_{zs}\dot{u}_\Phi^{(k)})\,ds = \int_s (n_{zn}^* u_\Phi^{(k)} - m_{zs}^*\dot{u}_\Phi^{(k)})\,ds,\\
&\int_s m_z u_\Phi^{(k)}\,ds = \int_s m_z^* u_\Phi^{(k)}\,ds, \qquad k = 1, 2, \ldots, K\\
\text{und}\qquad &\int_s n_z \omega^{(p)}\,ds = \int_s n_z^* \omega^{(p)}\,ds, \qquad p = 1, 2, \ldots, P.
\end{aligned}\right\} \quad \text{(VI.25 a—c)}$$

Die Werte n_{zn}^*, n_{zs}^*, n_z^*, m_z^*, m_{zs}^* sind durch die Gleichungen (V.94) gegeben.

Unter Benutzung der Ausdrücke (VI.15b) und (VI.15d) können die obigen Gleichungen auf folgende Form gebracht werden:

$$\left.\begin{aligned}
&\int_s (n_{zs}v^{(i)} + m_z' u_V^{(i)} - 2m_{zs}\dot{u}_V^{(i)})\,ds\\
&= \int_s (n_{zn}^* u_V^{(i)} - m_{zs}^*\dot{u}_V^{(i)} + n_{zs}^* v^{(i)})\,ds,\\
&\int_s m_z u_V^{(i)}\,ds = \int_s m_z^* u_V^{(i)}\,ds, \qquad i = 1, 2, \ldots, I,\\
&\int_s (m_z' u_\Phi^{(k)} - 2m_{zs}\dot{u}_\Phi^{(k)})\,ds\\
&= \int_s (n_{zn}^* u_\Phi^{(k)} - m_{zs}^*\dot{u}_\Phi^{(k)})\,ds,\\
&\int_s m_z u_\Phi^{(k)}\,ds = \int_s m_z^* u_\Phi^{(k)}\,ds, \qquad k = 1, 2, \ldots, K\\
\text{und}\qquad &\int_s n_z \omega^{(p)}\,ds = \int_s n_z^* \omega^{(p)}\,ds, \qquad p = 1, 2, \ldots, P.
\end{aligned}\right\} \quad \text{(VI.26)}$$

Nach der Einführung der Verschiebungsparameter ergibt sich:

$$\left.\begin{aligned}
&\sum_{j=1}^{I} \{b_{ij}V_j''' - [f_{ij} + (2(1-\nu)\,\dot{b}_{ij} - \nu\bar{b}_{ij})]\,V_j'\}\\
&+ \sum_{k=1}^{K} [c_{il}\Phi_l''' - (2(1-\nu)\,\dot{c}_{il} - \nu\bar{c}_{il})\,\Phi_l'] - \sum_{q=1}^{P} g_{iq}W_q\\
&- \frac{1}{E'}\int_s (m_{z,\nu}' u_V^{(i)} - 2m_{zs,\nu}\dot{u}_V^{(i)})\,ds = -\frac{1}{E'}Q_V^{*i},\\
&\sum_{j=1}^{I} (b_{ij}V_j'' + \nu\bar{b}_{ij}V_j) + \sum_{l=1}^{K} (c_{il}\Phi_l'' + \nu\bar{c}_{il}\Phi_l)\\
&- \frac{1}{E'}\int_s m_{z,\nu} u_V^{(i)}\,ds = -\frac{1}{E'}M_V^{*i}, \qquad i = 1, 2, \ldots, I,\\
&\sum_{j=1}^{I} [c_{kj}V_j''' - (2-\nu)\,\dot{c}_{kj}V_j'] + \sum_{l=1}^{K} [d_{kl}\Phi_l''' - (2-\nu)\,\dot{d}_{kl}\Phi_l']\\
&- \frac{1}{E'}\int_s (m_{z,\nu}' u_\Phi^{(k)} \quad 2m_{zs,\nu}\dot{u}_\Phi^{(k)})\,ds = \quad \frac{1}{E'}Q_\Phi^{*k},\\
&\sum_{j=1}^{I} (c_{kj}V_j'' - \nu\dot{c}_{kj}V_j) + \sum_{l=1}^{K} (d_{kl}\Phi_l'' - \nu\,\dot{d}_{kl}\Phi_l)\\
&- \frac{1}{E'}\int_s m_{z,\nu} u_\Phi^{(k)}\,ds = -\frac{1}{E'}M_\Phi^{*k}, \qquad k = 1, 2, \ldots, K\\
\text{und}\qquad &\sum_{q=1}^{P} a_{pq}W_q' = \frac{1}{E'}M_W^{*p}, \qquad p = 1, 2, \ldots, P.
\end{aligned}\right\} \quad \text{(VI.27)}$$

Die Werte Q_V^{*i}, M_V^{*i}, Q_Φ^{*k}, M_Φ^{*k} und M_W^{*P} sind der Reihe nach gleich den rechten Seiten der Gleichungen (VI.26).

Die Lösung der Aufgabe auf Grund der Gleichungen (VI.17) und der gegebenen Randbedingungen kann auf ähnliche Weise erhalten werden, wie es im Kapitel V. gezeigt wurde.

Von dem praktischen Standpunkt ist die Anwendung eines numerischen Verfahrens vielmehr geeignet. Im Abschnitt VI.7. ist eine solche Lösung der vereinfachten Differentialgleichungen gezeigt, welche sich auf die Methode der finiten Elemente gründet. Dieses Verfahren kann mit der entsprechenden Erweiterung auch auf dieses Problem angewendet werden. Durch die Anwendung dieses Verfahrens ist es möglich, eine Näherungslösung, auch für die Stäbe mit veränderlichem Querschnitt zu finden.

Die Differentialgleichungen (VI.17) haben in erster Linie eine theoretische Bedeutung als Ausgangspunkt für die vereinfachten Lösungen, welche durch verschiedene Vernachlässigungen abgeleitet werden können. Eine Lösung im Rahmen der Gleichungen (VI.17) hätte eine Begründung nur in den Fällen, wo die Veränderlichkeit der Normal- und Schubspannungen über die Wandstärke eine größere Rolle spielt.

4. Schnittkräfte n_{zn}, n_{sn}, n_s

Die Schnittkräfte n_z, n_{zs}, m_z, m_s und m_{zs} sind mittels der Verschiebungen durch die Gleichungen (VI.11) gegeben.

Die Schnittkräfte n_{zn} und n_{sn} können mittelbar durch die Verschiebungen ausgedrückt werden, wenn wir die Gleichgewichtsbedingungen ausnützen (Abb. VI.2).

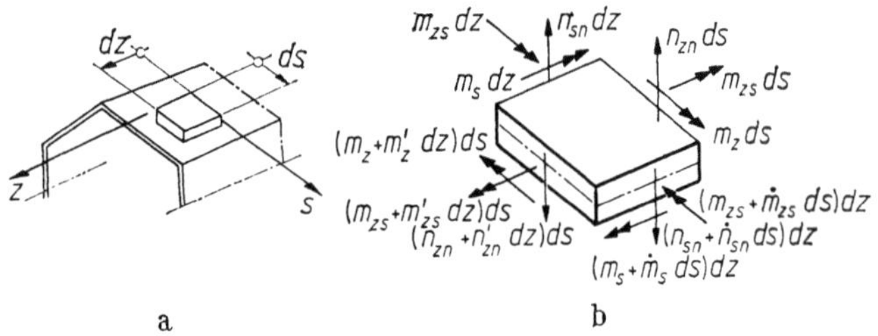

Abb. VI.2

Auf diese Weise erhalten wir die bekannten Gleichgewichtsbedingungen, der auf Biegung beanspruchten Platte:

$$\left.\begin{aligned} n_{zn} &= m_z' + \dot m_{zs}, \\ n_{sn} &= \dot m_s + m_{zs}'. \end{aligned}\right\} \qquad \text{(VI.28a, b)}$$

Durch Einsetzen der Ausdrücke (VI.11) ergibt sich:

$$\left.\begin{aligned} n_{zn} &= -E'\,\frac{t^3}{12}\left[\sum_{i=1}^{I}\left(V_i'''u_V^{(i)} + V_i'\ddot{u}_V^{(i)}\right)\right.\\ &\quad\left.+\sum_{k=1}^{K}\left(\Phi_k'''u_\Phi^{(k)} + \Phi_k'\ddot{u}_\Phi^{(k)}\right)\right] + n_{zn,p},\\ n_{sn} &= -E'\,\frac{t^3}{12}\left[\sum_{i=1}^{I}\left(V_i\dddot{u}_V^{(i)} + V_i''\dot{u}_V^{(i)}\right)\right.\\ &\quad\left.+\sum_{k=1}^{K}\left(\Phi_k\dddot{u}_\Phi^{(k)} + \Phi_k''\dot{u}_\Phi^{(k)}\right)\right] + n_{sn,p},\end{aligned}\right\}\qquad \text{(VI.29)}$$

wo

$$\left.\begin{aligned} n_{zn,p} &= m_{z,p}' + \dot{m}_{zs,p},\\ n_{sn,p} &= \dot{m}_{s,p} + m_{zs,p}' \end{aligned}\right\}\qquad \text{(VI.30)}$$

sind.

Die Schnittkräfte n_s, welche, allgemein genommen, in der Beanspruchung des Stabes keine bedeutende Rolle spielen, können auf folgende Weise bestimmt werden:

Aus den Gleichgewichtsbedingungen der, in der Mittelebene wirkenden Kräfte (Abb. VI.3a), folgt:

$$\dot{n}_s = -n_{zs}' - \bar{p}_s.$$

Wenn uns die Normalkraft n_s am Ende k der Platte kr bekannt ist, wird n_s im beliebigen Punkt zwischen den Knoten k und r durch die Gleichung:

$$n_s = -\int_{s_k}^{s}\left(n_{zs}' + \bar{p}_s\right)ds + n_{s,kr}, \qquad \text{(VI.31)}$$

bestimmt, wo $n_{s,kr}$ die Normalkraft n_s im Knoten k, des Teiles kr (Abb. VI.3b) ist.

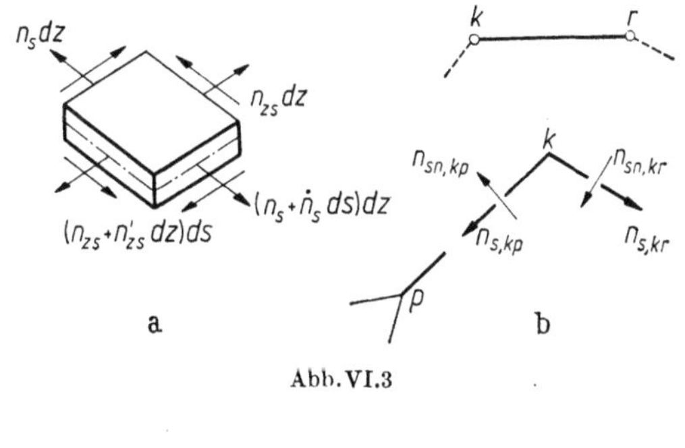

Abb. VI.3

Zur Bestimmung der Schnittkräfte $n_{s,kr}$ bedienen wir uns der Gleichgewichtsbedingungen der Knoten (Abb. VI.3b).

Auf diese Weise können die Kräfte $n_{s,kr}$ nur in dem Falle bestimmt werden, wenn die Zahl der unabhängigen Gleichungen vom Typus (VI.31) für $s = s_r$ und der Gleichgewichtsbedingungen von Knoten größer oder gleich der Anzahl der Unbekannten $n_{s,kr}$ ist.

Wenn dies nicht der Fall ist, werden die Überzähligen $n_{s,kr}$ durch die nachträgliche Einführung der Dehnung ε_s in Querrichtung bestimmt. Praktisch wird dies auf Grund der Berechnung des, durch die Profilmittellinie gebildeten „Fachwerks“ (Abb. VI.4a) durchgeführt. Dabei wird die Querschnittsfläche F_{kr} des „Fachwerks“ gleich t_{kr} angenommen. Das Fachwerk wird durch die Knotenlasten $n_{sn,kr}$ und die Längskräfte $n'_{zs} + \bar{p}_s$ (Abb. VI.4b) belastet.

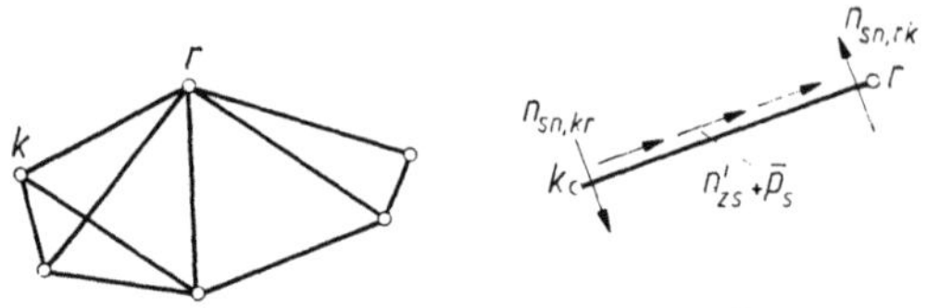

a b

Abb. VI.4

5. Undeformierbare Querschnitte

Für den Stab mit undeformierbarem Querschnitt sind nur die Parameter V_1, V_2, V_3 und W_p ($p = 1, 2, \ldots, P$) von Null verschieden, und die Gleichungen (VI.17) werden auf das folgende System zurückgeführt:

$$\left.\begin{aligned} &\sum_{j=1}^{3} [b_{ij} V_j^{IV} - (f_{ij} + b_{ij}^*) V_j''] - \sum_{q=1}^{P} g_{iq} W_q' = \frac{1}{E'} A_{i0}, \\ &\qquad i = 1, 2, 3, \\ &-\sum_{j=1}^{3} g_{pj} V_j' - \sum_{q=1}^{P} \dot{a}_{pq} W_q + \sum_{q=1}^{P} a_{pq} W_q'' = \frac{1}{E'} C_{p0}, \\ &\qquad p = 1, 2, \ldots, P. \end{aligned}\right\} \qquad \text{(VI.32)}$$

Dabei haben die Parameter V_1, V_2 und V_3 die durch die Gleichungen (VI.2) gegebene Deutung.

Im Vergleich zu den Gleichungen (III.109) und (III.111), unter Berücksichtigung der Bezeichnungen (III.110) und (III.111), erkennen wir, daß im System (VI.32) die Zusatzglieder

$$\sum_{j=1}^{3} (b_{ij} V_j^{IV} - b_{ij}^* V_j'')$$

bestehen. Diese Glieder sind eine Folge der vorausgesetzten Veränderlichkeit der Normal- und Schubspannungen über die Wandstärke. Ähnlich wie in der Theorie des Stabes mit offenem Profil (Kapitel II.1), stellen die Gleichungen (III.114) und (III.111) eine Vereinfachung der Gleichungen (VI.32) dar.

Für die Querschnitte, deren Wandstärke nicht ausgesprochen dünn ist im Vergleich mit den Querschnittsabmessungen, bringen die Gleichungen (VI.32) eine Grundlage für die genauere Lösung.

Von dem mathematischen Standpunkt sind diese Gleichungen mehr kompliziert als die Gleichungen (III.110) und (III.111). Bei den offenen Profilen besteht, in bezug auf die Berechnung, kein wesentlicher Unterschied zwischen den Gleichungen (II.52), (II.53) und den Gleichungen (II.84), (II.85).

6. Steifknotiges Faltwerk

Wenn wir, ähnlich wie im Kapitel V, die Biegemomente m_z, den Einfluß der Krümmung in Längsrichtung auf das Biegemoment m_s, sowie die Torsionsmomente m_{zs} vernachlässigen, gelangen wir zu dem Modell des sogenannten steifknotigen Faltwerks.

Die vorgenommenen Vereinfachungen haben zur Folge: die gleichmäßige Verteilung der Normalspannungen σ_z und der Schubspannungen τ_{zs} über die Wandstärke.

Die Gleichungen (VI.17) werden auf die folgende Form zurückgeführt[1]:

$$\left.\begin{aligned} &\sum_{j=1}^{I} (-f_{ij} V_j'' + \ddot{b}_{ij} V_j) + \sum_{l=1}^{K} \ddot{c}_{il} \Phi_l - \sum_{q=1}^{P} g_{iq} W_q' = \frac{1}{E'} A_{i0}, \\ &\qquad i = 1, 2, \ldots, I, \\ &\sum_{j=1}^{I} \ddot{c}_{kj} V_j + \sum_{l=1}^{K} \ddot{d}_{kl} \Phi_l = \frac{1}{E'} B_{k0}, \qquad k = 1, 2, \ldots, K, \\ &-\sum_{j=1}^{I} g_{pj} V_j' + \sum_{q=1}^{P} (a_{pq} W_q'' - \dot{a}_{pq} W_q) = -\frac{1}{E'} C_{p0}. \end{aligned}\right\} \quad \text{(VI.33 a—c)}$$

Die Koeffizienten A_{i0}, B_{k0} und C_{p0} haben die Werte:

$$\left.\begin{aligned} A_{i0} &= \int_s m_{s,p} \ddot{u}_V^{(i)}\, ds + \int_s (\bar{p}_n u_V^{(i)} + \bar{p}_s v^{(i)})\, ds, \\ B_{k0} &= \int_s m_{s,p} \ddot{u}_\Phi^{(k)}\, ds + \int_s \bar{p}_n u_\Phi^{(k)}\, ds, \\ C_{p0} &= \int_s \bar{p}_z \omega^{(p)}\, ds. \end{aligned}\right\} \quad \text{(VI.34)}$$

Die Verschiebung $u_{p,kr}$ der Platte kr, aus welcher wir durch die Differentiation das Biegemoment $m_{s,p}$ finden, ist näherungsweise (wie im Kapitel V.) als Durchbiegung eines unendlich langen, längs der Knotenlinien eingespannten Streifens gegeben.

Mit Ausnahme einer stark konzentrierten Belastung sind diese Einflüsse näherungsweise gleich den entsprechenden Einflüssen eines beidseitig eingespannten Balkens (siehe Formel (V.155)) mit der Breite 1, der Höhe t und dem Elastizitätsmodul E'.

Statt der Gleichungen (VI.34) können bei der Berechnung der Koeffizienten A_{i0} ($i > 3$) und B_{k0} die Ausdrücke (VI.20) benutzt werden.

Dabei ist

$$p_{kr} = (n_{sn,p})_{s_{kr}=0}$$

der Wert der Reaktion im Knoten k mit entgegengesetzten Vorzeichen.

Die Randbedingungen (VI.20) werden auf die Folgenden zurückgeführt:

$$\left.\begin{aligned} V_i &= V_i^*, \qquad i = 1, 2, \ldots, I, \\ W_p &= W_p^*, \qquad p = 1, 2, \ldots, P. \end{aligned}\right\} \quad \text{(VI.35)}$$

[1] Wenn das Faltwerk die offenen Teile der Profilmittellinie hat, stellt der Index I die Gesamtzahl der Freiheitsgrade des entsprechenden kinematischen Mechanismus dar, wobei die Verdrehungen der Randplatten um die Knotenlinien (siehe Kap. V.8) eliminiert sind.

Die Gesamtzahl der Bedingungen auf einem Stabende ist gleich $I + P$. Es ist zu bemerken, daß die Parameter Φ_k nicht in den Randbedingungen auftreten. Das System (VI.33b) ist ein System der linearen Gleichungen, aus welchem die Werte Φ_k durch die Größen V_i ausgedrückt werden können.

Auf diese Weise haben wir nur zwei Systeme der simultanen Differentialgleichungen mit den oben erwähnten Randbedingungen.

Die Randbedingungen (VI.25) werden durch die Gleichungen:

$$\left.\begin{aligned} \int_s n_{zs} v^{(i)}\, ds &= \int_s n_{zs}^* v^{(i)}\, ds, \\ \int_s n_z \omega^{(p)}\, ds &= \int_s n_z^* \omega^{(p)}\, ds \end{aligned}\right\} \qquad \text{(VI.36)}$$

ersetzt.

Unter Benutzung der Gleichungen (VI.11) können diese Bedingungen durch die Verschiebungsparameter ausgedrückt werden:

$$\left.\begin{aligned} \sum_{j=1}^{I} f_{ij} V_j' + \sum_{q=1}^{P} g_{iq} W_q &= \frac{1}{E'} \int_s n_{zs}^* v^{(i)}\, ds, \qquad i = 1, 2, \ldots, I, \\ \sum_{q=1}^{P} a_{pq} W_q' &= \frac{1}{E'} \int_s n_z^* \omega^{(p)}\, ds, \qquad p = 1, 2, \ldots, P. \end{aligned}\right\} \qquad \text{(VI.37)}$$

Im Falle des undeformierbaren Querschnittes haben wir das Gleichungssystem:

$$\left.\begin{aligned} \sum_{j=1}^{3} f_{ij} V_j'' + \sum_{q=1}^{P} g_{iq} W_q' + \frac{1}{E'} \int_s (\bar{p}_s v^{(i)} + \bar{p}_n u_V^{(i)})\, ds &= 0, \\ -\sum_{j=1}^{3} g_{pj} V_j' + \sum_{q=1}^{P} (a_{pq} W_q'' - \dot{a}_{pq} W_q) + \int_s \bar{p}_z \omega^{(p)}\, ds &= 0. \end{aligned}\right\} \qquad \text{(VI.38)}$$

Diese Gleichungen sind identisch mit den, im Kapitel III.2 abgeleiteten Gleichungen (III.114) und (III.111). Diesbezüglich können wir uns leicht überzeugen, wenn wir die Koeffizienten in den Gleichungen (VI.38) mit den entsprechenden, durch die Ausdrücke (III.110) und (III.113) gegebenen Koeffizienten anschreiben. Dabei müssen wir daran denken, daß die Parameter V_i ($i = 1, 2, 3$) und W_p im Kapitel III.2 mit ψ_k und ϑ_i bezeichnet sind.

Wir stellen die Gleichungen (VI.33) in Matrizenform dar:

$$\begin{aligned} \boldsymbol{F}\boldsymbol{V}'' - \ddot{\boldsymbol{B}}\boldsymbol{V} - \ddot{\boldsymbol{C}}\boldsymbol{\Phi} + \boldsymbol{G}\boldsymbol{W}' &= -\frac{1}{E'}\boldsymbol{A}_0, \\ \tilde{\ddot{\boldsymbol{C}}}\boldsymbol{V} + \ddot{\boldsymbol{D}}\boldsymbol{\Phi} &= \frac{1}{E'}\boldsymbol{B}_0, \qquad \text{(VI.39a–c)} \\ \boldsymbol{A}\boldsymbol{W}'' - \dot{\boldsymbol{A}}\boldsymbol{W} - \tilde{\boldsymbol{G}}\boldsymbol{V}' &= -\frac{1}{E'}\boldsymbol{C}_0, \end{aligned}$$

wo $\boldsymbol{F}$, $\ddot{\boldsymbol{B}}$, $\ddot{\boldsymbol{D}}$, $\boldsymbol{A}$, $\dot{\boldsymbol{A}}$ die quadratischen Matrizen mit den Elementen f_{ij} ($i, j = 1, 2, \ldots, I$), $\ddot{d}_{kl}$ ($k, l = 1, 2, \ldots, K$), a_{pq}, $\dot{a}_{pq}$ ($p, q = 1, 2, \ldots, P$) sind.

Die Matrizen $\ddot{\boldsymbol{C}}$ und $\boldsymbol{G}$ haben die Elemente $\ddot{c}_{il}$ $(i = 1, 2, \ldots, I, l = 1, 2, \ldots, K)$ und g_{iq} $(i = 1, 2, \ldots, I, q = 1, 2, \ldots, P)$.

Mit $\boldsymbol{V}$, $\boldsymbol{\Phi}$ und $\boldsymbol{W}$ sind die Vektoren mit den Elementen

$$\boldsymbol{V} = \begin{bmatrix} V_1 \\ V_2 \\ \vdots \\ V_j \\ \vdots \\ V_I \end{bmatrix}, \quad \boldsymbol{\Phi} = \begin{bmatrix} \Phi_1 \\ \Phi_2 \\ \vdots \\ \Phi_l \\ \vdots \\ \Phi_K \end{bmatrix}, \quad \boldsymbol{W} = \begin{bmatrix} W_1 \\ W_2 \\ \vdots \\ W_q \\ \vdots \\ W_P \end{bmatrix} \tag{VI.40}$$

bezeichnet.

Die Belastungsglieder A_{i0}, B_{k0} und C_{p0} bilden die Vektoren $\boldsymbol{A}_0$, $\boldsymbol{B}_0$ und $\boldsymbol{C}_0$.

Die Koeffizienten $\ddot{c}_{kj}$ und g_{pj} bilden die Matrizen $\tilde{\ddot{\boldsymbol{C}}}$ und $\tilde{\boldsymbol{G}}$, welche die transponierten Matrizen von $\ddot{\boldsymbol{C}}$ und $\boldsymbol{G}$ sind.

Aus der Gleichung (VI.39b) erhalten wir:

$$\boldsymbol{\Phi} = -\ddot{\boldsymbol{D}}^{-1}\tilde{\ddot{\boldsymbol{C}}}\boldsymbol{V} + \frac{1}{E'}\ddot{\boldsymbol{D}}^{-1}\boldsymbol{B}_0. \tag{VI.41}$$

Durch Einsetzen dieses Wertes für $\boldsymbol{\Phi}$ in die Gleichung (VI.39a) geht das System (VI.39) über in:

$$\begin{aligned} \boldsymbol{F}\boldsymbol{V}'' + (\ddot{\boldsymbol{C}}\ddot{\boldsymbol{D}}^{-1}\tilde{\ddot{\boldsymbol{C}}} - \ddot{\boldsymbol{B}})\,\boldsymbol{V} + \boldsymbol{G}\boldsymbol{W}' &= \frac{1}{E'}(\ddot{\boldsymbol{C}}\ddot{\boldsymbol{D}}^{-1}\boldsymbol{B}_0 - \boldsymbol{A}_0), \\ \boldsymbol{A}\boldsymbol{W}'' - \dot{\boldsymbol{A}}\boldsymbol{W} - \tilde{\boldsymbol{G}}\boldsymbol{V}' &= -\frac{1}{E'}\boldsymbol{C}_0. \end{aligned} \tag{VI.42}$$

Wenn wir den Vektor

$$\boldsymbol{\Psi} = \begin{bmatrix} \boldsymbol{V} \\ \boldsymbol{W} \end{bmatrix}_{I+P}^{1} \tag{VI.43}$$

einführen, können wir das System (VI.42) in der folgenden Form schreiben:

$$\boldsymbol{A}_1\boldsymbol{\Psi}'' + \boldsymbol{A}_2\boldsymbol{\Psi}' + \boldsymbol{A}_3\boldsymbol{\Psi} = \frac{1}{E'}\boldsymbol{A}_0^*, \tag{VI.44}$$

wo

$$\boldsymbol{A}_1 = \begin{bmatrix} \boldsymbol{F} & \boldsymbol{O} \\ \boldsymbol{O} & \boldsymbol{A} \end{bmatrix}, \quad \boldsymbol{A}_2 = \begin{bmatrix} \boldsymbol{O} & \boldsymbol{G} \\ -\tilde{\boldsymbol{G}} & \boldsymbol{O} \end{bmatrix}, \quad \boldsymbol{A}_3 = \begin{bmatrix} \ddot{\boldsymbol{C}}\ddot{\boldsymbol{D}}^{-1}\tilde{\ddot{\boldsymbol{C}}} - \boldsymbol{B} & \boldsymbol{O} \\ \boldsymbol{O} & -\dot{\boldsymbol{A}} \end{bmatrix}$$

und

$$\boldsymbol{A}_0^* = \begin{bmatrix} \ddot{\boldsymbol{C}}\ddot{\boldsymbol{D}}^{-1}\boldsymbol{B}_0 - \boldsymbol{A}_0 \\ -\boldsymbol{C}_0 \end{bmatrix} \tag{VI.45}$$

sind.

Die Randbedingungen nach den Verschiebungen haben die Form:

$$\begin{aligned} \boldsymbol{V} &= \boldsymbol{V}^*, \\ \boldsymbol{W} &= \boldsymbol{W}^* \end{aligned} \tag{VI.46}$$

oder

$$\boldsymbol{\Psi} = \boldsymbol{\Psi}^*, \tag{VI.47}$$

wo mit Stern die gegebenen Verschiebungsparameter am Stabende bezeichnet sind.

Die Bedingungen (VI.37) lauten in der Matrizenform:

$$\begin{aligned} \boldsymbol{F}\boldsymbol{V}' + \boldsymbol{G}\boldsymbol{W} &= \frac{1}{E'}\boldsymbol{Q}_V^*, \\ \boldsymbol{A}\boldsymbol{W}' &= \frac{1}{E'}\boldsymbol{M}_W^*, \end{aligned} \tag{VI.48}$$

wo $\boldsymbol{Q}_V^*$ und $\boldsymbol{M}_W^*$ die Vektoren mit den Elementen

$$\begin{aligned} Q_{Vi}^* &= \int_s n_{zs}^* v^{(i)}\, ds, \quad i = 1, 2, \ldots, I, \\ M_{Wp}^* &= \int_s n_z^* \omega^{(p)}\, ds, \quad p = 1, 2, \ldots, P \end{aligned} \tag{VI.49}$$

sind.

7. Numerische Lösung für den Stab mit veränderlichem Querschnitt

Das Verfahren, welches wir zeigen wollen, stellt eine Kombination der Methode der Integralgleichungen[1] und der Methode der finiten Elemente dar.

Wir teilen den Stab, mit der längs der Achse veränderlichen Wandstärke, in eine endliche Zahl der Elemente ($m = 1, 2, \ldots, n$), Abb. VI.5, welche wir als Stäbe mit unveränderlichem Querschnitt ansehen wollen. Der Querschnitt des Elementes ist dem wirklichen Querschnitt in der Mitte des Elementes gleich.

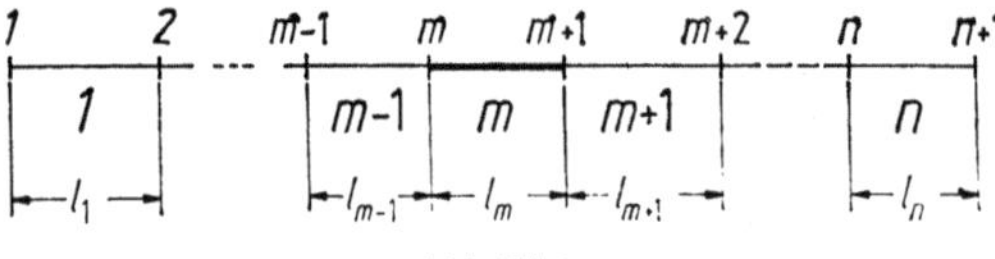

Abb. VI.5

Für die nachfolgende Berechnung setzen wir voraus, daß die einzelnen Platten aus verschiedenen Materialien sind.

Bei den Stahl- und Verbundkonstruktionen wird oft die Quersteifigkeit der Platten durch die Aussteifungen bzw. Rippen erreicht. Mit anderen Worten verhalten sich die einzelnen Platten als orthotrope Streifen.

[1] Siehe Abschnitt IV.6 (Band 1).

Wir führen die folgenden Bezeichnungen ein:

$$\left.\begin{aligned} t_{1m} &= \frac{E'_m}{E_0} t_m, \\ t_{2m} &= \frac{G_m}{E_0} t_m, \\ E'_m &= \frac{E_m}{1-\nu_m^2}, \end{aligned}\right\} \qquad \text{(VI.50a–c)}$$

wo E_m und ν_m Elastizitätsmodul und Poissonsche Zahl der einzelnen Platten des Elementes m sind.

E_0 ist ein beliebiger für den ganzen Stab geltender Wert des Elastizitätsmoduls.

Wir bezeichnen das Trägheitsmoment des in Abb. VI.6b gezeigten Querschnitts mit J_m, wobei λ_i die auf eine Aussteifung entfallende mittragende Breite ist.

Die Quersteifigkeit des Streifens wird näherungsweise durch den folgenden Ausdruck bestimmt:

$$E_m I_m = \frac{E_m J_m}{\lambda},$$

wo λ der Abstand der Queraussteifungen ist.

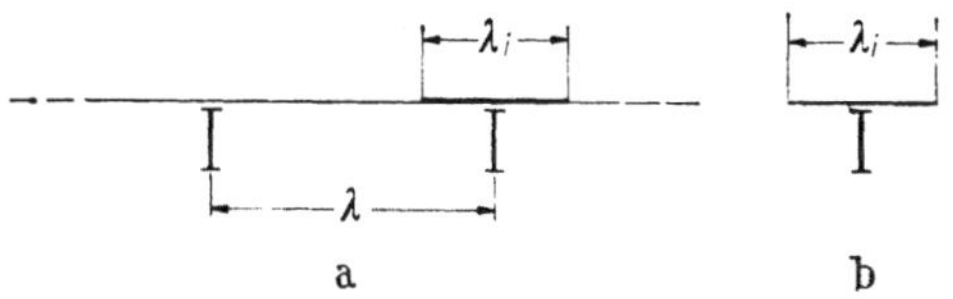

Abb. VI.6

Neben den Bezeichnungen (VI.50) führen wir noch die Bezeichnung

$$I_{1m} = I_m \frac{E'_m}{E_0} \qquad \text{(VI.51)}$$

ein.

Statt der Gleichungen (VI.11) ergeben sich für die Schnittkräfte n_z, n_{zs} und m_s die folgenden Ausdrücke:

$$\left.\begin{aligned} n_{zm} &= E_0 t_{1m} \sum_{p=1}^{P} W'_{pm} \omega^{(p)}, \\ n_{zsm} &= E_0 t_{3m} \left(\sum_{i=1}^{I} V'_{im} v^{(i)} + \sum_{p=1}^{P} W_{pm} \dot{\omega}^{(p)} \right), \\ m_{sm} &= -E_0 I_{1m} \left(\sum_{i=1}^{I} V_{im} \ddot{u}_V^{(i)} + \sum_{k=1}^{K} \Phi_{km} \ddot{u}_\Phi^{(k)} \right) + m_{s,pm}, \end{aligned}\right\} \qquad \text{(VI.52a–c)}$$

wobei sich der Index m auf das betrachtete Element bezieht.

Die, von Null verschiedenen Koeffizienten (VI.18) haben, mit Rücksicht auf die eingeführten Bezeichnungen, die folgenden Werte[1]:

$$\left.\begin{aligned}
a_{pq} &= \int_s t_1 \omega^{(p)} \omega^{(q)}\, ds = a_{qp},\\
\dot{a}_{pq} &= \int_s t_2 \dot{\omega}^{(p)} \dot{\omega}^{(q)}\, ds = \dot{a}_{qp},\\
\ddot{b}_{ij} &= \int_s I_1 \ddot{u}_V^{(i)} \ddot{u}_V^{(j)}\, ds = \ddot{b}_{ji},\\
\ddot{c}_{il} &= \int_s I_1 \ddot{u}_V^{(i)} \ddot{u}_\Phi^{(l)}\, ds,\\
\ddot{c}_{kj} &= \int_s I_1 \ddot{u}_\Phi^{(k)} \ddot{u}_V^{(j)}\, ds,\\
\ddot{d}_{kl} &= \int_s I_1 \ddot{u}_\Phi^{(k)} \ddot{u}_\Phi^{(l)}\, ds,\\
f_{ij} &= \int_s t_2 v^{(i)} v^{(j)}\, ds = f_{ji},\\
g_{iq} &= \int_s t_2 v^{(i)} \dot{\omega}^{(q)}\, ds,\\
g_{pj} &= \int_s t_2 \dot{\omega}^{(p)} v^{(j)}\, ds.
\end{aligned}\right\} \tag{VI.53}$$

Mit den Koeffizienten (VI.53) werden die entsprechenden Matrizen in den Gleichungen (VI.42) und (VI.44) gebildet. Für das Element m lautet die Gleichung (VI.44):

$$\boldsymbol{A}_{1m}\boldsymbol{\Psi}''_m + \boldsymbol{A}_{2m}\boldsymbol{\Psi}'_m + \boldsymbol{A}_{3m}\boldsymbol{\Psi}_m = \frac{1}{E_0}\boldsymbol{A}^*_{0m}. \tag{VI.54}$$

Wir gehen von der Differentialgleichung

$$\xi'' = -p(z) \tag{VI.55}$$

aus, für welche die folgenden Bedingungen im Punkte $z = 0$ (Abb. VI.7), gegeben sind:

$$z = 0: \quad \xi = q_{m,r}; \quad \xi' = q'_{m,r}.$$

Die Lösung dieser Gleichung können wir in der Form:

$$\xi(z) = \int_0^l a(z,\zeta)\, p(\zeta)\, d\zeta + q'_{m,r}\cdot z + q_{m,r} \tag{VI.56}$$

darstellen, wo

$$a(z,\zeta) = \begin{cases} -(z-\zeta), & \text{für } \zeta \leq z \\ 0, & \text{für } \zeta \geq z \end{cases} \tag{VI.57}$$

ist.

Wir können leicht einsehen, daß die Lösung (VI.56) dem Ausdruck für das Biegemoment des in Abb. VI.7 gezeigten Freiträgers infolge der Belastung $p(z)$, des Momentes $q_{m,r}$ und der Kraft $q'_{m,r}$ entspricht.

---

[1] Der Index m des Elementes ist neben $a_{pq} \cdots g_{pj}$ weggelassen.

Der Kern $a(z, \zeta)$ stellt die Einflußfunktion für das Biegemoment des Freiträgers dar.

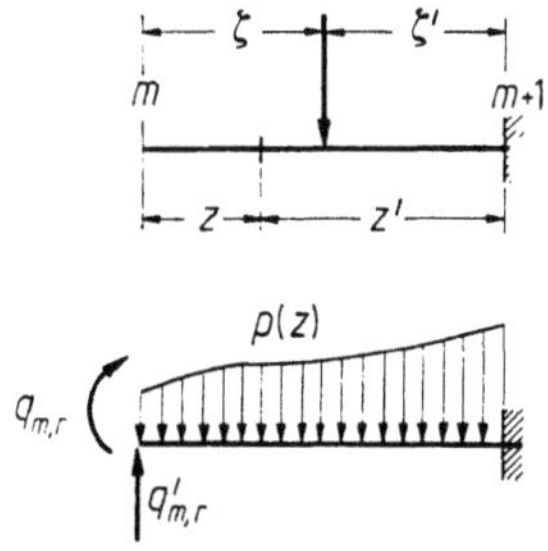

Abb. VI.7

Die Funktion $p_m(z)$ im Intervall $m, m + 1$ wird näherungsweise durch eine lineare Funktion dargestellt. In den Punkten $z = 0$ und $z = l_m$ hat diese Funktion die Werte $p_m^{(1)}$ und $p_m^{(1)} + p_m^{(2)}$.

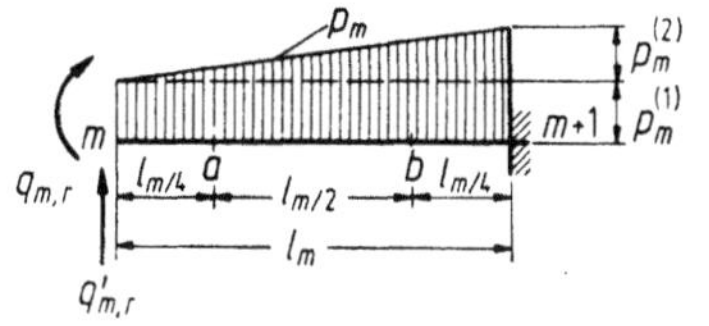

Abb. VI.8

Die Werte der Funktion ξ in den Punkten a und b können, durch die unmittelbare Benutzung der erwähnten Analogie, in folgender Form ausgedrückt werden:

$$\left.\begin{aligned} \xi_m\left(z_m = \frac{l_m}{4}\right) &= \xi_{m,a} = q_{m,r} + q'_{m,r}\frac{l_m}{4} - p_m^{(1)}\frac{l_m^2}{32} - p_m^{(2)}\frac{l_m^2}{384}. \\ \xi_m\left(z_m = \frac{3}{4}\,l_m\right) &= \xi_{m,b} = q_{m,r} + q'_{m,r}\frac{3}{4}\,l_m - p_m^{(1)}\frac{9}{32}\,l_m^2 - p_m^{(2)}\frac{9}{128}\,l_m^2. \end{aligned}\right\} \quad \text{(VI.58)}$$

Für $\xi'_m(z_m = l_m/4) = \xi'_{m,a}$ und $\xi'_m(z_m = 3/4 l_m) = \xi'_{m,b}$ erhalten wir:

$$\left.\begin{aligned} \xi'_{m,a} &= q'_{m,r} - p_m^{(1)}\frac{l_m}{4} - p_m^{(2)}\frac{l_m}{32}, \\ \xi'_{m,b} &= q'_{m,r} - p_m^{(1)}\frac{3}{4}\,l_m - p_m^{(2)}\frac{9}{32}\,l_m. \end{aligned}\right\} \quad \text{(VI.59)}$$

Für den Punkt $z_m = l_m$, d.h. unmittelbar links vom Knoten $m + 1$ ergibt sich:

$$\left.\begin{aligned} \xi'_m(z_m = l_m) &= q'_{m+1,l} = q'_{m,r} - p_m^{(1)} l_m - p_m^{(2)}\frac{l_m}{2}, \\ \xi_m(z_m = l_m) &= q_{m+1,l} = q_{m,r} + q'_{m,r} l_m - p_m^{(1)}\frac{l_m^2}{2} - p_m^{(2)}\frac{l_m^2}{6}. \end{aligned}\right\} \quad \text{(VI.60)}$$

Wenden wir uns zur Differentialgleichung (VI.53). Für die Punkte a und b des Elementes m gilt:

$$\left.\begin{aligned} \boldsymbol{A}_{1m}\boldsymbol{\Psi}''_{m,a} + \boldsymbol{A}_{2m}\boldsymbol{\Psi}'_{m,a} + \boldsymbol{A}_{3m}\boldsymbol{\Psi}_{m,a} &= \frac{1}{E_0}\boldsymbol{A}^*_{0m,a}, \\ \boldsymbol{A}_{1m}\boldsymbol{\Psi}''_{m,b} + \boldsymbol{A}_{2m}\boldsymbol{\Psi}'_{m,b} + \boldsymbol{A}_{3m}\boldsymbol{\Psi}_{m,b} &= \frac{1}{E_0}\boldsymbol{A}^*_{0m,b}. \end{aligned}\right\} \quad \text{(VI.61)}$$

Führen wir die Vektoren $\boldsymbol{p}_m^{(1)}$ und $\boldsymbol{p}_m^{(2)}$ ein:

$$\left.\begin{aligned} \boldsymbol{p}_m^{(1)} &= -\boldsymbol{\Psi}''_m(z_m = 0), \\ \boldsymbol{p}_m^{(1)} + \boldsymbol{p}_m^{(2)} &= -\boldsymbol{\Psi}''_m(z_m = l_m), \end{aligned}\right\} \quad \text{(VI.62)}$$

so folgt auf Grund dieser Gleichungen:

$$\left.\begin{aligned} \boldsymbol{\Psi}''_{m,a} &= -\boldsymbol{p}_m^{(1)} - \frac{1}{4}\boldsymbol{p}_m^{(2)}, \\ \boldsymbol{\Psi}''_{m,b} &= -\boldsymbol{p}_m^{(1)} - \frac{3}{4}\boldsymbol{p}_m^{(2)}. \end{aligned}\right\} \quad \text{(VI.63)}$$

Durch die Benutzung der Ausdrücke (VI.58), (VI.59) und (VI.62) lassen sich die Gleichungen (VI.61) in folgender Form darstellen:

$$\left.\begin{aligned} \boldsymbol{K}_m^{(1)}\boldsymbol{p}_m^{(1)} + \boldsymbol{K}_m^{(2)}\boldsymbol{p}_m^{(2)} &= \boldsymbol{L}_m^{(1)} \cdot \boldsymbol{q}^*_{m,r} - \frac{1}{E_0}\boldsymbol{A}^*_{0m,a}, \\ \boldsymbol{K}_m^{(3)}\boldsymbol{p}_m^{(1)} + \boldsymbol{K}_m^{(4)}\boldsymbol{p}_m^{(2)} &= \boldsymbol{L}_m^{(2)}\boldsymbol{q}^*_{m,r} - \frac{1}{E_0}\boldsymbol{A}^*_{0m,b}, \end{aligned}\right\} \quad \text{(VI.64)}$$

wo

$$\left.\begin{aligned} \boldsymbol{K}_m^{(1)} &= \boldsymbol{A}_{1m} + \frac{l_m}{4}\boldsymbol{A}_{2m} + \frac{l_m^2}{32}\boldsymbol{A}_{3m}, \\ \boldsymbol{K}_m^{(2)} &= \frac{1}{4}\boldsymbol{A}_{1m} + \frac{l_m}{32}\boldsymbol{A}_{2m} + \frac{l_m^2}{384}\boldsymbol{A}_{3m}, \\ \boldsymbol{K}_m^{(3)} &= \boldsymbol{A}_{1m} + \frac{3}{4}l_m\boldsymbol{A}_{2m} + \frac{9}{32}l_m^2\boldsymbol{A}_{3m}, \\ \boldsymbol{K}_m^{(4)} &= \frac{3}{4}\boldsymbol{A}_{1m} + \frac{9}{32}l_m\boldsymbol{A}_{2m} + \frac{9}{128}l_m^2\boldsymbol{A}_{3m}, \\ \boldsymbol{L}_m^{(1)} &= \left[\boldsymbol{A}_{2m} + \frac{l_m}{4}\boldsymbol{A}_{3m} \;\vdots\; \boldsymbol{A}_{3m}\right], \\ \boldsymbol{L}_m^{(2)} &= \left[\boldsymbol{A}_{2m} + \frac{3}{4}l_m\boldsymbol{A}_{3m} \;\vdots\; \boldsymbol{A}_{3m}\right], \\ \boldsymbol{q}^*_{m,r} &= \begin{bmatrix}\boldsymbol{q}'_{m,r} \\ \boldsymbol{q}_{m,r}\end{bmatrix}; \quad \boldsymbol{q}'_{m,r} = \begin{bmatrix}\boldsymbol{V}'_{m,r} \\ \boldsymbol{W}'_{m,r}\end{bmatrix}; \quad \text{für} \quad z_m = 0, \\ \boldsymbol{q}_{m,r} &= \begin{bmatrix}\boldsymbol{V}_{m,r} \\ \boldsymbol{W}_{m,r}\end{bmatrix}, \quad \text{für} \quad z_m = 0 \end{aligned}\right\} \quad \text{(VI.65)}$$

sind.

Wenn wir mit $\boldsymbol{p}_m^*$ den Vektor

$$\boldsymbol{p}_m^* = \begin{bmatrix} \boldsymbol{p}_m^{(1)} \\ \boldsymbol{p}_m^{(2)} \end{bmatrix} \tag{VI.66}$$

bezeichnen, ergibt sich statt der Gleichungen (VI.64) die folgende Gleichung:

$$\boldsymbol{K}_m \cdot \boldsymbol{p}_m^* = \boldsymbol{L}_m q_{m,r}^* - \frac{1}{E_0} \boldsymbol{A}_{0m}^{**}, \tag{VI.67}$$

wo

$$\boldsymbol{K}_m = \begin{bmatrix} \boldsymbol{K}_m^{(1)} & \boldsymbol{K}_m^{(2)} \\ \boldsymbol{K}_m^{(3)} & \boldsymbol{K}_m^{(4)} \end{bmatrix}; \quad \boldsymbol{L}_m = \begin{bmatrix} \boldsymbol{L}_m^{(1)} \\ \boldsymbol{L}_m^{(2)} \end{bmatrix},$$

$$\boldsymbol{A}_{0m}^{**} = \begin{bmatrix} \boldsymbol{A}_{0m,a}^* \\ \boldsymbol{A}_{0m,b}^* \end{bmatrix} \tag{VI.68}$$

sind.

Aus der Gleichung (VI.67) erhalten wir:

$$\boldsymbol{p}_m^* = \boldsymbol{K}_m^{-1} \boldsymbol{L}_m q_{m,r}^* - \frac{1}{E_0} \boldsymbol{K}_m^{-1} \boldsymbol{A}_{0m}^{**}. \tag{VI.69}$$

Die Vektoren:

$$\left.\begin{aligned} \boldsymbol{q}'_{m+1,l} &= \begin{bmatrix} \boldsymbol{V}'_{m+1,l} \\ \boldsymbol{W}'_{m+1,l} \end{bmatrix} \\ \boldsymbol{q}_{m+1,l} &= \begin{bmatrix} \boldsymbol{V}_{m+1,l} \\ \boldsymbol{W}_{m+1,l} \end{bmatrix} \end{aligned}\right\} \quad \text{für} \quad z_m = l_m \tag{VI.70}$$

finden wir unter Benutzung der Gleichungen (VI.60) zu:

$$\left.\begin{aligned} \boldsymbol{q}'_{m+1,l} &= \boldsymbol{q}'_{m,r} - l_m \boldsymbol{p}_m^{(1)} - \frac{1}{2} l_m \boldsymbol{p}_m^{(2)}, \\ \boldsymbol{q}_{m+1,l} &= \boldsymbol{q}_{m,r} + l_m \cdot \boldsymbol{q}'_{m,r} - \frac{1}{2} l_m^2 \boldsymbol{p}_m^{(1)} - \frac{1}{6} l_m^2 \boldsymbol{p}_m^{(2)}. \end{aligned}\right\} \tag{VI.71}$$

Wenn wir, ähnlich wie vorher, den Vektor

$$\boldsymbol{q}_{m+1,l}^* = \begin{bmatrix} \boldsymbol{q}'_{m+1,l} \\ \boldsymbol{q}_{m+1,l} \end{bmatrix} \tag{VI.72}$$

einführen, können wir die obigen Gleichungen in folgender Form anschreiben:

$$\boldsymbol{q}_{m+1,l}^* = \boldsymbol{R}_m \boldsymbol{q}_{m,r}^* - \boldsymbol{S}_m \cdot \boldsymbol{p}_m^*, \tag{VI.73}$$

wo

$$\boldsymbol{R}_m = \begin{bmatrix} \boldsymbol{I}_{(I+P)} & 0 \\ l_m \boldsymbol{I}_{(I+P)} & \boldsymbol{I}_{(I+P)} \end{bmatrix},$$

$$\boldsymbol{S}_m = \begin{bmatrix} l_m \boldsymbol{I}_{(I+P)} & \dfrac{l_m}{2} \boldsymbol{I}_{(I+P)} \\ \dfrac{l_m^2}{2} \boldsymbol{I}_{(I+P)} & \dfrac{l_m^2}{6} \boldsymbol{I}_{(I+P)} \end{bmatrix} \tag{VI.74}$$

sind.

Die Matrix $\boldsymbol{I}_{(I+P)}$ ist eine quadratische Einheitsmatrix von der Ordnung $(I + P)$.

Durch Einsetzen des Ausdrucks (VI.69) für $\boldsymbol{p}_m^*$ in die Gleichung (VI.73) erhalten wir:

$$\boldsymbol{q}_{m+1,l}^* = \boldsymbol{M}_m \boldsymbol{q}_{m,r}^* + \frac{1}{E_0} \boldsymbol{M}_{0m} \boldsymbol{A}_{0m}^{**}, \tag{VI.75}$$

wo

$$\left.\begin{aligned} \boldsymbol{M}_m &= \boldsymbol{R}_m - \boldsymbol{S}_m \boldsymbol{K}_m^{-1} \boldsymbol{L}_m, \\ \boldsymbol{M}_{0m} &= \boldsymbol{S}_m \boldsymbol{K}_m^{-1} \end{aligned}\right\} \tag{VI.76}$$

sind.

Dieselbe Gleichung können wir auch in folgender Form anschreiben:

$$\hat{\boldsymbol{q}}_{m+1,l} = \boldsymbol{M}_m \hat{\boldsymbol{q}}_{m,r} + \boldsymbol{B}_m, \tag{VI.77}$$

wo

$$\left.\begin{aligned} \hat{\boldsymbol{q}}_{m,r} &= E_0 \boldsymbol{q}_{m,r}^*, \\ \hat{\boldsymbol{q}}_{m+1,l} &= E_0 \boldsymbol{q}_{m+1,l}^*, \\ \boldsymbol{B}_m &= \boldsymbol{M}_{0m} \boldsymbol{A}_{0m}^{**} \end{aligned}\right\} \tag{VI.78a–c}$$

sind.

Die Feldmatrix $\boldsymbol{M}_m$ ist eine Übertragungsmatrix durch welche der Vektor $\hat{\boldsymbol{q}}_{m+1,l}$ am Ende des Elementes m durch den entsprechenden Vektor am Anfang des Elementes ausgedrückt wird.

Wir setzen nun voraus, daß sich beim Übergang von einem Element zu dem nächsten ein elastischer Querrahmen (Abb. VI.9) befinden kann.

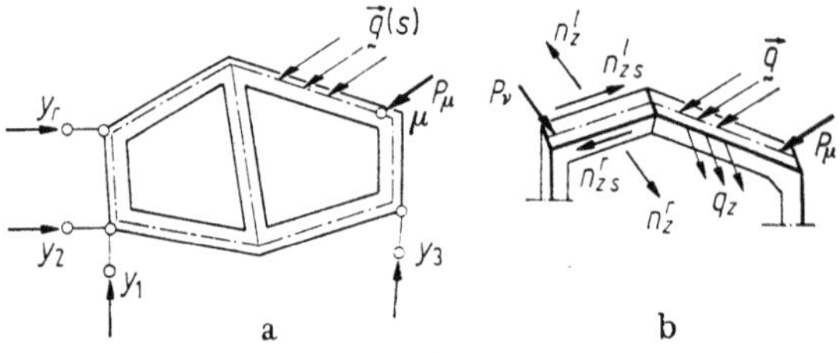

Abb. VI.9

Die Systemlinie des Rahmens stimmt näherungsweise mit der Profilmittellinie des Querschnitts überein.

Der Rahmen sei durch die Linienbelastung $\vec{q}\,(\underset{\sim}{q_s}, \underset{\sim}{q_n})$ und konzentrierte Kräfte P_μ ($\mu = 1, 2, \ldots, \bar{\mu}$) belastet.

Die Verformung des Rahmens ist, gemäß den gemachten Voraussetzungen, durch die Verschiebungsparameter $V_4, \ldots, V_I$ bestimmt. Außerdem bewegt sich der Rahmen als starre Scheibe in seiner Ebene. Diese Verschiebungen sind durch die Verschiebungsparameter V_1, V_2 und V_3 gegeben. Im Falle einer Lagerung des Rahmens in einigen Knotenpunkten, ergeben sich (Abb. VI.9) die Reaktionen Y_r ($r = 1, 2, \ldots, R \leq I$).

Wir nehmen an, daß sich alle den Reaktionen entsprechenden virtuellen Verschiebungen durch die virtuellen Verschiebungsparameter $\overline{V}_i$ ausdrücken lassen und voneinander unabhängig sind. Das Element (Abb. VI.9), welches die

Reaktionskraft aufnimmt, denken wir uns als axial beanspruchten Stab (ohne Biegesteifigkeit), dessen Systemlinie mit der Richtung der Kraft Y_r übereinstimmt. Der Querschnitt der einzelnen Rahmenstäbe wird durch das Trägheitsmoment $\underset{\sim}{J}_m$ gekennzeichnet. Die mitwirkende Breite, d.h. der Anteil der Mittelfläche, welcher dem Querschnitt des Rahmenstabes zugeteilt wird, kann wie bei den Trägern mit breiten Gurtplatten bestimmt werden.

Die Übergangsbedingungen vom Element $m-1$ zu dem Element m, im Falle des Vorhandenseins eines Rahmens im Querschnitt m, sind durch die Verschiebungen und Kräfte gegeben. Im Querschnitt m müssen die folgenden Bedingungen erfüllt werden:

$$\begin{aligned} u^r &= u^l, \\ v^r &= v^l, \end{aligned} \qquad w^r = w^l, \tag{VI.79}$$

wobei mit r die Werte, welche sich auf das rechte und mit l diejenigen, welche sich auf das linke Element beziehen, bezeichnet sind.

Gemäß den Voraussetzungen über die Verschiebungen, werden die Bedingungen (VI.79) auf die folgenden zurückgeführt:

$$\left.\begin{aligned} V_{i,r} &= V_{i,l}, \quad i = 1, 2, \ldots, I, \\ W_{p,r} &= W_{p,l}, \quad p = 1, 2, \ldots, P \end{aligned}\right\} \tag{VI.80}$$

oder, in Matrizenform auf die Gleichungen:

$$\left.\begin{aligned} \mathbf{V}_{m,r} &= \mathbf{V}_{m,l}, \\ \mathbf{W}_{m,r} &= \mathbf{W}_{m,l}, \end{aligned}\right\} \tag{VI.81}$$

wo sich der Index m (siehe Abb. VI.5) auf den, die Elemente $m-1$ und m trennenden Querschnitt bezieht.

Wir denken uns den Rahmen m aus dem Stab herausgeschnitten (Abb. VI.9) und bringen die auf denselben wirkenden Kräfte an.

Außerhalb der Belastung $\vec{q}$, der Kräfte P_μ und Y_r, wirken in den Punkten der Mittellinie die Schubkräfte n_{zs}^l und n_{zs}^r. Die Gleichgewichtsbedingungen stellen wir, wie vorher, durch Anwendungen des Prinzips der virtuellen Verschiebungen auf.

Die Biegemomente $M_{s,m}$ des Rahmens können wir auf ähnliche Weise wie die Biegemomente $m_{s,m}$ des Faltwerks (siehe die Gleichung (VI.52)) durch die Verschiebungen in folgender Form ausdrücken:

$$M_{s,p} = -E_0 \underset{\sim}{J}_{1m} \left(\sum_{i=1}^{I} V_{im} \ddot{u}_V^{(i)} + \sum_{k=1}^{K} \Phi_{km} \ddot{u}_\Phi^{(k)} \right) + M_{s,pm}, \tag{VI.82}$$

wo

$$\underset{\sim}{J}_{1m} = \underset{\sim}{J}_m \frac{\underset{\sim}{E}_m}{E_0}$$

ist.

Mit $\underset{\sim}{E}_m$ ist der Elastizitätsmodul der einzelnen Stäbe des Rahmens bezeichnet. $M_{s,pm}$ stellt das Biegemoment der in den Knotenpunkten vollständig eingespannten Stäbe des Rahmens infolge der gegebenen Belastung dar.

Auf ähnliche Weise wie bei der Aufstellung der Gleichgewichtsbedingungen im Abschnitt VI.3 ergeben sich die folgenden Gleichungen:

$$\left.\begin{aligned}
&\int_s n^r_{zs,m} v^{(i)}\,ds - \int_s n^l_{zs,m} v^{(i)}\,ds + \int_s M_{s,m}\ddot{u}_V^{(i)}\,ds + \\
&\quad + \sum_{r=1}^{R} Y_{r,m}\delta_r^{(i)} + \int_s (\underset{\sim}{q}_{n,m} u_V^{(i)} + \underset{\sim}{q}_{s,m} v^{(i)})\,ds + \sum_{\mu=1}^{\bar{\mu}} P_{\mu,m}\delta_\mu^{(i)} = 0, \\
&\qquad\qquad i = 1, 2, \ldots, I, \\
&\int_s M_{s,m}\ddot{u}_\Phi^{(k)}\,ds + \int_s q_{n,m} u_\Phi^{(k)}\,ds = 0, \\
&\qquad\qquad k = 1, 2, \ldots, K,
\end{aligned}\right\} \quad \text{(VI.83 a, b)}$$

wo $\delta_r^{(i)}$ und $\delta_\mu^{(i)}$ die Verschiebungen der Punkte r und μ in Richtung der Kräfte $Y_{r,m}$ und P_μ infolge des Verschiebungszustandes $\overline{V}_i = 1$ sind.

Wenn wir das dargelegte Verfahren als Näherungslösung auf die Stabschale mit längs der Achse schwach veränderlicher Querschnittsform anwenden, so beziehen sich die Funktionen $v^{(i)}$ und $u_\Phi^{(k)}$ auf die wirkliche Profilmittellinie im Querschnitt m.[1]

Setzen wir die Ausdrücke (VI.52b) und (VI.82) für n_{zs} und $M_{s,m}$ in die Gleichung (VI.83) ein, so erhalten wir:

$$\left.\begin{aligned}
&\sum_{j=1}^{I} f_{ij,m} V'_{jm,r} + \sum_{q=1}^{P} g_{iq,m} W_{qm,r} - \sum_{j=1}^{I} f_{ij,m-1} V'_{jm,l} - \sum_{q=1}^{P} g_{iq,m-1} W_{qm,l} \\
&- \sum_{j=1}^{I} \ddot{\underset{\sim}{b}}_{ij,m} V_{jm,l} - \sum_{l=1}^{K} \ddot{\underset{\sim}{c}}_{il,m}\Phi_{lm} + \frac{1}{E_0}\sum_{r=1}^{R} Y_{r,m}\delta_r^{(i)} + \frac{1}{E_0}\underset{\sim}{A}_{i0,m} = 0, \\
&\qquad\qquad i = 1, 2, \ldots, I, \\
&\sum_{j=1}^{I} \ddot{\underset{\sim}{c}}_{kj,m} V_{jm,l} + \sum_{l=1}^{K} \ddot{\underset{\sim}{d}}_{kl,m}\Phi_{lm} - \frac{1}{E_0}\underset{\sim}{B}_{k0,m} = 0, \quad k = 1, 2, \ldots K,
\end{aligned}\right\} \quad \text{(VI.84)}$$

wo

$$\left.\begin{aligned}
\ddot{\underset{\sim}{b}}_{ij,m} &= \int_s \underset{\sim}{J}_{1m}\ddot{u}_V^{(i)}\ddot{u}_V^{(j)}\,ds, \\
\ddot{\underset{\sim}{c}}_{il,m} &= \int_s \underset{\sim}{J}_{1m}\ddot{u}_V^{(i)}\ddot{u}_\Phi^{(l)}\,ds, \\
\ddot{\underset{\sim}{c}}_{kj,m} &= \int_s \underset{\sim}{J}_{1m}\ddot{u}_\Phi^{(k)}\ddot{u}_V^{(j)}\,ds, \\
\ddot{\underset{\sim}{d}}_{kl,m} &= \int_s \underset{\sim}{J}_{1m}\ddot{u}_\Phi^{(k)}\ddot{u}_\Phi^{(l)}\,ds, \\
\underset{\sim}{A}_{i0,m} &= \int_s (\underset{\sim}{q}_{n,m} u_V^{(i)}\, \underset{\sim}{q}_{s,m} v^{(i)})\,ds + \sum_{\mu=1}^{\bar{\mu}} P_{\mu,m}\delta_\mu^{(i)} + \int_s M_{s,pm}\ddot{u}_V^{(i)}\,ds, \\
\underset{\sim}{B}_{k0,m} &= \int_s \underset{\sim}{q}_{n,m} u_\Phi^{(k)}\,ds + \int_s M_{s,pm}\ddot{u}_\Phi^{(k)}\,ds
\end{aligned}\right\} \quad \text{(VI.85)}$$

sind.

---

[1] Dieser Querschnitt unterscheidet sich in diesem Fall in bezug auf die Abmessungen der Profilmittellinie von den angenommenen Querschnitten der Elemente $m-1$ und m.

Mit Rücksicht auf die Gleichungen (VI.80) gilt im Querschnitt m:

$$\left.\begin{aligned} V_{j,r} &= V_{j,l} = V_j, \\ W_{q,r} &= W_{q,l} = W_q. \end{aligned}\right\} \quad \text{(VI.86)}$$

In Matrizenform lauten die Gleichungen (VI.84) wie folgt:

$$\left.\begin{aligned} &\boldsymbol{F}_m \boldsymbol{V}'_{m,r} - \boldsymbol{F}_{m-1} \boldsymbol{V}'_{m,l} + (\boldsymbol{G}_m - \boldsymbol{G}_{m-1}) \boldsymbol{W}_{m,l} \\ &\qquad - \ddot{\underset{\sim}{\boldsymbol{B}}}_m \boldsymbol{V}_{m,l} - \ddot{\underset{\sim}{\boldsymbol{C}}}_m \boldsymbol{\Phi}_m + \frac{1}{E_0} \boldsymbol{\Delta}_m \boldsymbol{Y}_m + \frac{1}{E_0} \underset{\sim}{\boldsymbol{A}}_{0m} = 0, \\ &\tilde{\ddot{\underset{\sim}{\boldsymbol{C}}}}_m \boldsymbol{V}_{m,l} + \ddot{\underset{\sim}{\boldsymbol{D}}}_m \boldsymbol{\Phi}_m - \frac{1}{E_0} \underset{\sim}{\boldsymbol{B}}_{0m} = 0. \end{aligned}\right\} \quad \text{(VI.87)}$$

Die Matrizen $\ddot{\underset{\sim}{\boldsymbol{B}}}_m$ und $\ddot{\underset{\sim}{\boldsymbol{C}}}_m$ haben die Elemente $\ddot{\underset{\sim}{b}}_{ij}$ $(i, j = 1, 2, \ldots, I)$ und $\ddot{c}_{il}$ $(i = 1, 2, \ldots, I, l = 1, 2, \ldots, K)$.

Die Matrix $\boldsymbol{\Delta}_m$ ist die folgende:

$$\boldsymbol{\Delta}_m = \begin{bmatrix} \delta_1^{(1)} \cdots \delta_R^{(1)} \\ \delta_1^{(2)} \cdots \delta_R^{(2)} \\ \delta_1^{(3)} \cdots \delta_R^{(3)} \\ \vdots \qquad \vdots \\ \delta_1^{(I)} \cdots \delta_R^{(I)} \end{bmatrix} \qquad R \leq I \qquad \text{(VI.88)}$$

Die Koeffizienten $\underset{\sim}{A}_{i0,m}$ und $\underset{\sim}{B}_{k0,m}$ bilden die Vektoren $\underset{\sim}{\boldsymbol{A}}_{0m}$ und $\underset{\sim}{\boldsymbol{B}}_{0m}$.

Durch die Elimination des Vektors $\boldsymbol{\Phi}_m$ ergibt sich:

$$\begin{aligned} &\boldsymbol{F}_m \boldsymbol{V}'_{m,r} - \boldsymbol{F}_{m-1} \boldsymbol{V}'_{m,l} + (\boldsymbol{G}_m - \boldsymbol{G}_{m-1}) \boldsymbol{W}_{m,l} + \qquad \text{(VI.89)} \\ &+ (\ddot{\underset{\sim}{\boldsymbol{C}}}_m \ddot{\underset{\sim}{\boldsymbol{D}}}_m^{-1} \tilde{\ddot{\underset{\sim}{\boldsymbol{C}}}}_m - \ddot{\underset{\sim}{\boldsymbol{B}}}_m) \boldsymbol{V}_{m,l} + \frac{1}{E_0} \boldsymbol{\Delta}_m \cdot \boldsymbol{Y}_m = \frac{1}{E_0} (\ddot{\underset{\sim}{\boldsymbol{C}}}_m \ddot{\underset{\sim}{\boldsymbol{D}}}_m^{-1} \underset{\sim}{\boldsymbol{B}}_{0m} - \underset{\sim}{\boldsymbol{A}}_{0m}). \end{aligned}$$

Außerhalb der Belastung $\vec{q}$ und P_μ in der Ebene des Rahmens können im allgemeinen Fall auch äußere Kräfte q_z und P_ν in Richtung der Stabachse angreifen. Die Gleichgewichtsbedingung aller in Richtung der Stabachse wirkenden Kräfte gibt:

$$\left.\begin{aligned} &\int_s (n^r_{zm} - n^l_{zm}) \, \omega^{(p)} \, ds + \int_s q_{zm} \omega^{(p)} \, ds + \\ &+ \sum_{\nu=1}^{\bar{\nu}} P_{z\nu,m} \omega_\nu^{(p)} + \sum_{\varrho=1}^{\bar{\varrho}} X_{\varrho,m} \omega_\varrho^{(p)} \, ds = 0, \end{aligned}\right\} \quad \text{(VI.90)}$$

wobei mit $X_{\varrho,m}$ $(\varrho = 1, 2, \ldots, \bar{\varrho} \leq P)$ die Reaktionskräfte in den Knotenpunkten des Rahmens bezeichnet sind. Diese Kräfte treten nur im Falle auf, wenn in den entsprechenden Punkten die Auflager gegen Verschiebung in Richtung der Stabachse vorhanden sind.

Durch die Einführung der Ausdrücke (VI.52a) in die Gleichung (VI.90) erhalten wir:

$$\boldsymbol{A}_m \boldsymbol{W}'_{m,r} - \boldsymbol{A}_{m-1} \boldsymbol{W}'_{m,l} + \frac{1}{E_0} \boldsymbol{\Gamma}_m \boldsymbol{X}_m + \frac{1}{E_0} \underset{\sim}{\boldsymbol{C}}_{0m} = 0, \qquad \text{(VI.91)}$$

wo

$$\boldsymbol{\Gamma}_m = \begin{bmatrix} \omega_1^{(1)} \cdots \omega_{\bar{\varrho}}^{(1)} \\ \omega_1^{(2)} \cdots \omega_{\bar{\varrho}}^{(2)} \\ \vdots \quad\quad \vdots \\ \omega_1^{(P)} \cdots \omega_{\bar{\varrho}}^{(P)} \end{bmatrix}, \quad \bar{\varrho} \leq P,$$

ist.

Die Koeffizienten

$$\underset{\sim}{C}_{p0,m} = \int_s q_{z,m}\omega^{(p)}\,ds + \sum_{\nu=1}^{\bar{\nu}} P_{z\nu,m}\omega_\nu^{(p)} \tag{VI.92}$$

bilden den Vektor $\underset{\sim}{C}_{0m}$.

In den Punkten, wo die unbekannten Reaktionen angreifen, müssen die entsprechenden Komponenten des Verschiebungsvektors bekannt sein. In den meisten Fällen sind diese Werte gleich Null.

Die Lagerverschiebungen können in folgender Form ausgedrückt werden:

$$\boldsymbol{\delta}_m^* = \tilde{\boldsymbol{\Delta}}_m \boldsymbol{V}_m, \tag{VI.93}$$

wobei

$$\boldsymbol{\delta}_m^* = \begin{bmatrix} \delta_{1m}^* \\ \vdots \\ \delta_{Rm}^* \end{bmatrix} \tag{VI.94}$$

der Vektor ist, dessen Komponenten die vorher vorgeschriebenen Verschiebungen der entsprechenden Auflagerpunkte sind.

$\tilde{\boldsymbol{\Delta}}_m$ ist die transponierte Matrix von $\boldsymbol{\Delta}_m$. Im Falle der starren Lagerung gilt:

$$\tilde{\boldsymbol{\Delta}}_m \boldsymbol{V}_m = 0. \tag{VI.95}$$

Auf ähnliche Weise können wir die gegebenen Verschiebungen $\vartheta_{\varrho,m}^*$ der Angriffspunkte der Kräfte X_ϱ durch die Verschiebungsparameter $W_{p,l} = W_{p,r} = W_m$ ausdrücken:

$$\boldsymbol{\vartheta}_m^* = \tilde{\boldsymbol{\Gamma}}_m \boldsymbol{W}_m, \tag{VI.96}$$

wo $\boldsymbol{\vartheta}_m^*$ der Vektor mit den bekannten Komponenten $\vartheta_{\varrho,m}^*$ ist.

Im Falle, daß alle Verschiebungen gleich Null sind, ergibt sich:

$$\tilde{\boldsymbol{\Gamma}}_m \cdot \boldsymbol{W}_m = 0. \tag{VI.97}$$

Die Gleichungen (VI.81), (VI.89), (VI.91), (VI.93) und (VI.96) stellen das vollständige System der Übergangsbedingungen dar.

Im Falle des unendlich starren Rahmens, oder im Falle der starren Querwand, sind die Parameter V_i ($i = 4, 5, \ldots, I$) gleich Null.

Dementsprechend muß der Rahmen durch die Elemente r ($r = 4, 5, \ldots, I$) so gestützt werden, daß alle Parameter V_i ($i = 4, 5, \ldots, I$) gleich Null sind. Das kann durch die Einführung der zusätzlichen Stäbe (Abb. VI.10), welche die kinematische Figur des Querschnitts in ein innerlich statisch bestimmtes Fachwerk überführen, erreicht werden.

Wir schneiden einen solchen Stab und ersetzen die Stabkraft durch die Doppelkraft Y_r (Abb. VI.10a).

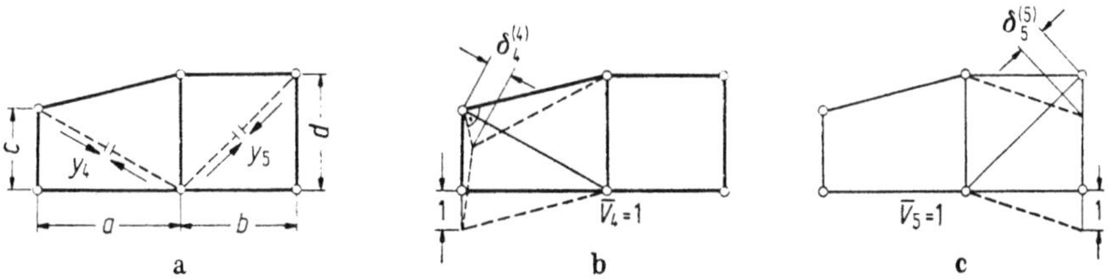

a b c

Abb. VI.10

Für den angegebenen virtuellen Verschiebungszustand $\overline{V}_i = 1$ erleiden die Angriffspunkte der Kräfte Y_r eine gegenseitige Verschiebung in Richtung der Stabachse. Diese Werte sind die Elemente der Reihe i der Matrix $\boldsymbol{\Delta}_m$. Aus der Bedingung der starren Querwand ergibt sich die Gleichung:

$$\boldsymbol{\delta}_m^* = \begin{bmatrix} \delta_{1m}^* \\ \delta_{2m}^* \\ \delta_{3m}^* \\ 0 \\ 0 \\ \vdots \\ 0 \end{bmatrix}_{I}^{1} = \tilde{\boldsymbol{\Delta}} \boldsymbol{Y}_m . \tag{VI.98}$$

Im Falle der starren Querwand erhalten wir für den in Abb. VI.10a gezeigten Querschnitt die folgende Gleichung (VI.98):

$$\left[\begin{array}{c|c} \delta_4^{(4)} & 0 \\ \hline 0 & \delta_5^{(5)} \end{array}\right] \begin{bmatrix} Y_{4m} \\ Y_{5m} \end{bmatrix} = 0, \qquad \delta_4^{(4)} = \frac{d}{\sqrt{a^2 + c^2}}, \qquad \delta_5^{(5)} = \frac{d}{\sqrt{b^2 + d^2}}$$

bzw.

$$\tilde{\boldsymbol{\Delta}} \boldsymbol{Y}_m = 0 .$$

Dabei wurde vorausgesetzt, daß der gesamte Querschnitt keine Auflager besitzt, bzw. daß die Kräfte $Y_1 = Y_2 = Y_3 = 0$ sind.

Die Gleichung (VI.89) kann in der folgenden Form angeschrieben werden:

$$\boldsymbol{V}'_{m,r} = \boldsymbol{F}_m^* \boldsymbol{V}'_{m,l} + \boldsymbol{E}_m^* \boldsymbol{V}_{m,l} + \boldsymbol{G}_m^* \boldsymbol{W}_{m,l} - \frac{1}{E_0} \boldsymbol{\Delta}_m^* \boldsymbol{Y}_m + \frac{1}{E_0} \boldsymbol{V}_{0m} \tag{VI.99}$$

wo

$$\left.\begin{aligned} \boldsymbol{F}_m^* &= \boldsymbol{F}_m^{-1} \boldsymbol{F}_{m-1}, \\ \boldsymbol{E}_m^* &= \boldsymbol{F}_m^{-1} (\ddot{\underset{\sim}{\boldsymbol{B}}}_m - \ddot{\underset{\sim}{\boldsymbol{C}}}_m \ddot{\underset{\sim}{\boldsymbol{D}}}_m^{-1} \ddot{\underset{\sim}{\boldsymbol{C}}}_m), \\ \boldsymbol{G}_m^* &= \boldsymbol{F}_m^{-1} (\boldsymbol{G}_{m-1} - \boldsymbol{G}_m), \\ \boldsymbol{\Delta}_m^* &= \boldsymbol{F}_m^{-1} \boldsymbol{\Delta}_m, \\ \boldsymbol{V}_{0m} &= \boldsymbol{F}_m^{-1} (\ddot{\underset{\sim}{\boldsymbol{C}}}_m \ddot{\underset{\sim}{\boldsymbol{D}}}_m^{-1} \ddot{\underset{\sim}{\boldsymbol{B}}}_{0m} - \ddot{\underset{\sim}{\boldsymbol{A}}}_{0m}) \end{aligned}\right\} \tag{VI.100}$$

sind.

Aus der Gleichung (VI.91) folgt:

$$\boldsymbol{W}'_{m,r} = \boldsymbol{A}^*_m \boldsymbol{W}'_{m,l} - \frac{1}{E_0} \boldsymbol{\Gamma}^*_m \boldsymbol{X}_m - \frac{1}{E_0} \boldsymbol{W}_{0m} \qquad \text{(VI.101)}$$

wo

$$\left.\begin{aligned} \boldsymbol{A}^*_m &= \boldsymbol{A}_m^{-1} \boldsymbol{A}_{m-1}, \\ \boldsymbol{\Gamma}^*_m &= \boldsymbol{A}_m^{-1} \boldsymbol{\Gamma}_m, \\ \boldsymbol{W}_{0m} &= \boldsymbol{A}_m^{-1} \boldsymbol{C}_{0m} \end{aligned}\right\} \qquad \text{(VI.102)}$$

sind.

Auf Grund der Gleichungen (VI.70), (VI.72), (VI.81), (VI.99) und (VI.101) können wir schreiben:

$$\boldsymbol{q}^*_{m,r} = \boldsymbol{H}_m \cdot \boldsymbol{q}^*_{m,l} + \frac{1}{E_0} \boldsymbol{P}_m \cdot \boldsymbol{Z}_m + \frac{1}{E_0} \boldsymbol{Q}_{0,m}, \qquad \text{(VI.103)}$$

wo

$$\boldsymbol{H}_m = \left[\begin{array}{c|c|c|c} \boldsymbol{F}^*_m & & \boldsymbol{E}^*_m & \boldsymbol{G}^*_m \\ & \boldsymbol{A}^*_m & & \\ & & \boldsymbol{I}_{(I)} & \\ & & & \\ & & & \boldsymbol{I}_{(P)} \end{array}\right], \qquad \boldsymbol{P}_m = \begin{bmatrix} -\boldsymbol{\Delta}^*_m & \\ & -\boldsymbol{\Gamma}^*_m \\ & \end{bmatrix}^{1}_{2(I+P)}, \qquad \text{(VI.104)}$$

$$\boldsymbol{Q}_{0,m} = \begin{bmatrix} \boldsymbol{V}_{0m} \\ -\boldsymbol{W}_{0m} \\ 0 \\ 0 \end{bmatrix}_{2(I+P)} ; \qquad \boldsymbol{Z}_m = \begin{bmatrix} \boldsymbol{Y}_m \\ \boldsymbol{X}_m \end{bmatrix}$$

sind.

Mit Rücksicht auf die Gleichung (VI.78a) kann der Ausdruck (VI.103) in der Form:

$$\hat{\boldsymbol{q}}_{m,r} = \boldsymbol{H}_m \hat{\boldsymbol{q}}_{m,l} + \boldsymbol{P}_m \boldsymbol{Z}_m + \boldsymbol{Q}_{0,m} \qquad \text{(VI.105)}$$

angeschrieben werden.

Die Matrix H_m ist eine Punktmatrix, durch welche die Vektoren $\boldsymbol{q}_{m,r}$ und $\hat{\boldsymbol{q}}_{m,l}$ im Knoten m verknüpft sind.

Unter Benutzung der Gleichung (VI.77), und der Gleichung (VI.105) für den Punkt $m+1$, findet man zwischen den Vektoren $\hat{\boldsymbol{q}}_{m+1,r}$ und $\hat{\boldsymbol{q}}_{m,r}$ die Beziehung:

$$\hat{\boldsymbol{q}}_{m+1,r} = \boldsymbol{M}^*_m \hat{\boldsymbol{q}}_{m,r} + \boldsymbol{B}^*_m + \boldsymbol{P}_{m+1} \boldsymbol{Z}_{m+1}, \qquad \text{(VI.106)}$$

wo

$$\left.\begin{aligned} \boldsymbol{M}^*_m &= \boldsymbol{H}_{m+1} \cdot \boldsymbol{M}_m \quad (m = 1, 2, \ldots, n-1) \\ \boldsymbol{B}^*_m &= \boldsymbol{H}_{m+1} \boldsymbol{B}_m + \boldsymbol{Q}_{0,m+1}, \\ \boldsymbol{B}^*_0 &= \boldsymbol{Q}_{0,1}, \\ \boldsymbol{M}^*_n &= \boldsymbol{M}_n, \\ \boldsymbol{B}^*_n &= \boldsymbol{B}_n + \boldsymbol{Q}_{0,n+1} \end{aligned}\right\} \qquad \text{(VI.107)}$$

sind.

Die Gleichung (VI.106) gibt den Vektor $\hat{\boldsymbol{q}}_{m+1,r}$ des Elementes $m+1$ in dem Punkt unmittelbar rechts vom Knoten $m+1$ (siehe Abb. VI.5) durch den Vektor $\hat{\boldsymbol{q}}_{m,r}$ des Elementes m in dem Punkt unmittelbar rechts vom Knoten m.

Für $m = 1, 2, \ldots, n, n+1$ lautet die Gleichung (VI.106):

$$\left.\begin{array}{l}
\hat{\boldsymbol{q}}_{1,r} = \hat{\boldsymbol{q}}_{1,l} + \boldsymbol{B}_0^* + \boldsymbol{P}_1\boldsymbol{Z}_1 \\
\hat{\boldsymbol{q}}_{2,r} = \boldsymbol{M}_1^*\hat{\boldsymbol{q}}_{1,r} + \boldsymbol{B}_1^* + \boldsymbol{P}_2\boldsymbol{Z}_2 \\
------------------ \\
\hat{\boldsymbol{q}}_{m,r} = \boldsymbol{M}_{m-1}^*\hat{\boldsymbol{q}}_{m-1,r} + \boldsymbol{B}_{m-1}^* + \boldsymbol{P}_m\boldsymbol{Z}_m \\
------------------ \\
------------------ \\
\hat{\boldsymbol{q}}_{n,r} = \boldsymbol{M}_{n-1}^*\hat{\boldsymbol{q}}_{n-1,r} + \boldsymbol{B}_{n-1}^* + \boldsymbol{P}_n\boldsymbol{Z}_n \\
\hat{\boldsymbol{q}}_{n+1,r} = \boldsymbol{M}_n^*\hat{\boldsymbol{q}}_{n,r} + \boldsymbol{B}_n^* + \boldsymbol{P}_{n+1}\boldsymbol{Z}_{n+1}
\end{array}\right\} \qquad \text{(VI.108)}$$

Aus dem Gleichungssystem (VI.108) erhält man durch die Elimination:

$$\hat{\boldsymbol{q}}_{m,r} = \boldsymbol{M}_1^{(m-1)}\hat{\boldsymbol{q}}_{1,l} + \sum_{i=1}^{m-1} \boldsymbol{M}_i^{(m-1)}\boldsymbol{P}_i\boldsymbol{Z}_i + \boldsymbol{P}_m\boldsymbol{Z}_m + \sum_{i=1}^{m-1} \boldsymbol{M}_i^{(m-1)}\boldsymbol{B}_{i-1}^* + \boldsymbol{B}_{m-1}^*, \qquad \text{(VI.109)}$$

wo

$$\boldsymbol{M}_i^{(m-1)} = \boldsymbol{M}_{m-1}^* \cdot \boldsymbol{M}_{m-2}^* \cdots \boldsymbol{M}_{i+1}^*\boldsymbol{M}_i^* \qquad \text{(VI.110)}$$

ist.

Mit den Bezeichnungen:

$$\left.\begin{array}{ll}
\boldsymbol{N}_i^{(m-1)} = \boldsymbol{M}_i^{(m-1)}\boldsymbol{P}_i & \text{für } i = 1, 2, 3, \ldots, m-1 \\
\boldsymbol{N}_m^{(m-1)} = \boldsymbol{P}_m & \\
\text{und} & \\
\boldsymbol{B}^{(m-1)} = \sum_{i=1}^{m-1} \boldsymbol{M}_i^{(m-1)}\boldsymbol{B}_{i-1}^* + \boldsymbol{B}_{m-1}^* &
\end{array}\right\} \qquad \text{(VI.111)}$$

ergibt sich:

$$\hat{\boldsymbol{q}}_{m,r} = \boldsymbol{M}_1^{(m-1)}\hat{\boldsymbol{q}}_{1,l} + \sum_{i=1}^{m} \boldsymbol{N}_i^{(m-1)}\boldsymbol{Z}_i + \boldsymbol{B}^{(m-1)}. \qquad \text{(VI.112)}$$

Die Gleichungen (VI.93) und (VI.96) können für $m = k$ in der Form

$$\boldsymbol{\Lambda}_k\hat{\boldsymbol{q}}_{k,r} = \hat{\boldsymbol{\Lambda}}_{0k} \qquad \text{(VI.113)}$$

dargestellt werden, wo

$$\boldsymbol{\Lambda}_k = \begin{array}{c} \scriptstyle I+P \quad 2I+P \quad 2(I+P) \\ \left[\begin{array}{c|c|c} 0 & \tilde{\boldsymbol{\Lambda}}_k & 0 \\ 0 & 0 & \tilde{\boldsymbol{\Gamma}}_k \end{array}\right]\begin{array}{l} \scriptstyle 1 \\ \scriptstyle R+\bar{\varrho} \end{array} \end{array}$$

und

$$\hat{\boldsymbol{\Lambda}}_{0,k} = E_0 \begin{bmatrix} \boldsymbol{\delta}_k^* \\ \boldsymbol{\vartheta}_k^* \end{bmatrix}$$

sind.

Der Index k bezieht sich nur auf die Querschnitte, wo unbekannte Lagerreaktionen bzw. Stabkräfte Y_r, X_r vorhanden sind.

Durch die Einführung des Ausdruck (VI.112) für $m = k$ ergibt sich:

$$\boldsymbol{\Lambda}_k \boldsymbol{M}_1^{(k-1)} \hat{\boldsymbol{q}}_{1,l} + \sum_{i=1}^{k} \boldsymbol{\Lambda}_k \boldsymbol{N}_i^{(k-1)} \boldsymbol{Z}_i = \hat{\boldsymbol{\Lambda}}_{0k} - \boldsymbol{\Lambda}_k \boldsymbol{B}^{(k-1)}. \qquad \text{(VI.114)}$$

Wir bilden nun die Matrizen:

$$\left.\begin{aligned} \boldsymbol{\Pi}_k &= \boldsymbol{\Lambda}_k \boldsymbol{M}_1^{(k-1)}, \\ \boldsymbol{N}^{(k-1)} &= [\boldsymbol{N}_1^{(k-1)} \mid \boldsymbol{N}_2^{(k-1)} \mid \cdots \mid \boldsymbol{N}_k^{(k-1)}], \\ \boldsymbol{Z}^{(k)} &= \begin{bmatrix} \boldsymbol{Z}_1 \\ \boldsymbol{Z}_2 \\ \vdots \\ \boldsymbol{Z}_k \end{bmatrix}_k^1 . \end{aligned}\right\} \qquad \text{(VI.115a–c)}$$

Mit den eingeführten Matrizen kann die Gleichung (VI.114) in der Form

$$\boldsymbol{\Pi}_k \hat{\boldsymbol{q}}_{1,l} + \boldsymbol{\Phi}_k \boldsymbol{Z}^{(k)} = \boldsymbol{\Pi}_{0k}, \qquad k = 1, 2, \ldots, n+1 \qquad \text{(VI.116)}$$

dargestellt werden, wo

$$\boldsymbol{\Phi}_k = \boldsymbol{\Lambda}_k \boldsymbol{N}^{(k-1)}$$

und

$$\boldsymbol{\Pi}_{0k} = \hat{\boldsymbol{\Lambda}}_{0k} - \boldsymbol{\Lambda}_k \boldsymbol{B}^{(k-1)} \qquad \text{(VI.117)}$$

sind.

Das System der Gleichungen (VI.116) für das ganze Tragwerk ersetzen wir durch die Gleichung:

$$\boldsymbol{\Pi} \hat{\boldsymbol{q}}_{1,l} + \boldsymbol{\Phi} \boldsymbol{Z}^{(n+1)} = \boldsymbol{\Pi}_0, \qquad \text{(VI.118)}$$

wo

$$\left.\begin{aligned} \boldsymbol{\Pi} &= \begin{bmatrix} \boldsymbol{\Pi}_1 \\ \boldsymbol{\Pi}_2 \\ \vdots \\ \boldsymbol{\Pi}_{n+1} \end{bmatrix}, \\ \boldsymbol{\Phi} &= \begin{bmatrix} \boldsymbol{\Phi}_1 \\ \boldsymbol{\Phi}_2 \\ \vdots \\ \boldsymbol{\Phi}_k \\ \vdots \\ \boldsymbol{\Phi}_{n+1} \end{bmatrix} = \begin{bmatrix} 0 & 0 & 0 \cdots\cdots\cdots 0 \\ \boldsymbol{\Phi}_2^{(1)} & 0 & 0\ 0 \cdots\cdots 0 \\ \vdots & \vdots & \vdots\ \vdots \qquad \vdots \\ \boldsymbol{\Phi}_k^{(1)} & \boldsymbol{\Phi}_k^{(2)} & \cdots 0\ \ 0 \cdots 0 \\ \vdots & \vdots & \vdots\ \ \vdots \quad \vdots \\ \boldsymbol{\Phi}_{n+1}^{(1)} & \boldsymbol{\Phi}_{n+1}^{(2)} & \cdots\cdots\cdots\cdots 0 \end{bmatrix}, \\ \boldsymbol{\Phi}_k^{(i)} &= \boldsymbol{\Lambda}_k \boldsymbol{N}_i^{(k-1)}, \qquad \boldsymbol{\Phi}_k^{(k)} = \boldsymbol{\Lambda}_k \boldsymbol{N}_k^{(k-1)} = 0, \\ \boldsymbol{\Pi}_0 &= \begin{bmatrix} \boldsymbol{\Pi}_{01} \\ \boldsymbol{\Pi}_{02} \\ \vdots \\ \boldsymbol{\Pi}_{0k} \\ \vdots \\ \boldsymbol{\Pi}_{0,n+1} \end{bmatrix}, \qquad \boldsymbol{Z}^{(n+1)} = \begin{bmatrix} \boldsymbol{Z}_1 \\ \boldsymbol{Z}_2 \\ \vdots \\ \boldsymbol{Z}_k \\ \vdots \\ \boldsymbol{Z}_{n+1} \end{bmatrix} \end{aligned}\right\} \qquad \text{(VI.119)}$$

sind.

Mit Rücksicht auf den Ausdruck (VI.115b) lautet die Gleichung (VI.112) für $m = n + 1$ wie folgt:

$$\hat{\boldsymbol{q}}_{n+1,r} = \boldsymbol{M}_1^{(n)} \hat{\boldsymbol{q}}_{1,l} + \boldsymbol{N}^{(n)} \boldsymbol{Z}^{(n+1)} + \boldsymbol{B}^{(n)}, \tag{VI.120}$$

wo

$$\boldsymbol{N}^{(n)} = [\boldsymbol{N}_1^{(n)} \vdots \boldsymbol{N}_2^{(n)} \cdots \boldsymbol{N}_{n+1}^{(n)}]$$

ist.

Bezeichnen wir mit $\boldsymbol{Z}$ den Vektor, welcher nur von Null verschiedene Untervektoren $\boldsymbol{Z}_i$ enthält, so erhalten wir durch eine Transformationsmatrix $\boldsymbol{\Theta}$ deren Elemente nur 1 oder Null sind:

$$\boldsymbol{Z}^{(n+1)} = \boldsymbol{\Theta} \boldsymbol{Z}. \tag{VI.121}$$

Führen wir den Ausdruck (VI.121) in die Gleichungen (VI.118) und (VI.120) ein, so folgt:

$$\boldsymbol{\Pi}^* \hat{\boldsymbol{q}}_{1,l} + \boldsymbol{\Phi}^* \boldsymbol{Z} = \boldsymbol{\Pi}_0^* \tag{VI.122}$$

und

$$\hat{\boldsymbol{q}}_{n+1,r} = \boldsymbol{M}_1^{(n)} \hat{\boldsymbol{q}}_{1,l} + \boldsymbol{N}^* \boldsymbol{Z} + \boldsymbol{B}^{(n)}, \tag{VI.123}$$

wo

$$\boldsymbol{\Pi}^* = \tilde{\boldsymbol{\Theta}} \boldsymbol{\Pi},$$

$$\boldsymbol{\Phi}^* = \tilde{\boldsymbol{\Theta}} \boldsymbol{\Phi} \boldsymbol{\Theta},$$

$$\boldsymbol{\Pi}_0^* = \tilde{\boldsymbol{\Theta}} \boldsymbol{\Pi}_0$$

und

$$\boldsymbol{N}^* = \boldsymbol{N}^{(n)} \boldsymbol{\Theta}$$

sind.

Die Gleichungen (VI.122) und (VI.123) mit den $2(I + P)$ Randbedingungen an den Enden des Stabes bilden ein vollständiges System der Gleichungen zur Bestimmung der Vektoren $\hat{\boldsymbol{q}}_{1,l}$, $\hat{\boldsymbol{q}}_{n+1,r}$ und $\boldsymbol{Z}$.

Die Randbedingungen können durch Verschiebungen, durch Kräfte oder durch beide Arten von Einwirkungen gegeben sein.

Wir bezeichnen mit $\boldsymbol{\varrho}_1^*$ den Vektor, dessen Koordinaten die durch die Randbedingungen bekannten Werte $E_0 V_i^*$, $E_0 W_p^*$, Q_{Vi}^* und $M_{\omega p}^*$ an dem linken Ende des Stabes sind:

$$\boldsymbol{\varrho}_1^* = \begin{bmatrix} E_0 \boldsymbol{V}_1^* \\ E_0 \boldsymbol{W}_1^* \\ \boldsymbol{Q}_{V1}^* \\ \boldsymbol{M}_{W1}^* \end{bmatrix}, \tag{VI.124}$$

wo, gemäß dem Ausdruck (VI.49)

$$Q_{Vi}^* = \int_s n_{zs}^* v^{(i)} \, ds,$$

$$M_{\omega p}^* = \int_s n_z^* \omega^{(p)} \, ds$$

sind.

Mit den Parametern $V_i = \bar{V}_i$, $W_p = \bar{W}_p$, $Q_{Vi} = \bar{Q}_{Vi}$ und $M_{\omega p} = \bar{M}_{\omega p}$, die nicht als Randbedingungen gegeben sind, bilden wir den Vektor $\bar{\boldsymbol{\varrho}}_1$:

$$\bar{\boldsymbol{\varrho}}_1 = \begin{bmatrix} E_0 \bar{\boldsymbol{V}}_1 \\ E_0 \bar{\boldsymbol{W}}_1 \\ \bar{\boldsymbol{Q}}_{V1} \\ \bar{\boldsymbol{M}}_{W1} \end{bmatrix}. \tag{VI.125}$$

Unter Benutzung der Gleichungen (VI.46) und (VI.48) können wir den Vektor:

$$\boldsymbol{\varrho}_1 = \left[\begin{array}{c} \bar{\boldsymbol{\varrho}}_1 \\ \hdashline \boldsymbol{\varrho}_1^* \end{array}\right]\begin{array}{l} {\scriptstyle 1} \\ {\scriptstyle \nu} \\ {\scriptstyle 2(I+P)} \end{array} \tag{VI.126}$$

durch den Vektor $\boldsymbol{q}_{1,l}$ ausdrücken:

$$\boldsymbol{\varrho}_1 = \boldsymbol{T}\hat{\boldsymbol{q}}_{1,l}, \tag{VI.127}$$

wobei die Matrix $\boldsymbol{T}$ die folgende Form hat:

$$\boldsymbol{T} = \begin{array}{l} \begin{array}{lr} {\scriptstyle 1} & \qquad\qquad\qquad\qquad\qquad\qquad {\scriptstyle 2(I+P)} \end{array} \\ \left[\begin{array}{c:c:c:c} & & \boldsymbol{T}_1 & \\ & & & \boldsymbol{T}_2 \\ \boldsymbol{T}_3\boldsymbol{F}_1 & & & \boldsymbol{T}_3\boldsymbol{G}_1 \\ & \boldsymbol{T}_4\boldsymbol{A}_1 & & \\ \hdashline & & \boldsymbol{T}_1^* & \\ & & & \boldsymbol{T}_2^* \\ \boldsymbol{T}_3^*\boldsymbol{F}_1 & & & \boldsymbol{T}_3^*\boldsymbol{G}_1 \\ & \boldsymbol{T}_4^*\boldsymbol{A}_1 & & \end{array}\right]\begin{array}{l} {\scriptstyle 1} \\ \\ \\ \\ {\scriptstyle \nu} \\ \\ \\ {\scriptstyle 2(I+P)} \end{array} \end{array} \tag{VI.128}$$

Auf ähnliche Weise läßt sich der Vektor $\boldsymbol{\varrho}_{n+1}$, welcher die gleiche Deutung wie der Vektor $\boldsymbol{\varrho}_1$ hat, ausdrücken:

$$\boldsymbol{\varrho}_{n+1} = \boldsymbol{S}\hat{\boldsymbol{q}}_{n+1,r}, \tag{VI.129}$$

wo

$$\boldsymbol{\varrho}_{n+1} = \left[\begin{array}{c} \bar{\boldsymbol{\varrho}}_{n+1} \\ \hdashline \boldsymbol{\varrho}_{n+1}^* \end{array}\right]\begin{array}{l} {\scriptstyle 1} \\ {\scriptstyle \bar{\nu}} \\ {\scriptstyle 2(I+P)} \end{array} \tag{VI.130}$$

und

$$\boldsymbol{S} = \left[\begin{array}{ccc} & \boldsymbol{S}_1 & \\ & & \boldsymbol{S}_2 \\ \boldsymbol{S}_3\boldsymbol{F}_{n+1} & & \boldsymbol{S}_3\boldsymbol{G}_{n+1} \\ & \boldsymbol{S}_4\boldsymbol{A}_{n+1} & \\ \hdashline & \boldsymbol{S}_1^* & \\ & & \boldsymbol{S}_2^* \\ \boldsymbol{S}_3^*\boldsymbol{F}_{n+1} & & \boldsymbol{S}_3^*\boldsymbol{G}_{n+1} \\ & \boldsymbol{S}_4^*\boldsymbol{A}_{n+1} & \end{array}\right]\begin{array}{l} 1 \\ \\ \\ \\ \bar{\nu} \\ \\ \\ 2(I+P) \end{array} \quad ; \quad \bar{\nu} = 2(I + P) - \nu \tag{VI.131}$$

sind.

Die Elemente der Untermatrizen $\boldsymbol{T}_1, \boldsymbol{T}_1^*, \ldots, \boldsymbol{T}_4^*$ bzw. $\boldsymbol{S}_1, \boldsymbol{S}_1^*, \ldots, \boldsymbol{S}_4^*$ sind nur 1 oder Null.

Wenn wir nun statt $\hat{\boldsymbol{q}}_{1,l}$ und $\hat{\boldsymbol{q}}_{n+1,r}$ die Vektoren $\boldsymbol{\varrho}_1$ und $\boldsymbol{\varrho}_{n+1}$ einführen, ergibt sich:

$$\underset{\sim}{\boldsymbol{M}}\boldsymbol{\varrho}_1 + \underset{\sim}{\boldsymbol{N}}\boldsymbol{Z} + \underset{\sim}{\boldsymbol{B}} = \boldsymbol{\varrho}_{n+1}, \tag{VI.132}$$

wo

$$\underset{\sim}{\boldsymbol{M}} = \boldsymbol{S}\boldsymbol{M}_1^{(n)}\boldsymbol{T}^{-1},$$

$$\underset{\sim}{\boldsymbol{N}} = \boldsymbol{S}\boldsymbol{N}^{(n)},$$

$$\underset{\sim}{\boldsymbol{B}} = \boldsymbol{S}\boldsymbol{B}^{(n)}$$

sind.

Die Gleichung (VI.132) kann in folgender Form angeschrieben werden:

$$\overset{\qquad\nu\qquad 2(I+P)}{\left[\begin{array}{c:c} \underset{\sim}{\boldsymbol{M}}_{11} & \underset{\sim}{\boldsymbol{M}}_{12} \\ \hdashline \underset{\sim}{\boldsymbol{M}}_{21} & \underset{\sim}{\boldsymbol{M}}_{22} \end{array}\right]}\begin{array}{l} 1 \\ \bar{\nu} \\ 2(I+P) \end{array} \cdot \left[\begin{array}{c} \bar{\boldsymbol{\varrho}}_1 \\ \hdashline \boldsymbol{\varrho}_1^* \end{array}\right] + \left[\begin{array}{c} \underset{\sim}{\boldsymbol{N}}_1 \\ \hdashline \underset{\sim}{\boldsymbol{N}}_2 \end{array}\right]\begin{array}{l} 1 \\ \bar{\nu} \\ 2(I+P) \end{array} \cdot \boldsymbol{Z} + \left[\begin{array}{c} \underset{\sim}{\boldsymbol{B}}_1 \\ \hdashline \underset{\sim}{\boldsymbol{B}}_2 \end{array}\right]\begin{array}{l} 1 \\ \bar{\nu} \\ 2(I+P) \end{array} = \left[\begin{array}{c} \bar{\boldsymbol{\varrho}}_{n+1} \\ \hdashline \boldsymbol{\varrho}_{n+1}^* \end{array}\right]. \tag{VI.133}$$

Durch die Trennung der letzten $\nu = 2(I + P) - \bar{\nu}$ linearen Gleichungen aus dem System (VI.133) erhalten wir:

$$\underset{\sim}{\boldsymbol{M}}_{21}\bar{\boldsymbol{\varrho}}_1 + \underset{\sim}{\boldsymbol{M}}_{22}\boldsymbol{\varrho}_1^* + \underset{\sim}{\boldsymbol{N}}_2\boldsymbol{Z} + \underset{\sim}{\boldsymbol{B}}_2 = \boldsymbol{\varrho}_{n+1}^*.$$

Daraus folgt:

$$\bar{\boldsymbol{\varrho}}_1 = \underset{\sim}{\boldsymbol{A}} + \underset{\sim}{\boldsymbol{C}}\boldsymbol{Z}, \tag{VI.134}$$

wo

$$\underset{\sim}{\boldsymbol{A}} = \underset{\sim}{\boldsymbol{M}}_{21}^{-1}(\boldsymbol{\varrho}_{n+1}^* - \underset{\sim}{\boldsymbol{M}}_{22}\boldsymbol{\varrho}_1^* - \underset{\sim}{\boldsymbol{B}}_2)$$

und

$$\underset{\sim}{\boldsymbol{C}} = -\underset{\sim}{\boldsymbol{M}}_{21}^{-1}\underset{\sim}{\boldsymbol{N}}_2$$

sind.

Auf Grund des Ausdrucks (VI.127) ergibt sich:

$$\hat{\boldsymbol{q}}_{1,l} = [\boldsymbol{K}_1 \vdots \boldsymbol{K}_2] \begin{bmatrix} \bar{\boldsymbol{\varrho}}_1 \\ --- \\ \boldsymbol{\varrho}_1^* \end{bmatrix}\begin{matrix} 1 \\ \nu \\ \end{matrix}$$

wo

$$\overset{1}{[\boldsymbol{K}_1} \vdots \overset{\nu}{\boldsymbol{K}_2]} = \boldsymbol{T}^{-1} \tag{VI.135}$$

ist.

Unter Benutzung der Gleichung (VI.134) können wir schreiben:

$$\hat{\boldsymbol{q}}_{1,l} = \boldsymbol{K}_1(\underset{\sim}{\boldsymbol{A}} + \underset{\sim}{\boldsymbol{C}}\boldsymbol{Z}) + \boldsymbol{K}_2\boldsymbol{\varrho}_1^*$$

bzw.:

$$\hat{\boldsymbol{q}}_{1,l} = \underset{\sim}{\boldsymbol{D}} + \underset{\sim}{\boldsymbol{E}}\boldsymbol{Z}, \tag{VI.136}$$

wo

$$\underset{\sim}{\boldsymbol{D}} = \boldsymbol{K}_1\underset{\sim}{\boldsymbol{A}} + \boldsymbol{K}_2\boldsymbol{\varrho}_1^*$$

und

$$\underset{\sim}{\boldsymbol{E}} = \boldsymbol{K}_1\underset{\sim}{\boldsymbol{C}}$$

sind.

Mit dem Wert (VI.136) für $\hat{\boldsymbol{q}}_{1,l}$ liefert die Gleichung (VI.122) schlußendlich die Größe des Vektors $\boldsymbol{Z}$:

$$\boldsymbol{Z} = \underset{\sim}{\boldsymbol{F}}^{-1}\underset{\sim}{\boldsymbol{F}}_0, \tag{VI.137}$$

wo

$$\underset{\sim}{\boldsymbol{F}} = \boldsymbol{\Pi}^*\underset{\sim}{\boldsymbol{E}} + \boldsymbol{\Phi}^*,$$

$$\underset{\sim}{\boldsymbol{F}}_0 = \boldsymbol{\Pi}_0^* - \boldsymbol{\Pi}^*\underset{\sim}{\boldsymbol{D}} \tag{VI.138}$$

sind.

Aus den Gleichungen (VI.134) und (VI.132) erhalten wir die unbekannten Vektoren $\bar{\boldsymbol{\varrho}}_1$ und $\bar{\boldsymbol{\varrho}}_{n+1}$.

Im Falle, daß die Platten längs der Knotenlinien scharnierartig verbunden sind, gelangen wir zu dem sogenannten gelenkigen Faltwerk.

Statt der Gleichung (VI.6) ergibt sich die folgende Gleichung (siehe die Gleichung (V.204)) für u:

$$u = \sum_{i=1}^{I} V_i u_{V0}^{(i)} + u_p^0, \tag{VI.139}$$

wo

$$u_p^0 = \sum_{kr=1}^{N-\nu} u_{kr,p}^0 \tag{VI.140}$$

ist.

Mit ν ist die Anzahl der Endplatten bezeichnet. Der Wert $u_{kr,p}^0$ stellt die Durchbiegung eines unendlich langen, längs der Kanten k und r frei aufgelagerten Plattenstreifens zufolge der gegebenen Belastung $\bar{p}_n$ dar. Für die Endplatten setzen wir voraus, daß sie normal zu ihren Ebenen nicht belastet sind.

Die Gleichungen (VI.33) werden, unter Berücksichtigung der Beziehung (VI.139), auf folgende zwei Gleichungen zurückgeführt:

$$\left.\begin{aligned} \sum_{j=1}^{I} f_{ij} V_j'' + \sum_{q=1}^{P} g_{iq} W_q' &= -\frac{1}{E'} A_{i0}, \\ \sum_{j=1}^{I} g_{pj} V_j' - \sum_{q=1}^{P} (a_{pq} W_q'' - \dot{a}_{pq} W_q) &= \frac{1}{E} C_{p0}, \end{aligned}\right\} \qquad \text{(VI.141)}$$

wo

$$A_{i0} = \int_s (\bar{p}_n u_{V0}^{(i)} + p_s v^{(i)})\, ds$$

und

$$C_{p0} = \int_s \bar{p}_z \omega^{(p)}\, ds \qquad \text{(VI.142)}$$

sind.

In der Matrizenform lauten diese Gleichungen:

$$\left.\begin{aligned} \boldsymbol{F}\boldsymbol{V}'' + \boldsymbol{G}\boldsymbol{W}' &= -\frac{1}{E'} \boldsymbol{A}_0, \\ \boldsymbol{A}\boldsymbol{W}'' - \dot{\boldsymbol{A}}\boldsymbol{W} - \tilde{\boldsymbol{G}}\boldsymbol{V}' &= -\frac{1}{E'} \boldsymbol{C}_0. \end{aligned}\right\} \qquad \text{(VI.143)}$$

Die Matrizen $\boldsymbol{F}$, $\boldsymbol{G}$, $\boldsymbol{A}$, $\boldsymbol{A}_0$, $\tilde{\boldsymbol{G}}$ sind dieselben wie in der Gleichung (VI.39). Die Elemente der Vektoren sind durch die Gleichungen (VI.40) gegeben.

Die Randbedingungen sind die gleichen wie bei dem steifknotigen Faltwerk, d.h. durch die Ausdrücke (VI.46) und (VI.48) gegeben.

8. Der dünnwandige Kastenträger

In vielen praktischen Problemen, vor allem im Brückenbau, wird immer häufiger (Abb. VI.11) ein Hohlkörperträger angewendet.

Diese Art des Faltwerks eignet sich im besonderen Maße dazu, verschiedene Lasten wirtschaftlich aufzunehmen.

Die Konstruktion wird am meisten so ausgebildet, daß längs der Spannweite mehrere Queraussteifungen bzw. Querrahmen oder Querwände angeordnet werden. In Abhängigkeit von der Anordnung dieser Elemente erleiden die einzelnen Querschnitte eine größere oder kleinere Verformung.

Vom baupraktischen Standpunkt aus gesehen, ist hauptsächlich die Frage von großem Interesse, in welchem Maße die Anzahl, die Anordnung und die Ausführungsart der Queraussteifungen eine Abweichung des Spannungszustandes eines solchen Trägers von dem entsprechenden mit unverformbaren Querschnitten beeinflussen.

Nach der Ausführung unterscheiden sich hier die Stahlträger von den Stahlbeton- bzw. Vorspannbetonträgern voneinander. Dies hat einen bestimmten Einfluß auf das Verhalten und damit auch auf die Berechnung der Träger zur Folge.

Die stählernen Träger besitzen zwischen den Querrahmen, bzw. Querwänden, meistens eine unbedeutende Quersteifigkeit.

Die Vertikalaussteifungen des Steges gegen Ausbeulen sind fast immer nicht mit den horizontalen Querrippen in den Knoten steif verbunden. Eine Zelle des Trägers, zwischen den Querwänden kann als gelenkiges Faltwerk angesehen werden.

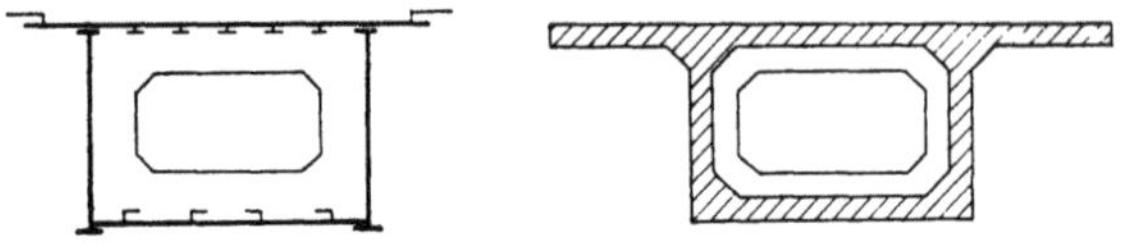

a b

Abb. VI.11

Wie am Ende des Abschnitts VI.6, sowie im Kapitel V. gezeigt wurde, stellt das gelenkige Faltwerk einen Sonderfall des steifknotigen Faltwerks dar.

Im vorherigen Abschnitt haben wir ein Faltwerk mit den elastischen bzw. starren Rahmen betrachtet. In manchen Fällen besitzt die Querwand, als Vollwand bzw. Scheibe, eine gewisse elastische Nachgiebigkeit, worüber näherungsweise durch die Schubverformung Rechnung getragen wird.

Eine Queraussteifung in der Form des Fachwerks kann näherungsweise durch eine Ersatzscheibe berücksichtigt werden.

Die Längsaussteifungen, bzw. die Längsrippen, an den oberen und unteren Platten (siehe Abb. VI.11a) wirken in der Aufnahme der Längsnormalspannungen mit, während die Schubspannungen nur von den Platten (bzw. Stegen) übernommen werden.

Diese Elemente, sowie die eventuellen Lamellenpakete, werden in der Berechnung der entsprechenden Koeffizienten beachtet, worüber später die Rede sein wird.

Die Kastenträger aus Stahlbeton oder Vorspannbeton (Abb. VI.11b) besitzen oft eine bestimmte Quersteifigkeit, da die Wandstärke t bedeutend größer im Vergleich mit derjenigen der Stahlträger ist. Eine Berechnung auf Grund der Theorie des steifknotigen Faltwerks ist in diesem Fall berechtigt.

Der Abstand der Querwände in Abhängigkeit von der Belastung beeinflußt die Beanspruchung der oberen Platte, welche meistens als Fahrbahnplatte dient. Außerdem ändert sich die Verteilung der Längsnormalspannungen im Vergleich mit denjenigen, welche sich aus der Berechnung des Trägers mit unverformbarem Querschnitt ergeben.

Kastenträger werden heute sehr oft, vor allem im Stahlbetonbau, ohne Zwischenwände ausgeführt. In diesen Fällen spielen die aus der Querschnittsverformung entstehenden Spannungen eine wichtige Rolle. Die Längsaussteifungen (siehe Abb. VI.11a) beteiligen sich nur an der Aufnahme der Längsnormalspannungen.

Die verteilten Aussteifungen können durch eine fiktive Wandstärke $\hat{t}_m$ erfaßt werden. Statt der Formel (VI.50a) ergibt sich:

$$t_{1m} = \frac{E'_m}{E_0} \hat{t}_m,$$

wo

$$\hat{t}_m(kr) = t_m(kr) + \frac{F^L_{kr,m}}{b_{kr}}$$ (VI.144)

ist.

Mit $F^L_{kr,m}$ ist die Querschnittsfläche aller auf der Platte kr verteilten Längsaussteifungen bezeichnet.

Längsaussteifungen, sowie die Lamellenpakete, können konzentriert wirkend angenommen werden. Ihr Einfluß, wie der Einfluß der verteilten Aussteifungen, kommt nur durch die Koeffizienten a_{pq} zur Geltung:

$$a_{pq} = \int_s t_1 \omega^{(p)} \omega^{(q)} ds + \sum_i F_i \omega_i^{(p)} \omega_i^{(q)},$$ (VI.145)

wobei mit F_i die Fläche der Aussteifung im Punkt i der Profilmittellinie bezeichnet ist.

Als Beispiel betrachten wir den in der Abb. VI.12 gezeigten einfach symmetrischen Querschnitt.

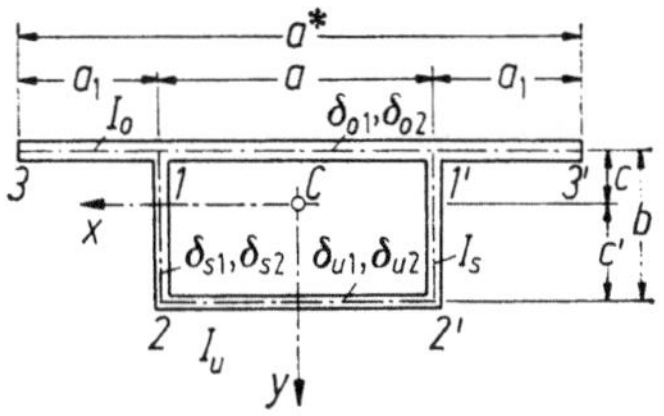

Abb. VI.12

Die Werte t_{1m}, t_{2m} und I_{1m} (siehe die Ausdrücke (VI.50) und (VI.51)) sind für die einzelnen Platten wie folgt:

Platte 1—1', 1—3: $t_{1m} = \delta_{01}$, $t_{2m} = \delta_{02}$, $I_{1m} = I_0$,

Platte 2—2': $t_{1m} = \delta_{u1}$, $t_{2m} = \delta_{u2}$, $I_{1m} = I_u$,

Platte 1—2: $t_{1m} = \delta_{s1}$, $t_{2m} = \delta_{s2}$, $I_{1m} = I_s$.

Zufolge der Symmetrie können wir die Formänderung des Stabes in einen symmetrischen und einen antisymmetrischen Anteil zerlegen.

Der symmetrische Anteil stellt die Biegung unter Berücksichtigung der Gleitverzerrung in der Mittelfläche und die Axialbeanspruchung dar.

Im weiteren werden wir uns mit dem antisymmetrischen Anteil der Belastung und demzufolge der Formänderung befassen.

Die Verschiebungsparameter V_i werden, mit Rücksicht auf die angenommene antisymmetrische Formänderung, nur auf drei Parameter zurückgeführt.

Mit V_1 und V_2 werden die Verschiebungen des ganzen Querschnitts in Richtung der x-Achse und deren Verdrehung um den Schwerpunkt C bezeichnet.

Die Formänderung des Querschnitts in seiner Ebene wird durch die Verdrehung der Platte 1—2 um den Punkt 1 (Abb. VI.13) ausgedrückt.

Die Funktionen $v^{(1)}$, $v^{(2)}$ und $v^{(3)}$, welche den angenommenen Verschiebungsparametern entsprechen, sind graphisch in Abb. VI.13 gezeigt.

Für die gewählten Verschiebungsparameter ergeben sich die in Abb. VI.14 dargestellten Diagramme der Funktionen $u_V^{(1)}$, $u_V^{(2)}$ und $u_V^{(3)}$.

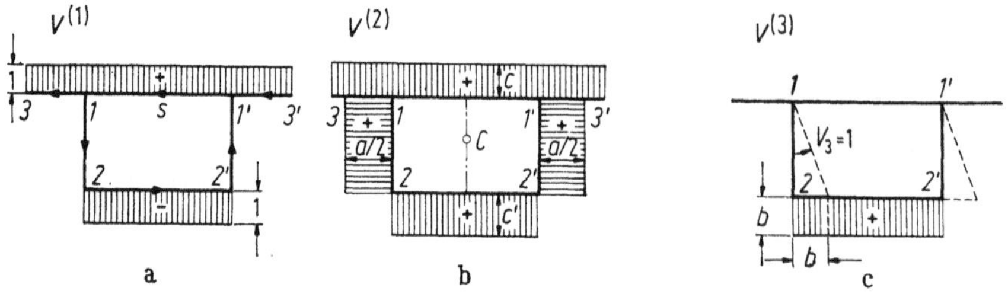

Abb. VI.13

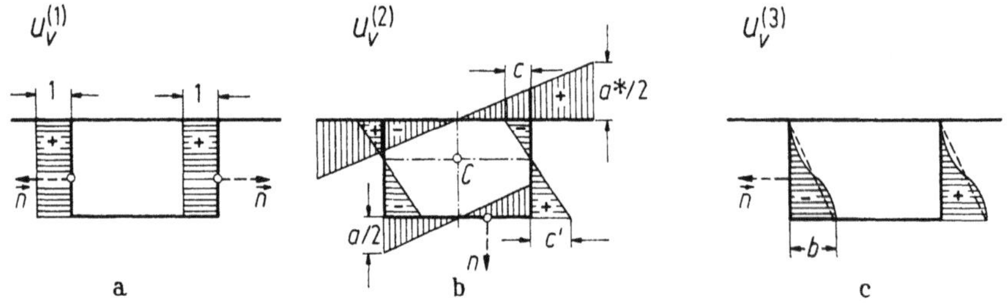

Abb. VI.14

Das Diagramm der einzigen von Null verschiedenen Funktion $\ddot{u}_V^{(3)}$ ist in Abb. VI.16a gegeben.

Wegen der vorausgesetzten Antisymmetrie stellen die Parameter Φ_1 und Φ_2 die Verdrehungen der Knoten 1 bzw. 1′ und 2 bzw. 2′ dar.

Die Diagramme $u_\Phi^{(1)}$ und $u_\Phi^{(2)}$ infolge der Verdrehungszustände $\Phi_1 = 1$ und $\Phi_2 = 1$ sind in Abb. VI.15 aufgezeichnet.

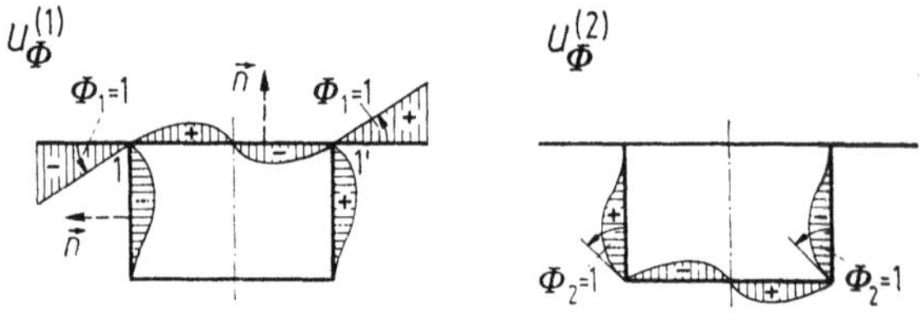

Abb. VI.15

Die Funktionen $u_\Phi^{(1)}$ und $u_\Phi^{(2)}$ werden durch die Superposition der entsprechenden Funktionen (siehe die Formeln V.11) für die Verdrehungen der Knoten 1 und 1′ bzw. 2 und 2′ erhalten.

An den Teilen 1—3 bzw. 1′—3′ läuft die Funktion $u_\Phi^{(1)}$ linear, wie es im Abschnitt V.8 gezeigt wurde.

Die Funktionen $\ddot{u}_\Phi^{(1)}$ und $\ddot{u}_\Phi^{(2)}$ sind in Abb. VI.16b und c dargestellt.

Die Verschiebung w in Richtung der z-Achse wird mit Rücksicht auf die Antisymmetrie durch drei Parameter W_1, W_2 und W_3 bestimmt. Mit W_1 wird die Verdrehung des Querschnitts um die y-Achse bezeichnet. Die antisymmetrische Deplanation des Querschnitts wird durch die Verschiebungsparameter W_2 und W_3 gegeben. Die Werte $a/2\ W_2$ und $a_1 W_3$ stellen die durch Deplanation hervorgerufenen Verschiebungen der Knoten 3 und 2 dar. Die Diagramme der Funktionen $\omega^{(1)}$, $\omega^{(2)}$ und $\omega^{(3)}$ sind in Abb. VI.17 gezeigt.

Die Ableitungen $\dot{\omega}^{(1)}$, $\dot{\omega}^{(2)}$ und $\dot{\omega}^{(3)}$ sind in Abb. VI.18 gegeben.

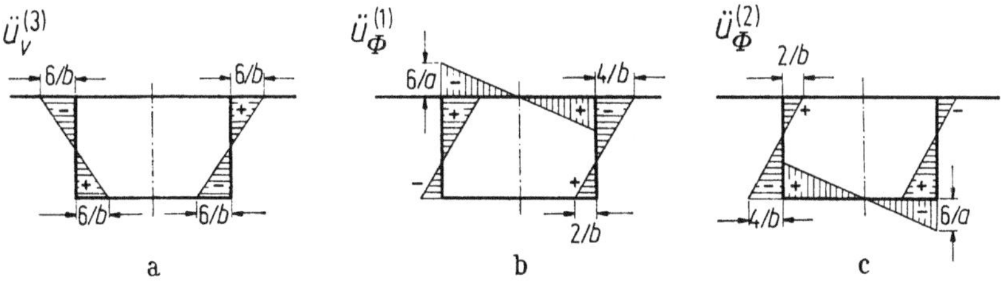

Abb. VI.16

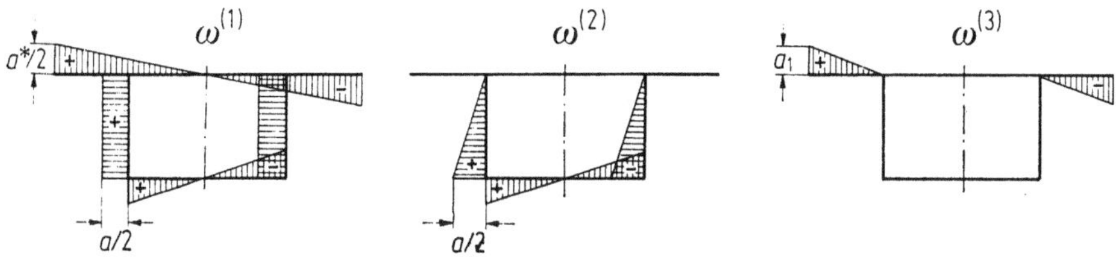

Abb. VI.17

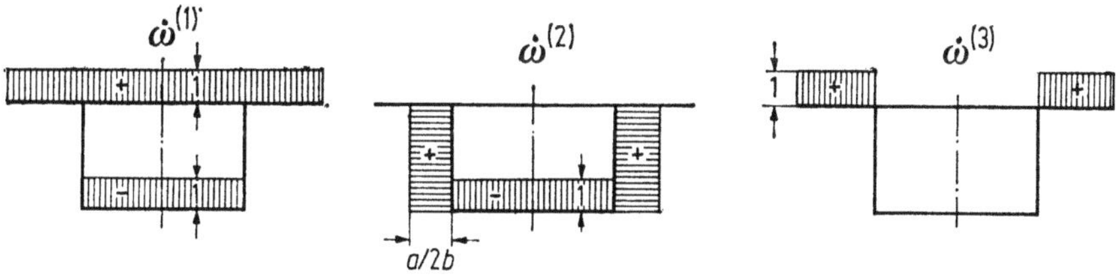

Abb. VI.18

Auf Grund der in Abb. VI.13 bis VI.18 angegebenen Diagramme werden die Elemente $a_{pq} \cdots g_{pj}$ (siehe die Ausdrücke (VI.53)) der Matrizen $\boldsymbol{A} \cdots \boldsymbol{G}$ berechnet:

$$\left.\begin{aligned}
a_{11} &= \frac{\delta_{01} a^{*3}}{12} + \frac{\delta_{s1} a^2 b}{2} + \frac{\delta_{u1} a^3}{12}, \\
a_{12} &= \frac{\delta_{s1} a^2 b}{4} + \frac{\delta_{u1} a^3}{12} = a_{21}, \\
a_{13} &= \frac{\delta_{01}}{3} a_1^2 \left(a^* + \frac{a}{2}\right) = a_{31}, \\
a_{22} &= \frac{\delta_{s1} a^2 b}{6} + \frac{\delta_{us} a^3}{12} = a_{22},
\end{aligned}\right\} \qquad (VI.146)$$

$$\left.\begin{aligned}
a_{23} &= 0, \\
a_{33} &= \frac{2}{3}\,\delta_{01} a_1^3, \\
\dot{a}_{11} &= \delta_{02} a^* + \delta_{u2} a, \\
\dot{a}_{12} &= \delta_{u2} a = \dot{a}_{21}, \\
\dot{a}_{13} &= 2\delta_{01} a_1 = \dot{a}_{31}, \\
\dot{a}_{22} &= \frac{\delta_{s2} a^2}{2b} + \delta_{u2} a, \\
\dot{a}_{23} &= 0, \\
\dot{a}_{33} &= 2\delta_{01} a_1, \\
\ddot{b}_{33} &= \frac{24 I_s}{b}, \\
\ddot{c}_{31} &= -\frac{12 I_s}{b}, \\
\ddot{c}_{32} &= -\frac{12 I_s}{b}, \\
\ddot{d}_{11} &= \frac{12 I_0}{a} + \frac{8 I_s}{b}, \\
\ddot{d}_{12} &= \frac{4 I_s}{b}, \\
\ddot{d}_{22} &= \frac{12 I_u}{a} + \frac{8 I_s}{b}, \\
f_{11} &= \delta_{02} a^* + \delta_{u2} a, \\
f_{12} &= \delta_{02} a^* c - \delta_{u2} a c', \\
f_{13} &= -\delta_{u2} a b, \\
f_{22} &= \delta_{02} a^* c^2 + \frac{\delta_{s2} a^2 b}{2} + \delta_{u2} a c'^2, \\
f_{23} &= \delta_{u2} a b c', \\
f_{33} &= \delta_{u2} a b^2, \\
g_{11} &= \delta_{02} a^* + \delta_{u2} a, \\
g_{12} &= \delta_{u2} a, \\
g_{13} &= 2\delta_{02} a_1, \\
g_{21} &= \delta_{u2} a, \\
g_{22} &= \frac{\delta_{s2} a^2}{2} - \delta_{u2} a c', \\
g_{23} &= 2\delta_{01} a_1 c, \\
g_{31} &= -\delta_{u2} a b, \\
g_{32} &= -\delta_{u2} a b, \\
g_{33} &= 0.
\end{aligned}\right\} \qquad \text{(VI.146)}$$

Wir betrachten vier charakteristische Belastungsfälle des Stabes, welche in Abb. VI.19 dargestellt sind.

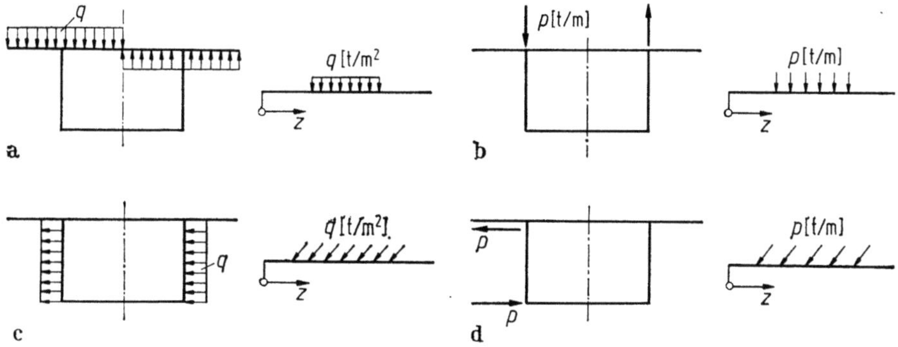

Abb. VI.19

Die Belastungsglieder haben mit Rücksicht auf die Ausdrücke (VI.34) bzw. (VI.20) die folgenden Werte:

Belastungsfall a):

$$A_{10} = 0, \qquad B_{10} = -q\left(\frac{a^2}{16} - \frac{(a^* - a)^2}{4}\right),$$

$$A_{20} = \frac{qa^{*2}}{4}, \qquad B_{20} = 0,$$

$$A_{30} = 0, \qquad C_{10} = C_{20} = C_{30} = 0;$$

Belastungsfall b):

$$A_{10} = 0, \qquad B_{10} = B_{20} = 0,$$

$$A_{20} = P \cdot a, \qquad C_{10} = C_{20} = C_{30} = 0;$$

$$A_{30} = 0,$$

Belastungsfall c):

$$A_{10} = 2qb, \qquad B_{10} = \frac{qb^2}{6},$$

$$A_{20} = qb(c - c'), \qquad B_{20} = -\frac{qb^2}{6},$$

$$A_{30} = qb^2, \qquad C_{10} = C_{20} = C_{30} = 0;$$

Belastungsfall d):

$$A_{10} = 0, \qquad B_{10} = B_{20} = 0,$$

$$A_{20} = Pb, \qquad C_{10} = C_{20} = C_{30} = 0.$$

$$A_{30} = Pb,$$

(VI.147)

Der Schwerpunkt C wird durch die Formel

$$c = \frac{\delta_{s1} b^2 + \delta_{u1} \cdot ab}{\delta_{01} a^* + 2\delta_{s1} \cdot b + \delta_{u1} a} \qquad \text{(VI.148)}$$

bestimmt.

Im Falle eines Querrahmens (Abb. VI.20) im Knoten m ergeben sich (siehe die Ausdrücke VI.85) die folgenden Elemente der Matrizen $\ddot{\underset{\sim}{\boldsymbol{B}}}_m$, $\ddot{\underset{\sim}{\boldsymbol{C}}}_m$, $\ddot{\underset{\sim}{\boldsymbol{D}}}_m$:

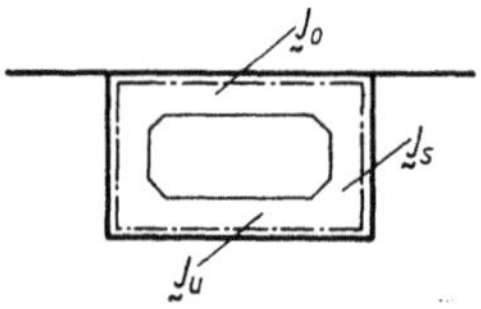

Abb. VI.20

$$\left.\begin{aligned} \ddot{\underset{\sim}{b}}_{33} &= \frac{24 \underset{\sim}{J}_s}{b}, \\ \ddot{\underset{\sim}{c}}_{31} &= -\frac{12 \underset{\sim}{J}_s}{b}; \qquad \ddot{\underset{\sim}{c}}_{32} = -\frac{12 \underset{\sim}{J}_s}{b}, \\ \ddot{\underset{\sim}{d}}_{11} &= \frac{12 \underset{\sim}{J}_0}{a} + \frac{8 \underset{\sim}{J}_s}{b}, \\ \ddot{\underset{\sim}{d}}_{12} &= \frac{4 \underset{\sim}{J}_s}{b}. \end{aligned}\right\} \qquad \text{(VI.149)}$$

Wir betrachten vier Belastungsfälle des Rahmens (siehe Abb. VI.19), welche durch die Belastungen $\underset{\sim}{q}$ [t/m] und P [t] gegeben sind. Diese Belastungen ergeben gleiche Verteilungen längs der Profilmittellinie wie die entsprechenden Belastungen q [t/m²] und p [t/m′] des Stabelementes.

Die Belastungsglieder $\underset{\sim}{A}_{10}$, $\underset{\sim}{A}_{20}$, $\underset{\sim}{A}_{30}$, $\underset{\sim}{B}_{10}$ und $\underset{\sim}{B}_{20}$ haben dieselben Werte wie die Belastungsglieder $A_{10} \cdots B_{20}$.

Je nach der konstruktiven Ausbildung des Stabes können statt der Querrahmen die vollwandigen Querschotts in bestimmten Abständen längs der Spannweite angewendet werden.

Ein vollwandiges Querschott stellt eine elastische Scheibe dar. Eine angenäherte Berechnung solcher Diaphragmen kann auf folgende Weise durchgeführt werden:

Wir setzen voraus, daß infolge der durch den Parameter V_3 beschriebenen Verformung nur eine konstante Schubverzerrung γ_{xy} entstanden ist. Die Größe dieser Gleitung (siehe Abb. VI.13c) beträgt:

$$\underset{\sim}{\gamma}_{xy} = V_3 .$$

Für die Schubspannung ergibt sich:

$$\underset{\sim}{\tau}_{xy} = \underset{\sim}{G} V_3 ,$$

wobei $\underset{\sim}{G}$ der Schubmodul der Scheibe ist.

Die Gleichgewichtsbedingungen (VI.83) werden umgeändert.

Im Falle der angenommenen Parameter V_1, V_2 und V_3 (siehe Abb. VI.13) ergibt sich für $i = 3$, anstatt des Gliedes[1]

$$\int_s M_{s,m} \ddot{u}_V^{(i)} \, ds$$

der Ausdruck

$$\int_{F_\square} \underset{\sim}{t} \tau_{xy} \cdot dF_\square , \qquad \text{(VI.150)}$$

wobei $\underset{\sim}{t}$ die Stärke und $F_\square = a \cdot b$ die Gesamtfläche des Querschotts sind.

Gemäß dieser Umwandlung nimmt die Gleichung (VI.89) die folgende Form an:

$$\boldsymbol{F}_m \boldsymbol{V}'_{m,r} - \boldsymbol{F}_{m-1} \boldsymbol{V}'_{m,l} + (\boldsymbol{G}_m - \boldsymbol{G}_{m-1}) \boldsymbol{W}_{m,l} +$$

$$+ \underset{\sim}{\boldsymbol{B}}_m^\square \boldsymbol{Y}_{m,l} + \frac{1}{E_0} \boldsymbol{\Delta}_m \boldsymbol{Y}_m = -\frac{1}{E_0} \underset{\sim}{\boldsymbol{A}}_{0m} , \qquad \text{(VI.151)}$$

wo

$$\underset{\sim}{\boldsymbol{B}}_m^\square = \frac{G}{E_0} \begin{bmatrix} 0 & 0 & 0 \\ 0 & 0 & 0 \\ 0 & 0 & ab\underset{\sim}{t}_m \end{bmatrix} \qquad \text{(VI.152)}$$

ist.

Im Falle des unendlich starren Querschotts bzw. Rahmens sind der zusätzliche Stab und seine unbekannte Komponente Y_1 in Abb. VI.21 gezeigt.

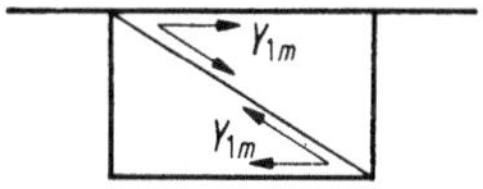

Abb. VI.21

Die Matrix $\boldsymbol{\Delta}_m$ ist dann die folgende:

$$\boldsymbol{\Delta}_m = \begin{bmatrix} 0 \\ 0 \\ -b \end{bmatrix} . \qquad \text{(VI.153)}$$

Eine gabelartige Lagerung mit dem starren Querschott bzw. Rahmen kann wie in Abb. VI.22 dargestellt, erreicht werden.

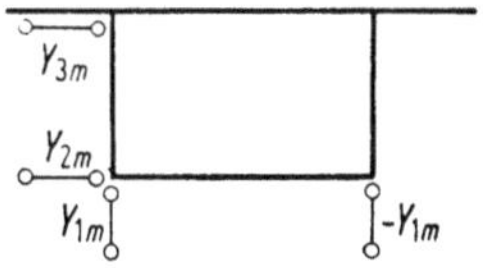

Abb. VI.22

[1] Für $i = 1, 2$ ist dieses Glied identisch Null.

Für diesen Fall lauten die Matrix Δ_m und der Vektor $\boldsymbol{Y}_m$:

$$\boldsymbol{\Delta}_m = \begin{bmatrix} 0 & -1 & -1 \\ -a & c' & -c \\ 0 & b & 0 \end{bmatrix}, \tag{VI.154}$$

$$Y_m = \begin{bmatrix} Y_{1m} \\ Y_{2m} \\ Y_{3m} \end{bmatrix}. \tag{VI.155}$$

Im weiteren werden wir die üblichen homogenen Randbedingungen an den Enden des Stabes betrachten.

Eine vollständig eingespannte Lagerung wird durch die Bedingungen

$$\begin{matrix} \boldsymbol{V}_s = 0 \\ \boldsymbol{W}_s = 0 \end{matrix}, \quad s = 1 \quad \text{oder} \quad n + 1$$

bestimmt. Die Matrix $\boldsymbol{S}$ bzw. $\boldsymbol{T}$ hat in diesem Fall die folgende Form:

$$\boldsymbol{S}, \boldsymbol{T} = \begin{array}{c} \begin{matrix} 1 & 3 & 4 & 6 & 7 & 9 & 10 & 12 \end{matrix} \\ \begin{bmatrix} \boldsymbol{F}_s & & & \boldsymbol{G}_s \\ & \boldsymbol{A}_s & & \\ & & \boldsymbol{I}_{(3)} & \\ & & & \boldsymbol{I}_{(3)} \end{bmatrix} \end{array} \begin{matrix} 1 \\ 3 \\ 4 \\ 6 \\ 7 \\ 9 \\ 10 \\ 12 \end{matrix}, \quad s = 1, \quad n + 1. \tag{VI.156}$$

Der Gabellagerung (mit dem starren Querschott) entsprechen die Bedingungen:

$$\begin{matrix} \boldsymbol{V}_s = 0 \\ \boldsymbol{A}_s \boldsymbol{W}_s' = 0 \end{matrix}, \quad s = 1, \quad n + 1 \tag{VI.157}$$

und die Transformationsmatrix $\boldsymbol{S}$ bzw. $\boldsymbol{T}$:

$$\boldsymbol{S}, \boldsymbol{T} = \begin{array}{c} \begin{matrix} 1 & 3 & 4 & 6 & 7 & 9 & 10 & 12 \end{matrix} \\ \begin{bmatrix} & & & \boldsymbol{I}_{(3)} \\ \boldsymbol{F}_s & & & \boldsymbol{G}_s \\ & & \boldsymbol{I}_{(3)} & \\ & \boldsymbol{A}_s & & \end{bmatrix} \end{array} \begin{matrix} 1 \\ 3 \\ 4 \\ 6 \\ 7 \\ 9 \\ 10 \\ 12 \end{matrix}, \quad s = 1, \quad n + 1. \tag{VI.158}$$

Für ein freies Stabende ergeben sich folgende Randbedingungen:

$$\left.\begin{matrix} \boldsymbol{F}_s \boldsymbol{V}_s' + \boldsymbol{G}_s \boldsymbol{W}_s = 0 \\ \boldsymbol{A}_s \boldsymbol{W}_s' = 0 \end{matrix}, \quad s = 1, \quad n + 1 \right\} \tag{VI.159}$$

und

$$S, T = \begin{bmatrix} & & & I_{(3)} & & & \\ & & & & I_{(3)} & & \\ F_s & & & & G_s & & \\ & & A_s & & & & \end{bmatrix} \begin{matrix} 1 \\ 3 \\ 4 \\ 6 \\ 7 \\ 9 \\ 10 \\ 12 \end{matrix}, \quad s = 1, \; n+1. \quad \text{(VI.160)}$$

Für einen symmetrischen Träger, unter in bezug auf die Symmetrieachse symmetrische Belastung, gelten in der Mitte des Trägers die Bedingungen:

$$\left. \begin{aligned} F_s V'_s + G_s W_s &= 0 \\ W_s &= 0 \end{aligned} \right\}, \quad s = \frac{n+1}{2} \quad \text{(VI.161)}$$

und die Transformationsmatrix:

$$T = \begin{bmatrix} & & & I_{(3)} & & & \\ & A_s & & & & & \\ & & & & & I_{(2)} & \\ I_{(3)} & & & & & & \end{bmatrix} \begin{matrix} 1 \\ 3 \\ 4 \\ 6 \\ 7 \\ 9 \\ 10 \\ 12 \end{matrix}, \quad s = \frac{n+1}{2}. \quad \text{(VI.162)}$$

9. Beispiele der Berechnung

9.1. Beispiel 1

Wir betrachten den durchlaufenden Hauptträger einer Brücke aus Spannbeton. Längsschnitt und Grundriß sind in Abb. 23a, b gezeigt. Der Kastenquerschnitt ist in Richtung der Trägerachse, wie aus der Abb. 23a, b ersichtlich, veränderlich. Die Querschnitte über der Innenstütze und in der Mitte des zweiten Feldes sind in Abb. 24a, b dargestellt.

Eine Hälfte des Trägers (Abb. VI.23c) ist in 32 Teilstücke (Elemente) mit den konstanten, aber untereinander verschiedenen Wandstärken geteilt.

Die Berechnung des Trägers wird für zwei Fälle durchgeführt:

a) Träger ohne Querrahmen (bzw. Diaphragmen) in den Feldern.

b) Träger mit den elastischen Querrahmen D_1 und D_2 in den Querschnitten 10 und 29. In den beiden Fällen befinden sich die starren Diaphragmen über den Stützen.

Wir untersuchen drei Fälle der in Querrichtung antisymmetrischen Belastung, welche in Abb. VI.25 dargestellt ist.

Die Belastung in Abb. VI.25a wird in einen symmetrischen (Abb. VI.26a) und einen antisymmetrischen Anteil (Abb. VI.26b) zerlegt.

Für die in bezug auf die Symmetrieachse (siehe Abb. VI.23a) symmetrische Belastung gelten in der Mitte des Trägers (Punkt 33) die Randbedingungen (VI.161). Für die antisymmetrische Belastung (Abb. VI.26b) ergeben sich die Bedingungen (VI.157).

Auf Grund der dargelegten Theorie kann für den Kastenträger die ganze Berechnung für den Rechenautomat programmiert werden.[1] Die wichtigsten Schritte der Berechnung werden wir im folgenden zeigen.

---

[1] Ein solches Programm wurde im Rechenzentrum der Fakultät für Bauingenieurwesen der Universität Beograd für IBM 1130 in FORTRAN IV geschrieben.

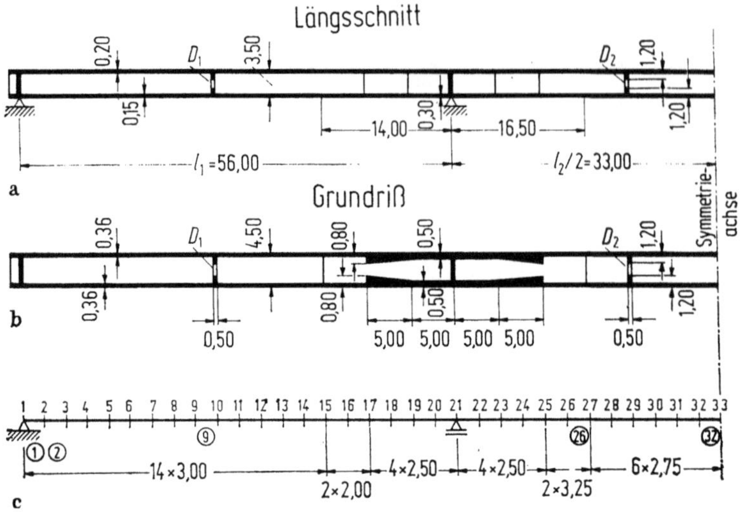

Abb. VI.23

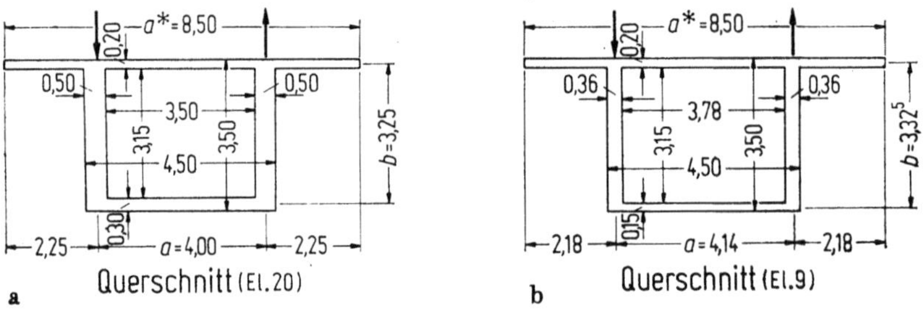

Abb. VI.24

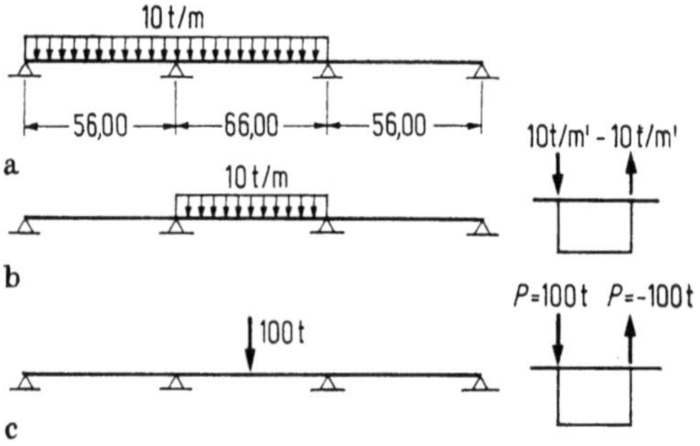

Abb. VI.25

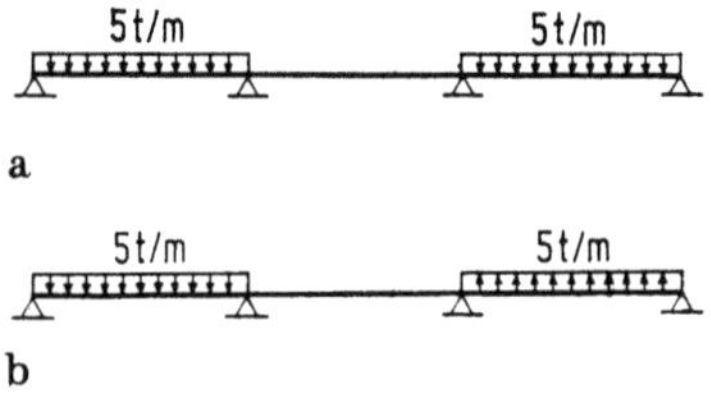

Abb. VI.26

Die Matrizen $\boldsymbol{A}, \dot{\boldsymbol{A}}, \ldots, \boldsymbol{G}$ (siehe die Gleichungen (VI.39) werden für die einzelnen Teilstücke ($m = 1, 2, \ldots, 32$) auf Grund der Diagramme in Abb. VI.13 bis Abb. VI.18 unter Benutzung der Formeln (VI.156) berechnet.

Der Verschiebungsparameter W_3 wird zu Null gesetzt. Mit anderen Worten wird vorausgesetzt, daß der Querschnitt der oberen Platte nach der Verformung eben bleibt. Die Vernachlässigung der Verschiebung $W_3\omega^{(3)}$ beeinflußt die maximalen Spannungen nur wenig.

Die Matrizen $\boldsymbol{A}, \dot{\boldsymbol{A}}$ ($p, q = 1, 2$), $\ddot{\boldsymbol{B}}, \ddot{\boldsymbol{C}}, \ddot{\boldsymbol{D}}, \boldsymbol{F}$ und $\boldsymbol{G}$ sind für das Teilstück 9, d.h. für das Element zwischen den Knoten 9 und 10 (Abb. VI.23c und VI.24b) die folgenden:

$$\boldsymbol{A}_9 = \begin{bmatrix} 65{,}826 & 18{,}522 \\ 18{,}522 & 13{,}258 \end{bmatrix}, \qquad \dot{\boldsymbol{A}}_9 = \begin{bmatrix} 3{,}0012 & 0{,}8030 \\ 0{,}8030 & 2{,}0028 \end{bmatrix},$$

$$\ddot{\boldsymbol{B}}_9 = \begin{bmatrix} 0 & 0 & 0 \\ 0 & 0 & 0 \\ 0 & 0 & 0{,}08640 \end{bmatrix}, \qquad \ddot{\boldsymbol{C}}_9 = \begin{bmatrix} 0 & 0 \\ 0 & 0 \\ -0{,}04320 & -0{,}04320 \end{bmatrix},$$

$$\ddot{\boldsymbol{D}}_9 = \begin{bmatrix} 0{,}03475 & 0{,}01440 \\ 0{,}01440 & 0{,}03131 \end{bmatrix}, \qquad \boldsymbol{F} = \begin{bmatrix} 3{,}0012 & 1{,}1777 & -2{,}6700 \\ 1{,}1777 & 20{,}2290 & 5{,}4547 \\ -2{,}6700 & 5{,}4547 & 8{,}8778 \end{bmatrix},$$

$$\boldsymbol{G} = \begin{bmatrix} 3{,}0012 & 0{,}8030 \\ 1{,}1777 & 2{,}3488 \\ -2{,}6700 & -2{,}6700 \end{bmatrix}.$$

Auf Grund der Ausdrücke (VI.45) werden die Matrizen $\boldsymbol{A}_{1m}, \boldsymbol{A}_{2m}, \boldsymbol{A}_{3m}$ für die einzelnen Teilstücke gebildet.

Mit diesen Matrizen ergeben sich gemäß den Ausdrücken (VI.65) die Matrizen $\boldsymbol{K}_m^{(1)}, \ldots, \ldots, \boldsymbol{L}_m^{(2)}$.

Für das Teilstück 9 erhält man:

$$\boldsymbol{K}_9^{(1)} = \begin{bmatrix} 3{,}0012 & 1{,}1777 & -2{,}6700 & 2{,}2509 & 0{,}6023 \\ 1{,}1777 & 20{,}2290 & 5{,}4547 & 0{,}8833 & 1{,}7616 \\ -2{,}6700 & 5{,}4547 & 8{,}8757 & -2{,}0025 & -2{,}0025 \\ -2{,}2509 & -0{,}8833 & 2{,}0025 & 64{,}9820 & 18{,}2960 \\ -0{,}6023 & -1{,}7616 & 2{,}0025 & 18{,}2960 & 12{,}6950 \end{bmatrix},$$

$$\boldsymbol{K}_9^{(2)} = \begin{bmatrix} 0{,}7503 & 0{,}2944 & -0{,}6675 & 0{,}2814 & 0{,}0753 \\ 0{,}2944 & 5{,}0573 & 1{,}3636 & 0{,}1104 & 0{,}2202 \\ -0{,}6675 & 1{,}3636 & 2{,}2192 & -0{,}2503 & -0{,}2503 \\ -0{,}2814 & -0{,}1104 & 0{,}2503 & 16{,}3860 & 4{,}6117 \\ -0{,}0753 & -0{,}2202 & 0{,}2503 & 4{,}6117 & 3{,}2676 \end{bmatrix},$$

$$\boldsymbol{K}_9^{(3)} = \begin{bmatrix} 3,0012 & 1,1777 & -2,6700 & 6,7529 & 1,8067 \\ 1,1777 & 20,2290 & 5,4547 & 2,6499 & 5,2849 \\ -2,6700 & 5,4547 & 8,8590 & -6,0075 & -6,0075 \\ -6,7529 & -2,6499 & 6,0075 & 58,2290 & 16,4890 \\ -1,8067 & -5,2849 & 6,0075 & 16,4890 & 8,1887 \end{bmatrix},$$

$$\boldsymbol{K}_9^{(4)} = \begin{bmatrix} 2,2509 & 0,8833 & -2,0025 & 2,5323 & 0,6775 \\ 0,8833 & 15,1720 & 4,0910 & 0,9937 & 1,9818 \\ -2,0025 & 4,0910 & 6,6536 & -2,2528 & -2,2528 \\ -2,5323 & -0,9937 & 2,2528 & 47,4700 & 13,3830 \\ -0,6775 & -1,9818 & 2,2528 & 13,3830 & 8,6763 \end{bmatrix},$$

$$\boldsymbol{L}_9^{(1)} = \begin{bmatrix} 0 & 0 & 0 & 3,0012 & 0,8030 & 0 & 0 & 0 & 0 & 0 \\ 0 & 0 & 0 & 1,1777 & 2,3488 & 0 & 0 & 0 & 0 & 0 \\ 0 & 0 & -0,0056 & -2,6700 & -2,6700 & 0 & 0 & -0,0074 & 0 & 0 \\ -3,0012 & -1,1777 & 2,6700 & -2,2509 & -0,6023 & 0 & 0 & 0 & -3,0012 & -0,8030 \\ -0,8030 & -2,3488 & 2,6700 & -0,6023 & -1,5021 & 0 & 0 & 0 & -0,8030 & -2,0028 \end{bmatrix},$$

$$\boldsymbol{L}_9^{(2)} = \begin{bmatrix} 0 & 0 & 0 & 3,0012 & 0,8030 & 0 & 0 & 0 & 0 & 0 \\ 0 & 0 & 0 & 1,1777 & 2,3488 & 0 & 0 & 0 & 0 & 0 \\ 0 & 0 & -0,0167 & -2,6700 & -2,6700 & 0 & 0 & -0,0074 & 0 & 0 \\ -3,0012 & -1,1777 & 2,6700 & -6,7529 & -1,8067 & 0 & 0 & 0 & -3,0012 & -0,8030 \\ -0,8030 & -2,3488 & 2,6700 & -1,8067 & -4,5063 & 0 & 0 & 0 & -0,8030 & -2,0028 \end{bmatrix}.$$

Die Matrizen $\boldsymbol{K}_m$ und $\boldsymbol{L}_m$ werden auf Grund der Ausdrücke (VI.68) gebildet.

Die Untermatrizen der Matrizen $\boldsymbol{R}_m$ und $\boldsymbol{S}_m$ in der Gleichung (VI.73) sind die Einheitsmatrizen $\boldsymbol{I}_{(I+P)} = \boldsymbol{I}_{(5)}$ von der Ordnung 5, multipliziert mit den Skalaren $l_m \cdots l_m^2/6$ (siehe die Gleichung (VI.74)).

Wir betrachten nun beispielsweise den Rahmen im Querschnitt 10 (d.h. zwischen den Elementen 9 und 10).

Die Matrizen $\ddot{\underset{\sim}{\boldsymbol{B}}}$, $\ddot{\underset{\sim}{\boldsymbol{C}}}$ und $\ddot{\underset{\sim}{\boldsymbol{D}}}$ sind gemäß den Formeln (VI.149) für $J_s = 0,072\ \mathrm{m}^4$ wie folgt:

$$\ddot{\underset{\sim}{\boldsymbol{B}}} = \begin{bmatrix} 0 & 0 & 0 \\ 0 & 0 & 0 \\ 0 & 0 & 1,5590 \end{bmatrix}, \qquad \ddot{\underset{\sim}{\boldsymbol{C}}} = \begin{bmatrix} 0 & 0 \\ 0 & 0 \\ -0,7795 & -0,7795 \end{bmatrix},$$

$$\ddot{\underset{\sim}{\boldsymbol{D}}} = \begin{bmatrix} 1,1457 & 0,2598 \\ 0,2598 & 1,1457 \end{bmatrix}.$$

Die Matrizen M_m und M_{0m} (siehe die Ausdrücke (VI.76)) sind für $m = 9$ die folgenden:

$$\boldsymbol{M}_9 = \begin{bmatrix} \boxed{0{,}7793} & 0{,}6728 & -0{,}5271 & 3{,}0000 & 1{,}1610 & 0 & 0 & 0{,}0036 & -0{,}2207 & 0{,}6086 \\ 0{,}0070 & \boxed{0{,}6604} & 0{,}3209 & 0 & -0{,}9036 & 0 & 0 & -0{,}0009 & 0{,}0070 & -0{,}2991 \\ -0{,}0140 & 0{,}6794 & \boxed{0{,}3605} & 0 & 1{,}8087 & 0 & 0 & 0{,}0036 & -0{,}0140 & 0{,}5984 \\ 0{,}1411 & -0{,}1579 & 0{,}0803 & \boxed{1{,}0000} & 0{,}0003 & 0 & 0 & 0{,}0007 & 0{,}1411 & -0{,}1498 \\ -0{,}0155 & 0{,}7520 & -0{,}7177 & 0 & \boxed{0{,}9991} & 0 & 0 & -0{,}0026 & -0{,}0155 & 0{,}6624 \\ 2{,}7793 & 0{,}6725 & -0{,}5262 & -4{,}5000 & 1{,}7384 & \boxed{1} & 0 & 0{,}0066 & -0{,}2207 & 0{,}6083 \\ 0{,}0070 & 2{,}6604 & 0{,}3205 & 0 & -1{,}3544 & 0 & \boxed{1} & -0{,}0020 & 0{,}0070 & -0{,}2990 \\ -0{,}0140 & 0{,}6792 & 2{,}3614 & 0 & 2{,}7100 & 0 & 0 & \boxed{1{,}0065} & -0{,}0140 & 0{,}5982 \\ 0{,}2117 & -0{,}2369 & 0{,}1199 & 3{,}0000 & 0{,}0001 & 0 & 0 & 0{,}0007 & \boxed{1{,}2117} & -0{,}2247 \\ -0{,}0232 & 1{,}1282 & -1{,}0748 & 0 & 2{,}9996 & 0 & 0 & -0{,}0026 & -0{,}0232 & \boxed{1{,}9937} \end{bmatrix},$$

$$\boldsymbol{M}_{0,9} = \begin{bmatrix} 0{,}5357 & -0{,}0268 & 0{,}1144 & -0{,}1475 & 0{,}3137 & 0{,}8911 & -0{,}1526 & 0{,}3654 & -0{,}0259 & 0{,}0597 \\ -0{,}0268 & 0{,}0597 & -0{,}0066 & 0{,}0398 & -0{,}1414 & -0{,}1526 & 0{,}1165 & -0{,}1199 & 0{,}0076 & -0{,}0269 \\ 0{,}1144 & -0{,}0065 & 0{,}1312 & -0{,}0796 & 0{,}2830 & 0{,}3654 & -0{,}1199 & 0{,}3575 & -0{,}0152 & 0{,}0537 \\ 0{,}1530 & -0{,}0419 & 0{,}0839 & 0{,}0367 & -0{,}0503 & 0{,}0229 & -0{,}0064 & 0{,}0128 & 0{,}0383 & -0{,}0546 \\ -0{,}3305 & 0{,}1490 & -0{,}2981 & -0{,}0503 & 0{,}1789 & -0{,}0503 & 0{,}0227 & -0{,}0454 & -0{,}0546 & 0{,}1939 \\ 1{,}8809 & -0{,}2593 & 0{,}6698 & -0{,}1791 & 0{,}3807 & 0{,}4999 & -0{,}0952 & 0{,}2205 & 0{,}0057 & -0{,}0075 \\ -0{,}2594 & 0{,}2362 & -0{,}1898 & 0{,}0483 & -0{,}1717 & -0{,}0952 & 0{,}0668 & -0{,}0770 & -0{,}0009 & 0{,}0034 \\ 0{,}6698 & -0{,}1898 & 0{,}6740 & -0{,}0966 & 0{,}3434 & 0{,}2205 & -0{,}0770 & 0{,}2128 & 0{,}0019 & -0{,}0068 \\ 0{,}1872 & -0{,}0515 & 0{,}1030 & 0{,}0919 & -0{,}1258 & -0{,}0078 & 0{,}0018 & -0{,}0035 & 0{,}0208 & -0{,}0315 \\ -0{,}4058 & 0{,}1830 & -0{,}3660 & -0{,}1258 & 0{,}4474 & 0{,}0140 & -0{,}0063 & 0{,}0127 & -0{,}0315 & 0{,}1119 \end{bmatrix}.$$

Auf Grund der Ausdrücke (VI.103) und (VI.104) werden die Elemente der Punktmatrix $\boldsymbol{H}_{10}$ berechnet:

$$\boldsymbol{H}_{10} = \begin{bmatrix} 1 & & & & & & & & 0{,}16212 & \\ & 1 & & & & & & & -0{,}05235 & \\ & & 1 & & & & & & 0{,}15914 & \\ & & & 1 & & & & & & \\ & & & & 1 & & & & & \\ & & & & & 1 & & & & \\ & & & & & & 1 & & & \\ & & & & & & & 1 & & \\ & & & & & & & & 1 & \\ & & & & & & & & & 1 \end{bmatrix}.$$

In diesem Querschnitt ist die Matrix $\boldsymbol{P}_{10}$ gleich Null, da keine Reaktionskräfte vorhanden sind.

Wie erwähnt, besteht im Querschnitt 21 eine gabelartige Lagerung mit dem starren Querschott.

Für

$$\boldsymbol{P}_{21} = \begin{bmatrix} -\boldsymbol{\Delta}_{21}^{*} \\ \\ 0 \end{bmatrix}\begin{matrix} 1 \\ 3, \\ 10 \end{matrix} \qquad \boldsymbol{\Gamma}_{n}^{*} = 0$$

erhält man unter Berücksichtigung der Ausdrücke (VI.154) und (VI.100):

$$\boldsymbol{P}_{21} = \begin{bmatrix} -0{,}40013 & -0{,}46566 \cdot 10^{-9} & 0{,}45490 \\ 0{,}31210 & 0{,}23283 \cdot 10^{-9} & 0 \\ -0{,}31210 & -0{,}37452 & 0{,}13681 \\ 0 & 0 & 0 \\ 0 & 0 & 0 \\ 0 & 0 & 0 \\ 0 & 0 & 0 \\ 0 & 0 & 0 \\ 0 & 0 & 0 \\ 0 & 0 & 0 \end{bmatrix}.$$

Nach Durchführung der Berechnung werden die Matrizen $\boldsymbol{\Pi}^{*}$, $\boldsymbol{\Phi}^{*}$, $\boldsymbol{M}_{1}^{(n)}$ und $\boldsymbol{N}^{*}$ erhalten.

Für die gleichmäßig verteilte antisymmetrische Belastung ergeben sich auf Grund der Formeln (VI.147), Belastungsfall b) die folgenden Matrizen:

$$\boldsymbol{A}_{0,33} = \begin{bmatrix} 0 \\ 41{,}4 \\ 0 \end{bmatrix}, \qquad \boldsymbol{B}_{0,33} = \boldsymbol{O}, \qquad \boldsymbol{C}_{0,33} = \boldsymbol{O}.$$

Beginnend mit diesen Matrizen werden alle in den Abschnitten 6 und 7 dargelegten Operationen durchgeführt und schlußendlich die Matrizen $\boldsymbol{\Pi}_{0}^{*}$ und $\boldsymbol{B}^{*}$ erhalten.

Die konzentrierte Belastung $P = 100$ t wird durch die Übergangsbedingungen (siehe das letzte Glied $1/E\ \boldsymbol{Q}_{0,m}$ in der Gleichung (VI.103)) in die Rechnung eingeführt.

Die Transformationsmatrizen $\boldsymbol{T}$ und $\boldsymbol{S}$ sind für die symmetrischen Belastungsfälle wie folgt:

$$\boldsymbol{T} = \begin{bmatrix} & & & & & & & & 1 & \\ & & & & & & & & & 1 \\ 3{,}0012 & 1{,}1777 & -2{,}6700 & & & & & & 3{,}0012 & 0{,}8030 \\ 1{,}1777 & 20{,}2290 & 5{,}4547 & & & & & & 1{,}1777 & 2{,}3488 \\ -2{,}6700 & 5{,}4547 & 8{,}8778 & & & & & & -2{,}6700 & -2{,}6700 \\ & & & & & 1 & & & & \\ & & & & & & 1 & & & \\ & & & & & & & 1 & & \\ & & & 65{,}826 & 18{,}522 & & & & & \\ & & & 18{,}522 & 13{,}258 & & & & & \end{bmatrix}$$

(Transformationsmatrize $\boldsymbol{S}$ siehe Seite 122)

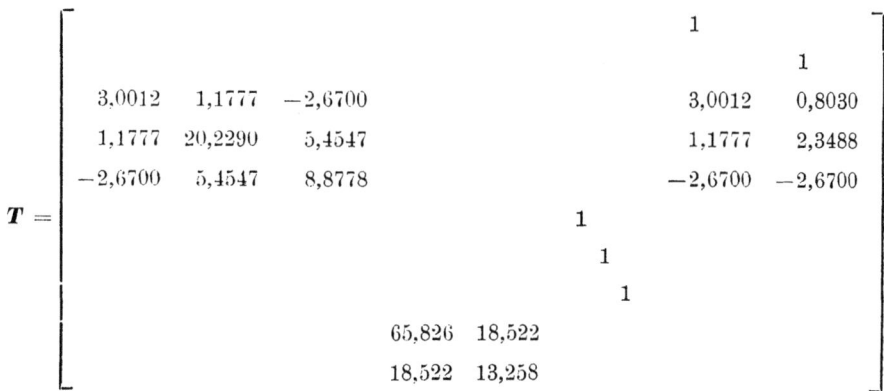

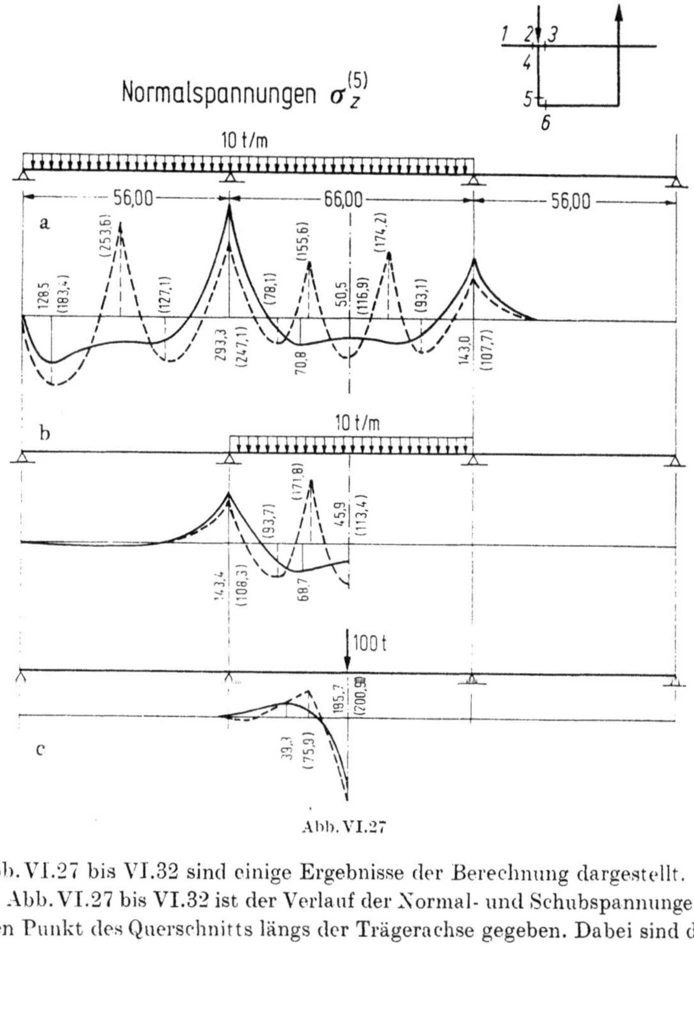

Abb. VI.27

In den Abb. VI.27 bis VI.32 sind einige Ergebnisse der Berechnung dargestellt.

In den Abb. VI.27 bis VI.32 ist der Verlauf der Normal- und Schubspannungen für einen bestimmten Punkt des Querschnitts längs der Trägerachse gegeben. Dabei sind die Ordina-

Transformationsmatrize $\boldsymbol{S}$:

$$\boldsymbol{S} = \begin{bmatrix} & & & & & 1 & & & & \\ & & & & & & 1 & & & \\ & & & & & & & 1 & & \\ & & & 65{,}826 & 18{,}522 & & & & & \\ & & & 18{,}522 & 13{,}258 & & & & & \\ & & & & & & & & 1 & \\ & & & & & & & & & 1 \\ 1 & & & & & & & & & \\ & 1 & & & & & & & & \\ & & 1 & & & & & & & \end{bmatrix}$$

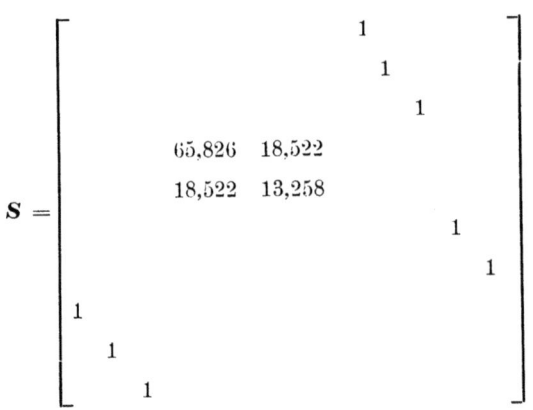

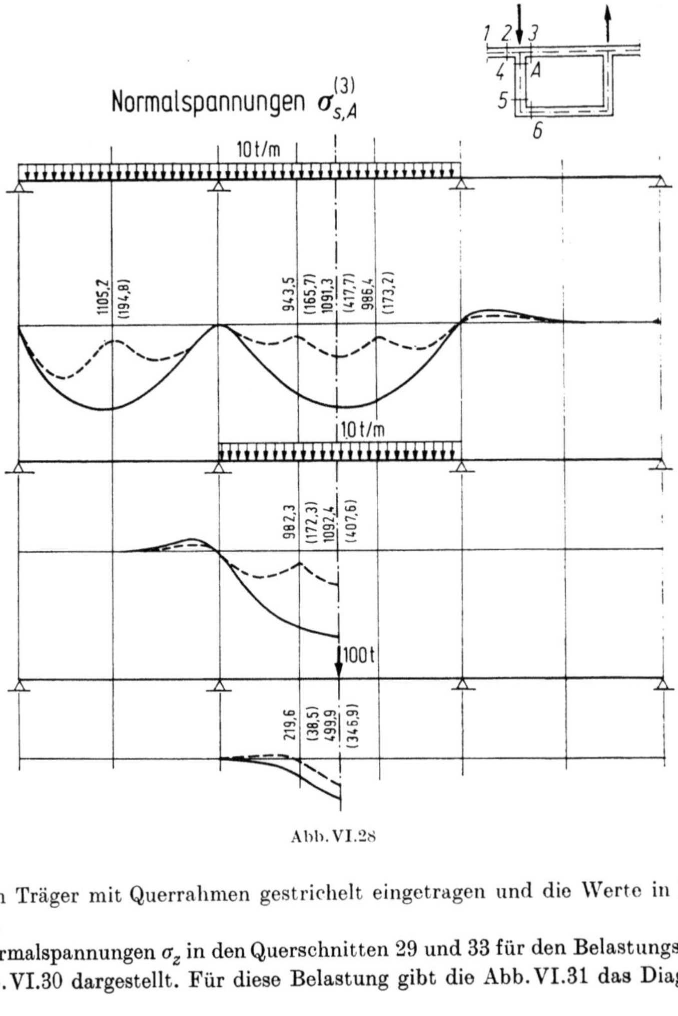

Abb. VI.28

ten für den Träger mit Querrahmen gestrichelt eingetragen und die Werte in Klammern angegeben.

Die Normalspannungen σ_z in den Querschnitten 29 und 33 für den Belastungsfall a) sind in der Abb. VI.30 dargestellt. Für diese Belastung gibt die Abb. VI.31 das Diagramm der maximalen bzw. minimalen $\sigma_s = 6m_s/t^2$ Spannungen im Querschnitt 33. Die Schubspannungen τ_{zs} sind in Abb. VI.32 gegeben.

Die Diagramme der Normalspannungen σ_z zeigen, daß diese Spannungen in beiden Fällen, d.h. mit und ohne Querrahmen D_1 und D_2 für eine reelle Belastung der Brücke von weniger Bedeutung sind.

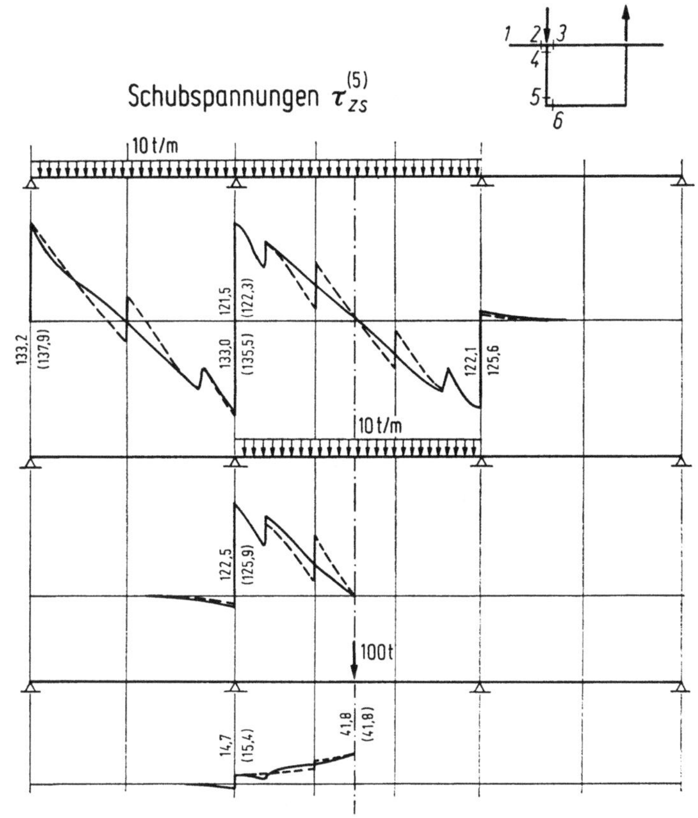

Abb. VI.29

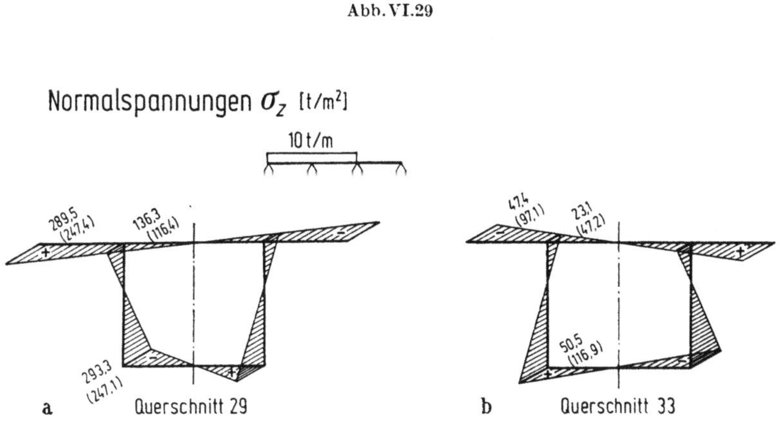

Abb. VI.30

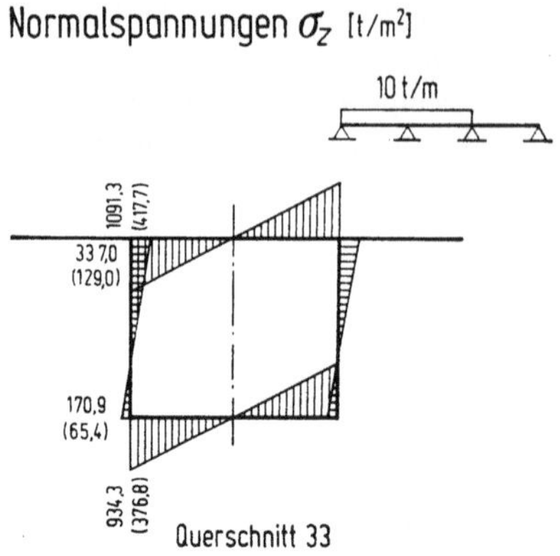

Abb. VI.31

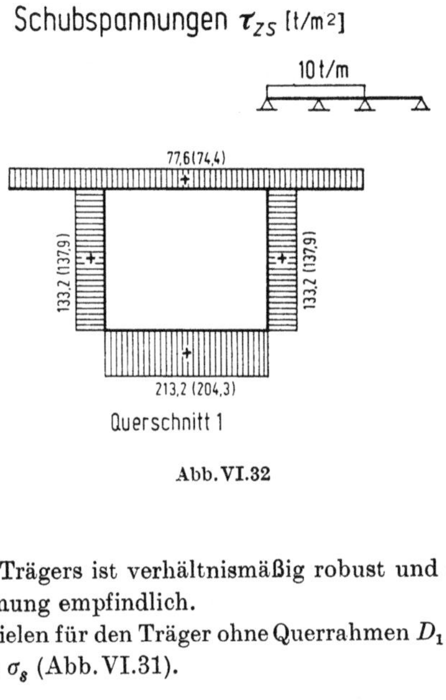

Abb. VI.32

Der Querschnitt des Trägers ist verhältnismäßig robust und nach der Form wenig auf Verwölbung und Verformung empfindlich.

Eine gewisse Rolle spielen für den Träger ohne Querrahmen D_1 und D_2 die Biegemomente m_s bzw. die Spannungen σ_s (Abb. VI.31).

9.2. Beispiel 2

Ein Kastenträger mit der rechteckigen Querschnittsform und konstanter Wandstärke t, wird für zwei charakteristische Lastfälle (Abb. VI.33): konzentrierte antisymmetrische Belastung in der Mitte und gleichmäßig verteilte antisymmetrische Belastung betrachtet.

Der Träger ist an den beiden Enden gabelartig (mit dem starren Querschnitt) gelagert:

$$V = 0, \quad W' = 0.$$

Wir untersuchen zwei Ausbildungen des Trägers (Abb. VI.33):

Träger ohne Querschotte in der Spannweite, $n = 0$.

Träger mit zwei starren Querschotten in den Dritteln der Spannweite, $n = 2$.

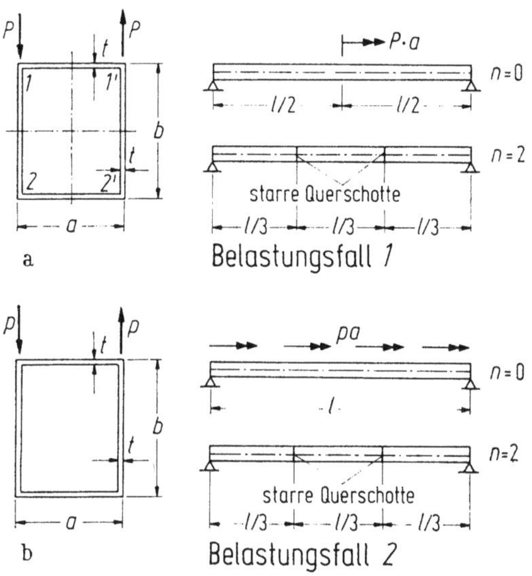

Abb. VI.33

Unter Verwendung des auf Grund der dargelegten Theorie geschriebenen Programms wurde die Berechnung für die folgenden Verhältnisse durchgeführt:

$$\Theta = \frac{t}{a} = \frac{1}{10}, \quad \frac{1}{20}, \quad \frac{1}{50}, \quad \frac{1}{100}$$

$$\beta = \frac{b}{a} = 2, \quad 1, \quad \frac{1}{2}$$

$$\alpha = \frac{a}{l} = \frac{1}{5}, \quad \frac{1}{10}, \quad \frac{1}{15}.$$

Der Träger wurde in 2×15 Teilstücke geteilt.

Die Ergebnisse der Berechnung sind in den Tabellen des Anhangs 1 gegeben.

Die maximale Normalspannung (in den Ecken des Rechtecks) in der Längsrichtung wird durch den dimensionslosen Koeffizient k_1 dargestellt:

$$\sigma_z^{\cdot} = k_1 \sigma_{z0},$$

wobei mit σ_{z0} die maximale Normalspannung in dem Querschnitt $z = l/2$ für die entsprechende symmetrische Belastung bezeichnet ist.

Für den Belastungsfall 1 (konzentrierte Belastung) ergibt sich:

$$\sigma_{z0} = \frac{1}{2\alpha\beta\Theta\left(1 + \frac{1}{3}\beta\right)} \cdot \frac{P}{a^2}.$$

Für den Belastungsfall 2 (verteilte Belastung) erhält man:

$$\sigma_{z0} = \frac{1}{4\alpha^2\beta\Theta\left(1 + \frac{1}{3}\beta\right)} \cdot \frac{p}{a}.$$

Die Biegemomente m_s in der Querrichtung in dem Punkt 1 bzw. 2′ (siehe Abb. VI.33a) des Querschnitts werden wie folgt ausgedrückt:

Für die konzentrierte Belastung

$$m_s = k_2 \frac{P}{(n+1)^2}, \qquad n = 0, 2.$$

Für die verteilte Belastung

$$m_s = k_2 \frac{pl}{(n+1)^2}, \qquad n = 0, 2.$$

Die Werte k_2 sind für beide Arten der Belastung sowie für den Träger ohne Querschotte in der Spannweite ($n = 0$) und mit zwei Querschotten ($n = 2$) in den Tabellen des Anhang 1 angegeben.

Diese Tabellen können zur Abschätzung der Spannungen auch für die anderen Verhältnisse, sowie für die anderen Randbedingungen angewendet werden.

Eine graphische Darstellung der Normalspannungen σ_z und σ_s für $\Theta = 1/100$, $\beta = 1/2$ und $\alpha = 1/10$ ist in Abb. VI.34 gegeben. Dabei werden diese Werte für die Träger ohne und mit 2, 4 und ∞ (unverformbarer Querschnitt) Querschotten, untereinander verglichen.

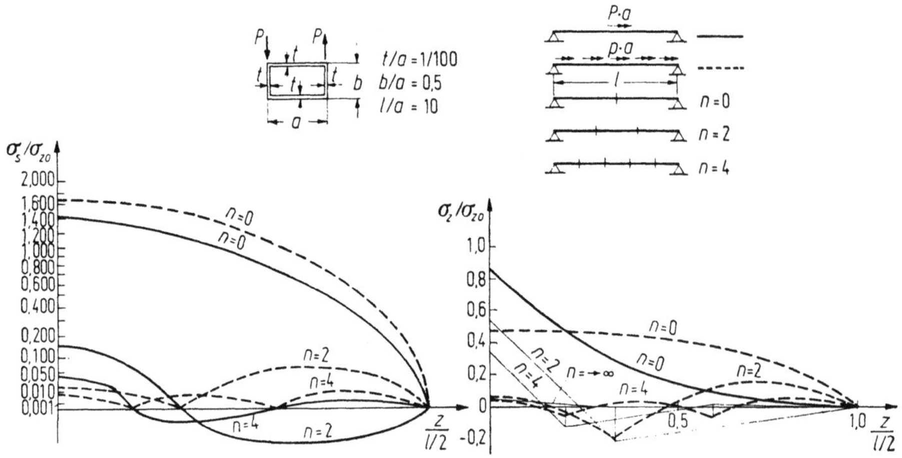

Abb. VI.34

Dritter Teil

NICHT-ELASTISCHES VERHALTEN DÜNNWANDIGER STÄBE

VII. Einfluß des Kriechens und Schwindens des Betons in dünnwandigen Stäben

1. Einleitung. Betonkriechen und Betonschwinden

Vorgespannte Beton- und Verbundkonstruktionen werden heute im Bauwesen in zahlreichen Formen angewendet. Die Erscheinungen des Kriechens und Schwindens des Betons spielen bei diesen Konstruktionsarten eine besondere Rolle.

Diese Tragwerke können zum großen Teil als dünnwandig angesehen werden. Die Theorie der Biegung mit Berücksichtigung des Kriechens und Schwindens ist sehr eingehend behandelt worden. Soviel uns bekannt ist, besteht jedoch keine Theorie der dünnwandigen Stäbe, besonders bei Wölbkrafttorsion, unter Berücksichtigung der Auswirkungen des Kriechens und Schwindens des Betons. Die in ihren Ebenen unverformbaren Querschnitte werden meist symmetrisch ausgeführt und infolge der ständigen Belastung und der Vorspannung, welche das Kriechen des Betons hervorruft, auf Biegung und Längskraft beansprucht. Für zeitweilig auftretende bzw. bewegliche Lasten, wie sie z.B. bei Brücken vorkommen, wird angenommen, daß diese keinen Einfluß auf das Kriechen und Schwinden haben. Die Folge davon ist, daß dieser Einfluß auch im Falle einer kombinierten Biege- und Torsionsbeanspruchung nicht berücksichtigt wird. Das Bedürfnis nach einer diese Einflüsse berücksichtigenden Theorie dünnwandiger Träger kann heute als aktuell angesehen werden.

Im letzten Dezennium hat das Interesse für die Berechnung von Trägern mit, in der Horizontalebene gelegener, gekrümmter Achse zugenommen. Einer der Gründe dafür ist die immer häufigere Ausführung von Brücken mit gekrümmter Achse, welche eine Folge der Anpassung der modernen Straßen an die Erfordernisse des Schnellverkehrs ist. In konstruktiver Hinsicht gehören diese Brücken oft in den Bereich der dünnwandigen Träger. Das Eigengewicht sowie die Vorspannung rufen neben der Biegung auch Torsion hervor, wobei das Kriechen des Betons zum Ausdruck kommt.

Die Längszeitversuche mit den Betonkörpern zeigen die folgenden Verformungseigenschaften des Betons[1]:

---

[1] Siehe z.B.: *M. Birkenmaier*: Über einige Begriffe im Spannbeton. Inst. für bauwissenschaftliche Forschung, Stiftung Kollbrunner/Rodio, H. 16. 1970. Verlag Leemann, Zürich.

— Elastische, unmittelbar beim Aufbringen der Belastung stattfindende Verformung.
— Eine mit der Zeit anwachsende Verformung infolge ständiger Last, welche als Kriech-Verformung bezeichnet wird.
— Schwind-Verformung, d.h. die am unbelasteten gleichartigen Betonkörper gemessene, mit der Zeit anwachsende Verkürzung.

Diese Versuche[1] zeigen, daß neben der Belastungshöhe auch das Alter des Betons im Zeitpunkt der Belastung maßgebend ist. Je später die Belastung aufgebracht wird, um so kleiner sind die Kreichverformungen. Außer der Größe der Belastung und des Belastungsalters spielen auch die folgenden Faktoren eine gewisse Rolle: Betonzusammensetzung, Art der Zuschlagsstoffe, relative Luftfeuchtigkeit, Bauteileabmessungen usw.

In Verbundquerschnitten aus Beton und Stahl ergeben sich infolge des Kriechens und Schwindens des Betons die Spannungsänderungen gegenüber den anfänglichen Spannungen aus andauernden Lasten und Vorspannung. Die Stahlanteile im Verbund (stählerner Teil des Querschnitts bei den Verbundträgern, oder Schlaffarmierung und Spannstahl bei den Spannbetonträgern) behindern teilweise die zeitabhängigen Verformungen des Betons, was eine Spannungsumlagerung zwischen Beton und Stahl zur Folge hat.

Eine ziemlich allgemeine Spannungs-Verzerrungs-Beziehung, welche sowohl das Betonalter und die Belastungsgeschichte berücksichtigt, kann für den eindimensionalen Spannungszustand wie folgt formuliert werden:

$$\varepsilon_b(t) = \frac{\sigma_b(\tau_0)}{E_b(\tau_0)} + \sigma_b(\tau_0)\, C(t, \tau_0) + \int_{\tau_0}^{t} \frac{\partial \sigma_b(\tau)}{\partial \tau} \left[\frac{1}{E_b(\tau)} + C(t, \tau)\right] d\tau + \varepsilon_s(t)\,, \tag{VII.1}$$

wo $\varepsilon_b(t)$, $\sigma_b(t)$ und $E_b(t)$ Dehnung, Normalspannung und Elastizitätsmodul im beliebigen Zeitpunkt sind. Mit τ_0 und $\varepsilon_s(t)$ wird das Betonalter bei Aufbringen der Belastung und das Schwindmaß des Betons bezeichnet.

$C(t, \tau)$ stellt die Kriechdehnung infolge der Einheitsspannung dar. Sie wird als Kriechfunktion bezeichnet.

Nach der partiellen Integration des Integrals in dem Ausdruck (VII.1) kann die Spannungs-Verzerrungs-Beziehung auch in der Form

$$\varepsilon_b(t) = \frac{\sigma_b(t)}{E_b(t)} - \int_{\tau_0}^{t} \sigma_b(\tau) \frac{\partial}{\partial \tau} \left[\frac{1}{E_b(\tau)} + C(t, \tau)\right] d\tau + \varepsilon_s(t) \tag{VII.2}$$

angeschrieben werden.

Maslow und *Arutiunian* haben diese Beziehung vorgeschlagen. Für die Kriechfunktion gibt *Arutiunian*[1] den folgenden Ausdruck:

$$C(t, \tau) = \left(C_0 + \frac{A_1}{\tau}\right) [1 - e^{-\gamma(t-\tau)}], \tag{VII.3}$$

[1] *N. Kh. Arutiunian*: Einige Fragen der Theorie des Kriechens. Gosizdat, Moskau 1952 (russisch). — *N. Kh. Arutiunian*: Application de la théorie du fluage; traduit du russe par *P. Mrozowicz*, Edition Eyrolles, Paris 1957.

wo C_0, A_1 und γ die Konstanten, welche aus Versuchsergebnissen ermittelt werden, sind.

Der erste Klammerausdruck beschreibt den Einfluß des Belastungsalters, der zweite den Verlauf der Kriechfunktion seit Belastungsbeginn.

Der Elastizitätsmodul E_b ist auch eine Funktion der Zeit und kann in folgender Form dargestellt werden:

$$E_b(\tau) = E_{b0}(1 - \beta e^{-\varkappa_1 \tau}). \tag{VII.4}$$

Die Werte E_{b0}, $\varkappa_1$ und β werden aus den Versuchsresultaten entnommen.

Die Beziehung (VII.3) wurde als Grundlage für mehrere Forschungsarbeiten übernommen. Wegen den mathematischen Schwierigkeiten ist diese Beziehung in solcher Form für die praktische Berechnung wenig geeignet. Die Auflösung der Integralgleichung erfordert schon in einfachen Fällen einen erheblichen mathematischen Aufwand.

Der Elastizitätsmodul vergrößert sich mit der Zeit. Diese Änderung beeinflußt die Verformung viel weniger als das Kriechen. Somit kann man ohne großen Fehler einen konstanten Elastizitätsmodul

$$E_b = \text{const.} \tag{VII.5}$$

annehmen.

Es ist in der technischen Theorie üblich, statt der Kriechfunktion $C(t, \tau)$ die sogenannte Kriechzahl[1]

$$\Phi(t, \tau) = E_b \cdot C(t, \tau) \tag{VII.6}$$

einzuführen.

Mit Rücksicht auf die Ausdrücke (VII.5) und (VII.6) kann die Gleichung (VII.2) wie folgt angeschrieben werden:

$$\varepsilon_b(t) = \frac{1}{E_b}\left(\sigma_b - \int_{\tau_0}^{t} \sigma_b(\tau) \frac{\partial \Phi(t, \tau)}{\partial \tau} d\tau\right) + \varepsilon_s(t). \tag{VII.7}$$

Zu den einfacheren Formen der σ — ε-Beziehung gelangen wir in erster Linie durch die Vereinfachung der Funktion $\Phi(\tau, t)$ bzw. $C(\tau, t)$.

Wenn wir voraussetzen, daß der Beton genug „alt" ist, so daß eine weitere Alterung keinen Einfluß auf das Kriechen hat, hängt die Dehnung infolge des Kriechens nur von der Zeitdauer der Belastung ab. Die Kriechzahl wird wie folgt dargestellt:

$$\Phi(t, \tau) = \Phi(t - \tau). \tag{VII.8}$$

Eine andere Näherung, welche oft als „Alterungstheorie" bezeichnet wird, beruht auf der Annahme, daß die Kriechzahl von dem Alter des Betons im Zeitpunkt des Aufbringens der Belastung abhängt:

$$\Phi(t, \tau) = \Phi(t, \tau_0) - \Phi(\tau, \tau_0). \tag{VII.9}$$

Wenn man als Zeitbeginn den Zeitpunkt der Belastung nimmt, d. h. wenn $\tau_0 = 0$ gesetzt wird, erhält man:

$$\Phi(t, \tau) = \Phi(t) - \Phi(\tau). \tag{VII.10}$$

---

[1] Die Kriechzahl wird gewöhnlich mit $\varphi(t, \tau)$ bezeichnet. Da wir in diesem Buch die Verdrehung des Stabes mit φ bezeichnet haben, wird $\Phi(t, \tau)$ als Bezeichnung für die Kriechzahl gewählt.

Gemäß der Theorie, welche sich auf den Ausdruck (VII.8) gründet, haben alle Verformungen elastischen Charakter. Nach der Entlastung verbleiben keine Verformungen.

Die ,,Alterungstheorie" indessen überschätzt den Einfluß des Betonalters, und die Verformungen sind nach dieser Theorie unwiederkehrlich.

Wenn man den Ausdruck (VII.10) in die Gleichung (VII.7) einsetzt, erhält man die von *Dischinger*[1] vorgeschlagene Spannungs-Dehnungs-Beziehung in der Form einer Integralgleichung:

$$\varepsilon_b(\Phi) = \frac{1}{E_b}\left(\sigma_b + \int_0^\Phi \sigma_b(\Phi)\, d\Phi\right) + \varepsilon_s. \tag{VII.11}$$

In dieser Gleichung wird die Spannung σ_b als Funktion von Φ ausgedrückt. Um die Spannung zu berechnen, müssen uns nur die Werte von $\Phi(t)$ bekannt sein, die sich auf den Zeitpunkt beziehen, in welchem die Spannung berechnet wird. In den praktischen Berechnungen handelt es sich meist um die Endkriechzahl $\Phi(t \to \infty) = \Phi_\infty$.

Auf Grund der Gleichung (VII.11) wurden verschiedene Probleme der Verbund- und vorgespannten Konstruktionen berechnet; unter anderem Biegung und Axialbeanspruchung der statisch bestimmten Tragwerke. Bei den statisch unbestimmten Systemen gelangt man zu dem System der Integro-Differentialgleichungen, welches, ausgenommen von gewissen Einzelfällen, nur näherungsweise gelöst werden kann.

M. Djurić[2] hat ein Näherungsverfahren entwickelt, welches einerseits in bezug auf Gleichung (VII.11) eine gute Approximation darstellt, und anderseits ermöglicht die Berechnung der statisch bestimmten und unbestimmten Systeme in der gleichen Weise wie bei den elastischen Tragwerken durchzuführen.

Nach diesem Verfahren wird die Differentialgleichung (VII.11) durch eine gewöhnliche algebraische Gleichung ersetzt. Wenn man voraussetzt, daß die Betonspannung vom Werte σ_{b0} im Zeitpunkt $t = 0$ bis zum Wert σ_b im Zeitpunkt t, näherungsweise eine lineare Funktion von Φ ist, erhält man:

$$\int_0^\Phi \sigma_b\, d\Phi \approx \frac{\sigma_{b0} + \sigma_b}{2}\,\Phi(t). \tag{VII.12}$$

Statt der Gleichung (VII.11) kann nun die folgende Gleichung angeschrieben werden:

$$E_{b\Phi}(\varepsilon_b - \varepsilon_s) = \sigma_b + \mu\sigma_{b0}\,, \tag{VII.13}$$

oder

$$\sigma_b = E_{b\Phi}(\varepsilon_b - \varepsilon_s) - \mu\sigma_{b0}\,, \tag{VII.14}$$

[1] *F. Dischinger*: Untersuchung über die Knicksicherheit, die elastische Verformung und das Kriechen des Betons bei Bogenbrücken. Bauingenieur 1937, H. 33/34 und Bauingenieur 1939, H. 5/6.

[2] *M. Djurić*: Theorie der Verbund- und vorgespannten Konstruktionen. Serbische Akademie der Wissenschaften und Künste, Monographien, Bd. CCCLXIV, 1963 (serbokroatisch). — *M. Djurić*: Ein Näherungsverfahren zur Berechnung der Verbund- und vorgespannten Konstruktionen. IVBH Symposium: Der Einfluß des Kriechens, Schwindens und der Temperaturänderungen in Stahlbetonkonstruktionen, Madrid 1970.

wo

$$E_{b\Phi} = \frac{E_b}{1 + \frac{\Phi}{2}} \tag{VII.15}$$

und

$$\mu = \frac{1}{2} \cdot \frac{\Phi}{1 + \frac{\Phi}{2}} \tag{VII.16}$$

sind.

Für das Schwindmaß ε_s wird üblich der Ausdruck

$$\varepsilon_s = -\frac{\varepsilon_{s\infty}}{\Phi_\infty} \Phi(t) \tag{VII.17}$$

angenommen, wo mit $\varepsilon_{s\infty}$ das Endschwindmaß des Betons bezeichnet wird.

Eine, für die praktische Anwendung geeignete Näherungsbeziehung kann auf Grund der Gleichung (VII.1) unter Voraussetzung des konstanten Elastizitätsmoduls erhalten werden.

Diese Beziehung wurde von *H. Trost*[1] gegeben.

Die Gleichung (VII.1) kann, mit Rücksicht auf (VII.5) und (VII.6), wie folgt angeschrieben werden:

$$\varepsilon_b(t) = \frac{\sigma_{b0}}{E_b} [1 + \Phi(t, \tau_0)] + \int_{\tau_0}^{t} \frac{\partial \sigma(\tau)}{\partial \tau} \cdot \frac{1}{E_b} [1 + \Phi(t, \tau)]\, d\tau + \varepsilon_s(t). \tag{VII.18}$$

Die Kriechzahl hat die Form

$$\Phi(t, \tau) = \Phi_N\, k(\tau)\, f(t - \tau). \tag{VII.19}$$

In diesem Ausdruck bedeuten:

Φ_N — Normkriechmaß, welches entsprechend den Bauwerkbedingungen aus den Vorschriften entnommen wird; $k(\tau)$ — eine mit der Zeit abklingende Funktion, welche das Belastungsalter beschreibt; $f(t - \tau)$ — eine steigende Zeitfunktion mit der Eigenschaft:

$$f(t - \tau) = \begin{cases} 0 & \text{für } t = \tau \\ 1 & \phantom{\text{für }} t \to \infty \end{cases} \tag{VII.20}$$

welche den Einfluß der Belastungsdauer angibt.

Die Funktionen $k(\tau)$ und $f(t - \tau)$ nach C. E. B.-Empfehlungen[2] sind in Abb. VII.1 graphisch dargestellt.

---

[1] *H. Trost*: Auswirkungen des Superpositionsprinzips auf Kriech- und Relaxationsprobleme bei Beton und Spannbeton. Beton und Stahlbetonbau. H. 10/11. 1967. — *H. Trost*: Folgerungen aus Theorien und Versuchen für die baupraktische Untersuchung von Kriech- und Relaxationsproblemen in Spannbetontragwerken. IVBH Symposium: Der Einfluß des Kriechens, Schwindens und Temperaturänderungen in Stahlbetonkonstruktionen. Vorbericht, Madrid 1970.

[2] C. E. B. (Europäisches Beton-Komiteé): Empfehlungen zur Berechnung und Ausführung von Stahlbetonbauwerken. Übersetzung herausgegeben vom Deutschen Beton-Verein E. V. Düsseldorf: Werner-Verlag 1966.

Aus dem Ausdruck (VII.18), unter Verwendung der Gleichung (VII.19) für die Kriechzahl, ergibt sich für $t \to \infty$:

$$\varepsilon_{b\infty} = \frac{\sigma_{b0}}{E_b}\,[1 + \Phi_N k(\tau_0)] + \frac{\sigma_{b\infty} - \sigma_{b0}}{E_b} + \frac{\Phi_N}{E_b} \int_{\tau_0}^{\infty} \frac{\partial \sigma_b(\tau)}{\partial \tau}\, k(\tau)\, d\tau + \varepsilon_{s\infty}, \tag{VII.21}$$

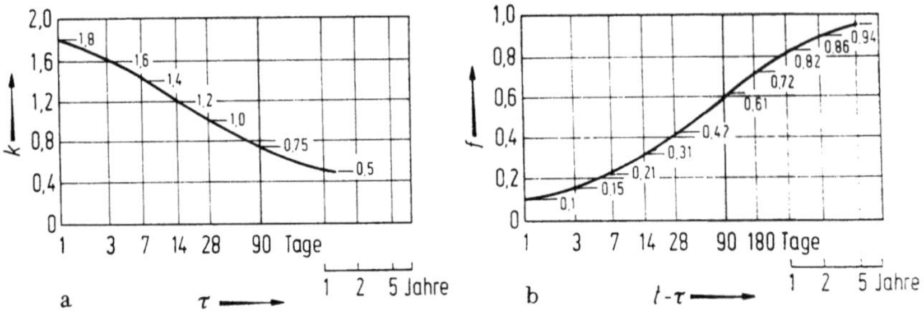

Abb. VII.1

wo $\varepsilon_{b\infty}$, $\varepsilon_{s\infty}$ und $\sigma_{b\infty}$ der Endwert der Dehnung, das Endschwindmaß und der Endwert der Spannung sind.

Diese Beziehung kann weiter umgeformt werden:

$$\varepsilon_{b\infty} = \frac{\sigma_{b0}}{E_b}(1 + \Phi_\infty) + \frac{\sigma_{b\infty} - \sigma_{b0}}{E_b}\left[1 + \Phi_\infty \int_{\tau_0}^{\infty} \frac{\partial[\sigma_b(\tau) - \sigma_{b0}]}{\partial \tau} \cdot \frac{1}{\sigma_{b\infty} - \sigma_{b0}} \cdot \frac{k(\tau)}{k(\tau_0)}\, d\tau\right] + \varepsilon_{s\infty}. \tag{VII.22}$$

wo $\Phi_\infty = k(\tau_0)\,\Phi_N$ die maßgebende Endkriechzahl für eine im Zeitpunkt τ_0 aufgebrachte Belastung ist. Der Wert des Integrals in dieser Gleichung wird als *Relaxationskennwert* ϱ bezeichnet:

$$\varrho = \int_{\tau_0}^{\infty} \frac{\partial[\sigma_b(\tau) - \sigma_{b0}]}{\partial \tau} \cdot \frac{1}{\sigma_{b\infty} - \sigma_{b0}} \cdot \frac{k(\tau)}{k(\tau_0)}\, d\tau. \tag{VII.23}$$

Der Endwert der Dehnung kann nun in der Form:

$$\varepsilon_{b\infty} = \frac{\sigma_{b0}}{E_b}(1 + \Phi_\infty) + \frac{\sigma_{b\infty} - \sigma_{b0}}{E_b}(1 + \varrho\Phi_\infty) + \varepsilon_{s\infty} \tag{VII.24}$$

angeschrieben werden.

Analog zu dieser Gleichung kann eine entsprechende als Näherungsausdruck für $\varepsilon_b(t)$ in einem beliebigen Zeitpunkt erhalten werden:

$$\varepsilon_b = \frac{\sigma_{b0}}{E_b}(1 + \Phi) + \frac{\sigma_b - \sigma_{b0}}{E_b}(1 + \varrho\Phi) + \varepsilon_s. \tag{VII.25}$$

Auf diese Weise wird, statt der Beziehung in der Form einer Integralgleichung, eine einfache algebraische Beziehung erhalten. Indessen besteht noch immer das Problem des Relaxationskennwertes, welcher wie aus dem Ausdruck (VII.23) ersichtlich, eine Funktion der Spannungen ist.

H. Trost führt die Hypothese ein, daß der Relaxationskennwert annähernd mittels des Ausdrucks

$$\varrho = \int_{\tau_0}^{\infty} \frac{\partial F(\tau)}{\partial \tau} \cdot \frac{k(\tau)}{k(\tau_0)} \, d\tau \,, \qquad \text{(VII.26)}$$

wo

$$F(t) \approx \frac{1 + k(\tau_0)\, \varphi_N}{1 + k(\tau_0)\, \Phi_N f(t - \tau_0)} f(t - \tau_0) \qquad \text{(VII.27)}$$

ist, bestimmt werden kann.

Die Funktion F, als Spannungsrelaxation, wird auf Grund der bekannten Werte φ_N, $k(\tau_0)$ und $f(\tau - \tau_0)$ bestimmt, und nachher gemäß dem Ausdruck (VII.26) numerisch differenziert. Durch die numerische Integration des Integrals (VII.26) wird der Relaxationskennwert ϱ erhalten.

H. Trost[1] gibt die folgende Tabelle für ϱ in Abhängigkeit von $k(\tau_0)$ und Φ_N:

Φ_N \ $k(\tau_0)$	1,5	1,2	1,0	0,75
3,5	0,90	0,91	0,92	0,93
3,0	0,88	0,90	0,91	0,92
2,5	0,86	0,87	0,88	0,90
2,0	0,82	0,85	0,86	0,89
1,5	0,79	0,82	0,84	0,87
1,0	0,75	0,79	0,81	0,86
0,5	0,70	0,75	0,78	0,84
0	0,67	0,71	0,75	0,83

Die Beziehung (VII.25) kann auf die Form (VII.13) überführt werden[2]:

$$E_{b\Phi}(\varepsilon_b - \varepsilon_s) = \sigma_b + \mu \sigma_{b0} .$$

Die Koeffizienten $E_{b\Phi}$ und μ haben indessen eine andere Deutung:

$$E_{b\Phi} = \frac{E_b}{1 + \varrho \Phi} , \qquad \text{(VII.28)}$$

$$\mu = \frac{(1 - \varrho)\, \Phi}{1 + \varrho \Phi} . \qquad \text{(VII.29)}$$

Die auf Grund der Theorie von *Dischinger* erhaltene Beziehung (VII.13) enthält nur die Kriechzahl Φ. In den Ausdrücken (VII.28) und (VII.29) figuriert neben

---

[1] Siehe frühere Fußnoten in diesem Kapitel und Literatur zum Kapitel VII. am Ende dieses Buches.

[2] *N. Hajdin*: Der Einfluß des Kriechens und Schwindens des Betons in dünnwandigen Trägern mit gekrümmter Achse. IVBH-Symposium: Der Einfluß des Kriechens, Schwindens und der Temperaturänderungen in Stahlbetonkonstruktionen, Schlußbericht, Madrid 1970.

der Kriechzahl noch der Relaxationskennwert ϱ. Dadurch ist diese Beziehung dem tatsächlichem Verhalten des Betons besser angepaßt.

Das auf Grund der Beziehung (VII.13) entwickelte Verfahren zur Berechnung der Verbund- und Spannbetonkonstruktionen kann auch im ganzen auf die Beziehung gleicher Form, mit den Koeffizienten $E_{b\varphi}$ und μ nach den Ausdrücken (VII.28) und (VII.29), angewendet werden.

Die Beziehung in der Form (VII.13) kann für die numerische Lösung des Kriechproblems für eine beliebige Kriechfunktion in der Gleichung (VII.1) bzw. (VII.18) angewendet werden.

Wir teilen das Intervall τ_0, t durch die Zeitpunkte $\tau_1, \tau_2, \ldots, \tau_i, \tau_{i+1}, \ldots, \tau_{n-1}$ in n Unterintervalle. In jedem solchen Unterintervall $i, i+1$ wird $\partial\sigma_b(\tau)/\partial\tau$ näherungsweise als konstant angenommen:

$$\left(\frac{\partial\sigma_b}{\partial\tau}\right)_{i,i+1} \approx \frac{\sigma_b(\tau_{i+1}) - \sigma_b(\tau_i)}{\tau_{i+1} - \tau_i}.$$

Durch die Integration der Gleichung (VII.1), wenn man τ_i, τ_{i+1} statt τ_0, t einsetzt, erhält man eine lineare Gleichung gleicher Form wie die Gleichung (VII.13). Durch die schrittweise Lösung des Problems mit dieser Beziehung, beginnend mit dem Unterintervall τ_0, τ_1, kann, in Abhängigkeit von der Anzahl der Unterintervalle, eine gewünschte Genauigkeit erreicht werden.

2. Verformung des Stabes, Gleichgewichtsbedingungen und Schnittkräfte

Wir betrachten einen dünnwandigen Stab mit offenem Querschnitt. Die Voraussetzungen über die Verformung sind die gleichen wie im Kapitel II.

Die Überlegungen und Schlußfolgerungen können im Rahmen der im Kapitel III.1 gemachten Voraussetzungen auch auf die Stäbe mit geschlossenem Querschnitt übertragen werden.

In den Stabquerschnitt legen wir ein kartesisches Koordinatensystem x, y. Den Koordinatenursprung C_1 verlegen wir in einen beliebigen Punkt.

Die Verschiebungskomponenten des beliebigen Punktes werden durch die Gleichungen (II.5), (II.6) und (II.13) gegeben.

Die von Null verschiedenen Verzerrungskomponenten ε_{z*} und γ_s ergeben sich nach den Gleichungen (II.16) und (II.18).

Die Gleichgewichtsbedingungen werden, wie im Kapitel II., unter Anwendung des Prinzips der virtuellen Arbeit aufgestellt. Dadurch ergeben sich die Gleichungen (II.39) und (II.40). Für die Belastungsglieder gelten die Ausdrücke (II.38).

Es ist zu bemerken, daß der Punkt C_1 (Abb. II.5) vorläufig ein beliebiger Punkt und x, y beliebige kartesische Koordinaten sind.

Der Querschnitt des Trägers möge irgendwelche längs der Profilmittellinie angeordneten Beton- bzw. Stahlanteile (Abb. VII.2) haben. In den Betonteilen kann sich schlaffe Bewehrung und Spannstahl befinden.

Die Normalspannung $\sigma_z = \sigma$ in den einzelnen Bewehrungsstäben, oder in dem Schwerpunkt einer konzentrierten Gruppe von Schlaffbewehrung oder Spannstahl, wird mit $\sigma_a^{(m)}$ bzw. $\sigma_k^{(n)}$ bezeichnet.

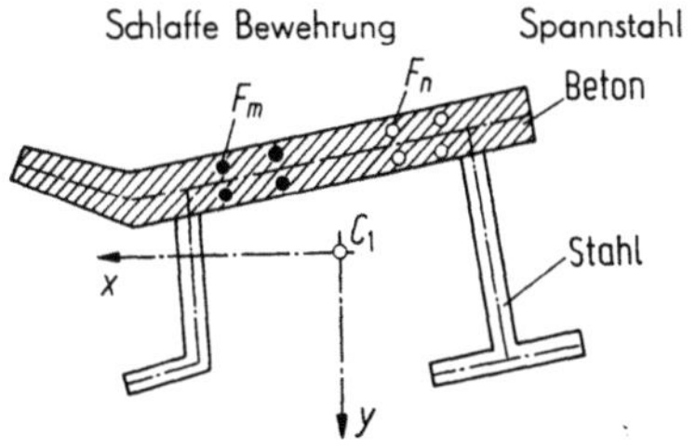

Abb. VII.2

Die Schnittkräfte N, M_x, M_y und $M_{\omega P}$ (siehe die Gleichung (II.37)) können dann folgendermaßen ausgedrückt werden:

$$\left.\begin{aligned} N &= \int_{Fa} \sigma_a\, dF_* + \int_{Fb} \sigma_b\, dF_* + \sum_m F_m \sigma_a^{(m)} + \sum_n F_n \sigma_k^{(n)}, \\ M_x &= \int_{Fa} \sigma_a x_*\, dF_* + \int_{Fb} \sigma_b\, x_*\, dF_* + \sum_m F_m x_m \sigma_a^{(m)} + \sum_n F_n x_n \sigma_k^{(n)}, \\ M_y &= \int_{Fa} \sigma_a y_*\, dF_* + \int_{Fb} \sigma_b\, y_*\, dF_* + \sum_m F_m y_m \sigma_a^{(m)} + \sum_n F_n y_n \sigma_k^{(n)}, \\ M_{\omega P} &= \int_{Fa} \sigma_a \omega_{P*}\, dF_* + \int_{Fb} \sigma_b \omega_{P*}\, dF_* + \sum_m F_m \omega_{Pm} \sigma_a^{(m)} \\ &\quad + \sum_n F_n \omega_{Pn} \sigma_k^{(n)}, \end{aligned}\right\} \qquad \text{(VII.30 a—d)}$$

wo F_a die gesamte Stahlfläche, ausgenommen schlaffe Bewehrung und Spannstahl, ist. Mit F_b ist die Fläche des Betons bezeichnet. Die Werte F_m, x_m, y_m, ω_{Pm} bzw. F_n, x_n, y_n, ω_{Pn} sind die Querschnitte und die Koordinaten der einzelnen Bewehrungsstäbe oder der konzentrierten Gruppen von denselben.

Im Ausdruck für den St.Venantschen Anteil des Torionsmomentes werden wir den Beitrag der Bewehrung vernachlässigen, so daß wir erhalten:

$$T_s = 2 \int_{Fa} \tau_{sa} \cdot e\, dF_* + 2 \int_{Fb} \tau_{sb} \cdot e\, dF_*. \qquad \text{(VII.31)}$$

3. Beziehungen zwischen den Schnittkräften und den Formänderungen im Zeitpunkt $\tau = \tau_0$. Differentialgleichungen des Stabes

Beim Aufbringen der Belastung verhält sich Beton elastisch, so daß wir haben:

$$\left.\begin{aligned} \sigma_{b0} &= E_b \varepsilon_0, \\ \tau_{sb0} &= G_b \gamma_{s0}, \end{aligned}\right\} \qquad \text{(VII.32 a, b)}$$

wobei sich der Index 0 auf den Zeitpunkt τ_0 bezieht.

Für den Stahl und die schlaffe Armierung gilt:

$$\left.\begin{aligned} \sigma_{a0} &= E_a \varepsilon_0, \\ \tau_{sa0} &= G_a \gamma_{s0}. \end{aligned}\right\} \qquad \text{(VII.33 a, b)}$$

Der Spannstahl hat den Elastizitätsmodul E_k, so daß wir erhalten:

$$\sigma_k = E_k \varepsilon_0. \qquad \text{(VII.34)}$$

Die Verzerrungskomponenten ε_0 und γ_{s0} sind nach den Gleichungen (II.16) und (II.18) die folgenden:

$$\varepsilon_0 = w'_{0,0} - \eta''_{P,0} y_* - \xi''_{P,0} x_* - \varphi''_{P,0} \omega_{P*}, \tag{VII.35}$$

$$\gamma_{s0} = 2\varphi'_{P,0} e. \tag{VII.36}$$

Durch die Einführung der Beziehungen (VII.32) bis (VII.36) in die Ausdrücke (VII.30) und (VII.31) erhalten wir:

$$\left.\begin{aligned} N^0 &= E_c(F^0 w'_{0,0} - S^0_x \xi''_{P,0} - S^0_y \eta''_{P,0} - S^0_{\omega_P} \varphi''_{P,0}), \\ M^0_x &= E_c(S^0_x w'_{0,0} - J^0_{xx} \xi''_{P,0} - J^0_{xy} \eta''_{P,0} - J^0_{x\omega_P} \varphi''_{P,0}), \\ M^0_y &= E_c(S^0_y w'_{0,0} - J^0_{xy} \xi''_{P,0} - J^0_{yy} \eta''_{P,0} - J^0_{y\omega_P} \varphi''_{P,0}), \\ M^0_{\omega_P} &= E_c(S^0_{\omega_P} w'_{0,0} - J^0_{x\omega_P} \xi''_{P,0} - J^0_{y\omega_P} \eta''_{P,0} - J^0_{\omega\omega_P} \varphi''_{P,0}), \\ T^0_s &= G_c K^0 \varphi'_{P,0}. \end{aligned}\right\} \tag{VII.37}$$

In diesen Ausdrücken bedeuten:

$$\left.\begin{aligned} F^0 &= F^r_a + F^r_b + \sum_m F^r_m + \sum_n F^r_n, \\ S^0_\alpha &= S^r_{a\alpha} + S^r_{b\alpha} + \sum_m F^r_m \alpha_m + \sum_n F^r_n \alpha_n, \\ J^0_{\alpha\beta} &= J^r_{a,\alpha\beta} + J^r_{b,\alpha\beta} + \sum_m F^r_m \alpha_m \beta_m + \sum_n F^r_n \alpha_n \beta_n, \\ K^0 &= K^r_a + K^r_b, \\ \alpha, \beta &= x_*, y_*, \omega_{P*}, \end{aligned}\right\} \tag{VII.38a—e}$$

wo

$$\left.\begin{aligned} &F^r_a = \frac{E_a}{E_c} F_a, \quad F^r_b = \frac{E_b}{E_c} F_b, \quad F^r_m = \frac{E_a}{E_c} F_m, \quad F^r_n = \frac{E_k}{E_c} F_n, \\ &S^r_{a\alpha} = \frac{E_a}{E_c} S_{a\alpha}, \quad S^r_{b\alpha} = \frac{E_b}{E_c} S_{b\alpha}, \\ &J^r_{a,\alpha\beta} = \frac{E_a}{E_c} J_{a,\alpha\beta}, \quad J^r_{b,\alpha\beta} = \frac{E_b}{E_c} J_{b,\alpha\beta}, \\ &K^r_a = \frac{G_a}{G_c} K_a, \quad K^r_b = \frac{G_b}{G_c} K_b \end{aligned}\right\} \tag{VII.39}$$

sind.

Die Werte

$$\left.\begin{aligned} &S_{a\alpha} = \int_{F_a} \alpha\, dF_*, \quad S_{b\alpha} = \int_{F_b} \alpha\, dF_*, \\ &J_{a,\alpha\beta} = \int_{F_a} \alpha\beta\, dF_*, \quad J_{b,\alpha\beta} = \int_{F_b} \alpha\beta\, dF_*, \\ &K_a = \frac{1}{3} \int_{S_a} t^3\, ds, \quad K_b = \frac{1}{3} \int_{S_b} t^3\, ds, \quad dF_* = de\, ds, \end{aligned}\right\} \tag{VII.40}$$

stellen (siehe die Gleichungen (II.44) und (II.45)) die statischen Momente, Deviationsmomente, Trägheitsmomente und Torsionskonstanten der Stahl- und Betonteile in bezug auf die Koordinaten x_*, y_* und ω_{P*} dar.

Mit oberem Index r versehene Größen bedeuten die durch das Verhältnis E_a/E_c bzw. E_b/E_c reduzierten Querschnittswerte der einzelnen Teile. Dabei sind E_c ein beliebiger Vergleichs-Elastizitätsmodul und G_c ein Vergleichs-Schubmodul.

Wenn man für den Koordinatenursprung $C_1 = C$ den Schwerpunkt eines durch den Ausdruck (VII.38a) bestimmten Querschnitts annimmt, werden die Werte S_x^0 und S_y^0 identisch Null. Ein auf diese Weise aufgefaßter ideeller Querschnitt besteht aus den reduzierten Flächen des Stahls und des Betons. Außerdem werden die in bestimmten Punkten konzentrierten Flächen F_m^r und F_n^r im Querschnitt eingerechnet.

Im Falle, daß x, y die Trägheitshauptachsen des ideellen Querschnitts sind, wird das Deviationsmoment J_{xy} gleich Null.

Auf vollständig analoge Weise wie bei dem homogenen Querschnitt werden die Koordinaten des Schubmittelpunktes des ideellen Querschnitts (siehe die Gleichungen (II.107) und (II.110)) durch die Ausdrücke:

$$\left.\begin{aligned} y_D &= -\frac{J^0_{x\omega_P}}{J^0_{xx}} + y_P, \\ x_D &= \frac{J^0_{y\omega_P}}{J^0_{yy}} + x_P \end{aligned}\right\} \qquad \text{(VII.41a, b)}$$

bestimmt.

Für $J^0_{xy} \neq 0$ (siehe die Gleichungen (II.107) und (VI.88)) erhält man:

$$\left.\begin{aligned} y_D &= -\frac{J^0_{x\omega_P} J^0_{yy} - J^0_{y\omega_P} J^0_{xy}}{J^0_{xx} J^0_{yy} - (J^0_{xy})^2} + y_P, \\ x_D &= \frac{J^0_{y\omega_P} J^0_{xx} - J^0_{x\omega_P} J^0_{xy}}{J^0_{xx} J^0_{yy} - (J^0_{xy})^2} + x_P. \end{aligned}\right\} \qquad \text{(VII.42)}$$

Die Normierung der sektoriellen Koordinate wird durch die Ausdrücke (II.111) und (II.112) erzielt:

$$\left.\begin{aligned} \omega_* &= \omega_{D*}(O_1, s, e) + \omega_0, \\ \omega_0 &= -\frac{S^0_{\omega_D}(O_1)}{F^0}, \end{aligned}\right\} \qquad \text{(VII.43)}$$

wobei O_1 ein beliebiger Punkt der Profilmittellinie ist.

Für die normierte sektorielle Koordinate ω_* gilt

$$J^0_{x\omega} = J^0_{y\omega} = S^0_\omega = 0. \qquad \text{(VII.44)}$$

Die Ausdrücke für die Schnittkräfte vereinfachen sich nun wesentlich, so daß wir erhalten:

$$\left.\begin{aligned} N^0 &= E_c F^0 w'_{0,0}, \\ M^0_x &= -E_c J^0_{xx} \xi''_0, \\ M^0_y &= -E_c J^0_{yy} \eta''_0 \end{aligned}\right\} \qquad \text{(VII.45a–c)}$$

und:

$$\left.\begin{aligned} M^0_\omega &= -E_c J^0_{\omega\omega} \varphi''_0, \\ T^0_s &= G_c K^0 \varphi'_0, \end{aligned}\right\} \qquad \text{(VII.46a, b)}$$

wobei überall der Index $P \equiv D$ weggelassen wurde.

Durch Einsetzen der Ausdrücke (VII.45) und (VII.46) in die Gleichungen (II.42) ergeben sich die Differentialgleichungen des Stabes:

$$\left.\begin{aligned} E_c F^0 w_{0,0}'' &= -p_z^0, \\ E_c J_{xx}^0 \xi_0^{IV} &= p_x^0 + m_x^{0\prime}, \\ E_c J_{yy}^0 \eta_0^{IV} &= p_y^0 + m_y^{0\prime}, \end{aligned}\right\} \quad \text{(VII.47a–c)}$$

und

$$E_c J_{\omega\omega}^0 \varphi_0^{IV} - G_c K^0 \varphi_0'' = m_D^0 + m_\omega^{0\prime}. \quad \text{(VII.48)}$$

Im Falle, daß die Querschnitte veränderlich längs der z-Achse sind, erhält man:

$$\left.\begin{aligned} E_c (F^0 w_{0,0}')' &= -p_z^0, \\ E_c (J_{xx}^0 \xi_0'')'' &= p_x^0 + m_x^{0\prime}, \\ E_c (J_{yy}^0 \eta_0'')'' &= p_y^0 + m_y^{0\prime} \end{aligned}\right\} \quad \text{(VII.49)}$$

und

$$E_c (J_{\omega\omega}^0 \varphi_0'')'' - G_c (K^0 \varphi_0')' = m_D^0 + m_\omega^{0\prime}. \quad \text{(VII.50)}$$

Aus den Gleichgewichtsbedingungen (II.40) folgt:

$$\left.\begin{aligned} Q_x^0 &= M_x^{0\prime} + m_x^0, \\ Q_y^0 &= M_y^{0\prime} + m_y^0, \\ T_\omega^0 &= M_\omega^{0\prime} + m_\omega^0. \end{aligned}\right\} \quad \text{(VII.51)}$$

Durch Einsetzen der Ausdrücke (VII.45b, c) und (VII.46a) in die Gleichungen (VII.51) erhält man:

$$\left.\begin{aligned} Q_x^0 &= -E_c J_{xx}^0 \xi_0''' + m_x^0, \\ Q_y^0 &= -E_c J_{yy}^0 \eta_0''' + m_y^0, \\ T_\omega^0 &= -E_c J_{\omega\omega}^0 \varphi_0''' + m_\omega^0. \end{aligned}\right\} \quad \text{(VII.52)}$$

Das gesamte Torsionsmoment T_0 ist durch den Ausdruck

$$T^0 = T_\omega^0 + T_s^0 = -E_c J_{\omega\omega}^0 \varphi_0''' + G_c K^0 \varphi_0' + m_\omega^0 \quad \text{(VII.53)}$$

bestimmt.

4. Schnittkräfte, Formänderungen und Differentialgleichungen im Zeitpunkt $\tau = t$

Die Spannungs-Dehnungs-Beziehung für Beton im Zeitpunkt $\tau = t$ wird in der Form (VII.14) angenommen:

$$\sigma_b = E_{b\Phi}(\varepsilon - \varepsilon_s) - \mu\sigma_{b0}. \quad \text{(VII.54)}$$

Die Werte $E_{b\Phi}$ und μ können nach den Formeln (VII.15) und (VII.16) bzw. (VII.28) und (VII.29) berechnet werden.

Eine analoge Beziehung wird auch auf die Beziehung zwischen der Schubspannung τ_{sb} und der Gleitverzerrung γ_s übertragen:

$$\tau_{sb} = G_{b\Phi}\gamma_s - \mu\tau_{sb0}, \quad \text{(VII.55)}$$

wo

$$G_{b\Phi} = \frac{G_b}{1 + \frac{\Phi}{2}}, \quad \mu = \frac{1}{2} \frac{\Phi}{1 + \frac{\Phi}{2}} \tag{VII.56}$$

oder

$$G_{b\Phi} = \frac{G_b}{1 + \varrho\Phi}, \quad \mu = \frac{(1 - \varrho)\,\Phi}{1 + \varrho\Phi} \tag{VII.57}$$

sind.

Die Spannungs-Verzerrungsbeziehungen (VII.33) und (VII.34) für den Stahl, schlaffe Bewehrung und Spannstahl bleiben unverändert. Es muß nur in den Formeln (VII.33) und (VII.34) ε und γ_s statt ε_0 und γ_{s0} gesetzt werden.

Die Verzerrungskomponenten $\varepsilon = \varepsilon(t)$ und $\gamma_s = \gamma_s(t)$ sind durch die Verschiebungsparameter in gleicher Weise wie die Werte ε_0 und γ_{s0} (siehe die Gleichungen (VII.35), (VII.36) ausgedrückt:

$$\varepsilon = w_0' - \eta_P'' y_* - \xi_P'' x_* - \varphi_P'' \omega_{P*}, \tag{VII.58}$$

$$\gamma_s = 2\varphi_P' e. \tag{VII.59}$$

Die Koordinaten x_*, y_* sind beliebige kartesische Koordinaten und somit verschieden von den Koordinaten x_* und y_* des ideellen Querschnitts F^0. Ebenso ist P ein beliebiger Pol.

Wenn wir die Beziehungen (VII.54), (VII.55), (VII.33), (VII.34), (VII.58) und (VII.59) in die Ausdrücke für die Schnittkräfte einführen, erhalten wir:

$$\left.\begin{aligned}
N &= E_c(\hat{F} w_0' - \hat{S}_x \xi_P'' - \hat{S}_y \eta_P'' - \hat{S}_{\omega_P} \varphi_P'') - \mu N_{b0} - N_s,\\
M_x &= E_c(\hat{S}_x w_0' - \hat{J}_{xx} \xi_P'' - \hat{J}_{xy} \eta_P'' - \hat{J}_{x\omega_P} \varphi_P'') - \mu M_{xb0} - M_{xs},\\
M_y &= E_c(\hat{S}_y w_0' - \hat{J}_{xy} \xi_P'' - \hat{J}_{yy} \eta_P'' - \hat{J}_{y\omega_P} \varphi_P'') - \mu M_{yb0} - M_{ys},\\
M_{\omega_P} &= E_c(\hat{S}_{\omega_P} w_0' - \hat{J}_{x\omega_P} \xi_P'' - \hat{J}_{y\omega_P} \eta_P'' - \hat{J}_{\omega\omega_P} \varphi_P'') -\\
&\quad - \mu M_{\omega b0} - M_{\omega s},\\
T_s &= G_c \hat{K} \varphi_P' - \mu T_{sb0}.
\end{aligned}\right\} \tag{VII.60}$$

Die eingeführten Bezeichnungen haben die folgende Bedeutung:

$$\left.\begin{aligned}
\hat{F} &= F_a^r + F_{b\Phi}^r + \sum_m F_m^r + \sum_n F_n^r,\\
\hat{S}_\alpha &= S_{a\alpha}^r + S_{b\Phi,\alpha}^r + \sum_m F_m^r \alpha_m + \sum_n F_n^r \alpha_n,\\
\hat{J}_{\alpha\beta} &= J_{a,\alpha\beta}^r + J_{b\Phi,\alpha\beta}^r + \sum_m F_m^r \alpha_m \beta_m + \sum_n F_n^r \alpha_n \beta_n,\\
\hat{K} &= K_a^r + K_{b\Phi}^r,\\
\alpha, \beta &= x_*, y_*, \omega_{P*},
\end{aligned}\right\} \tag{VII.61 a–d}$$

$$\left.\begin{aligned}
N_{b0} &= \int_{F_b} \sigma_{b0}\, dF_*, \\
M_{xb0} &= \int_{F_b} \sigma_{b0} x_*\, dF_*, \\
M_{yb0} &= \int_{F_b} \sigma_{b0} y_*\, dF_*, \\
M_{\omega b0} &= \int_{F_b} \sigma_{b0} \omega_{P*}\, dF_*, \\
T_{sb0} &= 2 \int_{F_b} \tau_{sb0} e\, dF_*, \\
N_s &= E_{b\Phi} \int_{F_b} \varepsilon_s\, dF_*, \\
M_{xs} &= E_{b\Phi} \int_{F_b} \varepsilon_s x_*\, dF_*, \\
M_{ys} &= E_{b\Phi} \int_{F_b} \varepsilon_s y_*\, dF_*, \\
M_{\omega s} &= E_{b\Phi} \int_{F_b} \varepsilon_s \omega_{P*}\, dF_*
\end{aligned}\right\} \qquad (\text{VII.62a—i})$$

mit

$$\left.\begin{aligned}
F_a^r &= \frac{E_a}{E_c} F_a, \quad & F_{b\Phi}^r &= \frac{E_{b\Phi}}{E_c} F_b, \\
S_{a\varkappa}^r &= \frac{E_a}{E_c} S_{a\varkappa}, \quad & S_{b\Phi,\varkappa}^r &= \frac{E_{b\Phi}}{E_c} S_{b\varkappa}, \\
J_{a,\alpha\beta}^r &= \frac{E_a}{E_c} J_{a,\alpha\beta}, \quad & J_{b\Phi,\alpha\beta} &= \frac{E_{b\Phi}}{E_c} J_{b,\alpha\beta}, \\
K_a^r &= \frac{G_a}{G_c} K_a, \quad & K_{b\Phi}^r &= \frac{G_{b\Phi}}{G_c} K_b.
\end{aligned}\right\} \qquad (\text{VII.63})$$

Die Werte $S_{a\varkappa} \cdots K_b$ sind durch die Formeln (VII.40) gegeben.

Ähnlich wie im Zeitpunkt $\tau = \tau_0$ können wir den Koordinatenursprung $C_1 = C_\Phi$ so wählen, daß er mit dem Schwerpunkt eines ideellen Querschnitts „$\hat{F}$" zusammenfällt. In diesem Querschnitt werden die Betonanteile durch das Verhältnis $E_{b\Phi}/E_c$, diejenigen des Stahls durch E_a/E_c reduziert. Mit anderen Worten werden bei der Auswertung der bestimmten Integrale, durch welche die einzelnen Querschnittsgrößen ermittelt werden, immer, statt $dF_* = ds\, de$,

$$\left.\begin{aligned}
&\text{für Beton:} \quad d\hat{F}_* = \frac{E_{b\Phi}}{E_c} dF_* = \frac{E_{b\Phi}}{E_c} ds\, de \\
&\text{und} \\
&\text{für Stahl:} \quad d\hat{F}_* = \frac{E_a}{E_c} dF_* = \frac{E_a}{E_c} ds\, de
\end{aligned}\right\} \qquad (\text{VII.64})$$

in die Rechnung eingesetzt.

Statt den konzentrierten Flächen F_m und F_n werden die ideellen Flächen $F_{m\Phi}$ und $F_{n\Phi}$ angenommen.

Für einen solchen Querschnitt gilt:

$$\hat{S}_x = \hat{S}_y = 0. \qquad \text{(VII.65)}$$

Wenn wir noch voraussetzen, daß x und y die Trägheitshauptachsen des ideellen Querschnitts sind, wird auch $\hat{J}_{xy}$ gleich Null.

Die Koordinaten x_*, y_* bzw. x, y, welche sich auf Hauptträgheitsachsen eines solchen Querschnitts beziehen, werden im weiteren mit $x_{\Phi*}$, $y_{\Phi*}$ bzw. x_Φ, y_Φ bezeichnet. Die mit Wölbkrafttorsion verbundenen Größen des ideellen Querschnitts können auf den Schubmittelpunkt D_Φ bezogen werden. Die Koordinaten des Schubmittelpunktes sind durch die Ausdrücke

$$\left.\begin{aligned} y_{D\Phi} &= -\frac{\hat{J}_{x\omega P}}{\hat{J}_{xx}} + y_P, \\ x_{D\Phi} &= \frac{\hat{J}_{y\omega P}}{\hat{J}_{yy}} + x_P \end{aligned}\right\} \qquad \text{(VII.66)}$$

gegeben.

Für $\hat{J}_{xy} \neq 0$ sind die Formeln (VII.42) zu verwenden; statt $J^0_{x\omega P} \cdots J^0_{xy}$ ist $\hat{J}_{x\omega P} \cdots \hat{J}_{xy}$ zu setzen.

Die Normierung der sektoriellen Koordinate $\omega_{\Phi*}$ wird durch den Ausdruck (VII.43) erreicht. Für die normierte, auf den Schubmittelpunkt bezogene sektorielle Koordinate gilt:

$$\hat{J}_{x\omega} = \hat{J}_{y\omega} = \hat{S}_\omega = 0. \qquad \text{(VII.67)}$$

Mit Rücksicht auf die Ausdrücke (VII.65) und (VII.67) können nun die Ausdrücke für die Schnittkräfte in folgender Form angeschrieben werden:

$$\left.\begin{aligned} N &= E_c\hat{F}w_0' - \mu N_{b0} - N_s, \\ M_x &= -E_c\hat{J}_{xx}\xi'' - \mu M_{xb0} - M_{xs}, \\ M_y &= -E_c\hat{J}_{yy}\eta'' - \mu M_{yb0} - M_{ys} \end{aligned}\right\} \qquad \text{(VII.68)}$$

und

$$\left.\begin{aligned} M_\omega &= -E_c\hat{J}_{\omega\omega}\varphi'' - \mu M_{\omega b0} - M_{\omega s}, \\ T_s &= G_c\hat{K}\varphi' - \mu T_{sb0}, \end{aligned}\right\} \qquad \text{(VII.69a, b)}$$

wobei der Index $P = D_\Phi$ weggelassen wurde.

Die Differentialgleichungen des Stabes im Zeitpunkt $\tau = t$ werden durch Einsetzen der Ausdrücke (VII.68) und (VII.69) in die Gleichungen (II.42) erhalten:

$$\left.\begin{aligned} E_c\hat{F}w_0'' &= -p_z + \mu N_{b0}' + N_s', \\ E_c\hat{J}_{xx}\xi^{IV} &= p_x + m_x' - \mu M_{xb0}'' - M_{xs}'', \\ E_c\hat{J}_{yy}\eta^{IV} &= p_y + m_y' - \mu M_{yb0}'' - M_{ys}'' \end{aligned}\right\} \qquad \text{(VII.70a–c)}$$

und

$$E_c\hat{J}_{\omega\omega}\varphi^{IV} - G_c\hat{K}\varphi'' = m_D + m_\omega' - \mu(M_{\omega b0}'' + T_{sb0}') - M_{\omega s}'', \qquad \text{(VII.71)}$$

oder im Falle des längs der z-Achse veränderlichen Querschnitts:

$$\left.\begin{aligned} E_c(\hat{F}w_0')' &= -p_z + \mu N_{b0}' + N_s', \\ E_c(\hat{J}_{xx}\xi'')'' &= p_x + m_x' - \mu M_{xb0}'' - M_{xs}'', \\ E_c(\hat{J}_{yy}\eta'')'' &= p_y + m_y' - \mu M_{yb0}'' - M_{ys}'' \end{aligned}\right\} \qquad (VII.72)$$

und

$$E_c(\hat{J}_{\omega\omega}\varphi'')'' - G_c(\hat{K}\varphi')' = m_D + m_\omega' - \mu(M_{\omega b0}'' + T_{sb0}') - M_{\omega s}''. \qquad (VII.73)$$

Bei der Berechnung der Glieder $p_x, p_y, \ldots, m_\omega$ nach den Formeln (II.38) muß man beachten, daß sich die Koordinaten x und y auf den Schwerpunkt C_Φ, und die Koordinate $\omega_P = \omega_\Phi$ auf den Schubmittelpunkt D_Φ beziehen.

Unter Verwendung der Gleichgewichtsbedingungen (VII.51) für $\tau = t$ und der Gleichungen (VII.68b, c) und (VII.69a), kann man den Zusammenhang zwischen den Schnittgrößen Q_x, Q_y, T_ω und den Größen ξ, η und φ herstellen:

$$\left.\begin{aligned} Q_x &= -E_c\hat{J}_{xx}\xi''' - \mu M_{xb0}' - M_{xs}' + m_x, \\ Q_y &= -E_c\hat{J}_{yy}\eta''' - \mu M_{yb0}' - M_{ys}' + m_y, \\ T_\omega &= -E_c\hat{J}_{\omega\omega}\varphi''' - \mu M_{\omega b0}' - M_{\omega s}' + m_\omega. \end{aligned}\right\} \qquad (VII.74)$$

Das gesamte Torsionsmoment T ist mit Rücksicht auf den Ausdruck (VII.69b) durch

$$\left.\begin{aligned} T = T_\omega + T_s = -(E_c\hat{J}_{\omega\omega}\varphi''' - G_c\hat{K}\varphi') - \\ - \mu(M_{\omega b0}' + T_{sb0}) - M_{\omega s}' + m_\omega \end{aligned}\right\} \qquad (VII.75)$$

gegeben.

Die Größen $N_{b0} \cdots M_{\omega b0}$ werden aus der Betonspannung σ_{b0}:

$$\sigma_{b0} = E_b(w_{0,0}' - \xi_0'' x_* - \eta_0'' y_* - \varphi_0''\omega_*) \qquad (VII.76)$$

berechnet, wobei die Werte $w_{0,0}', \xi_0'', \eta_0'', \varphi_0''$ unter Verwendung der Ausdrücke (VII.45) und (VII.46a) durch die Schnittkräfte im Zeitpunkt $\tau = \tau_0$ ausgedrückt werden. Die Gleichungen (VII.62) liefern dann die folgenden Ausdrücke für $N_{b0} \cdots M_{\omega b0}$:

$$\left.\begin{aligned} N_{b0} &= N^0\frac{F_b^r}{F^0} + M_x^0\frac{S_{bx}^r}{J_{xx}^0} + M_y^0\frac{S_{by}^r}{J_{yy}^0} + M_\omega^0\frac{S_{b\omega}^r}{J_{\omega\omega}^0}, \\ M_{xb0} &= N^0\frac{S_{bx\Phi}^r}{F^0} + M_x^0\frac{J_{b,xx\Phi}^r}{J_{xx}^0} + M_y^0\frac{J_{b,yx\Phi}^r}{J_{yy}^0} + M_\omega^0\frac{J_{b,\omega x\Phi}^r}{J_{\omega\omega}^0}, \\ M_{yb0} &= N^0\frac{S_{by\Phi}^r}{F^0} + M_x^0\frac{J_{b,xy\Phi}^r}{J_{xx}^0} + M_y^0\frac{J_{b,yy\Phi}^r}{J_{yy}^0} + M_\omega^0\frac{J_{b,\omega y\Phi}^r}{J_{\omega\omega}^0}, \\ M_{\omega b0} &= N^0\frac{S_{b\omega\Phi}^r}{F^0} + M_x^0\frac{J_{b,x\omega\Phi}^r}{J_{xx}^0} + M_y^0\frac{J_{b,y\omega\Phi}^r}{J_{yy}^0} + M_\omega^0\frac{J_{b,\omega\omega\Phi}^r}{J_{\omega\omega}^0}. \end{aligned}\right\} \qquad (VII.77\,a-d)$$

Die Werte $J_{b,\alpha\beta_\Phi}^r$ ($\alpha = x, y, \omega$; $\beta_\Phi = x_\Phi, y_\Phi, \omega_\Phi$) werden durch die bestimmten Integrale

$$J_{b,\alpha\beta_\Phi}^r = \frac{E_b}{E_c}\int_{F_b}\alpha_*\beta_{\Phi *}\,dF_* \qquad (VII.78)$$

ausgedrückt, wobei $\alpha_* = x_*, y_*, \omega_*$ die Koordinaten des beliebigen Punktes in bezug auf die Hauptträgheitsachsen x, y und den Schubmittelpunkt des ideellen Querschnitts im Zeitpunkt $\tau = \tau_0$, sind; $\beta_{\Phi *} = x_{\Phi *}, y_{\Phi *}, \omega_{\Phi *}$ sind die Koordinaten des gleichen Punktes in bezug auf die Hauptträgheitsachsen x_Φ, y_Φ und den Schubmittelpunkt des ideellen Querschnitts im Zeitpunkt $\tau = t$.

Für $S^r_{b\alpha}$ und S^r_{b,β_Φ} erhält man:

$$\left.\begin{aligned} S^r_{b\alpha} &= \frac{E_b}{E_c} \int_{F_b} \alpha_* \, dF_*, \qquad \alpha_* = x_*, y_*, \omega_*, \\ S_{b\beta_\Phi} &= \frac{E_b}{E_c} \int_{F_b} \beta_{\Phi *} \, dF_*, \qquad \beta_{\Phi *} = x_{\Phi *}, y_{\Phi *}, \omega_{\Phi *}. \end{aligned}\right\} \quad \text{(VII.79)}$$

Auf Grund der Ausdrücke (VII.32b), (VII.36), (VII.46b) und (VII.62e) ergibt sich:

$$T_{sb0} = \frac{K^r_b}{K^0} T^0_s. \quad \text{(VII.80)}$$

Die Ausdrücke (VII.77) können in Matrizenform wie folgt angeschrieben werden:

$$\boldsymbol{M}_{b0} = \boldsymbol{S}\boldsymbol{M}^0$$

mit

$$\boldsymbol{M}_{b0} = \begin{bmatrix} N_{b0} \\ M_{xb0} \\ M_{yb0} \\ M_{\omega b0} \end{bmatrix}, \quad \boldsymbol{M}^0 = \begin{bmatrix} N^0 \\ M^0_x \\ M^0_y \\ M^0_\omega \end{bmatrix}, \quad \boldsymbol{S} = \begin{bmatrix} \boldsymbol{S}_1 \\ \boldsymbol{S}_2 \\ \boldsymbol{S}_3 \\ \boldsymbol{S}_4 \end{bmatrix}$$

wobei

$$\left.\begin{aligned} \boldsymbol{S}_1 &= \left[\frac{F^r_b}{F^0} \;\middle|\; \frac{S^r_{bx}}{J^0_{xx}} \;\middle|\; \frac{S^r_{by}}{J^0_{yy}} \;\middle|\; \frac{S^r_{b\omega}}{J^0_{\omega\omega}} \right], \\ \boldsymbol{S}_2 &= \left[\frac{S^r_{bx_\Phi}}{F^0} \;\middle|\; \frac{J^r_{b,xx_\Phi}}{J^0_{xx}} \;\middle|\; \frac{J^r_{b,yx_\Phi}}{J^0_{yy}} \;\middle|\; \frac{J^r_{b,\omega x_\Phi}}{J^0_{\omega\omega}} \right], \\ \boldsymbol{S}_3 &= \left[\frac{S^r_{by_\Phi}}{F^0} \;\middle|\; \frac{J^r_{b,xy_\Phi}}{J^0_{xx}} \;\middle|\; \frac{J^r_{b,yy_\Phi}}{J^0_{yy}} \;\middle|\; \frac{J^r_{b,\omega y_\Phi}}{J^0_{\omega\omega}} \right], \\ \boldsymbol{S}_4 &= \left[\frac{S^r_{b\omega_\Phi}}{F^0} \;\middle|\; \frac{J^r_{b,x\omega_\Phi}}{J^0_{xx}} \;\middle|\; \frac{J^r_{b,y\omega_\Phi}}{J^0_{yy}} \;\middle|\; \frac{J^r_{b,\omega\omega_\Phi}}{J^0_{\omega\omega}} \right] \end{aligned}\right\} \quad \text{(VII.81)}$$

sind.

Durch Differenzieren der Gleichung (VII.81a), für $\boldsymbol{S}$ = const, erhält man unter Berücksichtigung der Ausdrücke (II.42a) und (VII.51):

$$\boldsymbol{M}'_{b0} = \boldsymbol{S} \begin{bmatrix} -p^0_z \\ Q^0_x - m^0_x \\ Q^0_y - m^0_y \\ T^0_\omega - m^0_\omega \end{bmatrix}. \quad \text{(VII.82)}$$

Mittels dieser Gleichung sind die Werte $N'_{b0} \cdots M'_{\omega b0}$, welche in den Ausdrücken (VII.70) und (VII.74) auftreten, durch die Belastung $p_z^0 \cdots m_\omega^0$ und die Schnittkräfte Q_x^0, Q_y^0 und T_ω^0 im Zeitpunkt $\tau = \tau_0$ gegeben.

Die zweiten Ableitungen von den Werten M_{xb0}, M_{yb0} und $M_{\omega b0}$ werden gemäß der Ausdrücke (II.42b, c) durch die Belastung und $M_\omega^{0''}$ bestimmt:

$$\boldsymbol{M}''_{b0} = \begin{bmatrix} M''_{xb0} \\ M''_{yb0} \\ M''_{\omega b0} \end{bmatrix} = - \begin{bmatrix} \mathbf{S}_2 \\ \mathbf{S}_3 \\ \mathbf{S}_4 \end{bmatrix} \begin{bmatrix} p_z^{0'} \\ p_x^0 + m_x^{0'} \\ p_y^0 + m_y^{0'} \\ -M_\omega^{0''} \end{bmatrix}. \qquad \text{(VII.83)}$$

Die Größe T'_{sb0}, welche in der Gleichung (VII.73) als zusätzliches Belastungsglied vorkommt, erhält man aus dem Ausdruck (VII.80):

$$T'_{sb0} = \frac{K_b^r}{K^0} T_s^{0'}. \qquad \text{(VII.84)}$$

5. Darstellung der Spannungen mittels der Schnittgrößen

Beim Aufbringen der Belastung, d. h. für $\tau = \tau_0$ ergeben sich auf Grund der Gleichungen (VII.32a), (VII.33a), (VII.34), (VII.35), (VII.45) und (VII.46a)[1] die folgenden Ausdrücke für σ_{a0}, σ_{b0} und σ_{k0}:

$$\left.\begin{aligned} \sigma_{a0} &= \frac{E_a}{E_c}\left(\frac{N^0}{F^0} + \frac{M_x^0}{J_{xx}^0} x_* + \frac{M_y^0}{J_{yy}^0} y_* + \frac{M_\omega^0}{J_{\omega\omega}^0} \omega_*\right), \\ \sigma_{b0} &= \frac{E_b}{E_c}\left(\frac{N^0}{F^0} + \frac{M_x^0}{J_{xx}^0} x_* + \frac{M_y^0}{J_{yy}^0} y_* + \frac{M_\omega^0}{J_{\omega\omega}^0} \omega_*\right), \\ \sigma_{k0}^{(n)} &= \frac{E_k}{E_c}\left(\frac{N^0}{F^0} + \frac{M_x^0}{J_{xx}^0} x_n + \frac{M_y^0}{J_{yy}^0} y_n + \frac{M_\omega^0}{J_{\omega\omega}^0} \omega_n\right). \end{aligned}\right\} \qquad \text{(VII.85a–c)}$$

Die Ausdrücke für τ_{sb0} und τ_{sa0} finden wir aus den Gleichungen (VII.32b), (VII.33b), (VII.36) und (VII.46b):

$$\left.\begin{aligned} \tau_{sa0} &= 2\frac{G_a}{G_c}\frac{T_s^0}{K^0} e, \\ \tau_{sb0} &= 2\frac{G_b}{G_c}\frac{T_s^0}{K^0} e. \end{aligned}\right\} \qquad \text{(VII.86)}$$

Die Spannungen τ_{wa0} und τ_{wb0} werden unter Benutzung der Gleichgewichtsbedingungen, wie im Abschnitt II.1 gezeigt wurde, ermittelt. Auf Grund der Abb. II.7 erhält man die Gleichung:

$$t\tau_{w0} = -\int_{\tilde{F}} \frac{\partial \sigma_z^0}{\partial z} dF_* - \int_{\tilde{s}} \bar{p}_z \, ds. \qquad \text{(VII.87)}$$

[1] Über die Spannung σ_{k0} infolge Vorspannung siehe Abschnitt 8.

Durch Einsetzen der Ausdrücke (VII.85) für $\sigma_z = \sigma_{a0}, \sigma_{b0}, \sigma_{k0}$ erhält man:

$$t\tau_{w0} = -N^{0'} \frac{\tilde{F}^0}{F^0} - \int_{\tilde{s}} \bar{p}_z \, ds - M_x^{0'} \frac{\tilde{S}_x^0}{J_{xx}^0} - M_y^{0'} \frac{\tilde{S}_y^0}{J_{yy}^0} - M_\omega^{0'} \frac{\tilde{S}_\omega^0}{J_{\omega\omega}^0}. \qquad \text{(VII.88)}$$

Die Größen $\tilde{F}^0$, $\tilde{S}_x^0$, $\tilde{S}_y^0$ und $\tilde{S}_\omega^0$ stellen die Fläche und die statischen Momente des abgeschnittenen Querschnittsteiles des ideellen Querschnitts „F^0" in bezug auf die Koordinaten x_*, y_* und ω_* dar. Sie werden folgendermaßen berechnet:

$$\left.\begin{aligned} \tilde{F}^0 &= \tilde{F}_a^r + \tilde{F}_b^r + \sum_m^{\sim} F_m^r + \sum_n^{\sim} F_n^r, \\ \tilde{S}_\alpha^0 &= \tilde{S}_{a\alpha}^r + \tilde{S}_{b\alpha}^r + \sum_m^{\sim} F_m^r \alpha_m + \sum_n^{\sim} F_n^r \alpha_n, \\ \alpha, \beta &= x_*, y_*, \omega_*, \end{aligned}\right\} \qquad \text{(VII.89)}$$

wo

$$\left.\begin{aligned} &\tilde{F}_a^r = \frac{E_a}{E_c} \tilde{F}_a, \quad \tilde{F}_b^r = \frac{E_b}{E_c} \tilde{F}_b, \quad F_m^r = \frac{E_a}{E_c} F_m, \quad F_n^r = \frac{E_k}{E_c} F_n, \\ &\tilde{S}_{a\alpha}^r = \frac{E_a}{E_c} \tilde{S}_{a\alpha}, \quad \tilde{S}_{b\alpha}^r = \frac{E_b}{E_c} \tilde{S}_{b\alpha} \end{aligned}\right\} \qquad \text{(VII.90)}$$

sind.

Die Bezeichnungen $\sum\limits_m^{\sim}$ und $\sum\limits_n^{\sim}$ beziehen sich auf alle F_m^r und F_n^r, welche sich im abgeschnittenen Teil des Querschnitts befinden.

Die Werte

$$\left.\begin{aligned} &\tilde{F}_a, \tilde{F}_b, \\ &\tilde{S}_{a\alpha} = \int_{\tilde{F}_a} \alpha \, dF_*, \quad \tilde{S}_{b\alpha} = \int_{\tilde{F}_b} \alpha \, dF_* \end{aligned}\right\} \qquad \text{(VII.91)}$$

sind die Flächen und die statischen Momente von Stahl- und Betonanteilen des abgeschnittenen Querschnittsteiles.

Mit Berücksichtigung der Gleichungen (VII.51) können wir den Ausdruck für τ_{w0} in der folgenden Form anschreiben:

$$\tau_{w0} = -\frac{1}{t} \left(p_z^0 \frac{\tilde{F}^0}{F^0} - \int_{\tilde{s}} \bar{p}_z^0 \, ds \right) - \frac{\bar{Q}_x^0 \tilde{S}_x^0}{J_{xx}^0 t} - \frac{\bar{Q}_y^0 \tilde{S}_y^0}{J_{yy}^0 t} - \frac{\bar{T}_\omega^0 \tilde{S}_\omega^0}{J_{\omega\omega}^0 t}, \qquad \text{(VII.92)}$$

wo

$$\left.\begin{aligned} \bar{Q}_x^0 &= Q_x^0 - m_x^0, \\ \bar{Q}_y^0 &= Q_y^0 - m_y^0, \\ \bar{T}_\omega^0 &= T_\omega^0 - m_\omega^0 \end{aligned}\right\} \qquad \text{(VII.93)}$$

sind.

Auf ähnliche Weise wie bei dem homogenen Querschnitt erhält man für $\bar{\tau}_{zn}$ den zur Formel (II.66) analogen Ausdruck:

$$\bar{\tau}_{zn,0} = -\frac{1}{2} \left(\frac{\bar{Q}_x^0}{J_{xx}^0} \cos\alpha + \frac{\bar{Q}_y^0}{J_{yy}^0} \sin\alpha + \frac{\bar{T}_\omega^0}{J_{\omega\omega}^0} h_n \right) \left(\frac{t^2}{4} - e^2 \right). \qquad \text{(VII.94)}$$

Im Zeitpunkt $\tau = t$ können die Normalspannungen mit Rücksicht auf die Gleichungen (VII.33a), (VII.54), (VII.58), (VII.68) und (VII.69a) wie folgt ausgedrückt werden:[1]

$$\left.\begin{aligned}
\sigma_a &= \frac{E_a}{E_c}\left(\frac{N_\Phi}{\hat{F}} + \frac{M_{x\Phi}}{\hat{J}_{xx}} x_{\Phi*} + \frac{M_{y\Phi}}{\hat{J}_{yy}} y_{\Phi*} + \frac{M_{\omega\Phi}}{\hat{J}_{\omega\omega}} \omega_{\Phi*}\right),\\
\sigma_b &= \frac{E_{b\Phi}}{E_c}\left(\frac{N_\Phi}{\hat{F}} + \frac{M_{x\Phi}}{\hat{J}_{xx}} x_{\Phi*} + \frac{M_{y\Phi}}{\hat{J}_{yy}} y_{\Phi*} + \frac{M_{\omega\Phi}}{\hat{J}_{\omega\omega}} \omega_{\Phi*}\right)\\
&\quad -\mu\sigma_{b0} - E_{b\Phi}\varepsilon_s,\\
\sigma_k^{(n)} &= \frac{E_k}{E_c}\left(\frac{N_\Phi}{\hat{F}} + \frac{M_{x\Phi}}{\hat{J}_{xx}} x_{\Phi n} + \frac{M_{y\Phi}}{\hat{J}_{yy}} y_{\Phi n} + \frac{M_{\omega\Phi}}{\hat{J}_{\omega\omega}} \omega_{\Phi n}\right).
\end{aligned}\right\} \quad \text{(VII.95a–c)}$$

Die Werte $N_\Phi \cdots M_{\omega\Phi}$, welche die Dimension der entsprechenden Schnittkräfte haben, sind durch die Ausdrücke:

$$\left.\begin{aligned}
N_\Phi &= N + \mu N_{b0} + N_s,\\
M_{x\Phi} &= M_x + \mu M_{xb0} + M_{xs},\\
M_{y\Phi} &= M_y + \mu M_{yb0} + M_{ys},\\
M_{\omega\Phi} &= M_\omega + \mu M_{\omega b0} + M_{\omega s}
\end{aligned}\right\} \quad \text{(VII.96a–d)}$$

gegeben. Es ist zu bemerken, daß diese Werte mit den Verschiebungsparametern unmittelbar verknüpft sind:

$$\left.\begin{aligned}
N_\Phi &= E_c\hat{F}w_0',\\
M_{x\Phi} &= -E_c\hat{J}_{xx}\xi'',\\
M_{y\Phi} &= -E_c\hat{J}_{yy}\eta'',\\
M_{\omega\Phi} &= -E_c\hat{J}_{\omega\omega}\varphi''.
\end{aligned}\right\} \quad \text{(VII.97)}$$

Für τ_{sa} und τ_{sb} erhält man auf Grund der Ausdrücke (VII.55), (VII.59) und (VII.69b):

$$\left.\begin{aligned}
\tau_{sa} &= 2\frac{G_a}{G_c}\cdot\frac{T_{s\Phi}}{\hat{K}}e,\\
\tau_{sb} &= 2\frac{G_{b\Phi}}{G_c}\frac{T_{s\Phi}}{\hat{K}}e - \mu\tau_{sb0},
\end{aligned}\right\} \quad \text{(VII.98)}$$

wobei

$$T_{s\Phi} = T_s + \mu T_{sb0} \qquad \text{(VII.99)}$$

bzw.

$$T_{s\Phi} = G_c\hat{K}\varphi' \qquad \text{(VII.100)}$$

sind.

---

[1] Für σ_a, τ_{sa} und σ_k gelten die Ausdrücke (VII.33) und (VII.34) wenn man den Index 0 wegläßt.

Wenn man in die Gleichung (VII.87) die Ausdrücke (VII.95) für σ_a, σ_b und σ_k einsetzt, erhält man:

$$t\tau_w = -N'_\Phi \frac{\hat{\tilde{F}}}{\hat{F}} - \int_s \bar{p}_z \, ds - M'_{x\Phi} \frac{\hat{\tilde{S}}_x}{\hat{J}_{xx}} - M'_{y\Phi} \frac{\hat{\tilde{S}}_y}{\hat{J}_{yy}} - M'_{\omega\Phi} \frac{\hat{\tilde{S}}_\omega}{\hat{J}_{\omega\omega}}$$

$$+ \mu \int_{\tilde{F}} \frac{\partial \sigma_{b0}}{\partial z} \, dF + E_{b\Phi} \varepsilon'_s \tilde{F}_b. \qquad \text{(VII.101)}$$

Die Größen $\hat{\tilde{F}}$, $\hat{\tilde{S}}_x$, $\hat{\tilde{S}}_y$ und $\hat{\tilde{S}}_\omega$ stellen die Fläche und die statischen Momente des abgeschnittenen Querschnittsteiles des ideellen Querschnitts „$\hat{F}$" in bezug auf die Koordinaten $x_{\Phi*}$, $y_{\Phi*}$ und $\omega_{\Phi*}$ dar:

$$\left.\begin{aligned} \hat{\tilde{F}} &= \tilde{F}^r_a + \tilde{F}^r_{b\Phi} + \sum_m^{\sim} F^r_m + \sum_n^{\sim} F^r_n, \\ \hat{\tilde{S}}_\alpha &= \tilde{S}^r_{a\alpha} + \tilde{S}^r_{b\Phi,\alpha} + \sum_m^{\sim} F^r_m \alpha_m + \sum_n^{\sim} F^r_n \alpha_n, \\ \alpha, \beta &= x_{\Phi*}, y_{\Phi*}, \omega_{\Phi*}, \end{aligned}\right\} \qquad \text{(VII.102)}$$

wo

$$\left.\begin{aligned} \tilde{F}^r_{b\Phi} &= \frac{E_{b\Phi}}{E_c} \tilde{F}_b, \\ \tilde{S}^r_{b\Phi,\alpha} &= \frac{E_{b\Phi}}{E_c} \tilde{S}_{b\Phi,\alpha}, \\ \tilde{S}_{b\Phi,\alpha} &= \int_{\tilde{F}_b} \alpha \, dF_* \end{aligned}\right\} \qquad \text{(VII.103)}$$

sind.

Der Ausdruck für τ_w kann in ähnlicher Form wie im Zeitpunkt $\tau = \tau_0$ angeschrieben werden:

$$\tau_w = \frac{1}{t}\left(p_{z\Phi} \frac{\hat{\tilde{F}}}{\hat{F}} - \int_s \bar{p}_z \, ds\right) - \frac{\bar{Q}_{x\Phi} \hat{\tilde{S}}_x}{\hat{J}_{xx} t} - \frac{\bar{Q}_{y\Phi} \hat{\tilde{S}}_y}{\hat{J}_{yy} t} -$$

$$- \frac{\bar{T}_{\omega\Phi} \hat{\tilde{S}}_\omega}{\hat{J}_{\omega\omega} t} + \mu \tau^0_{wb} + E_{b\Phi} \varepsilon'_s \tilde{F}_b, \qquad \text{(VII.104)}$$

wo

$$\left.\begin{aligned} p_{z\Phi} &= p_z - \mu N'_{b0} - N'_s, \\ \bar{Q}_{x\Phi} &= Q_x + \mu M'_{xb0} + M'_{xs} - m_x, \\ \bar{Q}_{y\Phi} &= Q_y + \mu M'_{yb0} + M'_{ys} - m_y, \\ \bar{T}_{\omega\Phi} &= T_\omega + \mu M'_{\omega b0} + M'_{\omega s} - m_\omega \end{aligned}\right\} \qquad \text{(VII.105a–d)}$$

sind.

Diese Werte werden gemäß der Gleichungen (VII.97) und (VII.101) durch die Verschiebungsparameter ausgedrückt:

$$\left.\begin{aligned} p_{z\Phi} &= E_c\hat{F}w_0'', \\ \bar{Q}_{x\Phi} &= -E_c\hat{J}_{xx}\xi''', \\ \bar{Q}_{y\Phi} &= -E_c\hat{J}_{yy}\eta''', \\ \bar{T}_{\omega\Phi} &= -E_c\hat{J}_{\omega\omega}\varphi'''. \end{aligned}\right\} \quad \text{(VII.106a—d)}$$

Auf Grund der Gleichungen (VII.99) und (VII.105d) können wir schreiben:

$$\bar{T}_\Phi = T_{s\Phi} + \bar{T}_{\omega\Phi} = T + \mu(T_{sb0} + M'_{\omega b0}) + M'_{\omega s} - m_\omega, \quad \text{(VII.107a, b)}$$

wobei

$$\bar{T}_\Phi = G_c\hat{K}\varphi' - E_c\hat{J}_{\omega\omega}\varphi'''$$

ist.

Das Glied

$$\tau^0_{wb} = \int\limits_{\tilde{F}} \frac{\partial\sigma_{b0}}{\partial z}\,dF$$

wird auf Grund des Ausdrucks (VII.85b) zu:

$$\tau^0_{wb} = \frac{1}{t}\left(p^0_z\frac{\tilde{F}^r_b}{F^r_b} - \int\limits_{s_b} p^0_z\,ds\right) - \frac{\bar{Q}^0_x\tilde{S}^r_{bx}}{J^0_{xx}t} - \frac{\bar{Q}^0_y\tilde{S}^r_{by}}{J^0_{yy}t} - \frac{\bar{T}^0_\omega\tilde{S}^r_{b\omega}}{J^0_{\omega\omega}t} \quad \text{(VII.108)}$$

bestimmt.

Die Schubspannung $\bar{\tau}_{zn}$ wird aus der Gleichung (II.62) unter Verwendung der Ausdrücke (VII.95) und (VII.104) ermittelt:

$$\left.\begin{aligned} \bar{\tau}_{zn,a} &= -\frac{1}{2}\left(\frac{\bar{Q}_{x\Phi}}{\hat{J}_{xx}}\cos\alpha + \frac{\bar{Q}_{y\Phi}}{\hat{J}_{yy}}\sin\alpha + \frac{\bar{T}_{\omega\Phi}}{\hat{J}_{\omega\omega}}h_{n\Phi}\right)\left(\frac{t^2}{4} - e^2\right), \\ \bar{\tau}_{zn,b} &= -\frac{1}{2}\left(\frac{\bar{Q}_{x\Phi}}{\hat{J}_{xx}}\cos\alpha + \frac{\bar{Q}_{y\Phi}}{\hat{J}_{yy}}\sin\alpha + \frac{\bar{T}_{\omega\Phi}}{\hat{J}_{\omega\omega}}h_{n\Phi}\right)\left(\frac{t^2}{4} - e^2\right) + \\ &\quad + \mu\tilde{\tau}_{zn,0}. \end{aligned}\right\} \quad \text{(VII.109)}$$

Die Werte $\bar{\tau}_{zn,a}$ und $\bar{\tau}_{zn,b}$ beziehen sich auf Stahl- und Betonanteile längs der Profilmittellinie des Querschnitts. Es ist zu bemerken, daß α der Winkel ist, den die Normale auf die Profilmittellinie mit der positiven Richtung der x_Φ-Achse einschließt.

Die Spannungen $\bar{\tau}_{zn}$ sind gewöhnlich, wie bei den homogenen dünnwandigen Stäben, von geringer Bedeutung.

6. Vereinfachungen

Wenn man eine gleichmäßige Verteilung der Normalspannungen über die Wandstärke voraussetzt, erhält man, wie im Abschnitt II.1.5 angegeben, etwas einfachere Ausdrücke für die Schnittkräfte und Querschnittswerte.

Für $\tau = \tau_0$ muß in die Gleichung (VII.35) x, y, ω_P statt x_*, y_*, ω_{P*} gesetzt werden.[1]

Ferner sollen auch in den Ausdrücken (VII.30), (VII.38), (VII.39), (VII.40) überall x, y, ω_P, $dF = t\,ds$ statt x_*, y_*, ω_{P*}, $dF_* = de\,ds$ auftreten.

Die Schnittkräfte werden dann durch die Ausdrücke:

$$\left.\begin{aligned} N^0 &= E_c F^0 w'_{0,0}, \\ M^0_x &= -E_c I^0_{xx} \xi''_0, \\ M^0_y &= -E_c I^0_{yy} \eta''_0, \\ M^0_\omega &= -E_c I^0_{\omega\omega} \varphi''_0, \\ T^0_s &= G_c K^0 \varphi'_0 \end{aligned}\right\} \quad \text{(VII.110a–e)}$$

gegeben.

Die Werte $I^0_{xx} \cdots I^0_{\omega\omega}$ werden auf gleiche Weise wie die entsprechenden Werte $J^0_{xx} \cdots J^0_{\omega\omega}$ berechnet, jedoch mit den Koordinaten x, y, ω. Die Integration erfolgt längs der Profilmittellinie, weil

$$dF_* = dF = t\,ds$$

ist.

Die Differentialgleichungen des Stabes haben die Form:

$$\left.\begin{aligned} E_c F^0 w''_{0,0} &= -p^0_z, \\ E_c I^0_{xx} \xi^{IV}_0 &= p^0_x + m^{0\prime}_x, \\ E_c I^0_{yy} \eta^{IV}_0 &= p^0_y + m^{0\prime}_y \end{aligned}\right\} \quad \text{(VII.111)}$$

und

$$E_c I^0_{\omega\omega} \varphi^{IV}_0 - G_c K^0 \varphi''_0 = m^0_D + m^{0\prime}_\omega. \quad \text{(VII.112)}$$

Statt der Gleichungen (VII.52) und (VII.53) erhält man:

$$\left.\begin{aligned} Q^0_x &= -E_c I^0_{xx} \xi'''_0 + m^0_x, \\ Q^0_y &= -E_c I^0_{yy} \eta'''_0 + m^0_y, \\ T^0_\omega &= -E_c I^0_{\omega\omega} \varphi'''_0 + m^0_\omega \end{aligned}\right\} \quad \text{(VII.113a–c)}$$

und

$$T^0 = T^0_\omega + T^0_s = -E_c I^0_{\omega\omega} \varphi'''_0 + G_c K^0 \varphi'_0 + m^0_\omega. \quad \text{(VII.114)}$$

Eine analoge Vereinfachung kann auch für den Zeitpunkt $\tau = t$ vorgenommen werden. Statt der Koordinaten x_*, y_*, ω_{*P} bzw. $x_{\Phi*}$, $y_{\Phi*}$, $\omega_{\Phi*}$ werden die Koordinaten der Profilmittellinie x, y, ω_P bzw. x_Φ, y_Φ, ω_Φ eingeführt.

Damit erhalten wir:

$$\left.\begin{aligned} N &= E_c \hat{F} w'_0 - \mu N_{b0} - N_s, \\ M_x &= -E_c \hat{I}_{xx} \xi'' - \mu M_{xb0} - M_{xs}, \\ M_y &= -E_c \hat{I}_{yy} \eta'' - \mu M_{yb0} - M_{ys} \end{aligned}\right\} \quad \text{(VII.115)}$$

[1] Die Werte mit Stern beziehen sich auf den beliebigen Punkt, die Werte x, y, ω_P jedoch auf die Punkte der Profilmittellinie.

und

$$\left.\begin{aligned} M_\omega &= -E_c\hat{I}_{\omega\omega}\varphi'' - \mu M_{\omega b0} - M_{\omega s}, \\ T_s &= G_c\hat{K}\varphi' - \mu T_{sb0}. \end{aligned}\right\} \quad \text{(VII.116)}$$

Die Querschnittswerte $\hat{I}_{xx} \cdots \hat{I}_{\omega\omega}$ werden aus den gleichen Formeln wie die Werte $\hat{J}_{xx} \cdots \hat{J}_{\omega\omega}$ ermittelt, wenn man statt der Koordinaten $x_{\Phi*}$, $y_{\Phi*}$, $\omega_{\Phi*}$ die Koordinaten x_Φ, y_Φ, ω_Φ der Profilmittellinie einsetzt. Dasselbe gilt auch für die Größen $N_{b0} \cdots M_{\omega b0}$. Die Differentialgleichungen lauten:

$$\left.\begin{aligned} E_c\hat{F}w_0'' &= -p_z + \mu N_{b0}' + N_s, \\ E_c\hat{I}_{xx}\xi^{IV} &= p_x + m_x' - \mu M_{xb0}'' - M_{xs}'', \\ E_c\hat{I}_{yy}\eta^{IV} &= p_y + m_y' - \mu M_{yb0}'' - M_{ys}'' \end{aligned}\right\} \quad \text{(VII.117)}$$

und

$$E_c\hat{I}_{\omega\omega}\varphi^{IV} - G_c\hat{K}\varphi'' = m_D + m_\omega' - \mu(M_{\omega b0}'' + T_{sb0}') - M_{\omega s}''. \quad \text{(VII.118)}$$

Für die Querkräfte und das Wölbtorsionsmoment ergeben sich die Ausdrücke:

$$\left.\begin{aligned} Q_x &= -E_c\hat{I}_{xx}\xi''' - \mu M_{xb0}' - M_{xs}' + m_x, \\ Q_y &= -E_c\hat{I}_{yy}\eta''' - \mu M_{yb0}' - M_{ys}' + m_y, \\ T_\omega &= -E_c\hat{I}_{\omega\omega}\varphi''' - \mu M_{\omega b0}' - M_{\omega s}' + m_\omega, \end{aligned}\right\} \quad \text{(VII.119)}$$

und für das gesamte Torsionsmoment:

$$T = -(E_c\hat{I}_{\omega\omega}\varphi''' - G_c\hat{K}\varphi') - \mu(M_{\omega b0}' + T_{sb0}) - M_{\omega s}' + m_\omega. \quad \text{(VII.120)}$$

Die Gleichungen (VII.85), (VII.92) und (VII.94) haben volle Gültigkeit, wenn man die aufgetretenen Koordinaten bzw. Querschnittswerte durch die vereinfachten ersetzt.

Ebenso gelten die entsprechenden Ausdrücke (VII.95), (VII.104) und (VII.108) für die Spannungen im Zeitpunkt $\tau = t$, wenn man die Querschnittswerte mittels der Koordinaten x_Φ, y_Φ, und ω_Φ berechnet.

Die Vernachlässigung des St. Venantschen Torsionsmoments T_s vereinfacht die Differentialgleichungen der Wölbkrafttorsion.

Die Differentialgleichung der Wölbkrafttorsion hat dieselbe Form wie die Differentialgleichung für die Biegung:

$$E_c I_{\omega\omega}^0 \varphi_0^{IV} = m_D^0 + m_\omega^{0\prime}, \quad \text{für} \quad \tau = \tau_0, \quad \text{(VII.121)}$$

$$E_c\hat{I}_{\omega\omega}\varphi^{IV} = m_D + m_\omega' - \mu M_{\omega b0}'' - M_{\omega s}'', \quad \text{für} \quad \tau = t. \quad \text{(VII.122)}$$

Die Ausdrücke für das Bimoment M_ω^0 und das Torsionsmoment $T_\omega^0 = T^0$ sind analog den Ausdrücken für das Biegungsmoment und die Querkraft:

$$\left.\begin{aligned} M_\omega^0 &= -E_c I_{\omega\omega}^0 \varphi_0'', \\ T_\omega^0 &= -E_c I_{\omega\omega}^0 \varphi_0'''. \end{aligned}\right\} \quad \text{(VII.123a, b)}$$

Eine entsprechende Beziehung besteht für $\tau = t$ zwischen den Größen $M_{\omega\Phi}$ und $T_{\omega\Phi} = T_\Phi$ und der Verdrehung φ:

$$\left.\begin{aligned} M_\Phi &= -E_c\hat{I}_{\omega\omega}\varphi'', \\ T_\Phi &= -E_c\hat{I}_{\omega\omega}\varphi'''. \end{aligned}\right\} \quad \text{(VII.124a, b)}$$

Der zweite Grenzfall tritt ein, wenn die Verwölbungssteifigkeit $E_cI^0_{\omega\omega}$ bzw. $E_c\hat{I}_{\omega\omega}$ vernachlässigbar klein ist im Vergleich zur St. Venantschen Torsionssteifigkeit G_cK^0 bzw. $G_c\hat{K}$. Das Torsionsproblem wird dann auf die Differentialgleichung:

$$G_cK^0\varphi'' = -m^0_D \quad \text{(VII.125)}$$

zurückgeführt.

Für $\tau = t$ ergibt sich die Gleichung:

$$G_c\hat{K}\varphi'' = -m_D + \mu T'_{sb0}. \quad \text{(VII.126)}$$

7. Berechnung für einzelne Lastfälle im Zeitpunkt $\tau = t$

7.1. Biegung und Normalkraft

Im Falle eines statisch bestimmten Systems sind die Schnittkräfte N, M_x, M_y, Q_x, Q_y, welche auf das Koordinatensystem x_Φ, y_Φ und den Schubmittelpunkt D_Φ bezogen werden, bekannt, und damit auch die Werte N_Φ, $M_{x\Phi}$, $M_{y\Phi}$, $Q_{x\Phi}$, $Q_{y\Phi}$.

Für die Berechnung der Werte N_{b0}, M_{xb0}, M_{yb0} werden die Ausdrücke (VII.77) benutzt.

Wie es aus den Ausdrücken (VII.77) folgt, ruft die Axial- und Biegebeanspruchung im Zeitpunkt $\tau = \tau_0$ für einen beliebigen Querschnitt auch die Verdrehung um den Schubmittelpunkt D_Φ im Zeitpunkt $\tau = t$ hervor, weil die Größe $M_{\omega b0}$ von Null verschieden sein kann. Dabei ist nochmals zu unterstreichen, daß es sich im Zeitpunkt $\tau = \tau_0$ um die Hauptkoordinaten x, y, ω, im Zeitpunkt $\tau = t$ jedoch um die Koordinaten x_Φ, y_Φ, ω_Φ handelt.

Über Torsion wird im nächsten Abschnitt hingewiesen.

Im Falle eines z.B. in bezug auf die y-Achse symmetrischen Querschnitts, welcher im Zeitpunkt $\tau = \tau_0$ auf Normalkraft und Biegung in der xy-Ebene beansprucht wird, ergibt sich:

$$\left.\begin{aligned} N_{b0} &= N^0\frac{F^r_b}{F^0} + M^0_y\frac{S^r_{by}}{J^0_{yy}}, \\ M_{yb0} &= N^0\frac{S_{by\Phi}}{F^0} + M^0_y\frac{J^r_{b,yy\Phi}}{J^c_{yy}}. \end{aligned}\right\} \quad \text{(VII.127)}$$

Die Ausdrücke (VII.95), (VII.104) und (VII.109) vereinfachen sich zu:

$$\left.\begin{aligned} \sigma_a &= \frac{E_a}{E_c}\left(\frac{N_\Phi}{\hat{F}} + \frac{M_{y\Phi}}{\hat{J}_{yy}}\,y_{\Phi *}\right), \\ \sigma_b &= \frac{E_{b\Phi}}{E_c}\left(\frac{N_\Phi}{\hat{F}} + \frac{M_{y\Phi}}{\hat{J}_{yy}}\,y_{\Phi *}\right) - \mu\sigma_{b0} - E_{b\Phi}\varepsilon_s, \\ \sigma^{(n)}_k &= \frac{E_k}{E_c}\left(\frac{N_\Phi}{\hat{F}} + \frac{M_{y\Phi}}{\hat{J}_{yy}}\,y_{\Phi n}\right), \end{aligned}\right\} \quad \text{(VII.128)}$$

$$\tau_w = \frac{1}{t}\left(p_{z\Phi}\frac{\hat{\tilde{\tilde{F}}}}{\hat{F}} - \int \bar{p}_z\, ds\right) - \frac{\bar{Q}_{y\Phi}\hat{\tilde{\tilde{S}}}_y}{\hat{J}_{yy}t} + \mu\tau^0_{wb} + E_{b\Phi}\varepsilon'_s\hat{\tilde{\tilde{F}}}_b,$$

$$\bar{\tau}_{zn,a} = -\frac{1}{2}\frac{\bar{Q}_{y\Phi}}{\hat{J}_{yy}}\left(\frac{t^2}{4} - e^2\right)\sin\alpha, \qquad \text{(VII.129)}$$

$$\bar{\tau}_{zn,b} = -\frac{1}{2}\frac{\bar{Q}_{y\Phi}}{\hat{J}_{yy}}\left(\frac{t^2}{4} - e^2\right)\sin\alpha - \mu\tau_{zn,0}.$$

Da der Wert $M_{\omega b0}$ gleich Null ist, besteht im Zeitpunkt $\tau = t$ keine Torsion um den Schubmittelpunkt D_Φ.

Unter Benutzung der Analogie, welche zwischen den Differentialgleichungen im Zeitpunkt $\tau = \tau_0$ und denjenigen im Zeitpunkt $\tau = t$ vorhanden ist, sowie der Analogie zwischen den Schnittkräften N^0, M^0, $\bar{Q}_0$ (siehe die Gleichungen (VII.45), (VII.52) und (VII.93)) und den Größen N_Φ, M_Φ, $\bar{Q}_\Phi$ (siehe die Gleichungen (VII.97) und (VII.106)), können die Kraftgrößenmethode[1] und die Verschiebungsmethode mit der entsprechenden Anpassung auch für die Berechnung der Tragwerke im Zeitpunkt $\tau = t$ angewendet werden.

Im weiteren werden wir zeigen, wie sich das sogenannte Reduktionsverfahren[2] für Durchlaufträgerberechnung ,welches am meisten für Rechenautomaten programmiert wird[3] für die Lösung der Differentialgleichung (VII.70) ausnützen läßt.

Wir teilen den Stab in bestimmter Zahl der endlichen Elemente mit konstanten aber sonst untereinander verschiedenen Querschnitten ein.

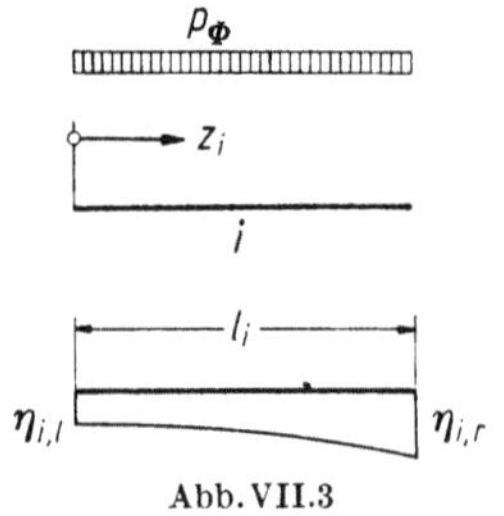

Abb. VII.3

Die allgemeine Lösung der Differentialgleichung (VII.70c) für

$$p_\Phi = p_y + m'_y - \mu M''_{yb0} - M''_{ys} = \text{const} \qquad \text{(VII.130)}$$

---

[1] *M. Djurić*: Theorie der Verbund- und vorgespannten Konstruktionen. Serbische Akademie der Wissenschaften und Künste, Monographien, Bd. CCCLXIV, 1963 (serbokroatisch). — *M. Djurić*: Ein Näherungsverfahren zur Berechnung der Verbund- und vorgespannten Konstruktionen. IVBH Symposium: Der Einfluß des Kriechens, Schwindens und der Temperaturänderungen in Stahlbetonkonstruktionen, Madrid 1970.

[2] *S. Falk*: Die Berechnung des beliebig gestützten Durchlaufträgers nach dem Reduktionsverfahren. Ing.-Archiv. 24 (1956), H 3.

[3] *J. Scheer*: Benutzung programmgesteuerter Rechenautomaten für statische Aufgaben, erläutert am Beispiel der Durchlaufträgerberechnung. Stahlbau, H. 9 und 10, 21. Jg. (1958). IBM-STRAPP (Structural Analysis Program Package) Durchlaufträger B. Berechnung nach dem Reduktionsverfahren.

kann in folgender Form (siehe Abb. VII.3) angeschrieben werden[1]:

$$\eta_i = \eta_{i,l} + \eta'_{i,l} z_i - M_{\Phi i,l} \frac{z_i^2}{2E_c\hat{J}_i} - \bar{Q}_{\Phi i,l} \frac{z_i^3}{6E_c\hat{J}_i} + p_{\Phi i} \frac{z_i^4}{24E_c\hat{J}_i}. \quad \text{(VII.131)}$$

Dabei sind mit $\eta_{i,l}$, $\eta'_{i,l}$, $M_{\Phi i,l}$ und $\bar{Q}_{\Phi i,l}$ die Durchbiegung, die Neigung und die durch die Ausdrücke (VII.96c) und (VII.105c) bestimmten Werte bezeichnet.

Wenn wir mit $\boldsymbol{\eta}_{i,l}$ den Wert des Vektors

$$\boldsymbol{\eta}_i = \begin{bmatrix} \eta_i \\ \eta'_i \\ M_{\Phi i} \\ \bar{Q}_{\Phi i} \\ 1 \end{bmatrix} \quad \text{(VII.132)}$$

für $z_i = 0$, d.h. am Beginn des Trägerabschnittes i, bezeichnen, können wir den Vektor $\boldsymbol{\eta}_i$ auf Grund der Gleichung (VII.131) in folgender Form ausdrücken:

$$\boldsymbol{\eta}_i = \tilde{\boldsymbol{A}}_i \boldsymbol{\eta}_{i,l}, \quad \text{(VII.133)}$$

wo

$$\tilde{\boldsymbol{A}}_i = \begin{bmatrix} 1 & z_i & -\frac{z_i^2}{2E_c\hat{J}_i} & -\frac{z_i^3}{6E_c\hat{J}_i} & \frac{z_i^4 p_{\Phi i}}{24E_c\hat{J}_i} \\ & 1 & -\frac{z_i}{E_c\hat{J}_i} & -\frac{z_i^2}{2E_c\hat{J}_i} & \frac{z_i^3 p_{\Phi i}}{6E\hat{J}_i} \\ & & 1 & z_i & -\frac{z_i^2 p_{\Phi i}}{2} \\ & & & 1 & -z_i p_{\Phi i} \\ & & & & 1 \end{bmatrix} \quad \text{(VII.134)}$$

ist.

Für $z_i = l_i$ erhält man:

$$\left.\begin{aligned} \boldsymbol{\eta}_{i,r} &= \boldsymbol{A}_i \boldsymbol{\eta}_{i,l}, \\ \text{wo} \quad \boldsymbol{A}_i &= \tilde{\boldsymbol{A}}_i \quad (z_i = l_i) \\ \text{und} \quad \boldsymbol{\eta}_{i,r} &= \boldsymbol{\eta}_i \quad (z_i = l_i) \end{aligned}\right\} \quad \text{(VII.135a—c)}$$

sind.

Beim Übergang von dem Trägerabschnitt i zu dem Abschnitt $i+1$ wird angenommen, daß

$$\left.\begin{aligned} \eta_{i,r} &= \eta_{i+1,l}, \\ \eta'_{i,r} &= \eta'_{i+1,l} \end{aligned}\right\} \quad \text{(VII.136)}$$

sind.

[1] Im weiteren wird der Index y weggelassen.

Im Trennpunkt (Abb. VII.4) der Abschnitte i und $i+1$ mögen die konzentrierte Kraft P und das konzentrierte äußere Biegemoment M^* angreifen.

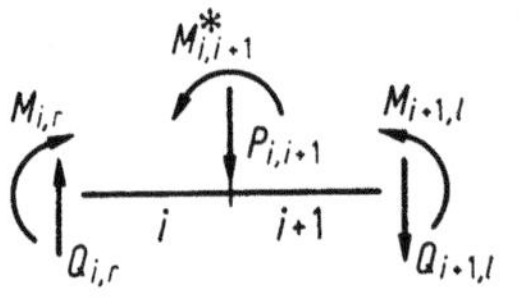

Abb. VII.4

Die Gleichgewichtsbedingungen aller in Abb. VII.4 dargestellten Kräfte liefern:

$$\left.\begin{aligned} Q_{i+1,l} &= Q_{i,r} - P_{i,i+1}, \\ M_{i+1,l} &= M_{i,r} - M^*_{i,i+1}. \end{aligned}\right\} \qquad \text{(VII.137)}$$

Unter Benutzung der Ausdrücke (VII.105c) und (VII.96c) können die Gleichungen (VII.137) in folgender Form angeschrieben werden:

$$\begin{aligned} \bar{Q}_{\Phi,i+1,l} = \bar{Q}_{\Phi i,r} &- \mu[(M'_{b0})_{i,r} - (M'_{b0})_{i+1,l}] + m_{i,r} - m_{i+1,l} - \\ &- [(M'_s)_{i,r} - (M'_s)_{i+1,l}] - P_{i,i+1} \end{aligned} \qquad \text{(VII.138)}$$

und

$$\begin{aligned} M_{\Phi,i+1,l} = M_{\Phi i,r} &- \mu[(M_{b0})_{i,r} - (M_{b0})_{i+1,l}] - \\ &- [(M_s)_{i,r} - (M_s)_{i+1,l}] - M^*_{i,i+1}. \end{aligned} \qquad \text{(VII.139)}$$

Die Werte $(M'_{b0})_{i,r}$ und $(M_{b0})_{i,r}$ werden nach den Ausdrücken (VII.82) und (VII.81a) berechnet:

$$\left.\begin{aligned} (M'_{b0})_{i,r} &= (\mathbf{S}_3)_i \begin{bmatrix} -p_z^0 \\ Q_x^0 - m_x^0 \\ Q_y^0 - m_y^0 \\ T_\omega^0 - m_\omega^0 \end{bmatrix} (i, r) \\ (M_{b0})_{i,r} &= (\mathbf{S}_3)_i \begin{bmatrix} N^0 \\ M_x^0 \\ M_y^0 \\ M_\omega^0 \end{bmatrix} (i, r). \end{aligned}\right\} \qquad \text{(VII.140)}$$

Für den in bezug auf die y-Achse symmetrischen Querschnitt ergibt sich:

$$\left.\begin{aligned} (M'_{b0})_{i,r} &= -\left(\frac{S^r_{by\Phi}}{F^0}\right)_i (p_z^0)_i + \left(\frac{J^r_{b,yy\Phi}}{J^0_{yy}}\right)_i (Q^0 - m^0)_{i,r} \\ \text{und} \qquad & \\ (M_{b0})_{i,r} &= \left(\frac{S^r_{by\Phi}}{F^0}\right)_i (N^0)_{i,r} + \left(\frac{J^r_{b,yy\Phi}}{J^0_{yy}}\right)_i (M^0)_{i,r}. \end{aligned}\right\} \qquad \text{(VII.141)}$$

Für $(M'_{b0})_{i+1,l}$ und $(M_{b0})_{i+1,l}$ sind die Indizes i, r mit $i+1, l$ zu ersetzen.

Für $\varepsilon_s = \text{const}$ sind die Werte $(M'_s)_{i,r}$ und $(M'_s)_{i+1,l}$ (siehe den Ausdruck (VII.62h)) identisch gleich Null.

Wenn wir die folgenden Bezeichnungen einführen:

$$\left.\begin{aligned} P_{\Phi,i,i+1} &= P_{i,i+1} + \mu[(M'_{b0})_{i,r} - (M'_{b0})_{i+1,l}] \\ &\quad - (m_{i,r} - m_{i+1,l}), \\ M^*_{\Phi,i,i+1} &= M^*_{i,i+1} + \mu[(M_{b0})_{i,r} - (M_{b0})_{i+1,l}] \\ &\quad + [(M_s)_{i,r} - (M_s)_{i+1,l}], \end{aligned}\right\} \qquad \text{(VII.142)}$$

können wir die Übergangsbedingungen wie folgt darstellen:

$$\left.\begin{aligned} \bar{Q}_{\Phi,i+1,l} &= \bar{Q}_{\Phi,i,r} - P_{\Phi,i,i+1}, \\ M_{\Phi,i+1,l} &= M_{\Phi,i,r} - M^*_{\Phi,i,i+1}. \end{aligned}\right\} \qquad \text{(VII.143)}$$

Die Übergangsbedingungen vom Abschnitt i in den Abschnitt $i + 1$ können nun wie folgt ausgedrückt werden:

$$\boldsymbol{\eta}_{i+1,l} = \boldsymbol{\eta}_{i,r} + \boldsymbol{\Delta\eta}_{i,i+1}, \qquad \text{(VII.144)}$$

wo

$$\boldsymbol{\Delta\eta}_{i,i+1} = \begin{bmatrix} 0 \\ 0 \\ -M^*_{\Phi,i,i+1} \\ -P_{\Phi,i,i+1} \\ 0 \end{bmatrix} \qquad \text{(VII.145)}$$

ist.

Diese Bedingungen sind vollständig analog den Übergangsbedingungen eines elastischen Trägers mit den Schnittkräften $\bar{Q}_{\Phi,i,r}$, $M_{\Phi,i,r}$ bzw. $\bar{Q}_{\Phi,i+1,l}$, $M_{\Phi,i+1,l}$, welcher im Trennpunkt $i, i + 1$ durch die konzentrierte Kraft $P_{\Phi,i,i+1}$ und das konzentrierte äußere Biegemoment $M^*_{\Phi,i,i+1}$ (Abb. VII.5) belastet wird.

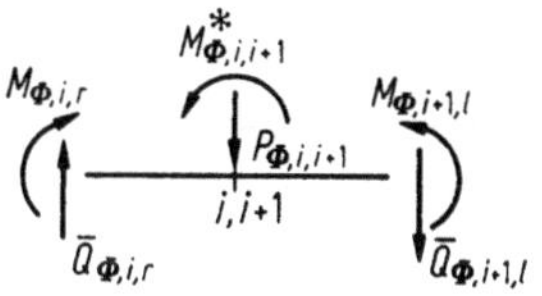

Abb. VII.5

Die üblichen Randbedingungen an den Enden[1] werden wie folgt befriedigt:

1. Festes gelenkiges Lager mit eventuell plastischem Stützensenken η^* (Abb. VII.6a):

$$\eta = \eta^*,$$
$$M = M_\Phi - \mu M_{b0} - M_s = 0$$

bzw.

$$\left.\begin{aligned} \eta &= \eta^*, \\ M_\Phi &= \mu M_{b0} + M_s = M^*_\Phi. \end{aligned}\right\} \qquad \text{(VII.146)}$$

[1] Nach dem IBM-STRAPP, Durchlaufträger B, ist das linke Trägerende immer ein gelenkiges Lager. Die gewünschten Randbedingungen werden durch die Auswahl des ersten Feldes erreicht.

2. Feste Einspannung mit eventuell plastischer Verschiebung η^* und Verdrehung η'^* (Abb. VII.6b):

$$\left.\begin{aligned} \eta &= \eta^*, \\ \eta' &= \eta'^*. \end{aligned}\right\} \qquad \text{(VII.147)}$$

3. Querkraftfreies und gegen Verdrehung eingespanntes Lager mit eventueller Widerlagerverdrehung η'^* (Abb. VII.6c):

$$\eta' = \eta'^*,$$

$$Q = \bar{Q}_\Phi - \mu M'_{b0} - m = 0$$

bzw.

$$\left.\begin{aligned} \eta' &= \eta'^*, \\ \bar{Q}_\Phi &= \mu M'_{b0} + m = \bar{Q}^*_\Phi. \end{aligned}\right\} \qquad \text{(VII.148)}$$

4. Freies Ende (Abb. VII.6d):

$$Q = \bar{Q}_\Phi - \mu M'_{b0} - m = 0,$$

$$M = M_\Phi - \mu M_{b0} - M_s = 0$$

bzw.

$$\left.\begin{aligned} \bar{Q}_\Phi &= \mu M'_{b0} + m = \bar{Q}^*_\Phi, \\ M_\Phi &= \mu M_{b0} + M_s = M^*_\Phi. \end{aligned}\right\} \qquad \text{(VII.149)}$$

Die betrachteten Randbedingungen werden, wie es aus den Gleichungen (VII.146) bis (VII.149) hervorgeht, durch die klassischen Randbedingungen und Zusatzkräfte bzw. Momente befriedigt.

In Abb. VII.6 sind die Belastungen $p_{\Phi i}$, $P_{\Phi,i,i+1}$, $M^*_{\Phi,i,i+1}$ und die Endkräfte bzw. Momente gezeigt.

Ein auf solche Weise belasteter Träger kann nun unter Verwendung des Reduktionsverfahrens berechnet werden.

Mit den erhaltenen M_Φ und $\bar{Q}_\Phi$ bestimmt man mittels der Gleichungen (VII.128) und (VII.129) die Spannungen.

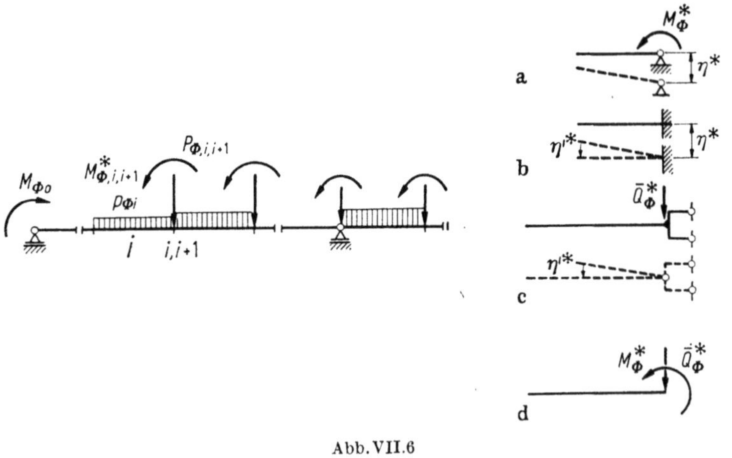

Abb. VII.6

Mit Rücksicht darauf, daß $N = N^0 = 0$ ist, erhält man aus dem Ausdruck (VII.96a) den Wert N_Φ zu:

$$N_\Phi = \mu N_{b0} + N_s, \tag{VII.150}$$

wo nach der Gleichung (VII.77a)

$$N_{b0} = M_y^0 \frac{S'_{by}}{J_{yy}^0} \tag{VII.151}$$

ist.

7.2. Wölbkrafttorsion

Die Differentialgleichung der Wölbkrafttorsion (VII.71) für $\tau = t$ kann auf gleiche Weise wie die klassische Gleichung der Wölbkrafttorsion gelöst werden. Zu diesem Zweck kann mit der entsprechenden Anpassung der im Kapitel II.3 dargelegte Vorgang benutzt werden.

Für den Stab mit stufenweise veränderlichem Querschnitt kann, wie im vorgehenden Abschnitt, ein Reduktionsverfahren angewendet werden.

Wir teilen den Stab in n Teilstücke mit konstantem Querschnitt[1].

Das „Belastungsglied" in der Differentialgleichung (VII.71)

$$m_\Phi = m_D + m'_\omega - \mu(M''_{\omega b0} + T'_{sb0}) - M''_{\omega s} \tag{VII.152}$$

wird im Abschnitt i ($i = 1, 2, \ldots, n$) näherungsweise als konstant und gleich dem Wert der Funktion m_Φ in der Mitte des Abschnitts i:

$$m_{\Phi i} = m_\Phi(z_i = l_i/2) = \text{const} \tag{VII.153}$$

angenommen.

Die allgemeine Lösung der Differentialgleichung können wir unter Verwendung der Tabelle (II.185, erste Reihe) in folgender Form schreiben:

$$\varphi = \varphi_{i,l} + \varphi'_{i,l} \frac{1}{k_\Phi} \sinh k_\Phi z_i + \frac{M_{\omega\Phi i,l}}{G_c \hat{K}_i}(1 - \cosh k_\Phi z_i) +$$

$$+ \frac{\overline{T}_{\Phi i,l}}{G_c \hat{K}_i}\left(z_i - \frac{1}{k_\Phi} \sinh k_\Phi z_i\right) - \frac{m_{\Phi i}}{G_c \hat{K}_i}\left[\frac{z_i^2}{2} + \frac{1}{k_\Phi^2}(\cosh k_\Phi z_i - 1)\right], \tag{VII.154}$$

wo $\varphi_{i,l}$, $\varphi'_{i,l}$, $M_{\omega\Phi i,l}$, $\overline{T}_{\Phi i,l}$ die Werte der Verdrehung φ_i, spezifischen Verdrehung φ'_i und der Funktionen (siehe Gleichungen (VII.96d) und (VII.107a))

$$\left.\begin{aligned} M_{\omega\Phi i} &= M_{\omega i} + \mu(M_{\omega b0})_i + (M_{\omega s})_i, \\ \overline{T}_{\Phi i} &= T_i + \mu(M'_{\omega b0} + T_{sb0})_i + (M'_{\omega s})_i - m_\omega \end{aligned}\right\} \tag{VII.155}$$

am Beginn des Abschnitts i sind.

---

[1] Wie im vorgehenden Abschnitt wird ein Stab mit beliebig veränderlichem Querschnitt nach der gewünschten Genauigkeit durch einen entsprechenden mit stufenweise veränderlichem Querschnitt ersetzt.

Die Werte $M_{\omega b0}$, $M'_{\omega b0}$ werden nach den Ausdrücken (VII.81) und (VII.82) berechnet:

$$\left.\begin{aligned}(M_{\omega b0})_i &= (\mathbf{S}_4)_i \begin{bmatrix} N^0 \\ M_x^0 \\ M_y^0 \\ M_\omega^0 \end{bmatrix}(i),\\ (M'_{\omega b0})_i &= (\mathbf{S}_y)_i \begin{bmatrix} -p_z^0 \\ Q_x^0 - m_x^0 \\ Q_y^0 - m_y^0 \\ T_\omega^0 - m_\omega^0 \end{bmatrix}(i).\end{aligned}\right\} \quad \text{(VII.156)}$$

Für einen in bezug auf die y-Achse symmetrischen Querschnitt ohne Biegung in der xz-Ebene erhält man:

$$\left.\begin{aligned}(M_{\omega b0})_i &= \left(\frac{J^r_{b,\omega\omega\Phi}}{J^0_{\omega\omega}}\right)_i (M^0_\omega)_i,\\ (M'_{\omega b0})_i &= \left(\frac{J^r_{b,\omega\omega\Phi}}{J^0_{\omega\omega}}\right)_i (T^0_\omega - m^0_\omega)_i.\end{aligned}\right\} \quad \text{(VII.157)}$$

Der Wert $M_{\omega s}$ wird aus der Formel (VII.62i) erhalten; für $\varepsilon_s = \text{const}$ wird $M'_{\omega s}$ gleich Null. Im Falle der Symmetrie um die y-Achse sind beide Größen gleich Null.

Zur Berechnung der Größen $(T_{sb0})_i$ und $(T'_{sb0})_i$ dienen die Formeln (VII.80) und (VII.84).

Mit

$$k_\Phi = k_{\Phi i} = \text{const}$$

wird

$$k_\Phi = \left(\sqrt{\frac{G_c \hat{K}}{E_c \hat{J}_{\omega\omega}}}\right)_i \quad \text{(VII.158)}$$

bezeichnet.

Durch die Einführung des Vektors

$$\boldsymbol{\psi}_i = \boldsymbol{\psi}(z_i) = \begin{bmatrix} G_c \hat{K}_0 \varphi \\ G_c \hat{K}_0 \varphi' \\ M_{\omega\Phi} \\ T_\Phi \\ 1 \end{bmatrix} \quad \text{(VII.159)}$$

können wir die Ausdrücke in der Tabelle (II.185) mit den neuen Bezeichnungen wie folgt darstellen:

$$\boldsymbol{\psi}_i = \tilde{\boldsymbol{A}}_i \boldsymbol{\psi}_{i,l}, \quad \text{(VII.160)}$$

wo $\boldsymbol{\psi}_{i,l}$ der Wert des Vektors $\boldsymbol{\psi}_i$ am Beginn des Abschnitts i ist.

Die Matrix $\tilde{\boldsymbol{A}}_i$ ist die folgende:

$$\tilde{\boldsymbol{A}}_i = \begin{bmatrix} 1 & \frac{1}{k_\Phi} \sin k_\Phi z_i & \frac{\hat{K}_0}{\hat{K}_i}(1 - \cosh k_\Phi z_i) & \frac{\hat{K}_0}{\hat{K}_i}\left(z_i - \frac{1}{k_\Phi} \sinh k_\Phi z_i\right) & -\frac{\hat{K}_0}{\hat{K}_i} m_{\Phi i}\left[\frac{z_i^2}{2} - \frac{1}{k_\Phi^2}(\cosh k_\Phi z_i - 1)\right] \\ 0 & \cos k_\Phi z_i & -\frac{\hat{K}_0}{\hat{K}_i} k_\Phi \sinh k_\Phi z_i & \frac{\hat{K}_0}{\hat{K}_i}(1 - \cosh k_\Phi z_i) & \frac{\hat{K}_0}{\hat{K}_i} m_{\Phi i}\left(z_i - \frac{1}{k_\Phi} \sinh k_\Phi z_i\right) \\ 0 & -\frac{\hat{K}_i}{\hat{K}_0}\frac{1}{k_\Phi} \sinh k_\Phi z_i & \cosh k_\Phi z_i & \frac{1}{k_\Phi} \sinh k_\Phi z_i & m_{\Phi i}\frac{1}{k_\Phi^2}(\cosh k_\Phi z_i - 1) \\ 0 & 0 & 0 & 1 & m_{\Phi i} z_i \end{bmatrix}, \tag{VII.161}$$

wo $\hat{K}_0$ eine beliebige Torsionskonstante ist.

Am rechten Ende des Abschnitts i, d.h. für $z_i = l_i$ ergibt sich:

$$\boldsymbol{\psi}_{i,r} = \boldsymbol{A}_i \boldsymbol{\psi}_{i,l}, \tag{VII.162}$$

wo

$$\left.\begin{aligned} \boldsymbol{A}_i &= \tilde{\boldsymbol{A}}_i \quad (z_i = l_i) \\ \boldsymbol{\psi}_{i,r} &= \boldsymbol{\psi}_i \quad (z_i = l_i) \end{aligned}\right\} \tag{VII.163}$$

und

sind.

Beim Übergang von dem Teil i in den Teil $i + 1$ wird angenommen, daß

$$\left.\begin{aligned} \varphi_{i,r} &= \varphi_{i+1,l}, \\ \varphi'_{i,r} &= \varphi'_{i+1,l} \end{aligned}\right\} \tag{VII.164}$$

sind.

Im Trennpunkt der Abschnitte i und $i + 1$ mögen das konzentrierte äußere Torsionsmoment T^* (Abb. VII.7a) und das konzentrierte äußere Bimoment M^*_ω angreifen.

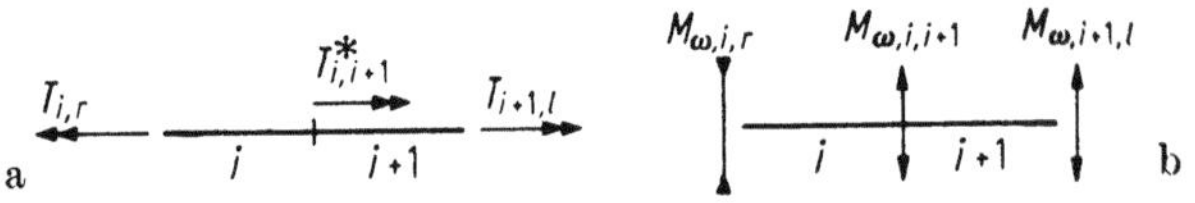

Abb. VII.7

Die Gleichgewichtsbedingungen liefern:

$$\left.\begin{aligned} T_{i+1,l} &= T_{i,r} - T^*_{i,i+1}, \\ M_{\omega,i+1,l} &= M_{\omega i,r} - M^*_{\omega i,i+1}, \end{aligned}\right\} \tag{VII.165}$$

oder unter Benutzung der Beziehungen (VII.155) für $\varepsilon_s = \text{const}$:

$$\left.\begin{aligned} \overline{T}_{\Phi,i+1,l} &= \overline{T}_{\Phi i,r} - \mu[(M'_{\omega b0})_{i,r} - (M'_{\omega b0})_{i+1,l}] - \\ &- (m_{\omega,i,r} - m_{\omega,i+1,l}) - \mu[(T_{sb0})_{i,r} - (T_{sb0})_{i+1,l}] - T^*_{i,i+1}, \\ M_{\omega\Phi,i+1,l} &= M_{\omega\Phi,i,r} - \mu[(M_{\omega b0})_{i,r} - (M_{\omega b0})_{i+1,l}] - \\ &- [(M_{\omega s})_{i,r} - (M_{\omega s})_{i+1,l}] - M^*_{\omega i,i+1}. \end{aligned}\right\} \tag{VII.166}$$

Die Werte $(M'_{\omega b0})_{i,r} \cdots (M_{\omega b0})_{i+1,l}$ werden aus den Ausdrücken (VII.156) bzw. (VII.157) für $z_i = l_i$ und $z_{i+1} = 0$ erhalten.

Mit den Bezeichnungen:

$$\left.\begin{aligned} T^*_{\Phi,i,i+1} &= T^*_{i,i+1} + \mu[(M'_{\omega b0})_{i,r} - (M'_{\omega b0})_{i+1,l}] + \\ &+ (m_{\omega,i,r} - m_{\omega,i+1,l}) + \mu[(T_{sb0})_{i,r} - (T_{sb0})_{i+1,l}], \\ M^*_{\omega\Phi,i,i+1} &= M^*_{\omega,i,i+1} + \mu[(M_{\omega b0})_{i,r} - (M_{\omega b0})_{i+1,l}] + \\ &+ [(M_{\omega s})_{i,r} - (M_{\omega s})_{i+1,l}], \end{aligned}\right\} \tag{VII.167}$$

können die Bedingungen (VII.166) in der Form

$$\left.\begin{aligned} \overline{T}_{\Phi,i+1,l} &= \overline{T}_{\Phi,i,r} - T^*_{\Phi,i,i+1}, \\ M_{\omega\Phi,i+1,l} &= M_{\omega\Phi,i,r} - M^*_{\omega\Phi,i,i+1} \end{aligned}\right\} \tag{VII.168}$$

geschrieben werden.

Die Übergangsbedingungen vom Abschnitt i in den Abschnitt $i + 1$ lauten:

$$\boldsymbol{\psi}_{i+1,l} = \boldsymbol{\psi}_{i,r} + \boldsymbol{\Delta\psi}_{i,i+1}, \tag{VII.169}$$

wo

$$\boldsymbol{\Delta\psi}_{i,i+1} = \begin{bmatrix} 0 \\ 0 \\ -M^*_{\omega\Phi,i,i+1} \\ -T^*_{\Phi,i,i+1} \\ 0 \end{bmatrix} \tag{VII.170}$$

ist.

Diese Bedingungen sind analog den Übergangsbedingungen eines elastischen Trägers.

Ähnlich wie im vorgehenden Abschnitt ergeben sich die in Abb. VII.8 gezeigten Zusatzeinflüsse als äußere Belastung. Diese Einflüsse sind durch die folgenden Ausdrücke gegeben:

$$\left.\begin{aligned} M^*_{\omega\Phi} &= \mu M_{\omega b0} + M_{\omega s}, \\ T^*_{\Phi} &= \mu(M'_{\omega b0} + T_{sb0}) - m_\omega. \end{aligned}\right\} \tag{VII.171}$$

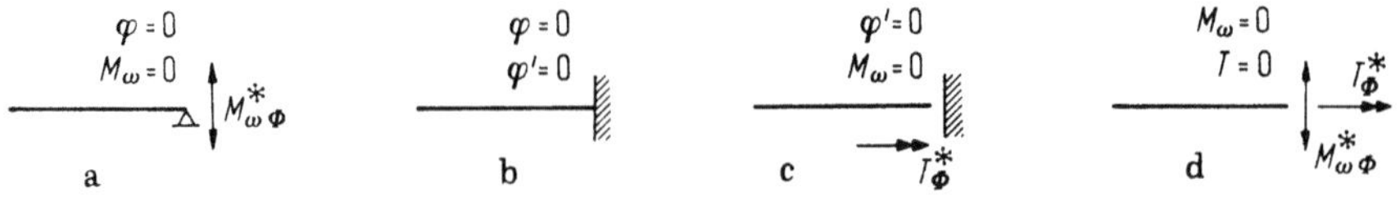

Abb. VII.8

Beginnend von dem linken Stabende können wir schreiben:

$$\left.\begin{aligned} &\boldsymbol{\psi}_{1,r} = \boldsymbol{A}_1\boldsymbol{\psi}_{1,l}, && \boldsymbol{\psi}_{2,l} = \boldsymbol{\psi}_{1,r} + \boldsymbol{\Delta\psi}_{1,2}, \\ &\boldsymbol{\psi}_{2,r} = \boldsymbol{A}_2\boldsymbol{\psi}_{2,l}, && \boldsymbol{\psi}_{3,l} = \boldsymbol{\psi}_{2,r} + \boldsymbol{\Delta\psi}_{2,3}, \\ &\quad\vdots && \quad\vdots \\ &\boldsymbol{\psi}_{n,r} = \boldsymbol{A}_n\boldsymbol{\psi}_{n,l}. \end{aligned}\right\} \tag{VII.172}$$

Durch die Elimination erhält man:

$$\boldsymbol{A}\boldsymbol{\psi}_{1,l} + \boldsymbol{A}^0 = \boldsymbol{\psi}_{n,r}, \tag{VII.173}$$

wo

$$\left.\begin{aligned} \boldsymbol{A} &= (\boldsymbol{A}_n\boldsymbol{A}_{n-1}\boldsymbol{A}_{n-3}\cdots\boldsymbol{A}_1)\,\boldsymbol{\psi}_{1,l}, \\ \boldsymbol{A}^0 &= (\boldsymbol{A}_n\boldsymbol{A}_{n-1}\cdots\boldsymbol{A}_2)\,\boldsymbol{\Delta\psi}_{1,2} + (\boldsymbol{A}_n\boldsymbol{A}_{n-1}\cdots\boldsymbol{A}_3)\,\boldsymbol{\Delta\psi}_{2,3} \\ &\quad \cdots + (\boldsymbol{A}_n\boldsymbol{A}_{n-1})\,\boldsymbol{\Delta\psi}_{n-2,n-1} + \boldsymbol{A}_n\boldsymbol{\Delta\psi}_{n-1,n} \end{aligned}\right\} \tag{VII.174}$$

sind.

Die Vektoren $\boldsymbol{\psi}_{1,l}$ und $\boldsymbol{\psi}_{n,r}$ haben insgesamt 8 unbekannte Koordinaten, von denen 4 aus den Randbedingungen bekannt sind. Die anderen 4 Elemente werden aus der Gleichung (VII.173) bestimmt.

Im Falle des Durchlaufträgers werden die unbekannten Reaktionskräfte aus den gegebenen Lagerverdrehungen bestimmt. Für feste gabelartige Lagerung der Zwischenstützen sind diese Bedingungsgleichungen homogen.

Die Vernachlässigung der St. Venantschen Torsion führt zu der Gleichung (VII.122) bzw. zu den Gleichungen (VII.124), welche analog den Gleichungen für die Biegung sind. Die Wölbkrafttorsion dieser Art kann daher unter Verwendung des im vorgehenden Abschnitt dargelegten Verfahrens behandelt werden. Dabei sind statt der Größen $M^*_{\Phi,i,i+1}$, $P_{\Phi i,i+1}$ als Belastung die Werte $M^*_{\omega\Phi,i,i+1}$, $T^*_{\Phi,i,i+1}$ zu setzen. Den Randbedingungen in Abb. VII.6 für $\eta^* = \eta^{*\prime} = 0$ entsprechen diejenigen in Abb. VII.8.

In den Ausdrücken für $T^*_{\Phi i,i+1}$ und $\overline{T}^*_{\Phi}$ fallen selbstverständlich die Glieder (T_{sb0}) weg, welche den Anteil der St. Venantschen Torsion darstellen. Die Spannungen eines Trägers mit beliebigem Querschnitt, welcher im Zeitpunkt $\tau = \tau_0$ auf Torsion beansprucht wird, werden auf Grund der Formeln (VII.95), (VII.98), (VII.104) und (VII.109) mit den Werten N_Φ, $M_{x\Phi} \cdots T_{s\Phi}$ aus den Ausdrücken (VII.96), (VII.105) und (VII.99) bestimmt. Die Werte N_{b0}, M_{xb0}, M_{yb0} sind mit Rücksicht auf die Gleichungen (VII.77), für $N^0 = M^0_x = M^0_y = 0$, von Null verschieden und damit auch die Werte N_Φ, $M_{x\Phi}$, $M_{y\Phi}$, welche unmittelbar mit den Verschiebungsparametern w_0, ξ, η verknüpft sind. Dadurch wirkt sich das Torsoinsproblem im allgemeinen Fall formell neben der Torsion durch Axial- und Biegebeanspruchung in bezug auf die Koordinaten x_Φ, y_Φ aus.

Im Falle eines in bezug auf die y-Achse symmetrischen Querschnitts sind die Werte N_{b0} und M_{yb0} infolge Torsion gleich Null und wir erhalten:

$$\left.\begin{aligned} M_{xb0} &= S_{24} M^0_\omega, & M_{\omega b0} &= S_{44} M^0_\omega, \\ M'_{xb0} &= S_{24}(T^0_\omega - m^0_\omega), & M'_{\omega b0} &= S_{44}(T^0_\omega - m^0_\omega), \\ M''_{xb0} &= S_{24} M^{0\prime\prime}_\omega, & M''_{\omega b0} &= S_{44} M^{0\prime\prime}_\omega, \end{aligned}\right\} \qquad \text{(VII.175)}$$

wo

$$S_{24} = \frac{J'_{b,\omega x_\Phi}}{J^0_{\omega\omega}}, \qquad S_{44} = \frac{J'_{b,\omega\omega_\Phi}}{J^0_{\omega\omega}} \qquad \text{(VII.176)}$$

sind. Die Werte T_{sb0}, T'_{sb0} werden aus den Formeln (VII.80) und (VII.84) entnommen.

Der Träger wird im Zeitpunkt $\tau = t$ auf Torsion in bezug auf den Schubmittelpunkt D_Φ und Biegung in der $x_\Phi z$-Ebene beansprucht.

Die Wölbkrafttorsion eines dünnwandigen Stabes mit kreisförmig gekrümmter Achse kann auf die Gleichung (IV.102) zurückgeführt werden.

Man kann zeigen[1], daß sich im Zeitpunkt $\tau = t$ eine ähnliche Differentialgleichung ergibt:

$$E_c \hat{J}_{\omega\omega} \Theta^{IV} - G_c \hat{K}_c \Theta'' = m_D + m'_\omega - \frac{1}{R}(M_y - N_{yD\Phi}) - \mu(M''_{b\omega 0} + T'_{bs0}). \qquad \text{(VII.177)}$$

Die Lösung der Aufgabe für verschiedene Randbedingungen und Belastungen kann ähnlich wie im Zeitpunkt $\tau = \tau_0$ (siehe Kapitel IV.) unter Voraussetzung,

[1] *N. Hajdin*: Der Einfluß des Kriechens und Schwindens des Betons in dünnwandigen Trägern mit gekrümmter Achse. IVBH-Symposium: Der Einfluß des Kriechens, Schwindens und der Temperaturänderungen in Stahlbetonkonstruktionen, Madrid, 1970.

daß die Größen M_y und N bekannt sind, auf analoge Weise wie für den geraden Stab erhalten werden.

Durch die schrittweise Anwendung der Kraftgrößenmethode kann die Lösung für den Stab mit beliebigen Rand- bzw. Übergangsbedingungen gefunden werden. Bei den Trägern mit größerem Krümmungsradius können die Größen N und M_y wie für den geraden Träger in Rechnung gesetzt werden.

8. Einflüsse der Vorspannung

Die Vorspannung wird meist so vorgenommen, daß die in den Röhren eingelegten Spanndrähte während der Vorspannung eine von dem Träger unabhängige Dehnung erleiden. In dem Zeitpunkt $\tau = \tau_0$ kann daher die Spannkraft P_n als äußere Kraft in dem betrachteten Querschnitt angesehen werden. Da in diesem Moment kein Verbund zwischen Spannstahl und Beton vorhanden ist, müssen alle Querschnittswerte für einen Querschnitt *ohne Spannstahl* berechnet werden.

Wir setzen voraus, daß die Spannkraft P_n vermittels Spannglied, bzw. Spanngliedern, in einer der z-Achse parallelen Ebene liegen.

Infolge der Spannkraft P_n können, unter Benutzung der Ausdrücke (VII.30), die folgenden Gleichungen im Zeitpunkt $\tau = \tau_0$ geschrieben werden:

$$\left.\begin{aligned}
\tilde{N}^0 - P_n &= \int_{F_a} \sigma_{a0}\, dF_* + \int_{F_b} \sigma_{b0}\, dF_* + \sum_m F_m \sigma_{a0}^{(m)}, \\
\tilde{M}_x^0 - P_n x_n &= \int_{F_a} \sigma_{a0} x_*\, dF_* + \int_{F_b} \sigma_{b0} x_*\, dF_* + \sum_m F_m x_m \sigma_{a0}^{(m)}, \\
\tilde{M}_y^0 - P_n y_n &= \int_{F_a} \sigma_{a0} y_*\, dF_* + \int_{F_b} \sigma_{b0} y_*\, dF_* + \sum_m F_m y_m \sigma_{a0}^{(m)}, \\
\tilde{M}_\omega^0 - P_n \omega_n &= \int_{F_a} \sigma_{a0} \omega_*\, dF_* + \int_{F_b} \sigma_{b0} \omega_*\, dF_* + \sum_m F_m \omega_m \sigma_{a0}^{(m)},
\end{aligned}\right\} \qquad \text{(VII.178)}$$

wobei $\tilde{N}^0$ die Resultierende aus den Normalspannungen und der Spannkraft P_n ist. Die Werte $\tilde{M}_x^0$, $\tilde{M}_y^0$ stellen die Momente in bezug auf die Hauptträgheitsachsen y, x aus den Normalspannungen und der Spannkraft P_n dar. Mit $\tilde{M}_\omega^0$ ist das Bimoment der gleichen Kräfte in bezug auf den Schubmittelpunkt D bezeichnet.

Die Schnittkräfte N^0, M_x^0, M_y^0 und M_ω^0 sind mit Rücksicht auf die Gleichungen (VII.30), für $F_n = 0$, die folgenden:

$$\left.\begin{aligned}
N^0 &= \tilde{N}^0 - P_n, \\
M_x^0 &= \tilde{M}_x^0 - P_n x_n, \\
M_y^0 &= \tilde{M}_y^0 - P_n y_n, \\
M_\omega^0 &= \tilde{M}_\omega^0 - P_n \omega_n.
\end{aligned}\right\} \qquad \text{(VII.179)}$$

Die Beziehungen zwischen den Schnittkräften und den Verschiebungsparametern sind durch die Ausdrücke (VII.45) und (VII.46a) gegeben.

Da es sich um den nachträglichen Verbund handelt, werden, wie erwähnt, die Querschnittswerte $F^0 \cdots J^0_{\omega\omega}$ für den Querschnitt ohne Spannstahl bestimmt.

Die Gleichgewichtsbedingungen werden für das Element des Stabes mit der Spannkraft P_n aufgestellt. Dadurch erhält man die Gleichungen (II.42), wenn man statt N, M_x, M_y, M_ω die Kräfte $\tilde{N}^0$, $\tilde{M}^0_x$, $\tilde{M}^0_y$, $\tilde{M}^0_\omega$ einsetzt. Da $p_z = m_x = m_y = m_D = m'_\omega = 0$ ist, ergibt sich:

$$\left.\begin{aligned} \tilde{N}^{0\prime} &= 0, \\ \tilde{M}^{0\prime\prime}_x &= 0, \\ \tilde{M}^{0\prime\prime}_y &= 0, \\ \tilde{M}^{0\prime\prime}_\omega + T^{0\prime}_s &= 0. \end{aligned}\right\} \qquad \text{(VII.180)}$$

Wenn man die Größen $\tilde{N}^0 \cdots \tilde{M}^0_\omega$ gemäß den Gleichungen durch die Schnittkräfte $N^0 \cdots M^0_\omega$ und die Spannkraft ausdrückt, können die Gleichgewichtsbedingungen (VII.180), unter Verwendung der Ausdrücke (VII.45), (VII.46a), wie folgt angeschrieben werden:

$$\left.\begin{aligned} E_c F^0 w''_{0,0} &= 0, \\ E_c J^0_{xx} \xi^{IV}_0 &= P_n x''_n, \\ E_c J^0_{yy} \eta^{IV}_0 &= P_n y''_n \end{aligned}\right\} \qquad \text{(VII.181)}$$

und

$$E_c J^0_{\omega\omega} \varphi^{IV}_0 - G_c K^0 \varphi''_0 = P_n \omega''_n . \qquad \text{(VII.182)}$$

Die Gleichungen (VII.181) und (VII.182) erhält man aus den Gleichungen (VII.47) und (VII.48), wenn man

$$p^0_z = m^{0\prime}_x = m^{0\prime}_y = m^{0\prime}_\omega = 0 \qquad \text{(VII.183)}$$

und

$$\left.\begin{aligned} p^0_x &= P_n x''_n, \\ p^0_y &= P_n y''_n, \\ m^0_D &= P_n \omega''_n \end{aligned}\right\} \qquad \text{(VII.184)}$$

einsetzt.

Die Ableitungen

$$x''_n = \frac{d^2 x_n(z)}{dz^2}, \qquad y''_n = \frac{d^2 y_n(z)}{dz^2}, \qquad \omega''_n = \frac{d^2 \omega_n(z)}{dz^2}, \qquad \text{(VII.185)}$$

werden durch Differenzieren der Gleichung der Spannstahllinie bzw. der sektoriellen Koordinate $\omega_n = \omega_n(z)$ erhalten.

Für Q^0_x, Q^0_y, T^0_ω und T^0 gelten die Formeln (VII.52) und (VII.53) wenn man $m^0_x = m^0_y = m^0_\omega = 0$ einsetzt.

Ebenso gelten die Ausdrücke (VII.85a, b) für die Spannungen σ_{a0} und σ_{b0}.

Die Spannung σ_{k0} ist durch die Vorspannkraft bestimmt:

$$\sigma^{(n)}_{k0} = \frac{P_n}{F_n}. \qquad \text{(VII.186)}$$

Für ein in bezug auf N^0, M_x^0, M_y^0, Q_x^0, Q_y^0 bestimmtes System sind die Werte $\tilde{N}^0$, $\tilde{M}_x^0$, $\tilde{M}_y^0$, $\tilde{Q}_x^0$, $\tilde{Q}_y^0$ gleich Null. Wenn es sich nur um Normal- und Biegebeanspruchung handelt, d. h. für $P_n\omega_n(z) \equiv 0$, gehen die Ausdrücke (VII.85a, b) über in:

$$\left.\begin{aligned} \sigma_{a0} &= -\frac{E_a}{E_c} P_n \left(\frac{1}{F^0} + \frac{x_n}{J_{xx}^0} x_* + \frac{y_n}{J_{yy}^0} y_*\right), \\ \sigma_{b0} &= -\frac{E_b}{E_c} P_n \left(\frac{1}{F^0} + \frac{x_n}{J_{xx}^0} x_* + \frac{y_n}{J_{yy}^0} y_*\right). \end{aligned}\right\} \qquad \text{(VII.187)}$$

Die Spannungen τ_{w0} und $\bar{\tau}_{zn,0}$ werden auf Grund der Formeln (VII.92) und (VII.94) berechnet.

Nach der Beendigung der Vorspannung werden die Röhren mit Zementmörtel injiziert und dadurch ein Verbund zwischen dem Spannstahl und dem Beton hergestellt. Von diesem Zeitpunkt benimmt sich der Spannstahl als ein Teil des Querschnitts.

Die Spannung des Spannstahls im Zeitpunkt $\tau = t$ beträgt:

$$\sigma_k^{(n)} = \frac{P_n}{F_n} + E_k(\varepsilon - \varepsilon_0). \qquad \text{(VII.188)}$$

Das zweite Glied stellt die Änderung der Spannung (siehe die Gleichung (VII.186)), welche eine Folge der verschiedenen Dehnungen in den Zeitpunkten $\tau = t$ und $\tau = \tau_0$ ist, dar.

Durch die Beziehungen (VII.30), wobei nur $\sigma_k^{(n)} = \sigma_k$ von Null verschieden ist[1], werden die Schnittkräfte gegeben.

Mit den Ausdrücken (VII.54), (VII.55), (VII.33), (VII.188), (VII.58) und (VII.59) erhält man statt der Gleichungen (VII.68):

$$\left.\begin{aligned} N &= E_c\hat{F}w_0' - \mu N_{b0} + P_n - N_{k0}^{(n)}, \\ M_x &= -E_c\hat{J}_{xx}\xi'' - \mu M_{xb0} + (P_n - N_{k0}^{(n)})\, x_{\Phi n}, \\ M_y &= -E_c\hat{J}_{yy}\eta'' - \mu M_{yb0} + (P_n - N_{k0}^{(n)})\, y_{\Phi n} \end{aligned}\right\} \qquad \text{(VII.189)}$$

und

$$\left.\begin{aligned} M_\omega &= -E_c\hat{J}_{\omega\omega}\varphi'' - \mu M_{\omega b0} + (P_n - N_{k0}^{(n)})\, \omega_{\Phi n}, \\ T_s &= G_c\hat{K}\varphi' - \mu T_{sb0}, \end{aligned}\right\} \qquad \text{(VII.190)}$$

wo

$$N_{k0}^{(n)} = E_k F_n \varepsilon_0^{(n)} \qquad \text{(VII.191)}$$

ist.

Dieser Wert kann in folgender Form ausgedrückt werden:

$$N_{k0}^{(n)} = F_n \frac{E_k}{E_c}\left(\frac{N^0}{F^0} + \frac{M_x^0}{J_{xx}^0} x_n + \frac{M_y^0}{J_{yy}^0} y_n + \frac{M_\omega^0}{J_{\omega\omega}^0} \omega_n\right). \qquad \text{(VII.192)}$$

Es ist zu bemerken, daß die Spannstahlfläche in der Auswertung der Querschnittswerte $\hat{F} \cdots \hat{J}_{\omega\omega}$ berücksichtigt wird.

---

[1] Die Lösung für alle Führungen der Spanndrähte wird durch die Superposition erhalten.

Die Differentialgleichungen im Zeitpunkt $\tau = t$ lauten:

$$\left.\begin{aligned} E_c\hat{F}w_0'' &= \mu N_{b0}', \\ E_c\hat{J}_{xx}\xi^{IV} &= (P_n - N_{k0}^{(n)})\, x_{\Phi n}'' - \mu M_{xb0}'', \\ E_c\hat{J}_{yy}\eta^{IV} &= (P_n - N_{k0}^{(n)})\, y_{\Phi n}'' - \mu M_{yb0}'' \end{aligned}\right\} \qquad \text{(VII.193)}$$

und

$$E_c\hat{J}_{\omega\omega}\varphi^{IV} - G_c\hat{K}\varphi'' = (P_n - N_{k0}^{(n)})\, \omega_{\Phi n}'' - \mu(M_{\omega b0}'' + T_{sb0}'). \qquad \text{(VII.194)}$$

Für Q_x, Q_y, T_ω und T erhält man:

$$\left.\begin{aligned} Q_x &= -E_c\hat{J}_{xx}\xi''' + (P_n - N_{k0}^{(n)})\, x_{\Phi n}' - \mu M_{xb0}', \\ Q_y &= -E_c\hat{J}_{yy}\eta''' + (P_n - N_{k0}^{(n)})\, y_{\Phi n}' - \mu M_{yb0}', \\ T_\omega &= -E_c\hat{J}_{\omega\omega}\varphi''' + (P_n - N_{k0}^{(n)})\, \omega_{\Phi n}' - \mu M_{\omega b0}' \end{aligned}\right\} \qquad \text{(VII.195)}$$

und

$$T = -(E_c\hat{J}_{\omega\omega}\varphi''' - G_c\hat{K}\varphi') + (P_n - N_{k0}^{(n)})\, \omega_{\Phi n}' - \mu(M_{\omega b0}' + T_{sb0}). \qquad \text{(VII.196)}$$

Die Werte N_{b0}, M_{xb0}, M_{yb0} und $M_{\omega b0}$ werden aus den Gleichungen (VII.77) gefunden.

Der Ausdruck (VII.82), für $p_z = m_x^0 = m_y^0 = m_\omega^0 = 0$, liefert den Vektor M_{b0}'.
Mit Rücksicht auf die Gleichungen (VII.179) und (VII.180) ergibt sich:

$$\mathbf{M}_{b0}'' = \begin{bmatrix} M_{xb0}'' \\ M_{yb0}'' \\ M_{\omega b0}'' \end{bmatrix} = -\begin{bmatrix} \mathbf{S}_2 \\ \mathbf{S}_3 \\ \mathbf{S}_4 \end{bmatrix} \cdot \begin{bmatrix} 0 \\ P_n x_n'' \\ P_n y_n'' \\ M\omega'' \end{bmatrix}. \qquad \text{(VII.197)}$$

T_{sb0} und T_{sb0}' werden aus den Formeln (VII.80) und (VII.84) entnommen.

Die Normalspannungen σ_b und σ_a im Zeitpunkt $\tau = t$ werden auf Grund der Ausdrücke (VII.33a), (VII.54), (VII.188), (VII.58), (VII.189) und (VII.190a) erhalten und können in der gleichen Form wie die Ausdrücke (VII.95), für $\varepsilon_s = 0$, angeschrieben werden.

Die Werte $N_\Phi \cdots M_{\omega\Phi}$ sind im Falle der Vorspannung die folgenden:

$$\left.\begin{aligned} N_\Phi &= N - P_n + N_{k0}^{(n)} + \mu N_{b0}, \\ M_{x\Phi} &= M_x - (P_n - N_{k0}^{(n)})\, x_{\Phi n} + \mu M_{xb0}, \\ M_{y\Phi} &= M_y - (P_n - N_{k0}^{(n)})\, y_{\Phi n} + \mu M_{yb0}, \\ M_{\omega\Phi} &= M_\omega - (P_n - N_{k0}^{(n)})\, \omega_{\Phi n} + \mu M_{\omega b0}. \end{aligned}\right\} \qquad \text{(VII.198a–d)}$$

Für σ_k ergibt sich:

$$\begin{aligned} \sigma_k^{(n)} = \frac{P_n}{F_n} &+ \frac{E_k}{E_c}\left(\frac{N_\Phi}{\hat{F}} + \frac{M_{x\Phi}}{\hat{J}_{xx}}x_{\Phi n} + \frac{M_{y\Phi}}{\hat{J}_{yy}}y_{\Phi n} + \frac{M_{\omega\Phi}^0}{\hat{J}_{\omega\omega}}\omega_{\Phi n}\right) \\ &- \frac{E_k}{E_c}\left(\frac{N^0}{F^0} + \frac{M_x^0}{J_{xx}^0}x_n + \frac{M_y^0}{J_{yy}^0}y_n + \frac{M_\omega^0}{J_{\omega\omega}^0}\omega_n\right). \end{aligned} \qquad \text{(VII.199)}$$

Für ein statisch bestimmtes System sind die Schnittkräfte N, M_x, M_y gleich Null. Für $M_{\omega\Phi} = 0$ erhält man dann:

$$\left.\begin{aligned}\sigma_a &= \frac{E_a}{E_c}\left(\frac{N_\Phi}{\hat{F}} + \frac{M_{x\Phi}}{\hat{J}_{xx}} x_{\Phi*} + \frac{M_{y\Phi}}{\hat{J}_{yy}} y_{\Phi*}\right),\\ \sigma_b &= \frac{E_{b\Phi}}{E_c}\left(\frac{N_\Phi}{\hat{F}} + \frac{M_{x\Phi}}{\hat{J}_{xx}} x_{\Phi*} + \frac{M_{y\Phi}}{\hat{J}_{yy}} y_{\Phi*}\right) - \mu\sigma_{b0},\\ \sigma_k &= \frac{P_n}{F_n} + \frac{E_k}{E_c}\left(\frac{N_\Phi}{\hat{F}} + \frac{M_{x\Phi}}{\hat{J}_{xx}} x_{\Phi n} + \frac{M_{y\Phi}}{\hat{J}_{yy}} y_{\Phi n}\right)\\ &\quad + \frac{E_k}{E_c} P_n\left(\frac{1}{F^0} + \frac{x_n^2}{J_{xx}^0} + \frac{y_n^2}{J_{yy}^0}\right),\end{aligned}\right\} \qquad \text{(VII.200)}$$

wobei

$$\left.\begin{aligned}N_\Phi &= -P_n + N_{k0}^{(n)} + \mu N_{b0},\\ M_{x\Phi} &= -(P_n - N_{k0}^{(n)})\, x_{\Phi n} + \mu M_{xb0},\\ M_{y\Phi} &= -(P_n - N_{k0}^{(n)})\, y_{\Phi n} + \mu M_{yb0}\end{aligned}\right\} \qquad \text{(VII.201)}$$

sind.

Für die Berechnung der statisch unbestimmten Systeme kann, unter Berücksichtigung der Analogie zwischen den Beziehungen in den Zeitpunkten $\tau = \tau_0$ und $\tau = t$, die Kraftgrößenmethode bzw. Verschiebungsmethode gebraucht werden.

Das Reduktionsverfahren zur Berechnung des Durchlaufträgers im Falle der Biegung in der yz-Ebene (für $\tau = \tau_0$) oder in der $y_\Phi z$-Ebene (für $\tau = t$), kann wie in dem Abschnitt 7.1 angegeben, durchgeführt werden.

Infolge der Vorspannung ergeben sich die verteilten Belastungen:

$$p = P_n y_n'', \quad \text{für} \quad \tau = \tau_0 \qquad \text{(VII.202)}$$

und

$$p_\Phi = (P_n - N_{k0}^{(n)})\, y_{\Phi n}'' - \mu M_{b0}'', \quad \text{für} \quad \tau = t. \qquad \text{(VII.203)}$$

Im Zeitpunkt $\tau = \tau_0$ müssen im Punkt $i, i+1$, wobei unter Trennpunkten auch die beiden Endpunkte des Spannstahls verstanden werden, die Bedingungen:

$$\tilde{M}_{i,r}^0 = \tilde{M}_{i+1,l}^0, \qquad \text{(VII.204)}$$

$$\tilde{Q}_{i,r}^0 = \tilde{Q}_{i+1,l}^0 \qquad \text{(VII.205)}$$

befriedigt werden, wo (siehe die Gleichungen (VII.179)):

$$\left.\begin{aligned}\tilde{M}_{i,r}^0 &= M_{i,r}^0 + (P_n y_n)_{i,r},\\ \tilde{M}_{i+1,l}^0 &= M_{i+1,l}^0 + (P_n y_n)_{i+1,l}\end{aligned}\right\} \qquad \text{(VII.206)}$$

und

$$\left.\begin{aligned}\tilde{Q}_{i,r}^0 &= Q_{i,r}^0 + (P_n y_n')_{i,r},\\ \tilde{Q}_{i+1,l}^0 &= Q_{i+1,l}^0 + (P_n y_n')_{i+1,l}\end{aligned}\right\} \qquad \text{(VII.207)}$$

sind.

Durch Einsetzen der Ausdrücke (VII.207) und (VII.206) in die Gleichungen (VII.205) und (VII.204) erhält man:

$$\left.\begin{aligned} Q^0_{i+1,l} &= Q^0_{i,r} + (P_n y_n')_{i,r} - (P_n y_n)_{i,i+1}, \\ M^0_{i+1,l} &= M^0_{i,r} + (P_n y_n)_{i,r} - (P_n y_n)_{i,i+1}. \end{aligned}\right\} \qquad \text{(VII.208)}$$

Die Gleichungen (VII.208) stimmen mit den Übergangsbedingungen (VII.137) eines Trägers, welcher im Punkt i, $i + 1$ (siehe Abb. VII.4) mit der Kraft

$$P_{i,i+1} = P^0_{i,i+1} = (P_n y_n')_{i+1,l} - (P_n y_n')_{i,r} \qquad \text{(VII.209)}$$

und mit den äußeren Biegemomenten

$$M^*_{i,i+1} = M^{0*}_{i,i+1} = (P_n y_n)_{i+1,l} - (P_n y_n)_{i,r} \qquad \text{(VII.210)}$$

belastet wird, überein.

Für die Berechnung des Trägers im Zeitpunkt $\tau = \tau_0$ müssen die Belastung $p = P_n y_n''$ und die konzentrierten äußeren Einflüsse $P^0_{i,i+1}$ und $M^{0*}_{i,i+1}$ auf den Träger (siehe Abb. VII.6) angebracht werden.

Die Randbedingungen werden durch die homogenen Randbedingungen und die zusätzlichen Kräfte bzw. Momente

$$\left.\begin{aligned} Q^{0*} &= -P_n y_n', \\ M^{0*} &= -P_n y_n \end{aligned}\right\} \qquad \text{(VII.211)}$$

erreicht.

In analoger Weise kann gezeigt werden, daß die Berechnung im Zeitpunkt $\tau = t$ mit der verteilten Belastung p_Φ (siehe den Ausdruck (VII.203)) und mit den konzentrierten Kräften und äußeren Momenten

$$\left.\begin{aligned} P_{\Phi,i,i+1} &= [(P_n - N^{(n)}_{k0})\, y'_{\Phi n} - \mu M'_{b0}]_{i+1,l} - \\ &\quad - [(P_n - N^{(n)}_{k0})\, y'_{\Phi n} - \mu M'_{b0}]_{i,r}, \\ M^*_{\Phi,i,i+1} &= [(P_n - N^{(n)}_{k0})\, y_{\Phi n} - \mu M_{b0}]_{i+1,l} - \\ &\quad - [(P_n - N^{(n)}_{k0})\, y_{\Phi n} - \mu M_{b0}]_{i,r} \end{aligned}\right\} \qquad \text{(VII.212)}$$

durchgeführt wird.

Die Randbedingungen (siehe Abb. VII.6) werden durch die Zusatzkräfte und Momente

$$\left.\begin{aligned} Q^*_\Phi &= -(P_n - N^{(n)}_{k0})\, y'_{\Phi n} - \mu M'_{b0}, \\ M^*_\Phi &= -(P_n - N^{(n)}_{k0})\, y_{\Phi n} - \mu M_{b0} \end{aligned}\right\} \qquad \text{(VII.213)}$$

ergänzt.

Die infolge Vorspannung hervorgerufene Wölbkrafttorsion kann auf Grund des im Abschnitt 7.2 gegebenen Verfahrens berechnet werden.

Für $\tau = \tau_0$ ergibt sich dann die folgende Belastung:

$$\left.\begin{aligned} m &= P_n \omega_n'', \\ T^*_{i,i+1} &= (P_n \omega_n')_{i+1,l} - (P_n \omega_n')_{i,r}, \\ M^*_{\omega i,i+1} &= (P_n \omega_n)_{i+1,l} - (P_n \omega_n)_{i,r}. \end{aligned}\right\} \qquad \text{(VII.214)}$$

Die äußeren Torsionsmomente und Bimomente an den Enden des Stabes betragen:

$$\left.\begin{aligned} T^* &= -P_n\omega_n', \\ M_\omega^* &= -P_n\omega_n. \end{aligned}\right\} \qquad \text{(VII.215)}$$

Im Zeitpunkt $\tau = t$ sollten die Belastungen

$$\left.\begin{aligned} m_\Phi &= (P_n - N_{k0}^{(n)})\,\omega_{\Phi n}'' - \mu(M_{\omega b0}'' + T_{sb0}'), \\ T_{\Phi,i,i+1}^* &= [(P_n - N_{k0}^{(n)})\,\omega_{\Phi n}' - \mu(M_{\omega b0}' - T_{sb0})]_{i+1,l} - \\ &\quad - [(P_n - N_{k0}^{(n)})\,\omega_{\Phi n}' - \mu(M_{\omega b0}' - T_{sb0})]_{i,r}, \\ M_{\omega\Phi,i,i+1}^* &= [(P_n - N_{k0}^{(n)})\,\omega_{\Phi n} - \mu M_{\omega b0}]_{i+1,l} - \\ &\quad - [(P_n - N_{k0}^{(n)})\,\omega_{\Phi n} - \mu M_{\omega b0}]_{i,r} \end{aligned}\right\} \qquad \text{(VII.216)}$$

und (siehe Abb. VII.8):

$$T_\Phi^* = -[(P_n - N_{k0}^{(n)})\,\omega_{\Phi n}' - \mu(M_{\omega b0}' - T_{sb0})],$$

$$M_{\omega\Phi}^* = -[(P_n - N_{k0}^{(n)})\,\omega_{\Phi n} - \mu M_{\omega b0}]$$

angebracht werden.

9. Beispiele der Berechnung

9.1. Beispiel 1

Wir betrachten den in Abb. VII.9a gezeigten durchlaufenden Verbundträger einer Brücke. Eine Hälfte des symmetrischen, längs der Spannweite veränderlichen Querschnitts (mit konstanter Höhe) ist in Abb. VII.9b dargestellt.

Für

$$\frac{E_a}{E_c} = 1, \qquad \frac{E_b}{E_c} = \frac{1}{5}, \qquad \frac{E_k}{E_c} = 1$$

wird die Querschnittsfläche F^0 des ideellen Querschnitts (inklusive schlaffe Armierung und Spannstahl) im Zeitpunkt $\tau = \tau_0$ auf Grund der Formel (VII.38a) berechnet. Für einen solchen Querschnitt wird die Lage c des Schwerpunkts C bestimmt.[1] Der Schwerpunkt der Betonplatte wird mit C_b und dessen Koordinate y mit y_b^c (Abb. VII.9b) bezeichnet.

Die Querschnittsfläche F_b und das Trägheitsmoment $\bar{J}_b = \int\limits_{F_b} \bar{y}_b^2\, dF$, bezogen auf die $\bar{x}_b$ Achse durch den Betonschwerpunkt, der Platte betragen:

$$F_b = 0{,}7895\ \text{m}^2,$$

$$\bar{J}_b = 0{,}34755 \cdot 10^{-2}\ \text{m}^4.$$

Die Werte F^0, c, y_b^c und $J_{yy}^0 = J^0$ (siehe die Formel (VII.38c)) sind für die einzelnen Teilstücke in der folgenden Tabelle (S. 170) zusammengestellt.

---

[1] Alle Werte beziehen sich auf die in Abb. VII.9b dargestellte Hälfte des gesamten Querschnitts.

Teilstück i	F^0 m²	c m	y_b^c m	J^0 m⁴	$\hat{F}$ m²	e m	$y_{b\Phi}^c$ m	$\hat{J}$ m⁴
1	0,1974	2,429	−0,291	0,10534	0,1292	0,153	−0,444	0,09625
2	0,2089	2,330	−0,425	0,17012	0,1407	0,206	−0,631	0,15155
3	0,2109	2,308	−0,447	0,18079	0,1427	0,213	−0,660	0,16037
4	0,2109	2,308	−0,447	0,18079	0,1427	0,213	−0,660	0,16037
5	0,2089	2,330	−0,425	0,17012	0,1407	0,206	−0,631	0,15155
6	0,2049	2,355	−0,387	0,14913	0,1367	0,182	−0,569	0,13323
7	0,1974	2,429	−0,291	0,10534	0,1292	0,153	−0,444	0,09625
8	0,2049	2,355	−0,387	0,14913	0,1367	0,182	−0,569	0,13323
9	0,2274	2,183	−0,572	0,23676	0,1592	0,208	−0,780	0,20485
10	0,2574	1,994	−0,831	0,36787	0,1892	0,292	−1,123	0,30355
11	0,2574	1,994	−0,831	0,36787	0,1892	0,292	−1,123	0,30355
12	0,2129	2,286	−0,469	0,19137	0,1467	0,231	−0,700	0,16905
13	0,1974	2,429	−0,291	0,10534	0,1292	0,153	−0,444	0,09625
14	0,2049	2,355	−0,387	0,14913	0,1367	0,182	−0,569	0,13323
15	0,2089	2,330	−0,425	0,17012	0,1407	0,206	−0,631	0,15155
16	0,2089	2,330	−0,425	0,17012	0,1407	0,206	−0,631	0,15155
17	0,2049	2,355	−0,387	0,14913	0,1367	0,182	−0,569	0,13323
18	0,1974	2,429	−0,291	0,10534	0,1292	0,153	−0,444	0,09625
19	0,2274	2,183	−0,572	0,23676	0,1592	0,208	−0,780	0,20485
20	0,2574	1,994	−0,831	0,36787	0,1892	0,292	−1,123	0,30355

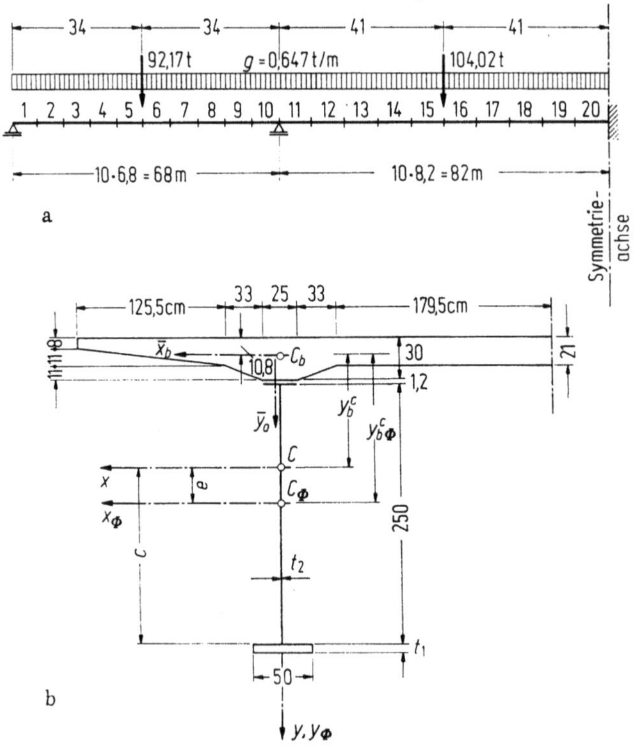

Abb. VII.9

a) Ständige Belastung

Für die ständige, in Abb. VII.9a dargestellte Belastung, liefert die Berechnung z. B. unter Verwendung des Reduktionsverfahrens nach STRAPP[1] die in Abb. VII.10 gezeichneten Diagramme der Querkräfte $Q_y^0 = Q^0$ und der Biegemomente $M_y^0 = M^0$.

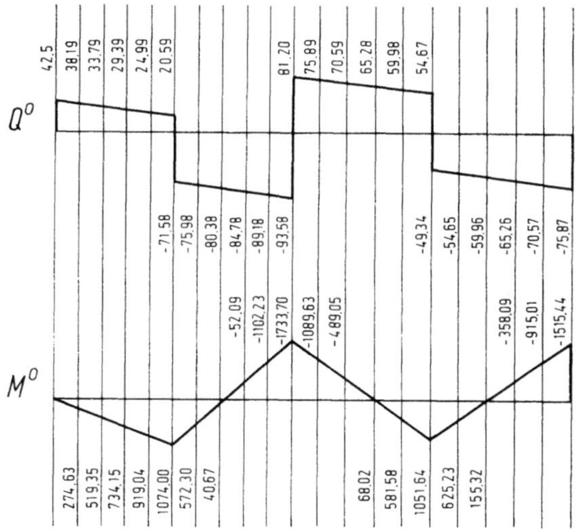

Abb. VII.10

Im Zeitpunkt $\tau = t \to \infty$, d. h. nach der Beendigung des Kriechens werden die Betonspannungen σ_b unter Verwendung der Ausdrücke (VII.14), (VII.15) und (VII.16) bestimmt. Für

$$\Phi = \Phi_\infty = 1{,}52$$

erhält man:

$$E_{b\Phi} = 0{,}568\, E_b, \quad \mu = 0{,}432$$

und ferner:

$$\frac{E_{b\Phi}}{E_c} = 0{,}568 \cdot \frac{1}{5} = 0{,}1136.$$

Mit diesen Angaben werden die Querschnittswerte im Zeitpunkt $\tau = t$ für die einzelnen Teilstücke berechnet.

Für $F_{b\Phi}^r$ und $\bar{J}_b^r$ erhält man:

$$F_{b\Phi}^r = \frac{E_{b\Phi}}{E_c} F_b = 0{,}1136 \cdot 0{,}7895 = 0{,}08969 \text{ m}^2,$$

$$\bar{J}_b^r = \frac{E_{b\Phi}}{E_c} \bar{J}_b = 0{,}1136 \cdot 0{,}34755 \cdot 10^{-2} = 0{,}03948 \cdot 10^{-2} \text{ m}^4.$$

Für den ideellen Querschnitt sind die Querschnittsfläche $\hat{F}$ (Formel (VII.61a)), der Schwerpunkt C_Φ, bzw. dessen Abstand von dem Punkt C, und das Trägheitsmoment $\hat{J}_{yy} = \hat{J}$ (Formel (VII.61c)) in den letzten drei Spalten der vorgehenden Tabelle gegeben.

---

[1] IBM-STRAPP (Structural Analysis Program Package). Durchlaufträger B., Berechnung nach dem Reduktionsverfahren.

Der nächste Schritt ist die Bestimmung der „Belastungen“ $p_{\Phi i}$, $P_{\Phi,i,i+1}$ und $M^*_{\Phi,i,i+1}$ nach den Ausdrücken (VII.130) und (VII.142).

Aus der Formel (VII.130) folgt für $m'_y = M''_{ys} = 0$:

$$p_\Phi = p_y - \mu M''_{yb0}.$$

Der Ausdruck (VII.83) liefert für $p_z^{0\prime} = p_x^0 = m_x^{0\prime} = m_y^{0\prime} = M_\omega^{0\prime\prime} = 0$:

$$M''_{yb0} = M''_{b0} = -\frac{J^r_{b,yy\Phi}}{J^0_{yy}}\, p_y .$$

Für p_Φ erhält man dann:

$$p_\Phi = \left(1 + \mu \frac{J^r_{b,yy\Phi}}{J^0_{yy}}\right) p_y .$$

Der Wert (siehe die Gleichung (VII.78))

$$J^r_{b,yy\Phi} = \frac{E_b}{E_c} \int\limits_{F_b} y_* y_{\Phi *}\, dF_*$$

kann mit Rücksicht auf Abb. VII.9b in folgender Form angeschrieben werden:

$$J^r_{b,yy\Phi} = \frac{E_b}{E_c} \int\limits_{F_b} y_*(y_* - e)\, dF_* = \frac{E_b}{E_c}\left[\int\limits_{F_b} y_*^2\, dF_* - e \int\limits_{F_b} y_*\, dF_*\right].$$

Das erste Glied in der eckigen Klammer stellt das Trägheitsmoment der Platte in bezug auf die x-Achse dar. Der Wert des zweiten Integrals ist dem statischen Moment der Betonplatte, bezogen auf die x-Achse, gleich.

Somit können wir schreiben:

$$J^r_{b,yy\Phi} = \bar{J}^r_b + F^r_b (y^r_b)^2 - e F^r_b y^r_b .$$

Für das Teilstück $i = 5$ haben wir z. B.:

$$J^r_{b,yy\Phi} = \frac{1}{5}\,[0{,}34755 \cdot 10^{-2} + 0{,}7895 \cdot 0{,}425^2 - 0{,}206 \cdot 0{,}7895\,(-0{,}425)] = 0{,}0430399 \text{ m}^4 .$$

Ferner folgt:

$$(M''_{b0})_5 = -\frac{0{,}0430399}{0{,}170123}\, g$$

und

$$p_{\Phi 5} = \left(1 + 0{,}432 \frac{0{,}044113}{0{,}170123}\right) 0{,}647 = 0{,}718 \text{ t/m}' .$$

Die konzentrierten „Kräfte“ $P_{\Phi,i,i+1}$ und „Momente“ $M^*_{\Phi,i,i+1}$ erhalten wir auf Grund der Ausdrücke (VII.142) für $m_{i,r} = m_{i+1,l} = (M_s)_{i,r} = (M_s)_{i+1,l} = 0$.

Für den Punkt $i, i+1 = 5{,}6$ ergibt sich unter Berücksichtigung der Ausdrücke (VII.141), für $p_z^0 = m^0 = 0$:

$$P_{\Phi,5,6} = P_{5,6} + \mu \left[\left(\frac{J^r_{b,yy\Phi}}{J^0_{yy}}\right)_5 Q^0_{5,r} - \left(\frac{J^r_{b,yy\Phi}}{J^0_{yy}}\right)_6 Q_{6,l}\right],$$

$$M^*_{\Phi,5,6} = M^*_{5,6} + \mu \left[\left(\frac{J^r_{b,yy\Phi}}{J^0_{yy}}\right)_5 M^0_{5,r} - \left(\frac{J^r_{b,yy\Phi}}{J^0_{yy}}\right)_6 M^0_{6,l}\right].$$

Aus den Abbildungen (VII.9a), (VII.10) und der nächsten Tabelle können die folgenden Werte abgelesen werden:

$$P_{5,6} = 92{,}17 \text{ t}, \quad M^*_{5,6} = 0, \quad Q^0_{5,r} = 20{,}589 \text{ t},$$

$$Q^0_{6,l} = -71{,}581 \text{ t}, \quad M^0_{5,r} = M^0_{6,l} = 1074{,}003 \text{ tm}$$

und

$$(J^r_{b,yy_\Phi})_5 = 0{,}0430399\ \mathrm{m}^4, \qquad (J^r_{b,yy_\Phi})_6 = 0{,}0354651\ \mathrm{m}^4,$$

$$(J^0_{yy})_5 = 0{,}170123\ \mathrm{m}^4, \qquad (J^0_{yy})_6 = 0{,}149129\ \mathrm{m}^4.$$

Mit diesen Werten ergeben sich für $\mu = 0{,}432$:

$$P_{\Phi,5,6} = 101{,}774\ \mathrm{t}, \quad M^*_{\Phi,5,6} = 7{,}042\ \mathrm{tm}.$$

Die Werte $(J^r_{b,yy_\Phi})_i$, sowie die „Belastungen“ $p_{\Phi i}$, $P_{\Phi,i,i+1}$, $M^*_{\Phi,i,i+1}$ sind in der folgenden Tabelle zusammengestellt.

Teil-stück i	J^r_{b,yy_Φ} m⁴	$p_{\Phi i}$ t/m	$P_{\Phi,i,i+1}$ t	$M^*_{\Phi,i,i+1}$ tm
1	0,021096	0,703	−0,870	−6,255
2	0,0430399	0,718	−0,123	−1,912
3	0,0472787	0,720	0,000	0,000
4	0,0472787	0,720	0,092	3,383
5	0,0430399	0,718	101,774	7,042
6	0,0354651	0,713	−1,232	9,281
7	0,0210964	0,703	1,303	−0,660
8	0,0354651	0,713	2,295	14,103
9	0,0711437	0,731	3,928	48,993
10	0,1480494	0,759	−30,386	0,000
11	0,1480494	0,759	4,194	−60,220
12	0,0525337	0,724	2,264	−15,685
13	0,0210964	0,703	−1,059	−1,103
14	0,0354651	0,713	−0,392	−3,813
15	0,0430399	0,718	115,388	0,000
16	0,0430399	0,718	−0,358	4,099
17	0,0354651	0,713	−0,972	2,519
18	0,0210964	0,703	2,826	15,503
19	0,0711437	0,731	3,108	40,302
20	0,1480494	0,759		

Für die gegebene „Belastung“ wird der Träger nach dem Reduktionsverfahren berechnet.

Die „Belastungen“ und das Diagramm $M_{yy_\Phi} = M_\Phi$ sind in der Abb. VII.11 gezeigt.

Die Normalspannungen σ_z im Zeitpunkt $\tau = \tau_0$ werden üblicherweise gemäß den Formeln (VII.85), für $N^0 = M^0_x = M^0_\omega = 0$, berechnet. Zur Bestimmung der Spannungen nach der Beendigung des Kriechen werden die Ausdrücke (VII.128) benutzt.

Da der Träger in bezug auf die Normalkraft statisch bestimmt, und $N \equiv 0$ ist, ergibt sich auf Grund der Ausdrücke (VII.150) und (VII.151):

$$N_\Phi = \mu N_{b0} = \mu M^0 \frac{S^r_{by}}{J^0_{yy}},$$

wobei nach den Ausdrücken (VII.77a) und (VII.79)

$$S^r_{by} = \frac{E_b}{E_c} \int_{F_b} y\, dF = \frac{E_b}{E_c} F_b \cdot y^c_b$$

ist. So erhält man zum Beispiel für das Teilstück $i = 5$:

$$(S^r_{by})_5 = -\frac{1}{5} \cdot 0{,}7895 \cdot 0{,}425 = -0{,}06711$$

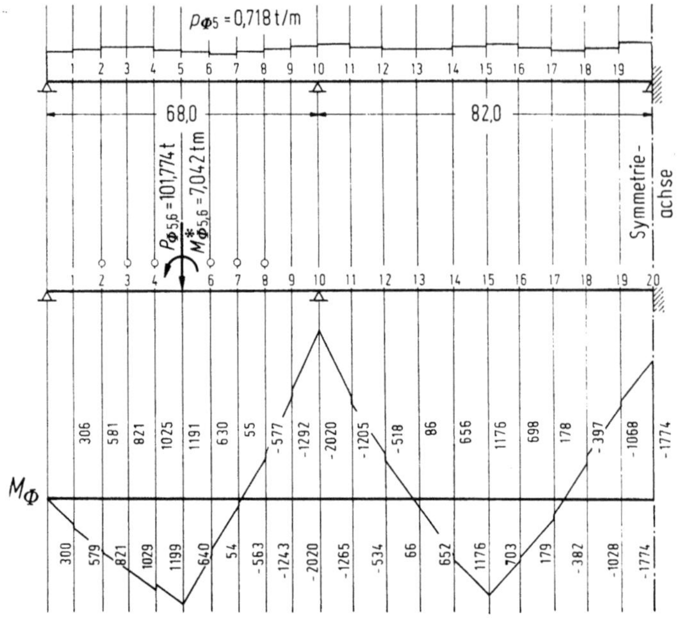

Abb. VII.11

und ferner (siehe Abb. VII.10):

$$(N_\Phi)_{5,r} = -0,432 \cdot 1074,00 \cdot \frac{0,06711}{0,17012} = -183,453.$$

Die Normalspannungen in den Querschnitten $5r$ und $10r$ sind in der Tabelle am Ende dieses Beispiels gegeben.

So erhält man z.B. für den Punkt 3 (Abb. VII.14):

$$\sigma_b = 0,1136\left(-\frac{183,453}{0,1407} - \frac{1198,63}{0,15155}\,0,738\right) + 0,432 \cdot 671,723$$

bzw.

$$\sigma_b = -521,01 \text{ t/m}^2.$$

b) Betonschwinden

Für das Schwindmaß

$$\varepsilon_s = -\varepsilon_{s\infty} = -0,1344 \cdot 10^{-3} = \text{const}$$

und

$$E_b = \frac{1}{5}\,21 \cdot 10^6 = 4,2 \cdot 10^6 \text{ t/m}^2$$

ergibt sich:

$$E_{b\Phi} = 0,568 \cdot 4,2 \cdot 10^6 = 2,386 \cdot 10^6 \text{ t/m}^2.$$

Auf Grund der Formeln (VII.62f, h) erhält man:

$$N_s = 2,386 \cdot 0,1344 \cdot 0,7895 \cdot 10^3 = -253,6 \text{ t},$$

$$M_s = M_{ys} = E_{b\Phi}\varepsilon_s \int_{F_b} y_* \, dF_* = N_s \cdot y_b^c$$

bzw.

$$M_s = -253{,}6 y^c_{b\Phi}.$$

Die „Belastungen“ p_Φ, $P_{\Phi,i,i+1}$ und $M^*_{\Phi,i,i+1}$ sind gemäß den Ausdrücken (VII.130) und (VII.142) die folgenden:

$$p_\Phi \equiv 0,$$

$$P_{\Phi,i,i+1} \equiv 0,$$

$$M^*_{\Phi,i\,i+1} = (M_s)_{i,r} - (M_s)_{i+1,l},$$

bzw.:

$$M^*_{\Phi,i,i+1} = -253{,}6\,[(y^c_{b\Phi})_i - (y^c_{b\Phi})_{i+1}].$$

Für $i, i+1 = 5, 6$ erhält man:

$$M^*_{\Phi,5,6} = -253{,}6\,[-(0{,}425 + 0{,}206) + (0{,}387 + 0{,}182)]$$

bzw.

$$M^*_{\Phi,5,6} = +15{,}723 \text{ tm}.$$

Mit den Werten $M^*_{\Phi,i,i+1}$ wird die Berechnung des Durchlaufträgers durchgeführt und die Größen M_Φ bestimmt.

In Abb. VII.12 sind die „Belastung“ $M^*_{\Phi,i,i+1}$ und das Diagramm M_Φ gezeichnet.

Auf Grund des Ausdrucks (VII.150) folgt:

$$N_\Phi = N_s = -253{,}6 \text{ t}.$$

Die Normalspannungen

$$\sigma_a = \frac{E_a}{E_c}\left(\frac{N_\Phi}{\hat{F}} + \frac{M_\Phi}{\hat{J}} y_{\Phi *}\right),$$

$$\sigma_b = \frac{E_{b\Phi}}{E_c}\left(\frac{N_\Phi}{\hat{F}} + \frac{M_\Phi}{\hat{J}} y_{\Phi *}\right) - E_{b\Phi}\varepsilon_s,$$

$$\sigma_k = \frac{E_k}{E_c}\left(\frac{N_\Phi}{\hat{F}} + \frac{M_\Phi}{\hat{J}} y_{\Phi n}\right)$$

sind für die Querschnitte $5r$ und $10r$ in der Tabelle am Ende des Beispiels gegeben.

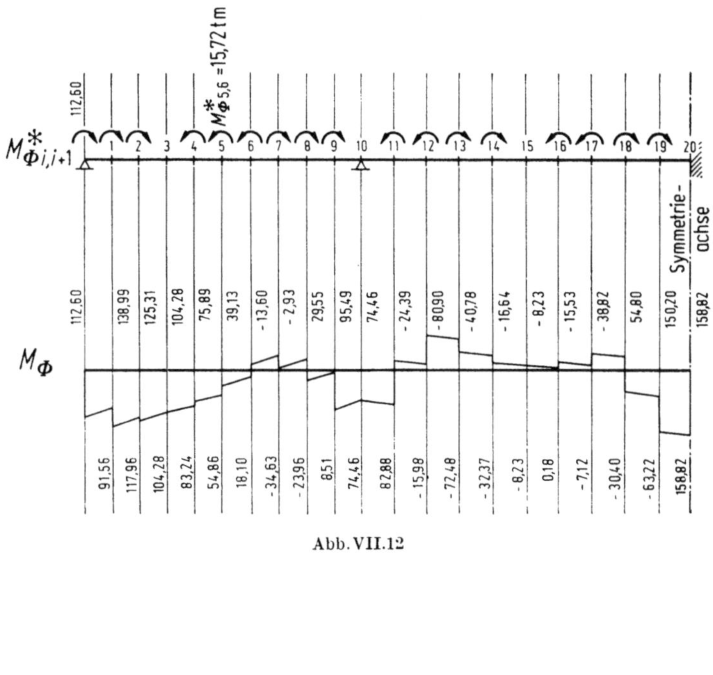

Abb. VII.12

c) Vorspannung

Die Spannglieder sind gerade und parallel der Trägerachse in der Platte verlegt. In dem Querschnitt sind sie längs der Schwerpunktlinie der Platte bzw. längs der $\bar{x}_b$ Achse (Abb. VII.9b) verteilt.

Die gesamte Spannkraft $P = \sum_n' P_n$ aller Spannglieder in einem Querschnitt ist längs der Trägerachse stufenweise veränderlich. Das Diagramm der Spannkraft P ist in Abb. VII.13a dargestellt.

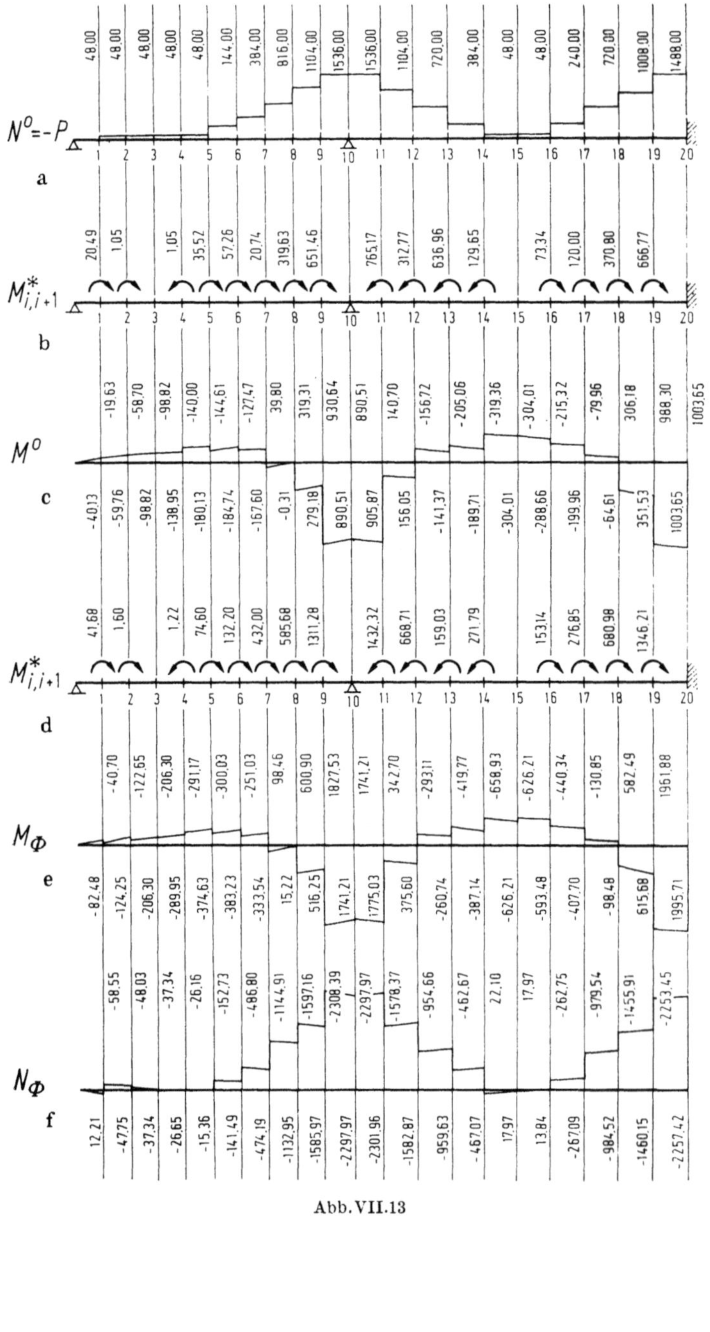

Abb. VII.13

Für $\tau = \tau_0$ wird der Träger nur durch die konzentrierten äußeren Momente $M^{0*}_{i,i+1}$ auf Biegung beansprucht, da wegen der geraden und zur z-Achse parallelen Spannglieder (siehe die Gleichungen (VII.202) und (VII.209)), die Belastungen p und $P^0_{i,i+1}$ gleich Null sind.

Nach der Formel (VII.210) erhält man:

$$M^{0*}_{i,i+1} = (P y^c_b)_{i+1,l} - (P\, y^c_b)_{i,r},$$

wobei $y_n = y^c_b$ (Abb. VII.9) der Abstand der Spannglieder von dem Schwerpunkt des ganzen ideellen Querschnitts F^0 ist. In die Querschnittsfläche F^0 wurde die Spannstahlfläche nicht eingerechnet.

Die Querschnittswerte F^0, y^c_b und J^0 für den Querschnitt ohne Spannstahl sind in der nächsten Tabelle gegeben.

Beispielsweise ergibt sich, unter Verwendung dieser Tabelle und des in Abb. VII.13b dargestellten P-Diagramms, der folgende Wert für $M^{0*}_{5,6}$:

$$M^{0*}_{5,6} = 144{,}0 \cdot 0{,}389 + 48{,}0 \cdot 0{,}427 = -35{,}520 \text{ tm}.$$

i	F^0	F_k	y^c_b	J^0	$J^r_{b,yy\Phi}$
	m²	m²	m	m⁴	m⁴
1	0,1969	0,0005	0,293	0,10000	0,02124
2	0,2084	0,0005	0,427	0,16077	0,04324
3	0,2104	0,0005	0,449	0,16978	0,04749
4	0,2104	0,0005	0,449	0,16978	0,04749
5	0,2084	0,0005	0,427	0,16077	0,04324
6	0,2035	0,0014	0,389	0,14045	0,03564
7	0,1936	0,0038	0,295	0,10000	0,02138
8	0,1967	0,0082	0,393	0,14045	0,03600
9	0,2164	0,0110	0,580	0,21367	0,07213
10	0,2420	0,0154	0,841	0,34483	0,14982
11	0,2420	0,0154	0,841	0,34483	0,14982
12	0,2019	0,0110	0,477	0,18083	0,05342
13	0,1902	0,0072	0,297	0,10000	0,02152
14	0,2011	0,0038	0,391	0,14045	0,03582
15	0,2084	0,0005	0,427	0,16077	0,04324
16	0,2084	0,0005	0,427	0,16077	0,04324
17	0,2025	0,0024	0,391	0,14045	0,03582
18	0,1902	0,0072	0,297	0,10000	0,02152
19	0,2173	0,0101	0,580	0,21367	0,07213
20	0,2425	0,0149	0,841	0,34483	0,14982

Für die gegebene Belastung $M^{0*}_{i,i+1}$ liefert die Berechnung des Durchlaufträgers das in Abb. VII.13c dargestellte Diagramm M^0.

Da der Träger in bezug auf die Normalkraft statisch bestimmt ist, ergibt sich:

$$N^0 = -P.$$

Die Normalspannungen werden gemäß den Ausdrücken (VII.186), (VII.187) berechnet, wobei die Querschnittswerte F^0 und $J^0_{yy} = J^0$ aus der vorgehenden Tabelle zu entnehmen sind.

Die Berechnung des Trägers nach der Beendigung des Kriechens wird für die „Belastung"

$$M^*_{\Phi i,i+1} = [(P - N_{k0})\, y^c_{b\Phi} - \mu M_{b0}]_{i+1,l} - [(P - N_{k0})\, y^c_{b\Phi} - \mu M_{b0}]_{i,r},$$
$$P_{\Phi i,i+1} = -\mu[(M'_{b0})_{i+1,l} - (M'_{b0})_{i,r}]$$

durchgeführt. Die Werte $p_{\Phi i}$ sind (siehe die Gleichung (VII.203)) gleich Null.

Auf Grund der Formel (VII.192), da $N^0 = -P$ und $M_y^0 = M_\omega^0 = 0$ sind, ergibt sich:

$$N_{k0} = F_k \frac{E_k}{E_c}\left(-\frac{P}{F^0} + \frac{M^0}{J^0} y_b^c\right), \qquad \frac{E_k}{E_c} = 1,$$

wobei $F_k = \sum_n F_n$ die Spannstahlfläche und $M_y^0 = M^0$, $J_{yy}^0 = J^0$ sind.

Aus den Formeln (VII.77) und (VII.82) erhält man:

$$M_{b0} = -P \frac{S_{by\Phi}^r}{F^0} + M^0 \frac{J_{byy\Phi}^r}{J^0}$$

$$M'_{b0} = \frac{J_{byy\Phi}^r}{J^0} Q^0,$$

wo gemäß der Formel (VII.79)

$$S_{by\Phi}^r = \frac{E_b}{E_c} \int_{F_b} y_{\Phi *}\, dF = \frac{E_b}{E_c} F_b y_{b\Phi}^c$$

ist.

Die Werte F^0, F_k, J^0, $J_{byy\Phi}^r$ und y_b^c werden aus der vorgehenden Tabelle entnommen, der Wert $y_{b\Phi}^c$ aus der ersten Tabelle dieses Beispiels.

Mit diesen Angaben ergeben sich die Werte N_{k0}, M_{b0} und schlußendlich die Größen $M_{\Phi i,i+1}^*$, welche im Diagramm in Abb. VII.13d dargestellt sind.

Man erhält z. B. für den Punkt i, $i+1 = 5, 6$:

$$P_{5,r} = 48{,}0 \text{ t}, \qquad P_{6,l} = 144{,}0 \text{ t},$$

$$M_{5,r}^0 = -180{,}13 \text{ tm}, \qquad M_{6,l}^0 = -144{,}61 \text{ tm},$$

$$F_5^0 = 0{,}2084 \text{ m}^2, \qquad F_6^0 = 0{,}2035 \text{ m}^2,$$

$$J_5^0 = 0{,}1607 \text{ m}^4, \qquad J_6^0 = 0{,}1404 \text{ m}^4,$$

$$y_{b,5}^c = -0{,}427 \text{ m}, \qquad y_b^c = -0{,}389 \text{ m},$$

$$F_{k,5} = 0{,}0005 \text{ m}^2, \qquad F_{k,6} = 0{,}0014 \text{ m}^2,$$

$$(S_{by\Phi}^r)_5 = -0{,}0996 \text{ m}^3, \qquad (S_{by\Phi}^r)_6 = -0{,}0898 \text{ m}^3,$$

$$(J_{byy\Phi}^r)_5 = 0{,}043239 \text{ m}^4, \qquad (J_{byy\Phi}^r)_6 = 0{,}035645 \text{ m}^4$$

und

$$(N_{k0})_{6,l} = 0{,}0014\left(-\frac{144{,}0}{0{,}2035} + \frac{-144{,}614}{0{,}1404}(-0{,}389)\right) = -0{,}4299 \text{ t},$$

$$(N_{k0})_{5,r} = 0{,}0005\left(-\frac{48}{0{,}2084} + \frac{(-180{,}134)}{0{,}1607}(-0{,}427)\right) = 0{,}1240 \text{ t},$$

$$(M_{b0})_{6,l} = -144\,\frac{(-0{,}0898)}{0{,}2035} + (-144{,}614)\,\frac{0{,}0356}{0{,}1404} = 26{,}879 \text{ tm},$$

$$(M_{b0})_{5,r} = -48{,}0\,\frac{(-0{,}0996)}{0{,}2084} + (-180{,}134)\,\frac{0{,}0432}{0{,}1607} = -25{,}499 \text{ tm}.$$

Mit diesen Werten ergibt sich:

$$M_{\Phi,5,6}^* = [(144{,}0 + 0{,}4299)\cdot(-0{,}569) - 0{,}432\cdot 26{,}879]$$
$$- [(48{,}0 - 0{,}124)(-0{,}631) - 0{,}432\,(-25{,}499)],$$

bzw.:

$$M_{\Phi,5,6}^* = -74{,}598 \text{ tm}.$$

Die Berechnung des Durchlaufträgers liefert das in Abb. VII.13e gezeigte Diagramm M_Φ.

Die Größen N_Φ sind durch den Ausdruck (VII.198a) für $N \equiv 0$ gegeben:

$$N_\Phi = -P + N_{k0} + \mu N_{b0}$$

und in Abb. VII.13f dargestellt.

Der Wert N_{b0} wird auf Grund der Formel (VII.77a) bestimmt:

$$N_{b0} = -P \frac{F_b^r}{F^0} + M_y^0 \frac{S_{by}^r}{J^0},$$

wo

$$S_{by}^r = \frac{E_b}{E_c} \int\limits_{F_b} y\, dF_b = \frac{E_b}{E_c} F_b \cdot y_b^c$$

ist.

Die Normalspannungen in den Querschnitten 5, r und 10, r sind auf Grund der Formeln (VII.200), für $M_{x\Phi} = 0$, $x_n = x_{n\Phi} = 0$, $y_n = y_b^c$, $y_{n\Phi} = y_{b\Phi}^c$, berechnet.

Tabelle der Spannungen

Querschnitt	Punkt (Abb. VII.14) / Belastung	Zeitpunkt	1	2	2′	3′	(σ_k)
$5r$	ständige Belastung	τ_0	1470,97	−147,09	−29,42	−67,30	−268,30
		∞	1549,51	−477,60	−41,55	−52,14	−629,45
	Schwinden	∞	−103,35	−196,13	9,78	8,55	−203,08
	Vorspannung	τ_0	−281,97	3,31	0,66	7,39	9600,00
		∞	−535,96	97,60	10,80	16,32	9697,80
$10r$	ständige Belastung	τ_0	−939,73	301,15	60,23	88,51	391,63
		∞	−991,64	760,83	60,41	70,88	888,62
	Schwinden	∞	−92,28	−156,88	14,24	13,40	−161,58
	Vorspannung	τ_0	−122,30	−802,33	−160,46	−175,96	9974,00
		∞	−238,28	−1748,6	−129,32	−142,75	9308,55

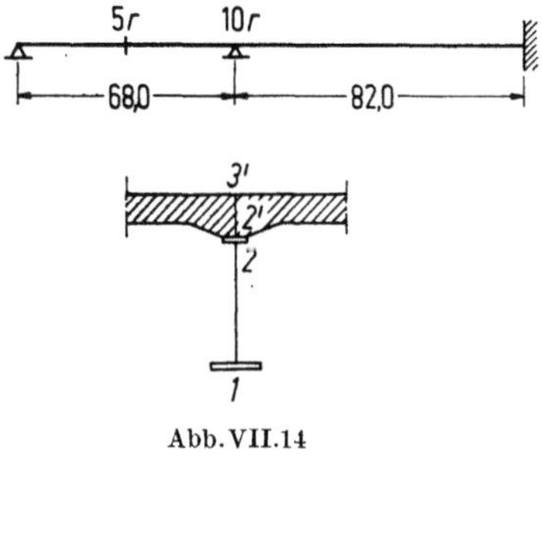

Abb. VII.14

9.2. Beispiel 2

Als zweites Beispiel wählen wir den in Abb. VII.15 gezeigten Träger, welcher durch ein konzentriertes äußeres Torsionsmoment auf Wölbkrafttorsion beansprucht ist.

Für

$$\frac{E_b}{E_c} = \frac{1}{6}, \quad \frac{E_a}{E_c} = 1, \quad \frac{G_b}{G_c} = 0{,}2164, \quad \frac{G_a}{G_c} = 1$$

und

$$\frac{G_c}{E_c} = 0{,}385$$

erhält man im Zeitpunkt $\tau = \tau_0$ die folgenden Querschnittswerte (siehe die Ausdrücke (VII.38))[1]:

$$F_a = F_a^r + F_b^r = 500 + \frac{4000}{6} = 1167\ \text{cm}^2,$$

$$J^0_{\omega\omega} = I^0_{\omega\omega} = 0{,}73436 \cdot 10^{10}\ \text{cm}^6,$$

$$K^0 = 1267 + 0{,}2164 \cdot \frac{200 \cdot 20^3}{3} = 1267 + 115440 = 0{,}11671 \cdot 10^6\ \text{cm}^4.$$

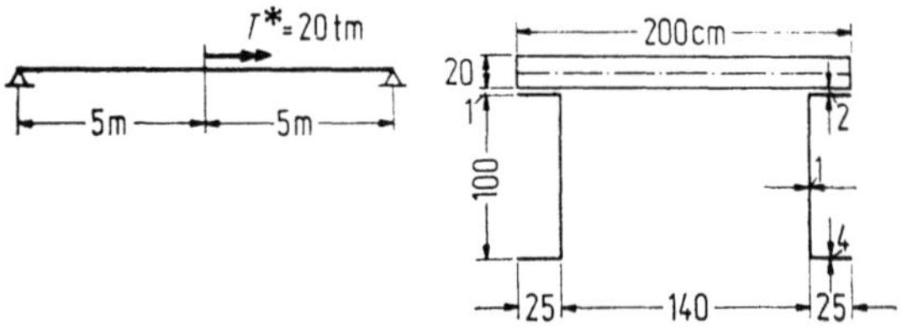

Abb. VII.15

Das Diagramm der sektoriellen Koordinate und die Lage des Schubmittelpunkts D (siehe die Gleichungen (VII.41a, b)) sind in Abb. VII.16 dargestellt.

Für die gegebene Belastung erhält man nach der Tabelle 1, Nr. 2, Bd. 1, S. 120:

$$\left.\begin{aligned} M^0_\omega &= T^* \frac{1}{k} \cdot \frac{\sinh k \frac{l}{2}}{\sinh kl} \sinh kz \\ T^0_\omega &= T^* \frac{\sinh k \frac{l}{2}}{\sinh kl} \cosh kz \end{aligned}\right\} z \leq l/2.$$

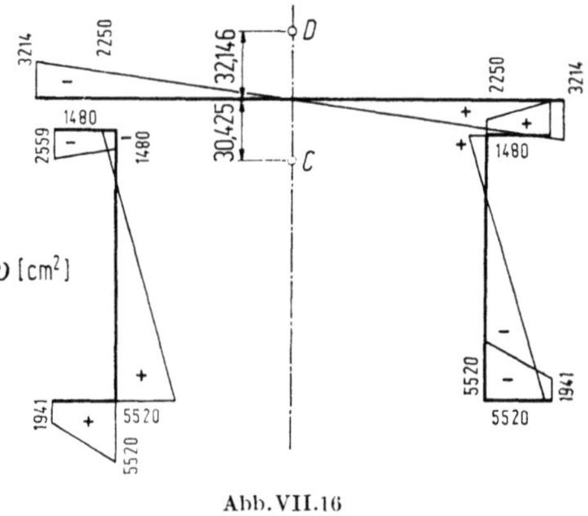

Abb. VII.16

[1] Der Anteil der schlaffen Bewehrung und des Spannstahls wird vernachlässigt.

Mit den Werten

$$T^* = 20\ \mathrm{tm},$$

$$k = 10^{-2} \sqrt{0{,}385 \frac{0{,}11671}{0{,}73436}} = 0{,}247 \cdot 10^{-2} \frac{1}{\mathrm{cm}}$$

ergeben sich die in Abb. VII.17 gezeichneten Diagramme M_ω^0 und T_ω^0.

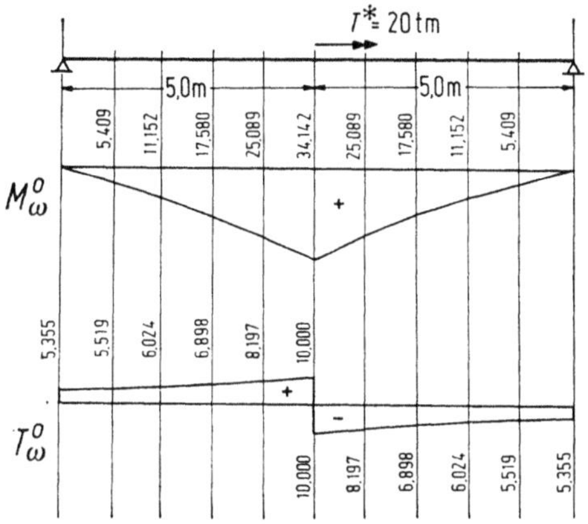

Abb. VII.17

Die Spannungs-Verzerrungs-Beziehung im Zeitpunkt $\tau = t$ $(t \to \infty)$ wird gemäß den Formeln (VII.28), (VII.29), (VII.54), (VII.55) und (VII.57) angenommen.

Für $\Phi = 2$ und $k = 1, 2$ erhält man:

$$\varrho = 0{,}85,$$

$$E_{b\Phi} = 0{,}370 E_b, \qquad G_{b\Phi} = 0{,}370 G_b,$$

$$\mu = 0{,}111.$$

Die Querschnittswerte sind wie folgt:

$$\hat{F} = 500 + 0{,}370 \frac{4000}{6} = 500 + 246{,}7 = 746{,}7\ \mathrm{cm}^2,$$

$$\hat{K} = 1267 + 0{,}370 \cdot 115\,440 = 43\,980\ \mathrm{cm}^4.$$

Für $\hat{J}_{\omega\omega} \approx \hat{I}_{\omega\omega}$ erhält man

$$\hat{I}_{\omega\omega} = \int_{F_a} \omega_\Phi^2\, dF + \frac{E_{b\Phi}}{E_c} \int_{F_b} \omega_\Phi^2\, dF.$$

Eine Berechnung des Querschnitts mit diesen Angaben liefert die Lage des Schubmittelpunktes und das Diagramm ω_Φ. Diese Werte sind in Abb. VII.18 gezeigt.

Auf Grund dieses Diagramms ergibt sich:

$$\hat{I}_{\omega\omega} = 0{,}53724 \cdot 10^{10}\ \mathrm{cm}^6.$$

Für die Berechnung des Trägers im Zeitpunkt $\tau = t$ $(t \to \infty)$ ist es notwendig die Werte S_{24} und S_{44} (siehe Gleichung (VII.176)) zu bestimmen. Da es sich um den Träger mit dem konstanten Querschnitt handelt, sind diese Werte die Konstanten für den ganzen Träger.

Unter Benutzung der Diagramme $\omega\,(x_\Phi, \omega_\Phi$ (Abb. VII.18)) liefert die numerische Integration über die Fläche des Betons:

$$S_{24} = \frac{J^r_{b,\omega x_\Phi}}{J^0_{\omega\omega}} = \frac{0{,}714222}{0{,}734360} = 0{,}9726\,\frac{1}{\text{cm}}\,,$$

$$S_{44} = \frac{J^r_{b,\omega\omega_\Phi}}{J^0_{\omega\omega}} = \frac{0{,}312868}{0{,}73436} = 0{,}4260\,\frac{1}{\text{cm}}\,.$$

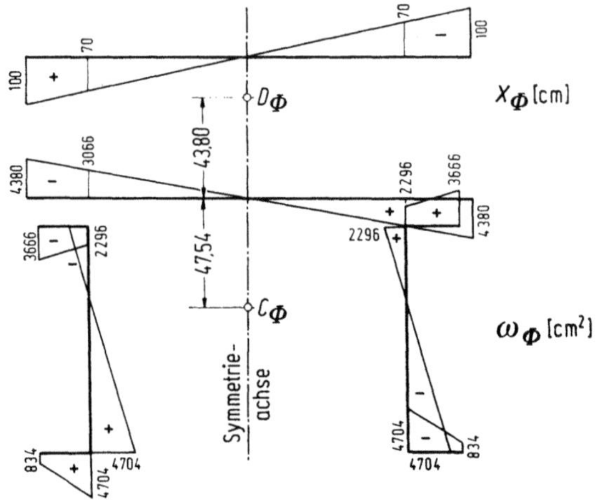

Abb. VII.18

Auf Grund der Ausdrücke (VII.175) und (VII.84) erhält man:

$$M'_{\omega b0} = S_{44} T^0_\omega,$$

$$M''_{\omega b0} = S_{44} M^{0''}_\omega,$$

$$T'_{sb0} = \frac{K^r_b}{K^0}\,T^{0'}_s,$$

wobei

$$\frac{K^r_b}{K^0} = \frac{0{,}11544}{0{,}11671} = 0{,}98912$$

ist.

Die Diagramme

$$M''_{\omega b0} = S_{44}\cdot T^* k\,\frac{\sinh k\,\dfrac{l}{2}}{\sinh kl}\,\sinh kz$$

und

$$T'_{sb0} = -\frac{K^r_b}{K^0}\cdot T^* k\,\frac{\sinh k\,\dfrac{l}{2}}{\sinh kl}\,\cosh kz$$

sind in Abb. VII.19a, b dargestellt.

Auf Grund des Ausdrucks (VII.152) erhält man die in Abb. VII.19c dargestellte „Belastung" des Trägers:

$$m_\Phi = -\mu(M''_{\omega b0} + T'_{sb0}).$$

Außerhalb dieser Belastung wirkt in der Mitte des Trägers das konzentrierte Torsionsmoment (siehe Gleichung (VII.167)):

$$T^*_\Phi(l/2) = T^* + \mu S_{44}[2T^0_\omega(l/2)]$$

bzw.:

$$T^*_\Phi(l/2) = 20 + 0{,}111 \cdot (2 \cdot 4{,}2604) = 20{,}946 \text{ tm}.$$

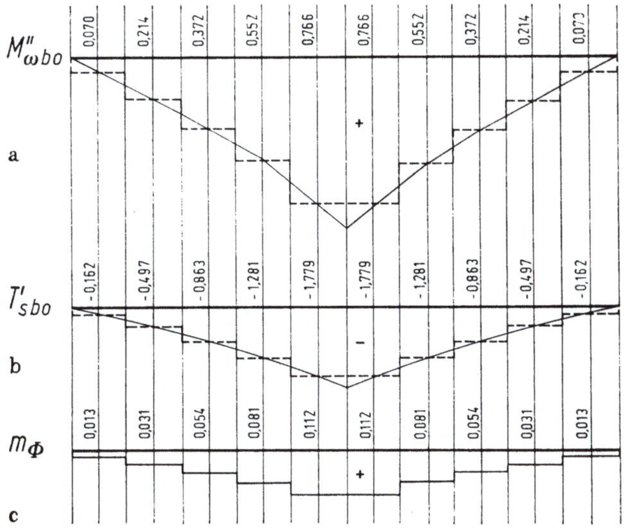

Abb. VII.19

Wir teilen den Träger in 10 Teilstücke. Das verteilte „Torsionsmoment" m_Φ wird als konstant und gleich dem Wert $m_{\Phi i}$ in der Mitte des Teilstücks angenommen. Dadurch erhält man in Abb. VII.19c die dargestellte abgestufte Linie.

Unter Verwendung des im Abschnitt 7.2 dargelegten Verfahrens kann der Träger für diese Belastung berechnet werden.

Da es sich in diesem Fall um den Träger mit dem konstanten Querschnitt handelt, können wir die verteilte „Torsionsbelastung" $m_{\Phi i}$ durch die „statisch" gleichwertigen „Torsionsmomente" $T^*_{\Phi,i,i+1}$

$$T^*_{\Phi,i,i+1} = \frac{l}{20}(m_{\Phi,i} + m_{\Phi,i,i+1})$$

ersetzen.

Auf Grund der in Abb. VII.20a und b gegebenen „Belastung" erhält man die Diagramme M_Φ, T_Φ und $T_{\omega\Phi}$ (Abb. VII.20c–e).

Infolge der Torsionsbelastung $T^* = 20$ tm im Zeitpunkt $\tau = \tau_0$ ergibt sich nach den Ausdrücken (VII.175):

$$M_{xb0} = S_{24}M^0_\omega,$$

und ferner, gemäß der Formel (VII.96b):

$$M_{x\Phi} = \mu M_{xb0}, \quad (M_x = M_{xs} = 0).$$

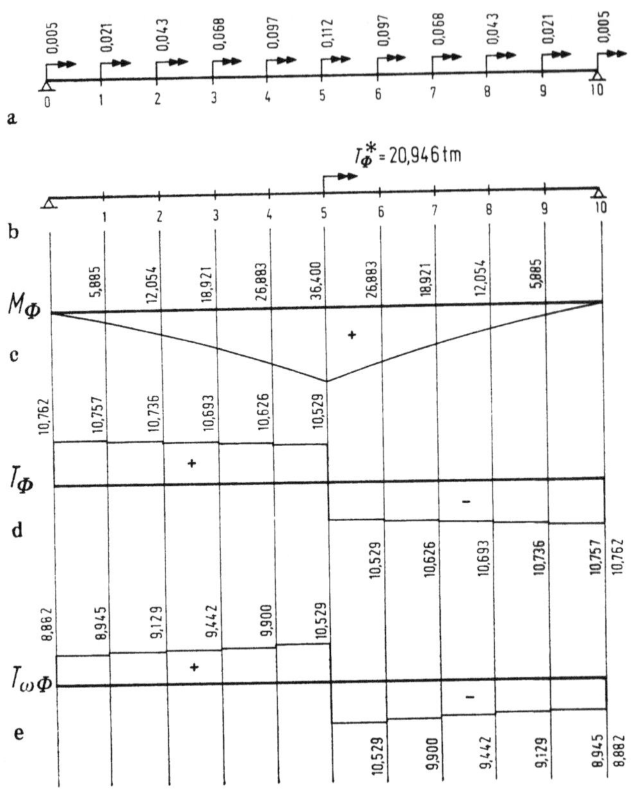

Abb. VII.20

Normalspannungen in den Zeitpunkten $\tau = \tau_0$ und $\tau = \infty$ ergeben sich auf Grund der Formeln (VII.85a, b) und (VII.95a, b):

$$\sigma_{a0} = \frac{E_a}{E_c} \frac{M_\omega^0}{I_{\omega\omega}^0} \omega,$$

$$\sigma_{b0} = \frac{E_b}{E_c} \frac{M_\omega^0}{I_{\omega\omega}^0} \omega,$$

$$\left(N^0 = M_x^0 = M_y^0 = 0, \quad \frac{E_a}{E_c} = 1, \quad \frac{E_b}{E_c} = \frac{1}{6}\right)$$

und

$$\sigma_a = \frac{E_a}{E_c} \left(\frac{M_{x\Phi}}{\hat{I}_{xx}} x_\Phi + \frac{M_{\omega\Phi}}{\hat{I}_{\omega\omega}} \omega_\Phi \right),$$

$$\sigma_b = \frac{E_{b\Phi}}{E_c} \left(\frac{M_{x\Phi}}{\hat{I}_{xx}} x_\Phi + \frac{M_{\omega\Phi}}{\hat{I}_{\omega\omega}} \omega_\Phi \right) - \mu\sigma_{b0}(s),$$

$$(N_\Phi = M_{y\Phi} = 0).$$

Die Normalspannungen σ längs der Profilmittellinie in der Mitte des Trägers für $\tau = 0$ und $\tau \to \infty$ sind in Abb. VII.21b dargestellt.

Eine genügend genaue Verteilung der Normalspannungen in der Platte außerhalb der Profilmittellinie (siehe Band 1, Abschnitt II.2.2, Seiten 86 und 87) kann erreicht werden, wenn man in vorgehenden Formeln statt ω, ω_Φ und $\sigma_{b0}(s)$ die Werte ω_*, $\omega_{\Phi*}$ und $\sigma_{b0}(s, e)$ einsetzt.

Auf diese Weise werden die in Abb. VII.21a, c dargestellten Randspannungen der Platte für $\tau = 0$ und $\tau \to \infty$ erhalten.

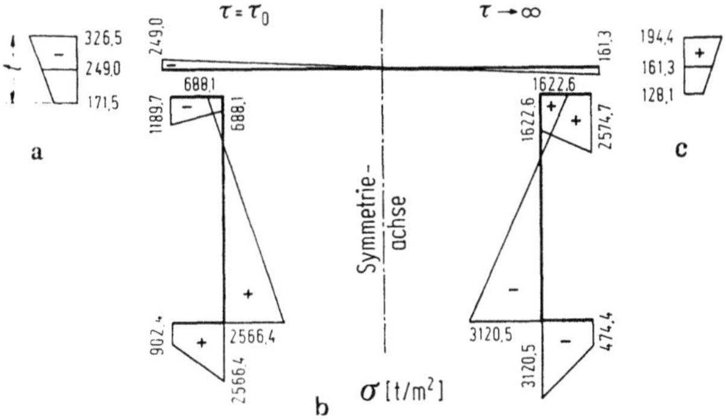

Abb. VII.21

Die Schubspannungen τ_{w0} und τ_w werden nach den Formeln (VII.92) und (VII.104) für $p_z = \bar{Q}_x^0 = \bar{Q}_y^0 = p_{z\Phi} = \bar{Q}_{y\Phi} = \varepsilon_s' = 0$ berechnet.

Am linken Ende des Trägers ergibt sich das in Abb. VII.22 dargestellte Diagramm der Spannungen τ_{w0} ($\tau = 0$) und τ_w ($\tau \to \infty$).

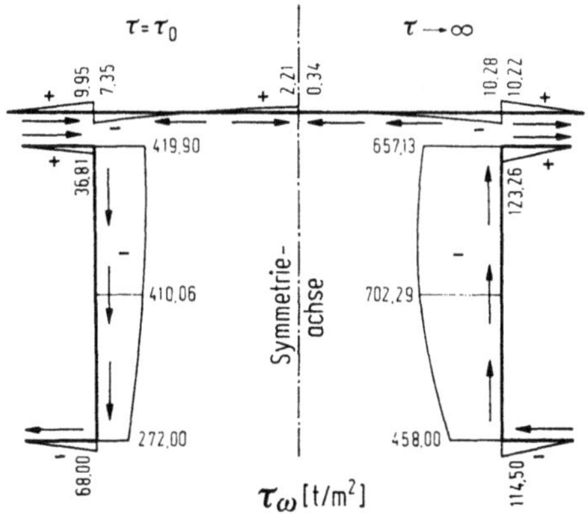

Abb. VII.22

VIII. Plastisches Verhalten dünnwandiger Stäbe

1. Einführung

Seit dem Ende des zweiten Weltkrieges ist in die Festigkeitslehre immer mehr das plastische Verhalten einbezogen worden.

Die Analyse des Verhaltens von Konstruktionen im plastischen Bereich, besonders deren Tragfähigkeit, hat heute ihren Platz in der Projektierung von Baukonstruktionen gefunden. Auf dem Gebiet der Erforschung des plastischen Verhaltens dünnwandiger, auf Biegung und Torsion beanspruchter Tragwerke, ist noch wenig getan worden. Ein wesentlicher Beitrag zur Erfassung dieses Gebietes ist die Monographie von *Strelbizkaja*[1], in welcher die Grundlagen der Traglasttheorie von auf Biegung und Torsion beanspruchten Stäben und Rahmen gegeben wird.

Bevor wir auf die Betrachtung der dünnwandigen Stäbe eingehen, wollen wir kurz einige Begriffe der Plastizitätstheorie darlegen.

Wir beschränken uns dabei auf die Theorie des idealplastischen Körpers.

Die Versuche auf den Körper (Stab, Balken, zylindrisches Rohr usw.) im Falle des einachsigen bzw. zweiachsigen Spannungszustandes bilden die Grundlagen für die verschiedenen Plastizitätstheorien.

Um das Verhalten des idealplastischen Körpers zu beschreiben, beginnen wir mit dem bekannten Zugversuch der naturhärte Stähle.

Die $\sigma - \varepsilon$ Kurve (Abb. VIII.1) zeigt das elastische Verhalten bis zur Proportionalitätsgrenze. Danach beginnt der Verfestigungsbereich, wobei neben der elastischen auch eine plastische Dehnung auftritt. Wenn die sogenannte „obere Fließgrenze" σ_f^o erreicht ist, befindet sich der Werkstoff in einem labilen Spannungszustand. Das führt zur Absenkung der Spannung bis zu der sogenannten „unteren Fließgrenze" σ_f^u. Von dieser Grenze an tritt ein Gebiet auf in welchem der Werkstoff ohne Spannungserhöhung fließt. Die letzte Zone wird wieder durch die Verfestigung bis zum Bruch gekennzeichnet.

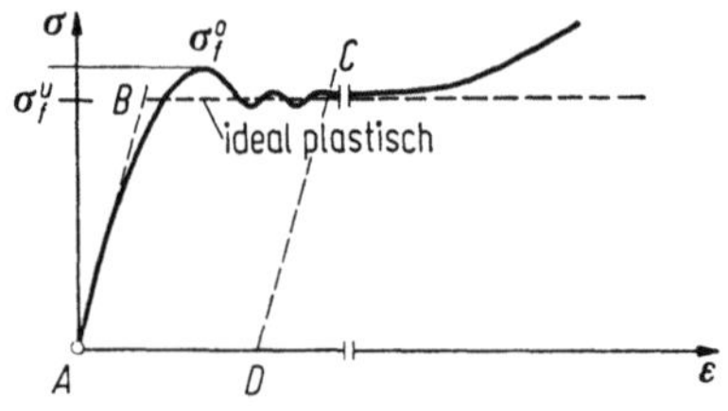

Abb. VIII.1

[1] *A. I. Strelbizkaja*: Tragfähigkeit von Rahmen aus dünnwandigen Stäben infolge Biegung und Torsion (russisch). Akademia Nauk Ukrainskoi SSR, Kiew, 1964.

Eine einfache Approximation dieses Diagramms ist in Abb. VIII.1 durch die strichlierte Kurve dargestellt. Sie bildet die Grundlage für die Theorie des elastisch-ideal plastischen Körpers.

Die untere Fließgrenze σ_f^u wird als Fließspannung σ_f angenommen. Der Grund dafür ist, daß bei σ_f^u der Werkstoff zu fließen beginnt und daß die obere Grenze σ_f^o von der Dehngeschwindigkeit, Zentrierung usw. abhängt. Außerdem liegt die Spannung σ_f^u auf der sicheren Seite.

Dieser Versuch, der Versuch, mit dem auf Torsion und Normalkraft beanspruchten dünnwandigen Zylinder, und einige andere Versuche werden bei der Verallgemeinerung für den mehrachsigen Spannungszustand benutzt.

Bei der Achsialbeanspruchung benimmt sich der idealplastische Stab elastisch bis zur Spannung σ_f. Weitere Dehnung erfolgt ohne Spannungserhöhung. Es wird auch vorausgesetzt, daß sich der Werkstoff bei der Entlastung (Abb. VIII.1, Linie $\overline{CD}$) elastisch verhält und das Diagramm in Abb. VIII.1 auch beim Druck Gültigkeit hat.

Im Falle des mehrachsigen Spannungszustandes wird für das Fließen eine bestimmte Kombination der Spannungen verantwortlich. Eine Verallgemeinerung auf den räumlichen Fall führt zur sogenannten *Fließbedingung*, welche sich in folgender Form ausdrücken läßt:

$$f(\sigma_x, \sigma_y, \sigma_z, \tau_{xy}, \tau_{yz}, \tau_{zx}) = 0, \tag{VIII.1}$$

wo f die Fließfunktion ist.

Man kann zeigen, daß die Fließbedingung für den isotropen Körper unabhängig von der Orientierung des Koordinatensystems ist, und sich als Funktion der Grundinvarianten des Spannungstensors ausdrücken läßt:

$$f(I_1, I_2, I_3) = 0, \tag{VIII.2}$$

wo

$$\begin{aligned} I_1 &= \sigma_x + \sigma_y + \sigma_z, \\ I_2 &= -\sigma_x\sigma_y - \sigma_y\sigma_z - \sigma_z\sigma_x + \tau_{xy}^2 + \tau_{yz}^2 + \tau_{zx}^2, \\ I_3 &= \sigma_x\sigma_y\sigma_z - \sigma_x\tau_{yz}^2 - \sigma_y\tau_{zx}^2 - \sigma_z\tau_{xy}^2 + 2\tau_{xy}\tau_{yz}\tau_{zx} \end{aligned} \tag{VIII.3}$$

sind.

Die Grundinvarianten können sich auch in den Hauptspannungen σ_1, σ_2, σ_3 darstellen:

$$\begin{aligned} I_1 &= \sigma_1 + \sigma_2 + \sigma_3, \\ I_2 &= -\sigma_1\sigma_2 - \sigma_2\sigma_3 - \sigma_3\sigma_1, \\ I_3 &= \sigma_1\sigma_2\sigma_3. \end{aligned} \tag{VIII.4}$$

Die Versuche zeigen, daß ein hydrostatischer Spannungszustand

$$\sigma_1 = \sigma_2 = \sigma_3$$

das Fließen praktisch nicht beeinflußt. Es wird vorausgesetzt, daß die Fließbedingung nicht von dem hydrostatischen Tensor $\{S''\}$:

$$\{S''\} = \begin{Bmatrix} S & 0 & 0 \\ 0 & S & 0 \\ 0 & 0 & S \end{Bmatrix} \tag{VIII.5}$$

abhängt, wo

$$S = \frac{1}{3} I_1 \tag{VIII.6}$$

ist.

Der Spannungsdeviator $\{S'\}$

$$\{S'\} = \begin{Bmatrix} S_x = \sigma_x - S & \tau_{xy} & \tau_{zx} \\ \tau_{xy} & S_y = \sigma_y - S & \tau_{yz} \\ \tau_{zx} & \tau_{yz} & S_z = \sigma_z - S \end{Bmatrix} \tag{VIII.7}$$

bzw. seine Grundinvarianten

$$\begin{aligned} I_2' &= -s_x s_y - s_y s_z - s_z s_x + \tau_{xy}^2 + \tau_{yz}^2 + \tau_{zx}^2 \\ I_3' &= s_x s_y s_z - s_x \tau_{yz}^2 - s_y \tau_{zx}^2 - s_z \tau_{xy}^2 + 2\tau_{xy}\tau_{yz}\tau_{zx} \end{aligned} \tag{VIII.8a, b}$$

werden allein verantwortlich für das Fließen:

$$f(I_2', I_3') = 0. \tag{VIII.9}$$

Die zweite Invariante I_2' ist in den Spannungskomponenten quadratisch, I_3' vom dritten Grad. Um die mathematische Form der Fließbedingung möglichst einfach zu halten vernachlässigen wir den Einfluß von I_3'. Auf diese Weise erhalten wir die Fließbedingung nach *Huber* und *v. Mises*:

$$I_2' = \frac{1}{3} \sigma_f^2, \tag{VIII.10}$$

oder (siehe Gleichungen (VIII.7), (VIII.6), (VIII.8a)):

$$\sigma_x^2 + \sigma_y^2 + \sigma_z^2 - \sigma_x\sigma_y - \sigma_y\sigma_z - \sigma_z\sigma_x + 3\tau_{xy}^2 + 3\tau_{yz}^2 + 3\tau_{zx}^2 = \sigma_f^2, \tag{VIII.11}$$

wo σ_f die Fließspannung beim einachsigen Spannungszustand ist.

Diese Fließbedingung kann auch auf folgende Weise angeschrieben werden:

$$(\sigma_x - \sigma_y)^2 + (\sigma_y - \sigma_z)^2 + (\sigma_z - \sigma_x)^2 + 6(\tau_{xy}^2 + \tau_{yz}^2 + \tau_{zx}^2) = 2\sigma_f^2 \tag{VIII.12}$$

oder mit den Hauptspannungen:

$$(\sigma_1 - \sigma_2)^2 + (\sigma_2 - \sigma_3)^2 + (\sigma_3 - \sigma_1)^2 = 2\sigma_f^2. \tag{VIII.13}$$

Hier soll erwähnt werden, daß die Vernachlässigung von I_3' keine physikalische Begründung hat.

Zu der Huber-von Misesschen Fließbedingung kommt man auch mit der Annahme, daß das Material zu fließen beginnt, wenn die Gestaltänderungsenergie einen bestimmten Betrag erreicht.

Die geometrische Darstellung der Huber-von Misesschen Fließbedingung im Hauptachsensystem $\sigma_1, \sigma_2, \sigma_3$ (Abb. VIII.2) ist ein Kreiszylinder.

Für den ebenen Spannungszustand ($\sigma_3 = 0$) ergibt sich aus den Gleichungen (VIII.12) und (VIII.13):

$$\sigma_x^2 - \sigma_x\sigma_y + \sigma_y^2 + 3\tau_{xy}^2 = \sigma_f^2, \tag{VIII.14}$$

oder:

$$\sigma_1^2 - \sigma_1\sigma_2 + \sigma_2^2 = \sigma_f^2. \tag{VIII.15}$$

Die geometrische Darstellung der Huber-von Misesschen Fließbedingung im Falle des ebenen Spannungszustandes ist die in Abb. VIII.2b gezeichnete Ellipse.

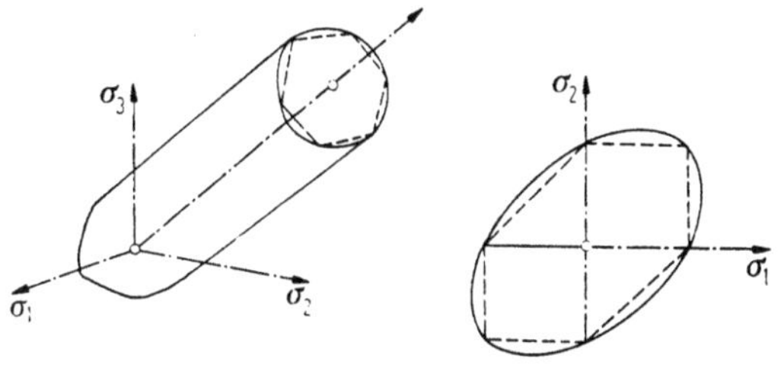

a b

Abb. VIII.2

Tresca ist 1864 zum Schluß gekommen, daß das Fließen beginnt, wenn die maximale Schubspannung $\tau_{max} = \tau_f$ einen bestimmten Wert erreicht.

Für den einachsigen Spannungszustand ergibt sich dann:

$$\tau_f = \frac{\sigma_f}{2}. \qquad \text{(VIII.16)}$$

Die Huber-von Misessche Fließbedingung gibt im Falle des reinen Schubes ($\sigma_x = \sigma_y = \sigma_z = \tau_{yz} = \tau_{zx} = 0$, $\tau_{xy} = \tau_f$) auf Grund der Gleichung (VIII.14):

$$\tau_f = \frac{\sigma_f}{\sqrt{3}}. \qquad \text{(VIII.17)}$$

Eine Verallgemeinerung der Trescaschen Fließbedingung auf den mehrachsigen Spannungszustand liefert die folgende Gleichung:

$$[(\sigma_1 - \sigma_2)^2 - 4\tau_f^2]\,[(\sigma_2 - \sigma_3)^2 - 4\tau_f^2]\,[(\sigma_3 - \sigma_1)^2 - 4\tau_f^2] = 0. \qquad \text{(VIII.18)}$$

Für den ebenen Spannungszustand wird erhalten:

$$[(\sigma_1 - \sigma_2)^2 - 4\tau_f^2]\,(\sigma_2^2 - 4\tau_f^2)\,(\sigma_1^2 - 4\tau_f^2) = 0, \qquad \text{(VIII.19)}$$

bzw. mit Rücksicht auf Gleichung (VIII.16):

$$|\sigma_1 - \sigma_2| = \sigma_f, \quad |\sigma_2| = \sigma_f, \quad |\sigma_1| = \sigma_f. \qquad \text{(VIII.20)}$$

Die geometrische Darstellung der Trescaschen Fließbedingung ist das Prisma mit der Winkelhalbierenden des ersten Oktanten als Achse. Der Querschnitt dieses Prismas (siehe Abb. VIII.2a) ist ein im v. Misesschen Kreis eingeschriebenes Sechseck.

Für den ebenen Spannungszustand ergibt sich das in Abb. VIII.2b gezeigte Sechseck.

Die Huber-von Misessche Fließbedingung stimmt besser mit den Versuchsergebnissen überein. Die größte Abweichung zwischen diesen Bedingungen tritt im Falle auf, wenn $\sigma_1 = -\sigma_2$ und $\sigma_3 = 0$ ist, und beträgt 15,5%.

Bei dem linearen Spannungszustand (siehe Abb. VIII.1) bestimmt die Spannung σ_f im plastischen Bereich nur das Vorzeichen des Zuwachses $d\varepsilon_f = d\varepsilon^p$ der plastischen Dehnung.

Beim räumlichen Spannungszustand bestimmen die Spannungskomponenten das Verhältnis zwischen den Zuwachsen einzelner Komponenten des Verzerrungstensors.

Das Verzerrungs-Spannungs-Gesetz wird für den idealplastischen Werkstoff nach *Prandtl-Reusz* angenommen:

$$\left.\begin{aligned} d\varepsilon_x &= \frac{ds_x}{2G} + \frac{3}{2}\frac{\sigma_x}{\sigma_f}\,d\varepsilon_f, \\ &\vdots \\ d\gamma_{xy} &= \frac{d\tau_{xy}}{2G} + \frac{3}{2}\frac{\tau_{xy}}{\sigma_f}\,d\varepsilon_f, \end{aligned}\right\} \qquad \text{(VIII.21)}$$

$$\vdots$$

$$de = \frac{(1-\nu)}{E}\,ds, \qquad \text{(VIII.22)}$$

wo die Punkte zyklische Ergänzung bedeuten. Mit e ist das Mittel der Dehnungen bezeichnet:

$$e = \frac{1}{3}(\varepsilon_x + \varepsilon_y + \varepsilon_z), \qquad \text{(VIII.23)}$$

bzw.

$$e = \frac{1}{3}(\varepsilon_1 + \varepsilon_2 + \varepsilon_3), \qquad \text{(VIII.24)}$$

wo ε_1, ε_2, ε_3 Hauptdehnungen sind.

Die Werte $de_x \cdots d\gamma_{xy}$ stellen die Zuwachse der Komponenten des Verzerrungsdeviators $\{E'\}$ dar:

$$\{E'\} = \begin{Bmatrix} \varepsilon_x - e & \gamma_{xy} & \gamma_{zx} \\ \gamma_{xy} & \varepsilon_y - e & \gamma_{yz} \\ \gamma_{zx} & \gamma_{yz} & \varepsilon_z - e \end{Bmatrix}, \qquad \text{(VIII.25)}$$

und der Wert $d\varepsilon_f$ wird als Änderung der plastischen Vergleichsdehnung ε_f:

$$\varepsilon_f^2 = \frac{2}{9}\left[(\varepsilon_1 - \varepsilon_2)^2 + (\varepsilon_2 - \varepsilon_3)^2 + (\varepsilon_3 - \varepsilon_1)^2\right]$$

bezeichnet.

2. Biegung des geraden Stabes

Wir betrachten einen Stab mit einfach symmetrischem Querschnitt, welcher an den Enden durch die äußeren Momente M_y^* in der Symmetrieebene und Normalkräfte N^* (Abb. VIII.3) belastet wird.

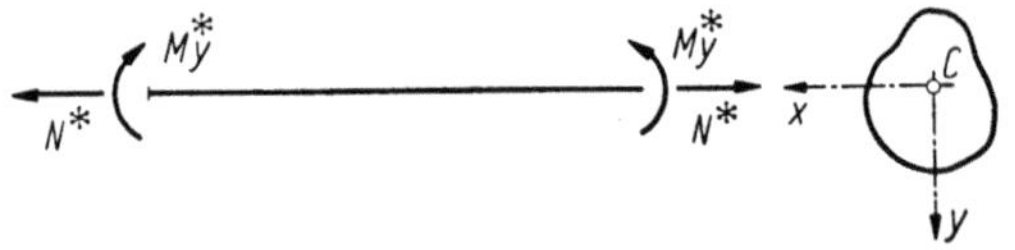

Abb. VIII.3

Es wird vorausgesetzt, daß alle Spannungskomponenten, ausgenommen von σ_z, gleich Null sind, wie im Falle der elastischen Biegung.

Außerdem nehmen wir an, daß die Querschnitte eben bleiben, und die Grenzfläche zwischen den elastischen und plastischen Bereichen eine Ebene parallel zur xz-Ebene sei.

Beim Übergang von dem elastischen zu dem plastischen Bereich muß der Zuwachs der Dehnung auf beiden Seiten der Grenze gleich sein. Für den elastischen Bereich gilt das Hookesche Gesetz:

$$\varepsilon_z = \frac{1}{E}\sigma_z,$$

$$\varepsilon_x = \varepsilon_y = -\nu\varepsilon_z$$

oder

$$\left.\begin{aligned} d\varepsilon_z &= \frac{1}{E}\,d\sigma_z,\\ d\varepsilon_x &= d\varepsilon_y = -\nu\,d\varepsilon_z. \end{aligned}\right\} \qquad \text{(VIII.26a, b)}$$

Im plastischen Bereich muß die Fließbedingung erfüllt werden, welche für den einachsigen Spannungszustand lautet:

$$\sigma_z = \sigma_f = \text{const} \qquad \text{(VIII.27)}$$

oder

$$d\sigma_z = 0. \qquad \text{(VIII.28)}$$

Auf Grund der Gleichung (VIII.22) ergibt sich:

$$d(\varepsilon_x + \varepsilon_y + \varepsilon_z) = \frac{(1-\nu)}{3E}\,d\sigma_z = 0.$$

Mit Rücksicht auf die Symmetrie des Querschnitts folgt:

$$d\varepsilon_x = d\varepsilon_y = -\frac{1}{2}\,d\varepsilon_z. \qquad \text{(VIII.29)}$$

Aus den Ausdrücken (VIII.26b) und (VIII.29) ist ersichtlich, daß keine Übereinstimmung der elastischen und der plastischen Verzerrungen besteht.

Eine genaue Lösung des Problems verlangt die Einführung anderer Komponenten des Spannungstensors und den Verzicht auf die am Anfang eingeführten Voraussetzungen.

In voller Allgemeinheit ist ein so formuliertes Problem noch nicht gelöst. Die technische Theorie der Biegung beruht auf der Annahme, daß $\nu = 1/2$ ist.

Das Diagramm der σ_z Spannungen in einem Querschnitt für den teilweise plastifizierten Stab ist in Abb. VIII.4 b gezeigt.

Durch die Vergrößerung des Momentes M^* und der Normalkraft N^* vergrößert sich die plastische Zone, d. h. der Abstand c wird immer kleiner. Dabei ändert sich, ausgenommen von den doppelsymmetrischen Querschnitten, auch die Lage $y = g$ der Nullinie.

Für die gegebenen Werte c und g ergeben sich auf Grund der Gleichgewichtsbedingungen:

$$\left.\begin{aligned} M_y^* &= \int \sigma_z \cdot y\, dF\,, \\ N^* &= \int \sigma_z\, dF \end{aligned}\right\} \qquad \text{(VIII.30)}$$

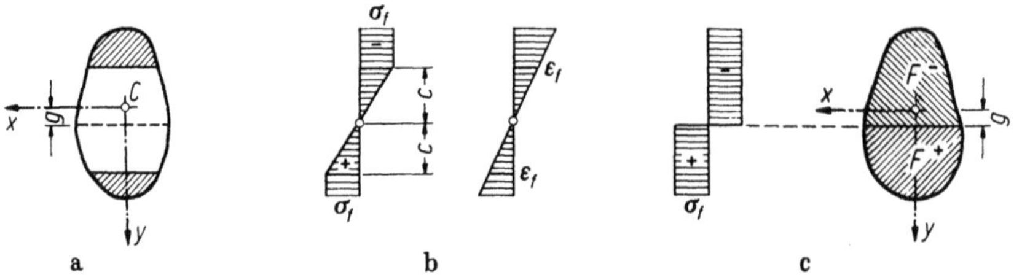

Abb. VIII.4

die Werte M_y^* und N^*. Für die gegebenen Werte M_y^* und N^* werden aus den Gleichungen (VIII.30) die Abstände g und c berechnet.

Die volle Plastifizierung des Querschnitts (Abb. VIII.4c) ergibt:

$$M_y^* = \sigma_f(S_p^+ + S_p^-) \qquad \text{(VIII.31)}$$

und

$$N^* = \sigma_f(F^+ - F^-)\,, \qquad \text{(VIII.32)}$$

wo S_p^- und S_p^+ die statischen Momente der in Abb. VIII.4 gezeigten Flächen F^- und F^+ in bezug auf die Schwerachse x darstellen.

Im Falle der reinen Biegung, d. h. für $N^* = 0$ muß, gemäß Gleichung (VIII.32), F^- gleich F^+ sein.

Das Moment M_y^* (für $N = 0$), welches dem Beginn der plastischen Verformung entspricht, wird oft als *Fließmoment* M_{yf} bezeichnet. Auf Grund der bekannten Formel der Festigkeitslehre erhalten wir:

$$M_{yf} = \sigma_f \frac{J_{yy}}{|y_{\max}|}\,. \qquad \text{(VIII.33)}$$

Für volle Plastifizierung des Querschnitts ergibt sich *das plastische Moment* M_{yp} nach der Formel (VIII.31) zu:

$$M_{yp} = \sigma_f(S_p^+ + S_p^-)\,. \qquad \text{(VIII.34)}$$

Das Verhältnis

$$f = \frac{M_{yp}}{M_{yf}} \qquad \text{(VIII.35)}$$

wird der *Formfaktor* genannt.

Dieser Faktor zeigt um wieviel das Moment M_p, welches der Tragfähigkeit des Querschnitts entspricht, größer ist als das Moment bei Beginn der plastischen Verformung.

Die plastische Berechnung (mit oder ohne Normalkraft) beim konstanten Moment wird in der technischen Theorie auch auf Biegung mit veränderlichem Moment erweitert. Bei einer solchen Berechnung wird der Einfluß der Querkraft bzw. der Schubspannungen auf die Fließbedingung vernachlässigt.

Wir betrachten nun einen auf Biegung beanspruchten I-Querschnitt (Abb. VIII.5a), welcher sich im elasto-plastischen Zustand befindet.

Wir erhalten für M_y (Abb. VIII.5b):

$$M_y = \int \sigma_z y \, dF = \sigma_f \left[b_1 b_2 t_1 + \left(\frac{b_2^2}{4} - \frac{c^2}{3} \right) t_2 \right]. \tag{VIII.36}$$

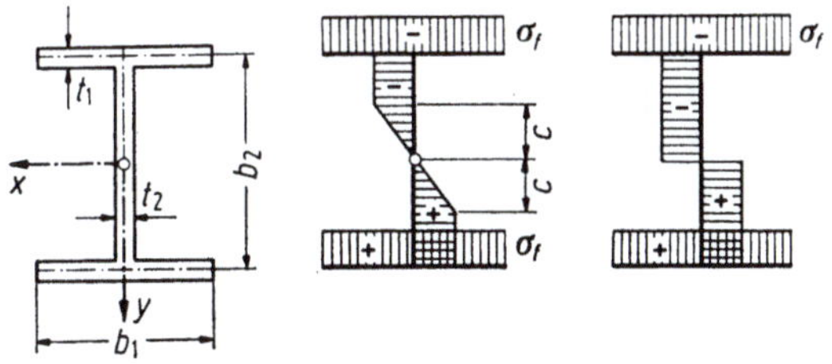

Abb. VIII.5

Das plastische Moment M_{yp} (für $c = 0$, Abb. VIII.5c) beträgt:

$$M_{yp} = M_{yp1} + M_{yp2} = \sigma_f \left(b_1 b_2 t_1 + \frac{b_2^2}{4} t_2 \right),$$

wobei mit M_{yp1} die Tragfähigkeit des Gurtes und mit M_{yp2} diejenige des Steges bezeichnet sind:

$$\left. \begin{aligned} M_{yp1} &= \sigma_f b_1 b_2 t_1, \\ M_{yp2} &= \sigma_f \frac{b_2^2}{4} t_2. \end{aligned} \right\} \tag{VIII.37a, b}$$

Das Fließmoment wird nach der Formel (VIII.33) berechnet:

$$M_{yf} = \frac{\sigma_f}{b_2 + t_1} \left(b_1 b_2^2 t_1 + \frac{1}{3} b_1 t_1^3 + \frac{1}{6} b_2^3 t_2 \right), \tag{VIII.38}$$

und der Formfaktor nach dem Ausdruck (VIII.35):

$$f = \frac{(b_2 + t_1)\left(b_1 b_2 t_1 + \frac{1}{4} b_2^2 t_2 \right)}{b_1 b_2^2 t_1 + \frac{1}{3} b_1 t_1^3 + \frac{1}{6} b_2^3 t_2}. \tag{VIII.39}$$

Für die Walzprofile beträgt der Formfaktor etwa 1,13.

Das Diagramm der σ_z-Spannungen für das teilweise plastifizierte [-Profil ist in Abb. VIII.6b gezeichnet.

Auf Grund des Diagramms (VIII.6b) folgt:

$$M_y = \sigma_f \left[b_1 b_2 t_1 + t_2 \left(\frac{b^2}{4} - \frac{c^2}{3} \right) \right]. \tag{VIII.40}$$

Im Falle der Biegung mit Querkräften muß in jedem Querschnitt die Resultierende durch den Schubmittelpunkt D gehen. Über die Lage des Schubmittelpunktes des teilweise und voll plastifizierten Querschnitts wird im Abschnitt 4 berichtet.

Die Ausdrücke für M_{yp}, M_{yf} und f sind den entsprechenden Ausdrücken für den I-Querschnitt gleich.

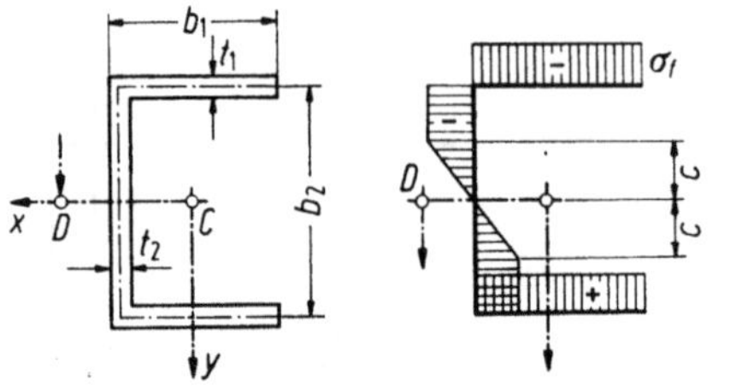

Abb. VIII.6

Gemäß dem Diagramm in Abb. VIII.1 (Linie CD) verhält sich der Werkstoff bei der Entlastung elastisch. Infolge des Momentes $-M_y$ ergeben sich dann die Spannungen nach der elastischen Theorie:

$$\sigma_z = \sigma_e = -\frac{M_y}{J_{yy}}\, y\,.$$

Als Restspannung (Abb. VIII.7) bleibt nach vollständiger Entlastung:

$$\Delta\sigma_z = \sigma_z(M_y) - \frac{M_y}{J_{yy}}\, y\,.$$

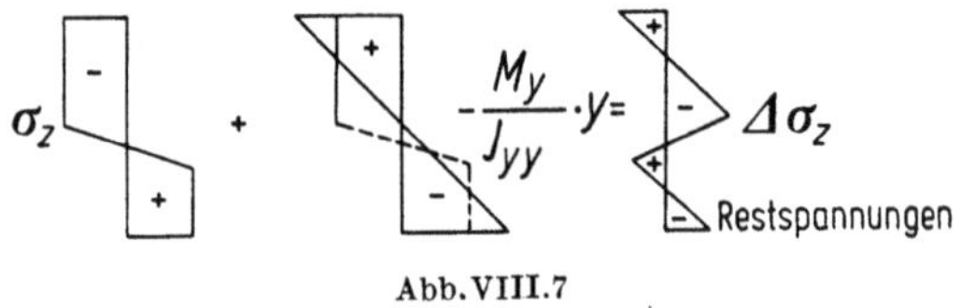

Abb. VIII.7

Bei der neuen Belastung, auf gleiche Weise wie beim ersten Mal, verhält sich der Werkstoff elastisch bis das elastoplastische Moment erreicht ist. Bei weiterer Belastungssteigerung verformt sich das Material plastisch. Mit anderen Worten ausgedrückt hängt die Spannungsverteilung im teilweise plastifizierten Querschnitt von der Belastungsgeschichte ab. Das Spannungsbild des vollplastifizierten Querschnitts, und damit seine Tragfähigkeit, sind nicht von der Belastungsgeschichte bedingt.

Im weiteren setzen wir immer bei der Aufzeichnung des elastoplastischen Diagramms, unabhängig von der Art der Belastung, voraus, daß es sich um den ersten Zyklus handelt. Außerdem wird angenommen, daß alle Kräfte, welche die Belastung des Stabes bilden, proportional anwachsen. In einem bestimmten Querschnitt können die Schnittkräfte durch eine verallgemeinerte äußere Kraft (bzw. Moment) ausgedrückt werden.

Die Durchbiegung v des Stabes mit teilweise plastifizierten Querschnitten ist formell die gleiche wie für den elastischen Stab: Auf Grund des ε-Diagrammes in Abb. VIII.4b können wir schreiben:

$$\frac{d^2v}{dz^2} = \frac{1}{R} = \frac{\varepsilon_f}{c(M_y)} \tag{VIII.41}$$

oder, weil $\varepsilon_f = \sigma_f/E$:

$$\frac{d^2v}{dz^2} = \frac{\sigma_f}{E} \frac{1}{c(M_y)}. \tag{VIII.42}$$

Die Linie $c(M_y)$ wird auf Grund vom M_y-Diagramm bestimmt.

Wir betrachten nun einen frei aufliegenden Balken (Abb. VIII.8a) mit der konzentrierten Kraft in der Mitte.

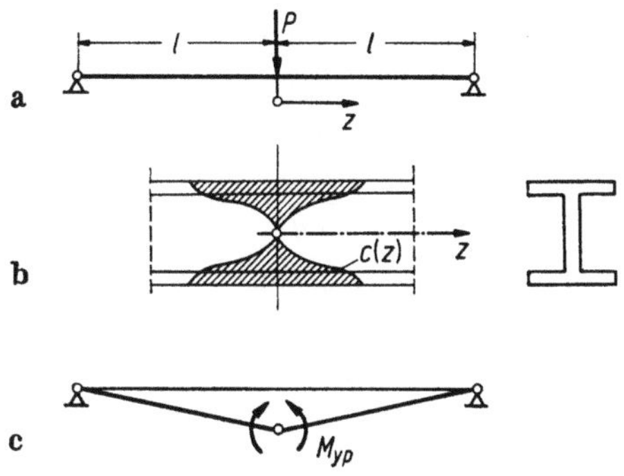

Abb. VIII.8

Das Biegemoment M_y wird in diesem Fall:

$$M_y = \frac{Pl}{2}\left(1 - \frac{z}{l}\right).$$

Auf Grund von dieser Gleichung und der Gleichung (VIII.31), für $M_y^* = M_y(z)$, wird die elasto-plastische Grenze $c(z)$ bestimmt.

Für den rechteckigen Querschnitt kann, im Falle voller Plastifizierung des mittleren Querschnitts, die folgende Gleichung für die elasto-plastische Grenze erhalten werden:

$$\frac{c}{h} = \sqrt{3\left(1 - \frac{M_y}{M_{yp}}\right)}, \tag{VIII.43}$$

wobei mit $2h$ die Querschnittshöhe bezeichnet ist.

Die Grenze zwischen dem elastischen und plastischen Gebiet eines im mittleren Querschnitt vollplastifizierten I-Profils ist in Abb. VIII.8b gezeigt. Nach dem Erreichen des Momentes $M_{yp} = M_{y\max}$ entsteht eine progressive Vergrößerung der Dehnungen. Dies hat zur Folge: eine Verkürzung der Faden in der gedrückten Zone und eine entsprechende Verlängerung von denjenigen in der Zugzone um den getroffenen Querschnitt. Die Verformung hat die Form einer gegenseitigen Verdrehung der Querschnitte links und rechts von der Balkenmitte.

Eine Idealisierung dieser Verformung kann durch Einführung des Begriffes *plastisches Gelenk* erreicht werden. Ein solches Gelenk übernimmt das Moment M_{yp} und ermöglicht die gegenseitige Verdrehung der Querschnitte. Tatsächlich wird sich ein Gelenk über eine gewisse Zone ausbilden. Die Länge dieses Bereichs hängt von der Belastung des Stabes und der Form des Querschnitts ab.

Nach dem Auftreten des plastischen Gelenkes in einem Querschnitt wird ein statisch bestimmter Träger in einen Mechanismus (Abb. VIII.8) übergeführt. Die Last $P = P_p$, welche der Bildung des Mechanismus entspricht, wird als *Traglast* bezeichnet.

Bei dem statisch unbestimmten System ist mit dem Auftreten eines ersten plastischen Gelenks die Tragfähigkeit nicht erschöpft.

3. Reine Torsion

Wir setzen, wie im Falle der elastischen St. Venantschen Torsion voraus, daß nur die Spannungen τ_{zx} und τ_{yz} von Null verschieden sind.

Als Gleichgewichtsbedingung ergibt sich die Gleichung (I.4):

$$\frac{\partial \tau_{zx}}{\partial x} + \frac{\partial \tau_{yz}}{\partial y} = 0. \tag{VIII.44}$$

Wie früher gezeigt, wird diese Gleichung durch die Einführung der Spannungsfunktion mit den Eigenschaften (I.13):

$$\tau_{yz} = -\frac{\partial \Phi}{\partial x}, \quad \tau_{zx} = \frac{\partial \Phi}{\partial y}, \tag{VIII.45}$$

befriedigt.

Die Fließbedingung nach *Huber-von Mises* lautet (siehe Gleichung (VIII.12) und (VIII.17)):

$$\tau_{zx}^2 + \tau_{yz}^2 = \frac{1}{3}\sigma_f^2 = \tau_f^2 \tag{VIII.46}$$

bzw.:

$$\tau_z^2 = \tau_f^2, \tag{VIII.47}$$

wobei (siehe Gleichung (I.6)) mit τ_z die Resultierende der Schubspannungen bezeichnet ist.

Die Fließbedingung (VIII.46) können wir auch durch die Spannungsfunktion ausdrücken:

$$\left(\frac{\partial \Phi}{\partial x}\right)^2 + \left(\frac{\partial \Phi}{\partial y}\right)^2 = \tau_f^2. \tag{VIII.48}$$

Da die linke Seite der Gleichung (VIII.48) das Quadrat von $|\mathrm{grad}\,\Phi|$ ist, folgt, daß die größte Steigung der Fläche $\Phi(x, y)$ in bezug auf die x, y-Ebene einen konstanten Wert hat:

$$|\mathrm{grad}\,\Phi| = \tau_f. \tag{VIII.49}$$

Im plastischen Bereich ist die Spannungsfläche demnach durch die konstante Neigung gekennzeichnet. Außerdem muß für die vollen Querschnitte am Rande die Bedingung $\Phi = 0$ erfüllt werden. Damit ist die Funktion Φ im plastischen Bereich, ohne Rücksicht auf die noch unbekannte Begrenzungskurve zwischen dem plastischen und elastischen Bereich, eindeutig bestimmt.

Die Funktion Φ für den elastischen Bereich muß die Gleichung (I.14) befriedigen.

Die Grenzkurve L_e wird aus den Bedingungen bestimmt, daß an der Grenze die Spannungen und Verschiebungen stetig sein sollen. Die Lösung dieses Problems, welche mit erheblichen mathematischen Schwierigkeiten verbunden ist, muß für jeden Querschnitt gesondert gesucht werden.

Im plastischen Bereich stellt die Spannungsfunktion im geometrischen Sinne (Abb. VIII.9) ein „Dach" mit der konstanten Neigung $\tau_f = \sigma_f/\sqrt{3}$ dar. Die Neigung kann nicht überschritten werden.

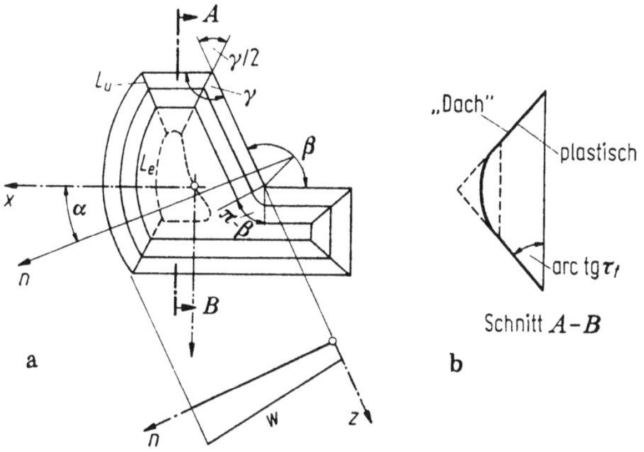

Abb. VIII.9

Die Schubspannungslinien (Abb. VIII.9a) sind parallel zur Begrenzungslinie des Querschnitts. Im Bereich der vorspringenden Ecke hat die Spannungsfläche eine scharfe Kante. Die Unstetigkeitslinie l_u der Schubspannungen halbiert den Öffnungswinkel der Ecke. Diese Darstellung ist nur eine Idealisation der Spannungsfläche. In Wirklichkeit bleiben immer die schmalen elastischen Streifen, welche die Stetigkeit der Spannungen gewährleisten. Für die Aufnahme des Torsionsmomentes sind jedoch diese Streifen ohne praktische Bedeutung.

Im Bereich einer einspringenden Ecke sind die Schubspannungslinien die Kreisbogen mit dem Zentriwinkel $\pi - \beta$, wobei mit β (siehe Abb. VIII.9a) der Öffnungswinkel der Ecke bezeichnet ist.

Für einen vollplastifizierten Querschnitt wird, wie im Falle der elastischen Torsion, das *Traglastmoment* T_p^* (siehe die Gleichung (I.20)) dem doppelten Inhalt des Raumes unter der „Dachfläche" gleich.

Die Bestimmung des Traglastmomentes ist demnach eine statisch bestimmte Aufgabe.

Die Verformung des Stabes im plastischen Bereich wird auf Grund der Gleichungen (VIII.21) untersucht. Da nur τ_{zx} und τ_{yz} von Null verschieden sind, ergibt sich:

$$\begin{aligned} d\gamma_{zx} &= \frac{3}{2}\tau_{zx}\frac{d\varepsilon_f}{\sigma_f}, \\ d\gamma_{yz} &= \frac{3}{2}\tau_{yz}\frac{d\varepsilon_f}{\sigma_f}, \end{aligned} \qquad \text{(VIII.50)}$$

bzw.:

$$\frac{d\gamma_{zx}}{d\gamma_{yz}} = \frac{\tau_{zx}}{\tau_{yz}}. \tag{VIII.51}$$

Mit Rücksicht darauf, daß die Resultierende der Schubspannungen ihre Größe und Richtung im plastischen Bereich nicht ändert, kann die Gleichung (VIII.51) integriert werden:

$$\gamma_{zx} = \frac{\tau_{zx}}{\tau_{yz}} \gamma_{yz} + C. \tag{VIII.52}$$

Im elastischen Bereich ergibt sich auf Grund des Hookeschen Gesetzes:

$$\frac{\gamma_{zx}}{\gamma_{yz}} = \frac{\tau_{zx}}{\tau_{yz}}. \tag{VIII.53}$$

Für $C = 0$ sind die Ausdrücke (VIII.52) und (VIII.53) identisch. Damit besteht eine Kontinuität der Verzerrungen an der elastoplastischen Grenze.

Ebenso gilt die im Kapitel I. festgestellte Schlußfolgerung, daß sich jeder Querschnitt als starre Scheibe in seiner Ebene verdreht.

Die Verwölbung wird auf Grund der Gleichungen (I.32) und (I.33) berechnet:

$$\frac{\tau_{zx}}{\tau_{yz}} = \frac{\dfrac{\partial w}{\partial x} - \varphi'(y - y_P)}{\dfrac{\partial w}{\partial y} + \varphi'(x - x_P)}, \tag{VIII.54}$$

und ferner:

$$\frac{\partial w}{\partial x} \tau_{yz} - \frac{\partial w}{\partial y} \tau_{zx} = \varphi' [\tau_{zx}(x - x_P) + \tau_{yz}(y - y_P)]. \tag{VIII.55}$$

Für alle Punkte des plastischen Bereiches gilt:

$$\begin{aligned} \tau_{zx} &= -\tau_f \sin\alpha, \\ \tau_{zy} &= \tau_f \cos\alpha, \end{aligned} \tag{VIII.56}$$

wo α (siehe Abb. VIII.10) der Winkel ist, den die Normale auf die Begrenzungslinie des Querschnitts mit der positiven Richtung der x-Achse schließt.

Mit Rücksicht darauf, daß

$$\cos\alpha = \frac{dx}{dn} \quad \text{und} \quad \sin\alpha = \frac{dy}{dn}$$

sind, kann die Gleichung (VIII.55) in folgender Form angeschrieben werden:

$$\frac{\partial w}{\partial n} = -\varphi' h_{nP}, \tag{VIII.57}$$

wo

$$h_{nP} = (x - x_P)\sin\alpha - (y - y_P)\cos\alpha$$

der Abstand der Normalen $\vec{n}$ auf die Begrenzungslinie (Abb. VIII.10) von dem Drehpol P mit den Koordinaten (x_P, y_P) ist.

Da die rechte Seite der Gleichung (VIII.57) für jede Normale einen konstanten Wert hat, wächst die Verschiebung w linear längs jeder Normalen.

Die Integration der Gleichung (VIII.57) längs einer Normalen liefert:

$$w(n) = -\varphi' h_{nP} \cdot e + w(E), \tag{VIII.58}$$

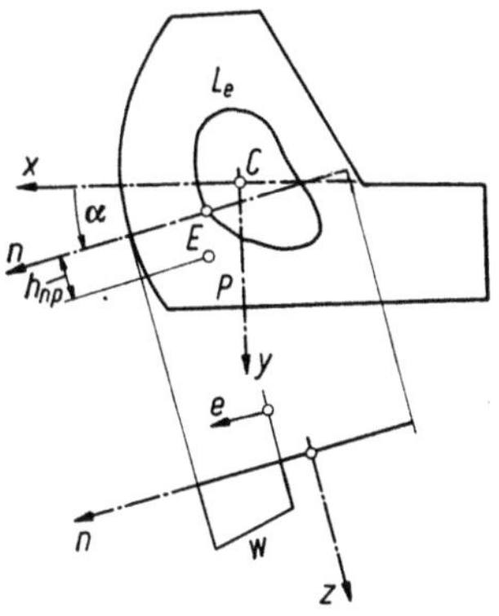

Abb. VIII.10

wobei (siehe Abb. VIII.10) $w(E)$ die Verschiebung w in dem Punkt E an der elastischen Grenze ist.

Für die dünnwandigen offenen Profile hat die elastishe Spannungsfläche (siehe Abschnitt I.2) als Querschnitt (Abb. I.9) näherungsweise eine Parabel.

Im Falle des teilweise plastifizierten Querschnitts (Abb. VIII.11) wird die elastoplastische Grenze $e = \pm c$ eine zur Profilmittellinie parallele Linie.

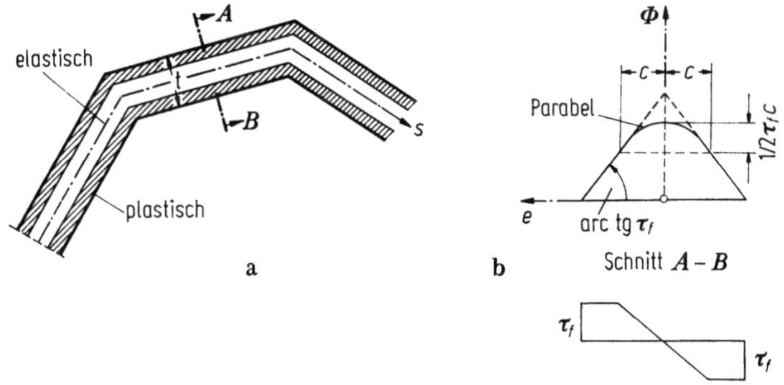

Abb. VIII.11

Das Torsionsmoment T^*, welches einer bestimmten Grenzlinie entspricht, beträgt auf Grund der Gleichung (I.20):

$$T^* = 2\iint \Phi \, de \, ds = \tau_f \int_s \left(\frac{1}{2} t^2 - \frac{2}{3} c^2\right) ds. \tag{VIII.59}$$

Für den aus geraden Stücken zusammengesetzten Querschnitt ergibt sich:

$$T^* = \tau_f \sum_i \left(\frac{1}{2} t_i^2 - \frac{2}{3} c^2\right) b_i. \tag{VIII.60}$$

Das Traglastmoment T^* (für $c = 0$) wird nach der Formel:

$$T_p^* = \frac{\tau_f}{2} \int_s t^2 \, ds \tag{VIII.61}$$

bzw.:

$$T_p^* = \frac{\tau_f}{2} \sum_i t_i^2 b_i \tag{VIII.62}$$

berechnet.

Diese Näherungsformel wird auf Grund der Vereinfachung der in Abb. VIII.12b gezeigten „Dachfläche" berechnet. Eine „Dachfläche", welche der genauen (mit Ausnahme der erwähnten Unstetigkeiten) entspricht, ist in Abb. VIII.12a dargestellt.

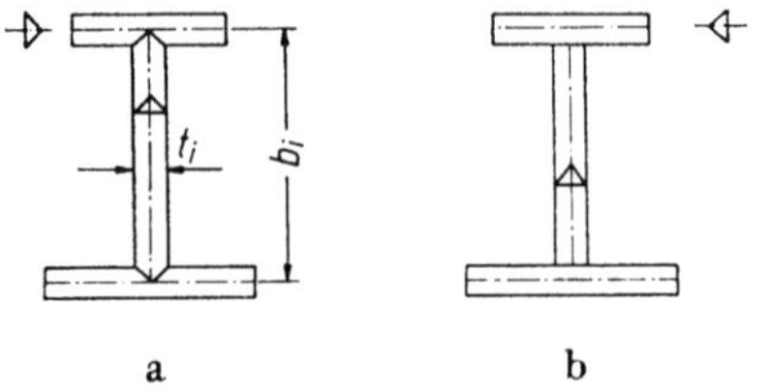

Abb. VIII.12

Das Fließen beginnt, wenn die maximale Schubspannung (siehe Gleichung (I.58)) den Wert τ_f erreicht:

$$\tau_{\max} = \frac{T_f^*}{K} t_{\max} = \tau_f. \tag{VIII.63}$$

Daraus folgt der Wert des Fließmomentes:

$$T_f^* = \frac{K}{t_{\max}} \tau_f, \tag{VIII.64}$$

oder mit Rücksicht auf Gleichung (I.55), bzw. (I.53):

$$T_f^* = \frac{1}{3} \frac{\int_s t^3 \, ds}{t_{\max}} \tau_f, \tag{VIII.65}$$

bzw.

$$T_f^* = \frac{1}{3} \frac{\sum_i t_i^3 b_i}{t_{\max}} \tau_f. \tag{VIII.66}$$

Für den Formfaktor erhält man:

$$f = \frac{3}{2} \frac{\int_s t^2 \, ds}{\int_s t^3 \, ds} t_{\max}, \tag{VIII.67}$$

oder im Falle des Querschnitts mit den geraden Teilstücken:

$$f = \frac{3}{2} \frac{\sum t_i^2 b_i}{\sum t_i^3 b_i} t_{\max}. \tag{VIII.68}$$

Für t = const ergibt sich:

$$f = 1{,}5.$$

Für Normalprofile errechnet man $f = 1{,}77$ und für Breitflanschprofile $f = 1{,}64$.

Dünnwandige, geschlossene Profile haben im elastischen Zustand einen konstanten Schubfluß q:

$$q = \tau \cdot t = \text{const}.$$

Demnach beginnt das Fließen an der Stelle der minimalen Wandstärke $t = t_{\min}$.

Das gibt mit Rücksicht auf die Gleichung (I.92):

$$T_f^* = 2A\tau_f t_{\min}. \qquad \text{(VIII.69)}$$

Aus der Bedingung, daß die Spannungsfunktion an dem Innenrand einen konstanten Wert $\tau_f t_{\min}$ hat (siehe den Abschnitt I.3) ergibt sich nun beim Beginn des Fließens für die Schubspannung an einer beliebigen Stelle:

$$\tau = \tau_f \frac{t_{\min}}{t}. \qquad \text{(VIII.70)}$$

Im Falle des teilweise plastifizierten Querschnitts kann längs der Wandstärke, d.h. in Richtung der Normalen auf die Profilmittellinie, als Annäherung das, in Abb.VIII.13a dargestellte Diagramm der Φ-Funktionen angenommenen werden. Dabei ist die elastoplastische Grenze $c = c(5)$ längs der Profilmittellinie veränderlich.

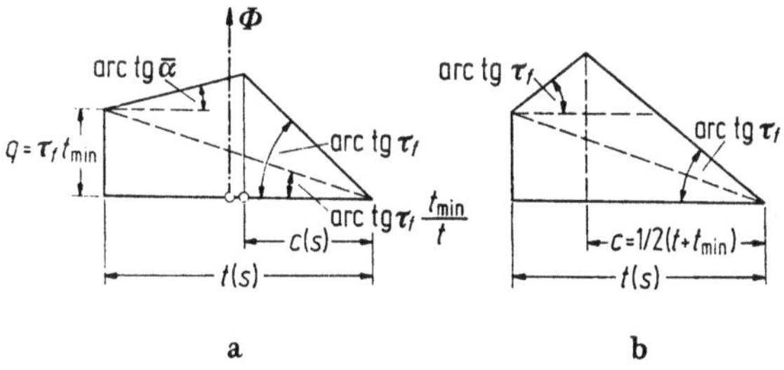

Abb. VIII.13

Das Torsionsmoment beträgt:

$$T^* = \tau_f \left[2At_{\min} + \oint c\left(1 - \frac{t_{\min}}{t}\right) t\, ds\right]. \qquad \text{(VIII.71)}$$

Für den vollplastifizierten Querschnitt muß arctg $\bar{\alpha}$ = arctg τ_f sein. Dies ergibt (Abb. VIII.13b):

$$c = \frac{1}{2}(t + t_{\min}) \qquad \text{(VIII.72)}$$

und

$$T_p^* = \tau_f t_{\min}\left[2A + \frac{1}{2} t_{\min} \oint \left(\frac{t^2}{t_{\min}^2} - 1\right) ds\right]. \qquad \text{(VIII.73)}$$

Auf Grund der Ausdrücke (VIII.69) und (VIII.73) wird der Formfaktor:

$$f = 1 + \frac{t_{\min}}{4A} \oint \left(\frac{t^2}{t_{\min}^2} - 1 \right) ds. \tag{VIII.74}$$

Für einen einfach symmetrischen Kastenquerschnitt (Abb. VIII.14) erhält man:

a) für $t_1 > t_2 > t_0$ $(t_3 = t_0)$

$$\left.\begin{aligned} T_p^* &= 2 f a b t_0 \tau_f \\ \text{und} \quad f &= 1 + \frac{1}{4}\left[\left(\frac{t_1^2}{t_0^2} - 1\right)\frac{t_0}{b} + 2\left(\frac{t_2^2}{t_0^2} - 1\right)\frac{t_0}{a}\right]. \end{aligned}\right\} \tag{VIII.75}$$

b) für $t_1 > t_0 > t_2$:

$$\left.\begin{aligned} T_p^* &= 2 f a b t_0 \tau_f \\ \text{und} \quad f &= 1 + \frac{1}{4} \cdot \frac{t_2}{b}\left(\frac{t_1^2}{t_2^2} + \frac{t_0^2}{t_2^2} - 2\right). \end{aligned}\right\} \tag{VIII.76}$$

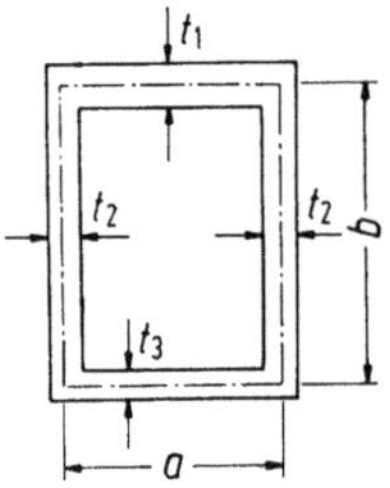

Abb. VIII.14

Für die mehrzelligen Querschnitte beliebiger Form wird die Tragfähigkeit auf Grund der konstruierten Dachfläche bestimmt. Bei der Konstruktion ist zu beachten, daß die Spannungsfläche über die Öffnung eine zur xy-Ebene parallele Ebene ist. An der Stelle der minimalen Wandstärke um eine bestimmte Zelle hat die Spannungsfläche eine konstante Neigung τ_f. An anderen Stellen längs der Profilmittellinie um diese Zelle hat die Spannungsfläche eine scharfe Kante.

Für die mehrzelligen Querschnitte, bei welchen jede Zelle eine Außenwand längs einem Teil (Abb. VIII.15) der Profilmittellinie besitzt, kann das Torsionsmoment T_p^*, im Falle, daß

$$|\Phi_i - \Phi_k| = \tau_f \, |t_{i,\min} - t_{k,\min}| \leq t_{ik} \tau_f$$

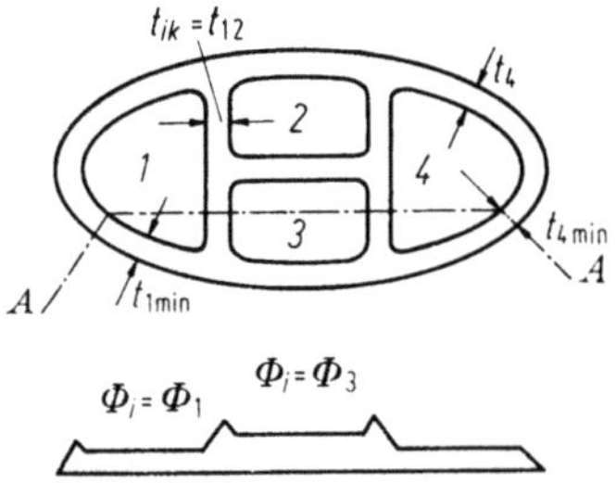

Abb. VIII.15

bzw. daß

$$t_{ik} \geq |t_{i,\min} - t_{k,\min}| \tag{VIII.77}$$

ist, näherungsweise wie folgt berechnet werden:

$$T_p^* = 2\tau_f \sum_{i=1}^{n} A_i t_{i,\min}, \tag{VIII.78}$$

wo n die Gesamtzahl der Zellen ist.

4. Wölbkrafttorsion

Die Wölbkrafttorsion wird durch das Vorhandensein von drei Schnittkräften: Bimoment M_ω, Wölbtorsionsmoment T_ω und St. Venantschem Torsionsmoment T_s gekennzeichnet.

Im Falle des teilweise plastifizierten Querschnitts werden für die Verzerrungen die folgenden Voraussetzungen angenommen:

$$\frac{\partial \varepsilon_z}{\partial s_i} = \text{const}, \quad \text{für } z = z_0, \tag{VIII.79}$$

und für die offenen Profile:

$$\frac{\partial \gamma_s}{\partial e} = 2\varphi', \tag{VIII.80}$$

wobei mit s_i ($i = 1, 2, \ldots, n$) die Koordinate s eines geraden Teiles der Profilmittellinie bezeichnet ist.

Die Annahmen (VIII.79) und (VIII.80) sind auch bei einem elastischen Stab (siehe die Gleichungen (II.13) und (II.16) für $w_0 = \eta_p' = \xi_p' = 0$, und $e = 0$) gültig.

Die Fließbedingung nach *Huber-von Mises* hat, mit Rücksicht, daß nur die Spannungen σ_z und $\tau_{zs} = \tau_s + \tau_w$ (siehe Abb. II.3) von Null verschieden sind, die folgende Form:

$$\sigma^2 + 3\tau^2 = \sigma_f^2, \tag{VIII.81}$$

wobei mit σ und τ die Werte, welche die Fließbedingung befriedigen, bezeichnet sind.

Die Lösung dieser Aufgabe hängt von der Querschnittsform ab. Die Lösungen sind demnach verschieden für die einzelnen Profile.

Im weiteren werden wir uns mit drei charakteristischen Profilen I, [und Kastenquerschnitt befassen.

4.1. I-Querschnitt mit gleichen Flanschen

Im elastischen Bereich wird gemäß der klassischen Theorie der Wölbkrafttorsion angenommen, daß die Spannungen σ_z über die Wandstärke gleichmäßig verteilt sind. Der Verlauf von σ_z längs der Profilmittellinie wird durch die sektorielle Koordinate ω bestimmt. Längs der Gurten sind sie antisymmetrisch (Abb. II.23a). Der Steg ist frei von Normalspannungen.

Die Schubspannungen τ_w sind gleichmäßig über die Wandstärke verteilt; längs der Gurten haben sie eine parabolische Verteilung (siehe die Abb. II.3c und II.23c).

Die Schubspannungen τ_s sind antisymmetrisch (siehe Abb. II.3b) über die Wand verteilt. Längs der geraden Teilen der Profilmittellinie konstanter Wandstärke haben sie eine gleichmäßige Verteilung.

Im Laufe der Plastifizierung des Querschnitts muß im plastischen Bereich die Fließbedingung (VIII.81) befriedigt werden. Allgemein angenommen, mit Rücksicht, daß die Spannungen τ_w längs der Profilmittellinie veränderlich sind, müssen die Spannungen $\sigma_z = \sigma$, damit die Fließbedingung befriedigt wird, auch längs der Profilmittellinie im plastischen Bereich verschiedene Werte annehmen. Außerdem muß, beim Übergang vom elastischen zum plastischen Bereich, die Kontinuität von Spannungen und Verzerrungen erfüllt werden. Die auf diese Weise gestellte Aufgabe übersteigt den Rahmen technischer Anwendung und hat nur eine theoretische Bedeutung.

Eine Näherungslösung wird durch einige Voraussetzungen erhalten, welche als Folge eine statisch bestimmte Verteilung der Spannungen ergeben.

Mit Rücksicht auf die Tatsache, daß die Schubspannungen τ_w gewöhnlich kleiner als die Spannungen τ_s sind, setzen wir voraus, daß die Normalspannungen σ_z und die Schubspannungen $\tau_{zs} = \tau_s + \tau_w$ im ganzen plastischen Bereich konstante Werte σ und τ haben.

Wir betrachten zuerst einen solchen Querschnitt, in welchem die Normalspannungen infolge des Bimomentes vorwiegend sind. Die plastische Zone wird zunächst an den Enden der Gurte (Abb. VIII.16a) auftreten.

Der plastische Bereich wird durch den Abstand c bestimmt. Die elastoplastische Grenze $x = \pm c$ wird bei der Vergrößerung des Torsionsmomentes, bzw. bei der weiteren Plastifizierung des Querschnitts, immer kleiner.

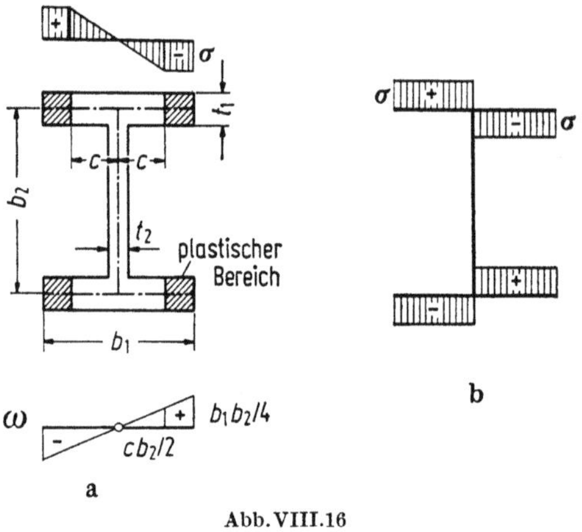

Abb. VIII.16

Das Bimoment, welches dem gezeigten Diagramm der σ-Spannungen entspricht, wird auf Grund der Gleichung (II.77d) durch die Integration gefunden:

$$M_\omega = \int_F \sigma_z \omega \, dF = 4\sigma t_1 \left[\frac{1}{2}\left(\frac{b_1 b_2}{4} + \frac{c b_2}{2}\right)\left(\frac{b_1}{2} - c\right) + \frac{1}{3}\cdot\frac{b_2 c^2}{2}\right] = \frac{1}{4}\sigma b_1^2 b_2 t_1 \left(1 - \frac{4}{3}\frac{c^2}{b_1^2}\right). \quad \text{(VIII.82)}$$

Daraus folgt:

$$\sigma = \frac{M_\omega}{\frac{1}{4} b_1^2 b_2 t_1 \left(1 - \frac{1}{3}\gamma^2\right)}. \tag{VIII.83}$$

Dabei ist:

$$\gamma = \frac{2c}{b_1}. \tag{VIII.84}$$

Die Schubspannung hat auch der Voraussetzung im plastischen Bereich einen konstanten Wert τ. Das Diagramm dieser Spannungen ist in Abb. VIII.17a dargestellt.

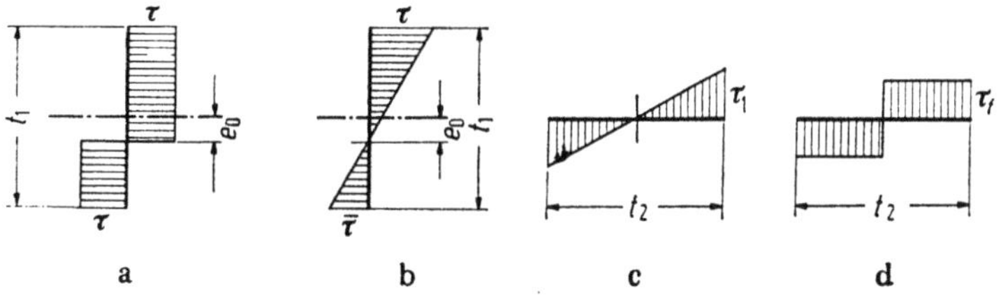

Abb. VIII.17

In Abhängigkeit von der Größe des Trosionsmomentes T_ω bzw. der Spannung τ_w gegenüber T_s bzw. τ_s wird sich die Nullinie auf einer größeren oder kleineren Entfernung von der Profilmittellinie befinden. Für das positive Torsionsmoment befindet sie sich auf der oberen Flansche unter der Profilmittellinie; auf der unteren Flansche jedoch oberhalb der Profilmittellinie.

Für den verbleibenden elastischen Teil des Gurtes wird dieselbe Entfernung e_0 angenommen (Abb. VIII.17b). Außerdem wird vorausgesetzt, daß die größte Schubspannung τ_{zs} gleich τ ist.

Aus der Abb. VIII.17b ergibt sich:

$$\bar{\tau} = \frac{1 - \eta_0}{1 + \eta_0} \tau, \tag{VIII.85}$$

wo $\eta_0 = \frac{e_0}{t_1/2}$ ein positiver Wert ist.

Auf dem Steg sind nur τ_s Spannungen (Abb. VIII.17c) vorhanden. Der maximale Wert dieser Spannungen wird mit τ_1 bezeichnet. Für einen teilweise plastifizierten Querschnitt wird diese Schubspannung auf Grund der Gleichung (II.55) berechnet.

Für das St. Venantsche Torsionsmoment gilt der Ausdruck (II.37h):

$$T_s = 2 \int \tau_s e \, dF_*.$$

Da (siehe die S. 67, 1. Band):

$$\int_F \tau_w e \, dF_* = 0,$$

können wir schreiben:

$$T_s = 2 \int \tau_{zs} e \, dF_*. \tag{VIII.86}$$

Nach den in Abb. VIII.17 gezeigten Diagrammen ergibt sich unter Berücksichtigung der Gleichung (VIII.85):

$$T_s = 2\tau\left[2(b_1 - 2c)\frac{1}{4}t_1^2(1 - \eta_0^2) + c\frac{t_1^2}{3}\left(1 + \frac{1 - \eta_0}{1 + \eta_0}\right)\right] + \tau_1 b_2 \frac{t_2^2}{3}$$

bzw.:

$$T_s = \tau b_1 t_1^2\left[(1 - \gamma)(1 - \eta_0^2) + \frac{2\gamma}{3(1 + \eta_0)}\right] + \tau_1 b_2 \frac{t_2^2}{3}. \qquad \text{(VIII.87)}$$

Für T_w erhält man auf Grund des Ausdrucks (II.88):

$$T_\omega = \int_F \tau_w h\, dF = b_2 \tau t_1\left[(b_1 - 2c)\,\eta_0 + \left(1 - \frac{1 - \eta_0}{1 + \eta_0}\right)c\right]$$

bzw.:

$$T_\omega = b_1 b_2 t_1 \tau \eta_0 \left(1 - \gamma + \frac{\gamma}{1 + \eta_0}\right). \qquad \text{(VIII.88)}$$

Der Ausdruck (VIII.88) liefert die folgende quadratische Gleichung zur Bestimmung von η_0:

$$\eta_0^2 + \left(1 - \frac{T_\omega}{T_{\omega p}}\cdot\frac{\tau_f}{\tau}\right)\frac{\eta_0}{1 - \gamma} - \frac{T_\omega}{T_{\omega p}}\cdot\frac{\tau_f}{\tau}\cdot\frac{1}{1 - \gamma} = 0, \qquad \text{(VIII.89)}$$

wo

$$T_{\omega p} = b_1 b_2 t_1 \tau_f \qquad \text{(VIII.90)}$$

den Grenzwert des Momentes T_ω im Falle daß $M_\omega = T_s = 0$ ist, darstellt.

Durch die Auflösung der Gleichung (VIII.89) gewinnt man η_0:

$$\eta_0 = -\left(1 - \frac{T_\omega}{T_{\omega p}}\,\frac{\tau_f}{\tau}\right)\frac{1}{2(1 - \gamma)} + \sqrt{\frac{1}{4}\left(1 - \frac{T_\omega}{T_{\omega p}}\cdot\frac{\tau_f}{\tau}\right)^2\frac{1}{(1 - \gamma)^2} + \frac{T_\omega}{T_{\omega p}}\cdot\frac{\tau_f}{\tau}\,\frac{1}{(1 - \gamma)}}. \qquad \text{(VIII.91)}$$

Wenn wir den Wert (VIII.91) von η_0 in den Ausdruck (VIII.87) einsetzen, erhalten wir eine Gleichung des dritten Grades nach τ. Die Spannung τ, als reelle Wurzel dieser Gleichung, ausgedrückt durch die Schnittkräfte T_s und T_ω, wird zusammen mit der Formel (VIII.83) für σ in die Fließbedingung (VIII.81) eingetragen. Auf diese Weise erhalten wir schlußendlich eine Gleichung, in welcher die Schnittkräfte T_s, T_ω und M_ω figurieren. Diese Werte werden unter Benutzung der Formeln für einen elastischen Stab, wie es im Kapitel II.3 gezeigt wurde, durch die Torsionsbelastung ausgedrückt. Die Fließbedingung liefert nun die Größe dieser Belastung.

Die Tragfähigkeit, bzw. die volle Plastifizierung des Querschnitts, wird durch $c = 0$ und die Diagramme VIII.16b, VIII.17a und VIII.17d gekennzeichnet.

Für die Schnittkräfte ergeben sich dann die folgenden Ausdrücke:

$$\left.\begin{aligned} M_\omega &= \frac{1}{4}\sigma b_1^2 b_2 t_1 = \frac{\sigma}{\sigma_f} M_{\omega p}, \\ T_s &= \tau b_1 t_1^2 (1-\eta_0^2) + \tau_f b_2 \frac{t_2^2}{2} = \\ &= \frac{\tau}{\tau_f} T_{sp,1}(1-\eta_0^2) + T_{sp,2}, \\ T_\omega &= b_1 b_2 t_1 \tau \eta_0 = \frac{\tau}{\tau_f} T_{\omega p}\eta_0, \end{aligned}\right\} \qquad \text{(VIII.92a–c)}$$

wo

$$M_{\omega p} = \frac{1}{4}\sigma_f b_1^2 b_2 t_1,$$

$$T_{sp,1} = \tau_f b_1 t_1^2, \qquad T_{sp} = T_{sp,1} + T_{sp,2} \qquad \text{(VIII.93a–d)}$$

$$T_{sp,2} = \tau_f \frac{b_2 t_2^2}{2},$$

die Traglasten der Gurten und des Stegs im Falle, daß nur einzelne Schnittkräfte von Null verschieden sind, bedeuten. Aus der Gleichung (VIII.92c) folgt:

$$\eta_0 = \frac{T_\omega}{T_{\omega p}} \cdot \frac{\tau_f}{\tau}. \qquad \text{(VIII.94)}$$

Nach dem Einsetzen dieses Ausdrucks in die Gleichung (VIII.92b) wird die quadratische Gleichung nach τ erhalten:

$$\frac{\tau^2}{\tau_f^2} - \frac{T_s - T_{sp,2}}{T_{sp,1}} \cdot \frac{\tau}{\tau_f} - \frac{T_\omega^2}{T_{\omega,p}^2} = 0.$$

Daraus folgt:

$$\frac{\tau}{\tau_f} = \frac{T_s - T_{sp,2}}{2T_{sp,1}} + \sqrt{\frac{(T_s - T_{sp,2})^2}{4T_{sp,1}^2} + \frac{T_\omega^2}{T_{\omega p}^2}}. \qquad \text{(VIII.95)}$$

Die Gleichung (VIII.92a) liefert:

$$\frac{\sigma}{\sigma_f} = \frac{M_\omega}{M_{\omega p}}. \qquad \text{(VIII.96)}$$

Die Ausdrücke (VIII.95) und (VIII.96) setzen wir nun in die Fließbedigung (VIII.81) ein, welche mit Rücksicht auf (VIII.17) auch in folgender Form angeschrieben werden kann:

$$\left(\frac{\sigma}{\sigma_f}\right)^2 + \left(\frac{\tau}{\tau_f}\right)^2 = 1, \qquad \text{(VIII.97)}$$

und erhalten schlußendlich:

$$\frac{M_\omega^2}{M_{\omega p}^2} + \Theta\left(\frac{\Theta}{2} + \sqrt{\frac{\Theta^2}{4} + \frac{T_\omega^2}{T_{\omega p}^2}}\right) + \frac{T_\omega^2}{T_{\omega p}^2} = 1, \qquad \text{(VIII.98)}$$

wo

$$\Theta = \frac{T_s - T_{sp,2}}{T_{sp,1}} \tag{VIII.99}$$

ist.

In den Sonderfällen ergeben sich aus der Gleichung (VIII.98):

a) $T_s = 0$:

$$\frac{M_\omega^2}{M_{\omega p}^2} + \frac{T_\omega^2}{T_{\omega p}^2} = 1. \tag{VIII.100}$$

b) $T_\omega = 0$:

$$\frac{M_\omega^2}{M_{\omega p}^2} + \frac{(T_s - T_{sp,2})^2}{T_{sp,1}^2} = 1. \tag{VIII.101}$$

c) $T_s = T_\omega = 0$:

$$\frac{M_\omega^2}{M_{\omega p}^2} = 1. \tag{VIII.102}$$

Der Beginn des Fließens entsteht zuerst in den Endpunkten der Gurten für $e = \pm t_1/2$. Die Spannungen in diesen Punkten werden durch die Ausdrücke (II.86), für $N = M_x = M_y = 0$ und (II.55) bestimmt.

$$\begin{aligned} \sigma_z &= \frac{M_\omega}{I_{\omega\omega}} \omega_{\max}, \\ \tau &= \frac{T_s}{K} t_1, \qquad (e = t_1/2). \end{aligned} \tag{VIII.103}$$

Die Gleichung (VIII.97) ergibt:

$$\frac{1}{\sigma_f^2} \left[\frac{M_\omega^2}{(I_{\omega\omega}/\omega_{\max})^2} + \frac{3T_s^2}{(K/t_1)^2} \right] = 1. \tag{VIII.104}$$

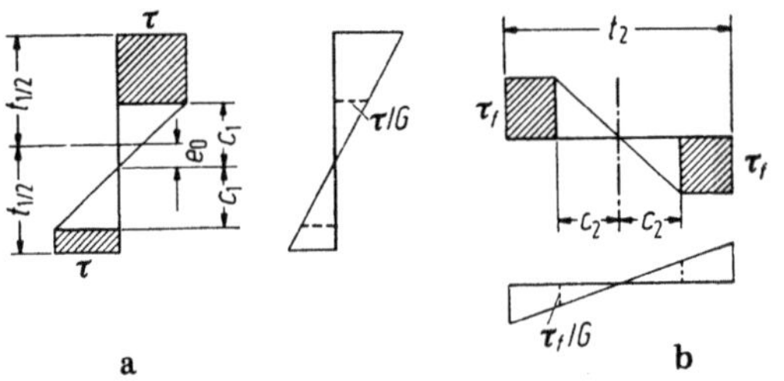

Abb. VIII.18

In den Querschnitten des kleinen Bimoments hat die Plastifizierung einen anderen Vorgang. Die plastische Grenze läuft parallel zur Profilmittellinie. Wir betrachten nun einen elastoplastischen Zustand, bei welchem (siehe Abb. VIII.18) beide äußeren Bereiche der Wand plastiziert sind.

An der elastoplastischen Grenze ergeben sich auf Grund der Gleichung (II.18) die folgenden Werte der Gleitverzerrung γ_s (siehe Abb. VIII.18):

$$\gamma_{s,1} = \frac{\tau}{G} = 2\varphi' c_1,$$

$$\gamma_{s,2} = \frac{\tau_f}{G} = 2\varphi' c_2.$$

Daraus folgt:

$$c_2 = \frac{\tau_f}{\tau} c_1. \qquad \text{(VIII.105)}$$

Die Normalspannung σ_z hat den konstanten Wert $\sigma_z = \sigma$ längs der Gurten, so daß wir erhalten:

$$M_\omega = \frac{1}{4} \sigma b_1^2 b_2 t_1 = \frac{\sigma}{\sigma_f} M_{\omega p}, \qquad \text{(VIII.106)}$$

bzw.:

$$\frac{\sigma}{\sigma_f} = \frac{M_\omega}{M_{\omega p}}. \qquad \text{(VIII.107)}$$

Auf Grund der Diagramme in Abb. VIII.18 gewinnt man die Torsionsmomente T_s und T_ω:

$$T_s = 4 b_1 \tau \left\{ \frac{2}{3} c_1^2 + \frac{1}{2} \left[\frac{t_1}{2} + (e_0 - c_1) \right] \left[\frac{t_1}{2} - (e_0 - c_1) \right] + \right.$$
$$\left. + \frac{1}{2} \left[\frac{t_1}{2} + (e_0 + c_1) \right] \left[\frac{t_1}{2} - (e_0 + c_1) \right] \right\} +$$
$$+ 2 b_2 \tau_f \left\{ \frac{2}{3} c_2^2 + \left(\frac{t_2}{2} - c_2 \right) \left(\frac{t_2}{2} + c_2 \right) \right\}$$

bzw.:

$$T_s = T_{sp,1} \frac{\tau}{\tau_f} \left(1 - \frac{\gamma_1^2}{3} - \eta_0^2 \right) + T_{sp,2} \left(1 - \frac{1}{3} \gamma_2^2 \right), \qquad \text{(VIII.108)}$$

wo

$$\gamma_1 = \frac{c_1}{t_1/2}; \quad \gamma_2 = \frac{c_2}{t_2/2}; \quad \eta_0 = \frac{e_0}{t_1/2}$$

sind, und

$$T_\omega = \tau b_1 b_2 t_1 \eta_0 = \frac{\tau}{\tau_f} T_{\omega p} \eta_0. \qquad \text{(VIII.109)}$$

Durch die Elimination von η_0, unter Berücksichtigung von dem Ausdruck (VIII.105), wird erhalten:

$$\frac{\tau^3}{\tau_f^3} - \frac{T_s - T_{sp,2}}{T_{sp,1}\left(1 - \frac{\gamma_1^2}{3}\right)} \cdot \frac{\tau^2}{\tau_f^2} - \frac{T_\omega^2}{T_{\omega p}^2 \left(1 - \frac{\gamma_1^2}{3}\right)} \cdot \frac{\tau}{\tau_f} - \frac{T_{sp,2} \frac{\gamma_1^2}{3} \cdot \frac{t_1^2}{t_2^2}}{T_{sp,1}\left(1 - \frac{\gamma_1^2}{3}\right)} = 0.$$

(VIII.110)

Die Auflösung dieser Gleichung liefert den Wert für τ/τ_f.

Die Werte σ/σ_f und τ/τ_f werden demnach in die Fließbedingung (VIII.97) eingesetzt.

Im Falle der vollen Plastifizierung, d.h. für $c_1 = c_2 = 0$, ergibt sich wieder die Gleichung (VIII.98).

Der Beginn des Fließens kann auf gleiche Weise wie im vorherigen Fall entstehen. Die Torsionsbelastung wird dann auf Grund der Gleichung (VIII.104) bestimmt. Für die Querschnitte mit kleinem M_ω, oder wenn $M_\omega \approx 0$ ist, ist der Beginn des Fließens in der Mitte des Gurtes zu erwarten.

Da für $m_\omega = 0$

$$\tau_\omega = \frac{T_\omega \tilde{S}_\omega}{I_{\omega\omega} t}$$

ist, ergibt sich die folgende Gleichung:

$$\frac{1}{\tau_f^2}\left(\frac{T_s}{K/t_1} + \frac{T_\omega \tilde{S}_\omega}{I_{\omega\omega} t_1}\right)^2 = 1. \qquad \text{(VIII.111)}$$

In Abhängigkeit von der Größe des Bimomentes kann der Beginn der Plastifizierung auch in einem anderen Punkt des Gurtes auftreten.

Als Beispiel nehmen wir die in Abb. VIII.19 gezeigte und durch ein Torsionsmoment T^* belastete Konsole.

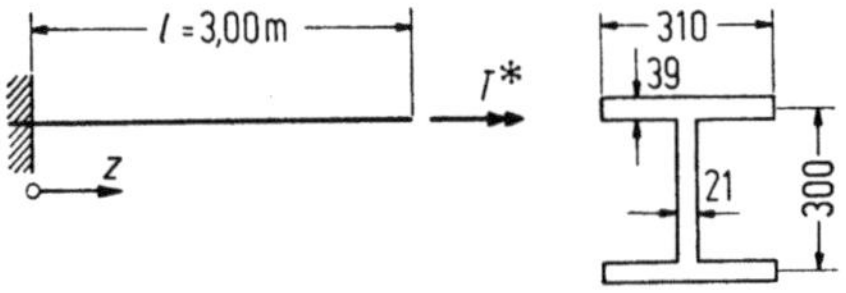

Abb. VIII.19

In dem Einspannquerschnitt, d.h. für $z = 0$ ergibt sich auf Grund von (II.177):

$$\begin{aligned} M_\omega &= -T^* \frac{1}{k} \tanh kl, \\ T_\omega &= T^*. \\ T_s &= 0, \end{aligned} \qquad \text{(VIII.112)}$$

Die Querschnittswerte des in Abb. VIII.19 dargestellten Profils betragen:

$$K = 1318 \text{ cm}^4, \quad I_{\omega\omega} = 4357 \cdot 10^3 \text{ cm}^6,$$

$$k = 0{,}0108 \text{ 1/cm}, \quad kl = 3{,}24, \quad \sigma_f = 2400 \text{ kg/cm}^2.$$

Auf Grund der Formeln (VIII.112) folgt für $z = 0$:

$$M_\omega = -92{,}31\, T^*.$$

Das Fließen beginnt in den Endpunkten der Gurte. Aus der Formel (VIII.104) erhält man für $T_s = 0$:

$$M_\omega = -\frac{I_{\omega\omega}}{\omega_{\max}} \cdot \sigma_f = \frac{4357 \cdot 10^3}{\frac{30 \cdot 31}{4}} \cdot 2400 = -4{,}497 \cdot 10^7 \text{ kg cm}^2,$$

und ferner

$$T_f^* = \frac{4\,497}{92{,}31} \cdot 10^7 = 4{,}87 \cdot 10^5\,\mathrm{kg\,cm}$$

bzw.

$$T_f^* = 4{,}87\ \mathrm{tm}.$$

Das äußere Torsionsmoment, welches der vollen Plastifizierung des Querschnitts entspricht, ergibt sich, da $T_s = 0$ ist, nach den Formeln (VIII.93a), (VIII.90) und (VIII.100):

$$M_{\omega p} = \frac{1}{4}\, b_1^2 b_2 \sigma_f t_1 = 28\,109\sigma_f,$$

$$T_{\omega p} = b_1 b_2 t_1 \tau_f = 3\,627\tau_f,$$

$$\tau^2 = \frac{\sigma^2}{3},$$

$$T^{*2}\left[\left(\frac{92{,}31}{28\,109}\right)^2 + 3\left(\frac{1}{3\,627}\right)^2\right]\left(\frac{1}{2\,400}\right)^2 = 1$$

bzw.:

$$T^* = \frac{2\,400}{\sqrt{(0{,}3284\cdot 10^{-2})^2 + 3(0{,}2757\cdot 10^{-3})^2}} = 7{,}231\cdot 10^5\ \mathrm{kg\,cm},$$

oder

$$T_p^* = 7{,}231\ \mathrm{tm}.$$

Unter Vernachlässigung des Anteiles der Schubspannungen auf die Fließbedingung, d.h. nach der Formel (VIII.102), ergibt sich:

$$T_p^* = 7{,}308\ \mathrm{tm}.$$

Die elastoplastische Grenze im Bereich der Einspannung (d.h. um den Punkt $z = 0$) wird auf Grund der Formeln (VIII.83), (VIII.91), (VIII.87) und (VIII.81) bestimmt. Die Schnittkräfte T_s, T_ω und M_ω infolge der Belastung T_p^* werden auf Grund der Formeln (II.177) für die einzelnen Abszissen berechnet. Die erwähnten Gleichungen, welche durch Probieren gelöst werden, liefern die Größen η_0, σ, τ und c.

Im Bereich des Angriffs des äußeren Torsionsmomentes wird die elastoplastische Grenze nach den Formeln (VIII.83), (VIII.108), (VIII.109) und (VIII.81) festgesetzt.

Die beiden Zonen sind in Abb. VIII.20 gezeigt.

Auf diese Weise erhaltene Grenzflächen stellen, wegen der gemachten Voraussetzungen, nur eine Näherungslösung dar. Aus diesen Gründen stimmen sie auch im mittleren Teil des Trägers nicht überein.

Ähnlich, wie im Falle der Biegung, hat die Plastifizierung im Bereiche des linken Endes des Trägers den Charakter des plastischen Gelenkes. Eine progressive Vergrößerung der Verzerrungen ermöglicht unbehinderte Deplanation des Querschnitts $z = 0$. Der Träger (da es sich um eine Konsole handelt), wird in einen Mechanismus übergeführt. Das äußere Torsionsmoment T^*, welches eine volle Plastifizierung des Querschnitts $z = 0$ verursacht, wird die Traglast des Trägers.

Im weiteren werden wir annehmen, daß in jedem Querschnitt, in welchem die Vollplastifizierung vorkommt, d.h. in welchem für alle Punkte die Fließbedingung befriedigt ist, das plastische Gelenk gebildet wird. Das Auftreten eines Gelenkes führt in diesem Fall zur Erschöpfung der Tragfähigkeit des Trägers.

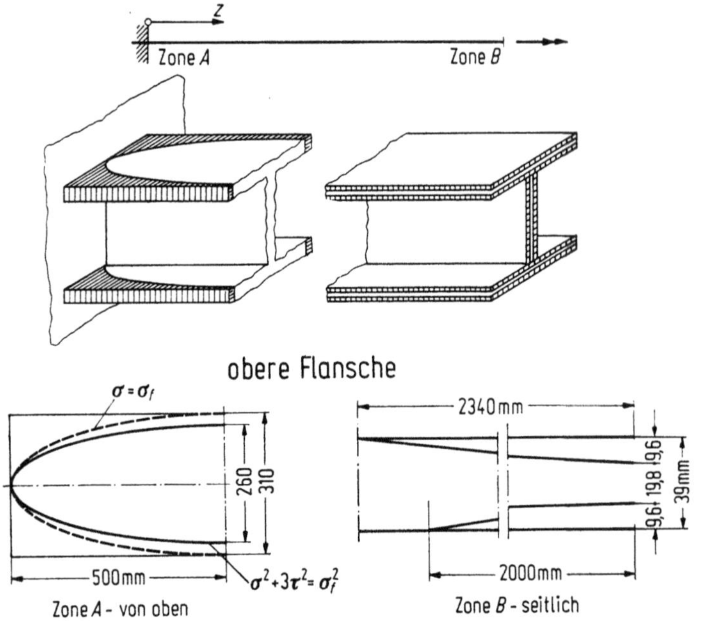

Abb. VIII.20

Für ein beliebiges System und eine beliebige Belastung (siehe die Abschnitte 5 und 6) wird die Tragfähigkeit erschöpft, wenn sich die Gelenke in solchem Maße ausbilden, daß man einen Mechanismus erhält.

4.2. [-Querschnitt

Die Normalspannungen sind im Querschnitt nach dem Diagramm der sektoriellen Koordinate verteilt.

In den Querschnitten, bei welchen das Bimoment überwiegend ist, beginnt die Plastifizierung in den Endpunkten der Profilmittellinie.

Wir betrachten den in Abb. VIII.21 gezeigten Querschnitt, welcher sich im elastoplastischen Zustand befindet.

Das Bimoment, welches den dargestellten Diagrammen der σ_z und ω entspricht (Abb. VIII.21a und VIII.21b), beträgt:

$$M_\omega = \int_F \sigma_z \omega \, dF = \sigma b_2 t_1 \left\{ \frac{1}{2} \left[b_1^2 - (g^2 + c_1^2) \right] - \frac{1}{2} (g^2 + c_1^2) + \right.$$

$$\left. + \frac{2}{3} c_1^2 + d(2g - b_1) \right\} + \sigma t_2 \left[\left(\frac{b_2^2}{4} - c_2^2 \right) + \frac{2}{3} c_2^2 \right] d$$

bzw.:

$$M_\omega = \sigma_1 b_2 t_1 \left[\frac{b_1^2}{2} - g^2 - \frac{1}{3} c_1^2 + d(2g - b_1)\right] + \sigma t_2 d \left(\frac{b_2^2}{4} - \frac{c_2^2}{3}\right). \qquad \text{(VIII.113)}$$

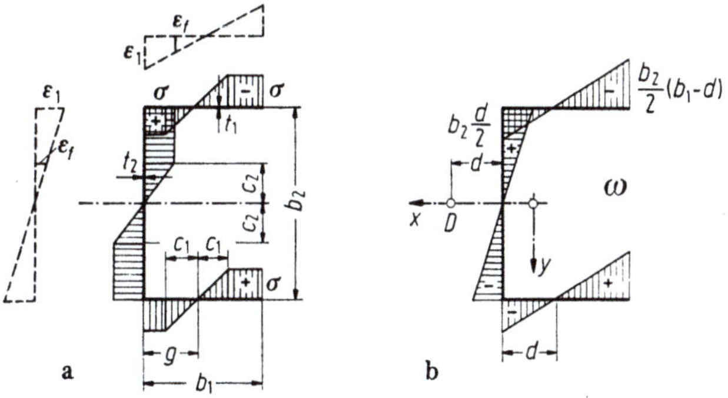

Abb. VIII.21

Dabei gilt auf Grund von dem Ausdruck (VIII.79), (siehe Abb. VIII.21a):

$$\varepsilon_1 = \frac{\varepsilon_f}{c_1} g = \frac{\varepsilon_f}{c_2} \frac{b_2}{2}$$

bzw.:

$$c_2 = \frac{c_1}{g} \cdot \frac{b_2}{2}. \qquad \text{(VIII.114)}$$

Der Abstand g des Nullpunkts auf dem σ_z-Diagramm wird aus der Bedingung bestimmt, daß bei der Beanspruchung auf Torsion das Biegemoment M_y gleich Null sein muß:

$$-M_y = \sigma\left[t_1 b_2 (2g - b_1) + t_2 \left(\frac{b_2^2}{4} - \frac{c_2^2}{3}\right)\right] = 0.$$

Daraus folgt:

$$\frac{g}{b_1} = \frac{1}{2}\left[1 - \frac{1}{4} \frac{t_2}{t_1} \frac{b_2}{b_1}\left(1 - \frac{\gamma_2^2}{3}\right)\right] \qquad \text{(VIII.115)}$$

mit

$$\gamma_2 = \frac{2c_2}{b_2}.$$

Das Bimoment können wir nun in folgender Form darstellen:

$$M_\omega = \frac{\sigma b_1^2 b_2 t_1}{2}\left(1 - \frac{2g^2}{b_1^2} - \frac{\gamma_1^2}{6}\right), \qquad \text{(VIII.116)}$$

wo

$$\gamma_1 = \frac{2c_1}{b_1}$$

ist.

Die Verteilung der Schubspannungen im plastischen Bereich der Flanschen ist in Abb. VIII.17a angegeben. Für die überbleibenden Teile der Flanschen wird das in Abb. VIII.17b gezeigte Diagramm angenommen. Da es sich um

Wölbkrafttorsion handelt und deswegen keine Querkräfte Q_x und Q_y bestehen, muß die Resultierende der Schubspannungen im Steg gleich Null sein:

$$\int_{F_s} \tau_\omega \, dF_* = \int_{F_s} \tau_{zs} \, dF_* = 0, \tag{VIII.117}$$

wo F_s die Fläche des Steges und $dF_* = de\, ds$ sind.

Beginnend von der Verteilung der Schubspannungen für den elastischen Stab (siehe das Diagramm $\tilde{S}_\omega$ in Abb. II.26c), wird die folgende Voraussetzung über die Verteilung der Schubspannungen im Steg gemacht: Für das positive Torsionsmoment T sind die Schubspannungen auf dem oberen und unteren Teil des Stegs nach Abb. VIII.22a verteilt.

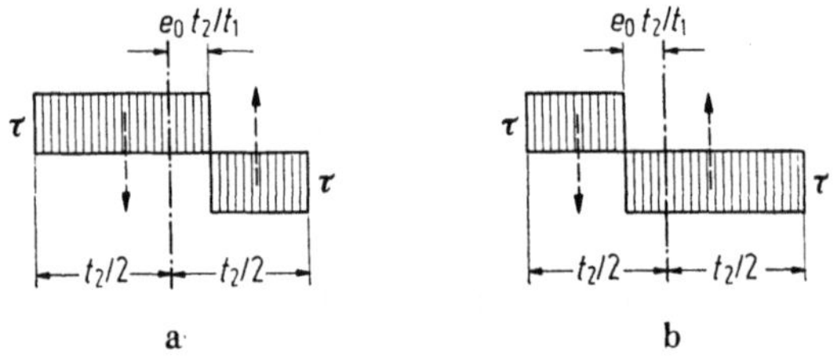

Abb. VIII.22

Auf dem überbleibenden Teil des plastischen Bereiches können die τ_{zs}-Spannungen auch eine entgegengesetzte Verteilung haben, wie es in Abb. VIII.22b gezeigt ist.

Im elastischen Bereich, um die Mitte des Stegs, wird eine Verteilung der Schubspannungen nach Abb. VIII.23a angenommen. An den Enden der elastischen Zone kann ihre Verteilung, ähnlich wie im plastischen Bereich, umgekehrt in bezug auf die Profilmittellinie sein.

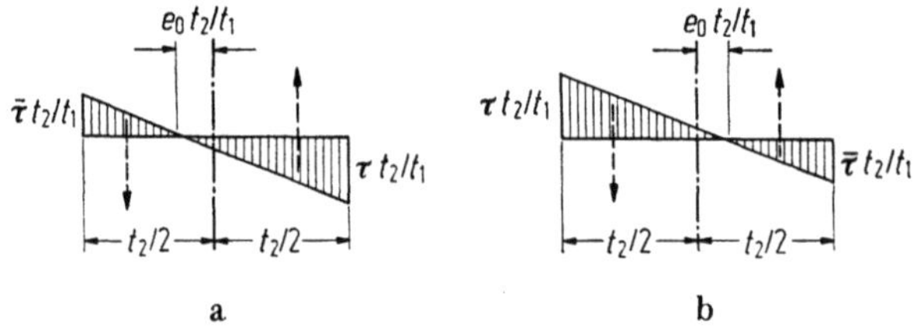

Abb. VIII.23

Die Diagramme in Abb. VIII.17 und VIII.23 befriedigen die Gleichung (VIII.80).

Auf Grund der Diagramme in Abb. VIII.17, VIII.22 und VIII.23 ergibt sich für T_s:

$$T_s = \tau \left\{ t_1^2 b_1 \left[(1-\gamma_1)(1-\eta_0^2) + \frac{2}{3} \gamma_1 \frac{1}{1+\eta_0} \right] \right.$$
$$\left. + \frac{1}{2} t_2^2 b_2 \left[(1-\gamma_2)(1-\eta_0^2) + \frac{2}{3} \frac{t_2}{t_1} \gamma_2 \frac{1}{1+\eta_0} \right] \right\}, \tag{VIII.118}$$

wo

$$\eta_0 = \frac{e_0}{t_1/2} \qquad \text{(VIII.119)}$$

ist.

Im Wölbtorsionsmoment T_ω beteiligen sich, mit Rücksicht auf den Ausdruck (VIII.117), nur die Schubspannungen in den Gurten:

$$T_\omega = b_2 b_1 t_1 \tau \left(1 - \gamma_1 + \frac{\gamma_1}{1 + \eta_0}\right) \eta_0. \qquad \text{(VIII.120)}$$

Den Schubmittelpunkt finden wir aus der Bedingung, daß im Falle der Biegung (ohne Torsion) das Bimoment gleich Null sein muß.

Für den teilweise plastifizierten, auf Biegung beanspruchten Querschnitt, ergibt sich auf Grund der Abb. VIII.6b, für $c = c_2$, und der Abb. VIII.21b:

$$M_\omega = \int_F \sigma_z \omega \, dF = \sigma \left\{\frac{1}{2} b_1^2 b_2 t_1 - d \left[b_1 b_2 t_1 + t_2 \left(\frac{b_2^2}{4} - \frac{c_2^2}{3}\right)\right]\right\} = 0. \qquad \text{(VIII.121)}$$

Daraus folgt:

$$\frac{d}{b_1} = \frac{1}{2\left[1 + \frac{1}{4} \frac{t_2}{t_1} \frac{b_2}{b_1} \left(1 - \frac{\gamma_2^2}{3}\right)\right]}. \qquad \text{(VIII.122)}$$

Aus dem Ausdruck (VIII.120) wird η_0 berechnet und nachher aus der Gleichung (VIII.118) die Schubspannung τ. Durch Einsetzen der Ausdrücke für σ und τ in die Fließbedingung, ähnlich wie im vorherigen Beispiel, wird die Torsionsbelastung, welche dem elastoplastischen Zustand des Querschnitts entspricht, gefunden.

Die Schnittkräfte eines vollplastifizierten Querschnitts erhalten wir aus den Ausdrücken (VIII.116), (VIII.118) und (VIII.120) für $c_1 = c_2 = 0$:

$$\left.\begin{aligned} M_\omega &= \frac{b_1^2 b_2 t_1}{4} \sigma \left[1 + \frac{1}{2} \frac{b_2}{b_1} \frac{t_2}{t_1} - \frac{1}{16} \left(\frac{b_2 t_2}{b_1 t_1}\right)^2\right], \\ T_s &= \left(b_1 t_1^2 + \frac{1}{2} b_2 t_2^2\right) \tau (1 - \eta_0^2), \\ T_\omega &= b_1 b_2 t_1 \tau \eta_0. \end{aligned}\right\} \qquad \text{(VIII.123a–c)}$$

Der Schubmittelpunkt-Abstand d beträgt dann:

$$\frac{d}{b_1} = \frac{1}{2\left(1 + \frac{1}{4} \frac{t_2}{t_1} \frac{b_2}{b_1}\right)}. \qquad \text{(VIII.124)}$$

Wenn wir die folgenden Bezeichnungen einführen:

$$\left.\begin{aligned} M_{\omega p} &= \frac{b_1^2 b_2 t_1}{4} \sigma_f \left[1 + \frac{1}{2} \frac{b_2 t_2}{b_1 t_1} - \frac{1}{16} \left(\frac{b_2 t_2}{b_1 t_1}\right)^2\right], \\ T_{sp} &= \left(b_1 t_1^2 + \frac{1}{2} b_2 t_2^2\right) \tau_f \\ \text{und} \quad T_{\omega p} &= b_1 b_2 t_1 \tau_f, \end{aligned}\right\} \qquad \text{(VIII.125a–c)}$$

können wir die Gleichungen (VIII.123) in der folgenden Form schreiben:

$$\left.\begin{aligned} \frac{\sigma}{\sigma_f} &= \frac{M_\omega}{M_{\omega p}}, \\ \frac{\tau}{\tau_f} &= \frac{T_s}{T_{sp}} \cdot \frac{1}{(1-\eta_0^2)}, \\ \eta_0 &= \frac{T_\omega}{T_{\omega p}} \frac{\tau_f}{\tau}. \end{aligned}\right\} \quad \text{(VIII.126a–c)}$$

Durch die Elimination von η_0 erhält man aus dem Ausdruck (VIII.126b) die quadratische Gleichung nach τ/τ_f:

$$\frac{\tau^2}{\tau_f^2} - \frac{T_s}{T_{sp}} \cdot \frac{\tau}{\tau_f} - \frac{T_\omega^2}{T_{\omega p}^2} = 0. \quad \text{(VIII.127)}$$

Die Auflösung liefert:

$$\frac{\tau}{\tau_f} = \frac{1}{2} \frac{T_s}{T_{sp}} + \sqrt{\frac{1}{4} \frac{T_s^2}{T_{sp}^2} + \frac{T_\omega^2}{T_{\omega p}^2}}. \quad \text{(VIII.128)}$$

Durch Einsetzen der Werte (VIII.126a) und (VIII.128) in die Fließbedingung erhält man:

$$\frac{M_\omega^2}{M_{\omega p}^2} + \frac{T_s}{T_{sp}} \left(\frac{1}{2} \frac{T_s}{T_{sp}} + \sqrt{\frac{1}{4} \frac{T_s^2}{T_{sp}^2} + \frac{T_\omega^2}{T_{\omega p}^2}} \right) + \frac{T_\omega^2}{T_{\omega p}^2} = 1. \quad \text{(VIII.129)}$$

Aus dieser Gleichung wird die Torsionsbelastung des vollplastifizierten Querschnitts bestimmt.

Für $T_s = 0$ wird folgende Gleichung

$$\frac{M_\omega^2}{M_{\omega p}^2} + \frac{T_\omega^2}{T_{\omega p}^2} = 1 \quad \text{(VIII.130)}$$

erhalten; für $T_\omega = 0$ ergibt sich:

$$\frac{M_\omega^2}{M_{\omega p}^2} + \frac{T_s^2}{T_{sp}^2} = 1. \quad \text{(VIII.131)}$$

Im Falle, daß nur M_ω verschieden von Null ist, wird der Ausdruck gleicher Form wie bei dem I-Querschnitt erhalten:

$$\frac{M_\omega^2}{M_{\omega p}^2} = 1. \quad \text{(VIII.132)}$$

Der Beginn des Fließens wird durch die Gleichung (VIII.104) gegeben.

Die abgeleiteten Ausdrücke für die Tragfähigkeit des Querschnitts haben nur Gültigkeit, wenn sich der Nullpunkt auf dem Flansch befindet. Für $g = 0$ und $\gamma_2 = 0$ (da es sich um den vollplastifizierten Flansch handelt) erhält man aus dem Ausdruck (VIII.115):

$$\frac{1}{4} \frac{t_2 b_2}{t_1 b_1} = 1.$$

Da gemäß der Voraussetzung (VIII.79) über die Formänderung 3 Nullpunkte auf dem Steg unmöglich sind, wird die Tragfähigkeit im Falle

$$\frac{1}{4}\cdot\frac{t_2 b_2}{t_1 b_1} > 1$$

durch den elastoplastischen bzw. elastischen Zustand im Steg gekennzeichnet. Aus der Formel (VIII.116) ist ersichtlich, daß für $g = 0$ die Spannungen im Steg den Wert des Bimoments nicht beeinflussen. Für

$$\frac{1}{4}\cdot\frac{t_2 b_2}{t_1 b_1} > 1$$

müssen demnach statt der Formeln (VIII.123a) und (VIII.125a) der Ausdruck (VIII.116) für $g = 0$:

$$M_\omega = \frac{\sigma b_1^2 b_2 t_1}{2}$$

und

$$M_{\omega p} = \frac{\sigma_f b_1^2 b_2 t_1}{2}$$

in die Gleichung (VIII.129) eingesetzt werden.

Der maximale Abstand des Nullpunkt ergibt sich für

$$t_2 b_2 = 0$$

und beträgt:

$$g_{\max} = \frac{b_1}{2}.$$

4.3. Rechteckiger Hohlquerschnitt

Wir betrachten einen einfachsymmetrischen rechteckigen dünnwandigen Querschnitt (Abb. VIII.24).

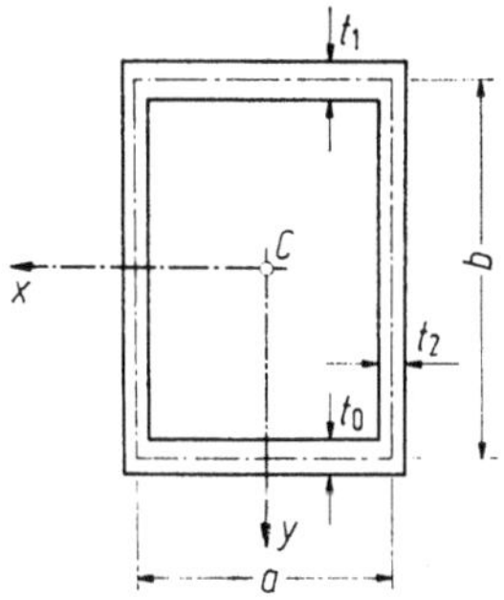

Abb. VIII.24

Für den elastischen Stab sind, auf Grund der im Kapitel III.1 dargelegten Theorie, die Normalspannungen gemäß der sektoriellen Koordinate (Abb. VIII.25b) längs der Profilmittellinie verteilt.

Das Diagramm der Normalspannungen in einem teilweise plastifizierten Querschnitt ist in Abb. VIII.25a dargestellt.

Mit Rücksicht auf die Voraussetzung (VIII.79) müssen die Abstände c_1, c_2 und c_0 die folgenden Bedingungen befriedigen:

$$\frac{1}{c_1}\frac{a}{2} = \frac{1}{c_2} g,$$

$$\frac{1}{c_2} g' = \frac{1}{c_0}\frac{a}{2}.$$

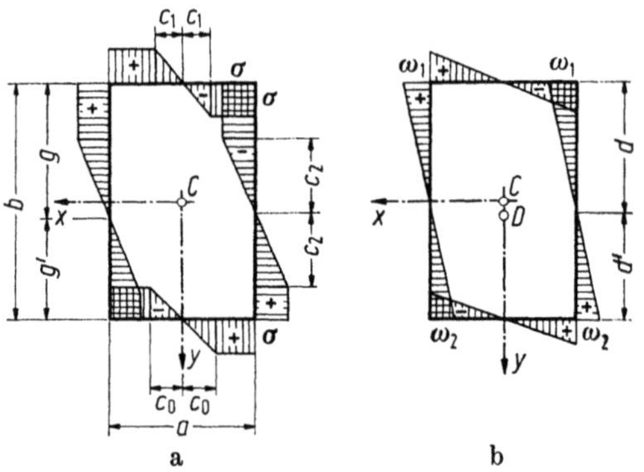

Abb. VIII.25

Daraus folgt:

$$c_1 = \frac{g'}{g} c_0, \quad c_2 = \frac{2g'}{a} c_0. \tag{VIII.133}$$

Auf Grund der Diagramme in Abb. VIII.25 finden wir:

$$M_{\hat{\omega}} = \int \sigma_z \hat{\omega}\, dF = \sigma \left\{ \omega_1 \left[\frac{2}{a}\left(\frac{a^2}{4} - \frac{c_1^2}{3}\right) t_1 + \right.\right.$$

$$\left. + \left(4bg - 2g^2 - b^2 - \frac{2}{3} c_2^2\right) \cdot \frac{t_2}{b} \right] + \omega_2 \left[\frac{2}{a}\left(\frac{a^2}{4} - \frac{c_0^2}{3}\right) t_0 + \right.$$

$$\left.\left. + \left(b^2 - 2g^2 - \frac{2}{3} c_2^2\right) \frac{t_2}{b} \right] \right\}. \tag{VIII.134}$$

Der Abstand g des Nullpunktes wird aus der Bedingung bestimmt, daß bei der Beanspruchung auf Torsion das Biegemoment M_x gleich Null sein muß:

$$\int_F \sigma_z x\, dF = 0, \tag{VIII.135}$$

bzw., (siehe Abb. VIII.25a):

$$\frac{a^2}{4}(t_1 - t_0) - \frac{c_1^2}{3} t_1 + \frac{c_0^2}{3} t_0 + [(g - c_2) - (g' - c_2)]\, a t_2 = 0.$$

Daraus folgt:

$$\frac{g}{b} = \frac{1}{2}\left\{1 - \frac{1}{4\beta}\left[\left(1 - \frac{\gamma_1^2}{3}\right)\frac{\Theta_1}{\Theta_2} - \left(1 - \frac{\gamma_0^2}{3}\right)\frac{1}{\Theta_2}\right]\right\} \tag{VIII.136}$$

mit

$$\beta = \frac{b}{a}, \quad \gamma_0 = \frac{2c_0}{a}; \quad \gamma_1 = \frac{2c_1}{a}; \quad \Theta_1 = \frac{t_1}{t_0}; \quad \Theta_2 = \frac{t_2}{t_0}. \tag{VIII.137}$$

Die Verteilung der Schubspannungen τ_{zs} im plastischen Bereich ist derjenigen in dem Fall der reinen Torsion gleich (siehe Abschnitt 3, Abb. VIII.13b).

Der Wert der Spannungsfunktion Φ auf dem inneren Rand ist eine Konstante $\Phi_0 = q$:

$$q = \tau \cdot t_{\min} = \text{const}. \qquad \text{(VIII.138)}$$

Für die elastischen Teile des Querschnitts wird eine gleichmäßige Verteilung der τ_{zs}-Spannungen über die Wandstärke angenommen.

Auf Grund der Gleichung (VIII.138) erhalten wir dann:

$$\tau_{zs} = \tau \frac{t_{\min}}{t}. \qquad \text{(VIII.139)}$$

Der Ausdruck (VIII.71) liefert, wenn wir statt τ_f den Wert τ schreiben, und nur für die plastischen Teile $c = 1/2(t + t_{\min})$ setzen, die Größe des Torsionsmomentes:

$$T = \tau t_{\min} \left[2A + \frac{1}{2} t_{\min} \int_p \left(\frac{t^2}{t_{\min}^2} - 1 \right) ds \right], \qquad \text{(VIII.140)}$$

wo mit p die gesamte Länge der Profilmittellinie im plastischen Bereich (siehe Abb. VIII.25a) bezeichnet ist.

Auf diese Weise erhalten wir:

$$T = \tau t_{\min} \left\{ 2A + \frac{1}{2} t_{\min} \left[\left(\frac{t_1^2}{t_{\min}^2} - 1 \right)(a - 2c_1) + \right.\right.$$
$$\left.\left. + 2\left(\frac{t_2^2}{t_{\min}^2} - 1 \right)(b - 2c_2) + \left(\frac{t_0^2}{t_{\min}^2} - 1 \right)(a - 2c_0) \right] \right\}. \qquad \text{(VIII.141)}$$

Dabei ist immer ein Glied in der eckigen Klammer gleich Null, d. h. für $t_i = t_{\min}$ ($i = 0, 1, 2$).

Die Lage des Schubmittelpunktes D des teilweise plastifizierten Querschnitts wird näherungsweise bestimmt. Es wird die Bedingung gestellt, daß bei der Biegung um die y-Achse (ohne Torsion) in einem vollplastifizierten Querschnitt (Abb. VIII.26) das Bimoment gleich Null wird.

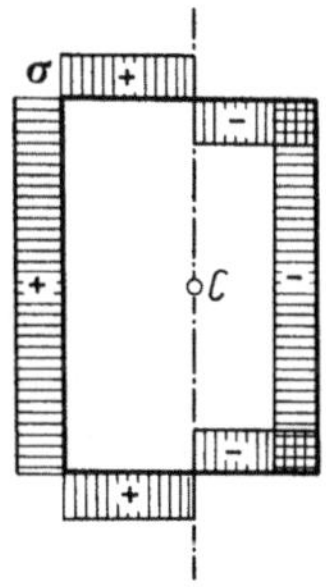

Abb. VIII.26

Mit Rücksicht auf die Diagramme in Abb. VIII.25b und VIII.26 ergibt sich:

$$M_{\hat{\omega}} = \int \sigma_z \hat{\omega} \, dF = \sigma \left[\frac{a}{2} (\omega_1 t_1 - \omega_2 t_0) + (\omega_1 d - \omega_2 d') \, t_2 \right] = 0. \qquad \text{(VIII.142)}$$

Die sektorielle Koordinate des geschlossenen Querschnitts (siehe die Kapitel I und III.1) besteht aus zwei Teilen. Dabei hängt nur das erste Glied von der Lage des Schubmittelpunktes ab.

Die Formeln in Abb.III.15 liefern[1]:

$$\left.\begin{aligned}\omega_1 = \omega_I &= \frac{1}{2}\left(\frac{d}{b} - \frac{1}{2\Theta_1}\,\frac{4}{1+\dfrac{1}{\Theta_1}+\dfrac{2\beta}{\Theta_2}}\right)A\,,\\ \omega_2 = -\omega_{II} &= \frac{1}{2}\left(\frac{d'}{b} - \frac{1}{2}\,\frac{4}{1+\dfrac{1}{\Theta_1}+\dfrac{2\beta}{\Theta_2}}\right)A\,,\end{aligned}\right\} \qquad \text{(VIII.143)}$$

wo $A = ab$ ist.

Diese Ausdrücke können wir in folgender Form anschreiben:

$$\left.\begin{aligned}\omega_1 &= \frac{1}{2}\,a\,d - \frac{\nu}{\Theta_1}A\,,\\ \omega_2 &= \frac{1}{2}\,a\,d' - \nu A\end{aligned}\right\} \qquad \text{(VIII.144)}$$

mit

$$\nu = \frac{1}{1+\dfrac{1}{\Theta_1}+\dfrac{2\beta}{\Theta_2}}\,. \qquad \text{(VIII.145)}$$

Durch Einsetzen des Ausdrucks (VIII.144) in die Gleichung (VIII.142) erhalten wir:

$$\frac{d}{b} = \frac{1 + 4\beta\Theta_2\left(\dfrac{1}{2} - \nu\right)}{1 - 4\beta\Theta_2\left(\dfrac{\nu}{\Theta_1} + \nu - 1\right) + \Theta_1}\,. \qquad \text{(VIII.146)}$$

Aus der Gleichung (VIII.134) wird die σ-Spannung — und aus der Gleichung (VIII.141) die Schubspannung τ berechnet. Dabei ist zu beachten, daß mittels der Ausdrücke (VIII.133), (VIII.136) die Werte c_1 und c_2 durch c_0 ausgedrückt werden können.

Die auf diese Weise erhaltenen Ausdrücke für σ und τ werden in die Fließbedingung eingesetzt. Die Schnittkräfte M_ω und T können, unter Benutzung der Formeln für den elastischen Stab, durch die Torsionsbelastung ausgedrückt werden.

Die Auflösung gibt die Größe der Belastung, welche dem angenommenen elastoplastischen Zustand des Querschnitts entspricht.

Für den vollplastifizierten Querschnitt, bzw. für $c_0 = c_1 = c_2 = 0$ erhält man:

$$\frac{g}{b} = \frac{1}{2}\left(1 - \frac{1}{4\beta}\,\frac{\Theta_1 - 1}{\Theta_2}\right), \qquad \text{(VIII.147)}$$

$$M_\omega^* = \sigma b t_0 \left\{\omega_1\left[\frac{1}{2\beta}\Theta_1 + \left(4\frac{g}{b} - 2\frac{g^2}{b^2} - 1\right)\Theta_2\right] + \omega_2\left[\frac{1}{2\beta} + \left(1 - 2\frac{g^2}{b^2}\right)\Theta_2\right]\right\} \qquad \text{(VIII.148)}$$

---

[1] Die Werte ω_I, ω_{II} sowie die anderen Querschnittswerte des einfachsymmetrischen Rechteckquerschnitts sind im Anhang 2 gegeben.

und

$$T = \tau \cdot t_{\min} \left\{ 2A + \frac{1}{2} t_{\min} \left[\left(\frac{t_1^2 + t_0^2}{t_{\min}^2} - 2 \right) a + 2 \left(\frac{t_2^2}{t_{\min}^2} - 1 \right) b \right] \right\}. \qquad \text{(VIII.149)}$$

Der Beginn des Fließens entsteht im Knotenpunkt, in welchem $|\hat{\omega}| = |\hat{\omega}|$ max ist. In diesem Punkt (bzw. in einer von den im Knoten zusammentreffenden Seiten des Rechtecks) wirkt auch $\tau_{\max}$, und wir erhalten:

$$\sigma = \frac{M_{\hat{\omega}}}{I_{\hat{\omega}\hat{\omega}}} \hat{\omega}_{\max} \quad (\omega_1 \text{ oder } \omega_2),$$

$$\tau = \frac{T}{2At_{\min}}.$$

Die Fließbedingung liefert:

$$\frac{1}{\sigma_f} \cdot \left[\frac{M_{\hat{\omega}}^2}{(I_{\hat{\omega}\hat{\omega}}/\hat{\omega}_{\max})^2} + \frac{3T^2}{(2At_{\min})^2} \right] = 1. \qquad \text{(VIII.150)}$$

Die Formeln (VII.134) und (VII.148) haben die Gültigkeit so lange bis sich der Nullpunkt auf der Seite b befindet, d.h. für $0 \leq g \leq b$.

Für $g = 0$ und $g = b$ erhält man auf Grund des Ausdrucks (VIII.136):

$$\frac{1}{4\beta} \left[\left(1 - \frac{\gamma_1^2}{3} \right) \frac{\Theta_1}{\Theta_2} - \left(1 - \frac{\gamma_0^2}{3} \right) \frac{1}{\Theta_2} \right] = \begin{cases} 1, & \text{für } g = 0, \\ -1, & \text{für } g = b. \end{cases}$$

Die Gleichung (VIII.147) geht über in:

$$\frac{1}{4\beta} \frac{\Theta_1 - 1}{\Theta_2} = 1, \quad \text{für } g = 0,$$

$$\frac{1}{4\beta} \frac{1 - \Theta_1}{\Theta_2} = 1, \quad \text{für } g = b.$$

Diese Gleichungen können auch in folgender Form angeschrieben werden:

$$t_1 = t_0(4\beta\Theta_2 + 1), \qquad \text{für } g = 0,$$

$$t_0 = t_1 \left(4\beta \frac{t_2}{t_1} + 1 \right), \qquad \text{für } g = b.$$

Im Falle, daß

$$t_1 > t_0(4\beta\Theta_2 + 1),$$

bzw.

$$t_0 > t_1 \left(4\beta \frac{t_2}{t_1} + 1 \right)$$

sind, kann, mit Rücksicht auf die Voraussetzung (VIII.79), ein statisch möglicher Spannungszustand nur durch die elastoplastische oder elastische Verteilung der Normalspannungen längs der Seite mit der Wandstärke t_1 bzw. t_0 erreicht werden.

Eine gute Näherung für $M_{\hat{\omega}}$ bei der Berechnung der Tragfähigkeit des Querschnitts wird gewonnen, wenn man im ersten Fall statt der Wandstärke t_1 die

Ersatzstärke

$$\bar{t}_1 = t_0(4\beta\Theta_2 + 1)$$

bzw. im zweiten Fall statt t_0

$$\bar{t}_0 = t_1\left(4\beta\frac{t_2}{t_1} + 1\right).$$

In die Gleichung (VIII.148) für $g = 0$ bzw. $g = b$ einführt. Dadurch erhält man:

$$M_{\hat{\omega}} \approx \sigma b t_0\left[\omega_1\left(\frac{1}{2\beta}\frac{\bar{t}_1}{t_0} - \Theta_2\right) + \omega_2\left(\frac{1}{2\beta} + \Theta_2\right)\right], \quad \text{für } t_1 > t_0(4\beta\Theta_2 + 1),$$

$$M_{\hat{\omega}} = \sigma b t_1\left[\omega_2\left(\frac{1}{2\beta}\frac{\bar{t}_0}{t_1} - \frac{t_2}{t_1}\right) + \omega_1\left(\frac{1}{2\beta} + \frac{t_2}{t_1}\right)\right], \quad \text{für } t_0 > t_1\left(4\beta\frac{t_2}{t_1} + 1\right).$$

Für die Querschnitte mit dem geringen Bimoment, oder in dem Fall wenn $M_\omega = 0$ ist, wird die Berechnung des teilweise oder vollplastifizierten Querschnitts auf Grund der Theorie der reinen Torsion, wie es im Abschnitt 3 gezeigt wurde, durchgeführt.

Als Beispiel betrachten wir den in Abb. VIII.27a, b gezeigten Träger.

Auf Grund der in Abb. III.15 dargestellten Formeln erhalten wir[1]:

$$K = 0{,}2222 \cdot 5000 \cdot 100 \cdot 4 = 4{,}444 \cdot 10^5\ \text{cm}^4,$$

$$\omega_1 = \omega_2 = 0{,}19444 \cdot 5000 = 9{,}722 \cdot 10^2\ \text{cm}^2,$$

$$I_{\hat{\omega}\hat{\omega}} = 0{,}03781 \cdot 50^2 \cdot 5000 \cdot 100 \cdot 4 = 18{,}905 \cdot 10^7\ \text{cm}^6,$$

$$I_{hh} = 0{,}56250 \cdot 5000 \cdot 100 \cdot 4 = 11{,}250 \cdot 10^5\ \text{cm}^4,$$

und ferner:

$$\varrho = \frac{I_{hh}}{I_{hh} - K} = 1{,}6529,$$

$$k = \sqrt{\frac{G}{E}\frac{K}{\varrho I_{\hat{\omega}\hat{\omega}}}} = \sqrt{0{,}385 \cdot \frac{4{,}444}{1{,}6529 \cdot 1890{,}5}} = 2{,}340 \cdot 10^{-2}\,\frac{1}{\text{cm}},$$

$$kl = 11{,}700.$$

Da der Querschnitt doppeltsymmetrisch ist, wird $g = g' = d = d'$.

Für den vollplastifizierten Querschnitt ergeben sich gemäß den Formeln (VIII.148) und (VIII.149):

$$M_{\hat{\omega}} = \sigma\omega(at_1 + bt_2)$$

bzw.

$$M_{\hat{\omega}} = 9{,}722(50 \cdot 4{,}0 + 100 \cdot 1{,}0) \cdot 10^2\sigma = 29{,}166 \cdot 10^4 \cdot \sigma,$$

$$T = \tau \cdot t_2\left[2A + \frac{1}{2}t_2\left(\frac{t_1^2 + t_0^2}{t_2^2} - 2\right)a\right]$$

bzw.

$$T = \tau \cdot 1{,}0\left[2 \cdot 5000 + \frac{1}{2}1{,}0\left(\frac{4{,}0^2 + 4{,}0^2}{1{,}0^2} - 2\right)50\right] = 1{,}075 \cdot 10^4\tau.$$

---

[1] Siehe die Tabellen im Anhang 2.

Die Tabelle 1, Nr. 3 (S. 121 des 1. Bandes) liefert:

$$M_{\hat{\omega}} = -T\frac{1}{\varrho k}\tanh kl = -25{,}85\,T^*$$

und

$$T = T^*.$$

Unter Verwendung der Fließbedingung finden wir die Größe des Torsionsmoments T^*, welche dem vollplastifizierten Querschnitt entspricht:

$$\left[\left(\frac{-25{,}85}{29{,}166}\right)^2 + 3\cdot\left(\frac{1}{1{,}075}\right)^2\right](10^{-4}\,T^*)^2 = \sigma_f^2.$$

Für $\sigma_f = 2400\ \mathrm{kg/cm^2}$ ergibt sich:

$$T^* = \frac{2{,}4\cdot 10^7}{\sqrt{0{,}8865^2 + 3\cdot 0{,}9302^2}} = 1{,}305\cdot 10^7\,\mathrm{kg\,cm}.$$

Wenn man in der Fließbedingung den Anteil der Normalspannung vernachlässigt, ergibt sich:

$$T^* = 1{,}490\cdot 10^7\ \mathrm{kg\,cm^2},$$

d.h. etwa 14% mehr.

Der Fließbeginn in dem gleichen Querschnitt (Gleichung (VIII.150)) wird durch

$$T^* = 1{,}094\cdot 10^7\,\mathrm{kg\,cm}$$

bedingt.

Die elastoplastische Grenze des im Querschnitt $z = 0$ vollplastifizierten Trägers wird nach den Gleichungen (VIII.134), (VIII.141), (VIII.81) berechnet und in Abb. VIII.27c angegeben.

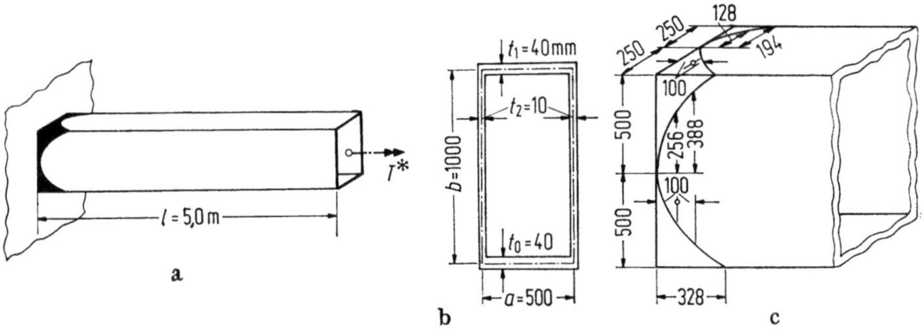

Abb. VIII.27

5. Tragfähigkeit der Querschnitte bei der Biegung mit Torsion

5.1. I-Querschnitt mit gleichen Flanschen

Wir betrachten einen I-Querschnitt welcher auf Biegung in der yz-Ebene und auf Torsion beansprucht ist. Wie im Falle der Biegung (siehe Abschnitt 2) wird der Anteil der Schubspannungen in der Fließbedingung vernachlässigt, so daß wir erhalten:

$$\sigma = \sigma_f. \tag{VIII.151}$$

Der Einfluß von Schubspannungen auf das Fließen ist, mit Ausnahme der ausgesprochen kurzen Stäbe, klein und liegt in den Grenzen der Genauigkeit der gesamten technischen Plastizitätstheorie.

Mit Rücksicht auf die Verteilung der σ_z Spannungen infolge Biegung und Wölbkrafttorsion im elastischen Stab (Abb. VIII.28a, b), können wir die in Abb. VIII.28c gezeigte Verteilung für den vollplastifizierten Querschnitt voraussetzen.

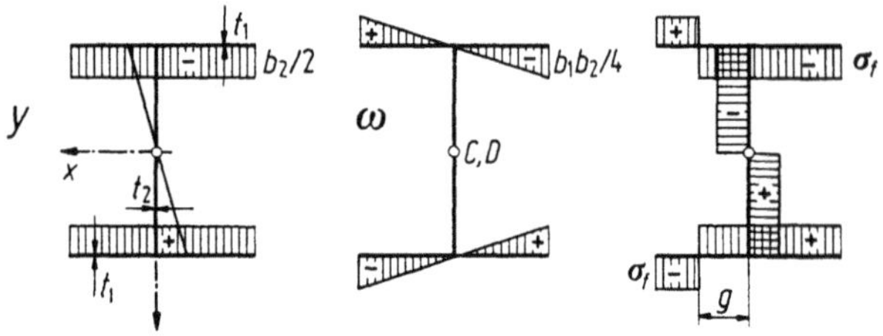

Abb. VIII.28

Für M_y und M_ω ergeben sich die folgenden Ausdrücke:

$$\left.\begin{aligned} M_y &= \int_F \sigma_z \cdot y\,dF = \sigma_f b_2\left(2gt_1 + \frac{b_2}{4}t_2\right), \\ M_\omega &= \int_F \sigma_z\omega\,dF = \sigma_f b_2 t_1\left(\frac{b_1^2}{4} - g^2\right). \end{aligned}\right\} \qquad \text{(VIII.152a, b)}$$

Aus der Gleichung (VIII.152a) folgt:

$$g = \frac{M_y - \sigma_f\dfrac{b_2^2 t_2}{4}}{2\sigma_f b_2 t_1}. \qquad \text{(VIII.153)}$$

Durch Einsetzen dieses Ausdrucks in die Gleichung (VIII.152b) erhalten wir die Beziehung zwischen M_ω und M_y für den vollplastifizierten Querschnitt.:

$$\frac{(M_y - M_{yp,2})^2}{M_{yp,1}^2} + \frac{M_\omega}{M_{\omega p}} = 1, \qquad \text{(VIII.154)}$$

wo

$$\left.\begin{aligned} M_{yp,1} &= \sigma_f b_1 b_2 t_1, \\ M_{yp,2} &= \sigma_f \frac{b_2^2}{4} t_2, \\ M_{\omega p} &= \sigma_f \frac{b_1^2 b_2}{4} t_1 \end{aligned}\right\} \qquad \text{(VIII.155a—c)}$$

sind.

Die Werte (VIII.155a und b) stellen die Tragfähigkeit der Flanschen und des Steges im Falle der Beanspruchung auf Biegung, der Wert (VIII.155c) die Tragfähigkeit auf Wölbkrafttorsion, unter Vernachlässigung der Schubspannungen in der Fließbedingung, dar.

Für die gegebene exzentrische Belastung können wir das Bimoment in einem bestimmten Querschnitt in folgender Form durch das Biegemoment ausdrücken:

$$M_\omega = M_y\, d_*, \tag{VIII.156}$$

wo d_* der Exzentrizitätsparameter ist. Der Wert von d_* wird näherungsweise auf Grund der Formeln für den elastischen Stab berechnet.

Die Gleichung (VIII.154) können wir nun in der Form:

$$\frac{M_y^2}{M_{yp,1}^2} - 2\left(\frac{M_{yp,2}}{M_{yp,1}} - \delta\right)\frac{M_y}{M_{yp,1}} - \left(1 - \frac{M_{yp,2}^2}{M_{yp,1}^2}\right) = 0 \tag{VIII.157}$$

anschreiben, wo

$$\delta = \frac{2d_*}{b_1} \tag{VIII.158}$$

ist. Daraus folgt:

$$\frac{M_y}{M_{yp,1}} = \frac{M_{yp,2}}{M_{yp,1}} - \delta \pm \sqrt{1 - 2\frac{M_{yp,2}}{M_{yp,1}}\delta + \delta^2}\,. \tag{VIII.159}$$

Bei den sehr großen Exzentrizitäten der Belastung können die Spannungen infolge des Bimomentes bedeutend größer als diejenigen aus Biegung sein. Dann kommt es oft vor, daß schon im elastoplastischen Zustand des Querschnitts, d.h. vor dem Erreichen der vollen Plastifizierung, beachtliche Dehnungen in den Gurten entstehen und gleichzeitig die Spannung im Steg (welche nur eine Folge der Biegung ist) kleiner als σ_f ist. In diesem Fall ist für die Tragfähigkeit des Querschnitts der Betrag der plastischen Dehnung maßgebend. Wenn wir mit ε_f die Dehnung beim Beginn des Fließens bezeichnen, dann können wir die größte Dehnung, die nicht überschritten werden darf, wie folgt ausdrücken:

$$\varepsilon_p = n\varepsilon_f, \tag{VIII.160}$$

wobei n für den Stahl in Grenzen zwischen 5 und 10 liegt.

Ein solcher elastoplastischer Zustand ist in Abb. VIII.29 gezeigt.

Auf Grund des Diagramms in Abb. VIII.29 folgt:

$$\left.\begin{aligned} M_y &= \sigma_f b_2 g\left(2t_1 + \frac{b_2}{6c}t_2\right),\\ M_\omega &= \sigma_f b_2 t_1\left(\frac{b_1^2}{4} - g^2 - \frac{c^2}{3}\right). \end{aligned}\right\} \tag{VIII.161}$$

Mit Rücksicht auf den Ausdruck (VIII.156) können wir schreiben:

$$g\left(2t_1 + \frac{b_2 t_2}{6c}\right)d_* - t_1\left(\frac{b_1^2}{4} - g^2 \quad \frac{c^2}{3}\right). \tag{VIII.162}$$

Aus dem Diagramm der Dehnung (Abb. VIII.29) folgt:

$$\frac{c}{\varepsilon_f} = \frac{\frac{b_1}{2} + g}{n\cdot\varepsilon_f}$$

bzw.:

$$g = nc - \frac{b_1}{2}. \tag{VIII.163}$$

Durch Einsetzen dieses Ausdrucks in die Gleichung (VIII.162) wird die kubische Gleichung:

$$\left(n^2 + \frac{1}{3}\right) c^3 + n\,(2d_* - b_1)\,c^2 + \left(n\,\frac{t_2}{t_1}\,\frac{b_2}{6} - b_1\right) d_* c - \frac{t_2 b_1 b_2}{12 t_1}\,d_* = 0 \qquad \text{(VIII.164)}$$

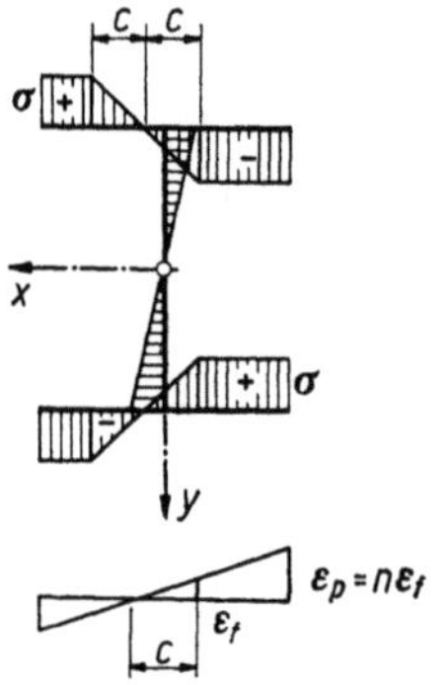

Abb. VIII.29

erhalten, aus welcher für ein angenommenes n der Abstand c bestimmt wird.

Durch die Benutzung des Ausdrucks (VIII.163) werden nachher die Größen M_y und M_ω auf Grund der Gleichungen (VIII.161) berechnet.

Einen Näherungswert der Traglast im Falle der großen Exzentrizitäten können wir durch die Vernachlässigung des Einflusses des Steges in der Aufnahme des Biegemomentes erhalten. Statt der Gleichung (VIII.154) ergibt sich dann:

$$\frac{M_y^2}{M_{yp,1}^2} + \frac{M_\omega}{M_{\omega p}} = 1, \qquad \text{(VIII.165)}$$

und anstatt des Ausdrucks (VIII.159):

$$\frac{M_y}{M_{yp,1}} = -\delta + \sqrt{1 + \delta^2}. \qquad \text{(VIII.166)}$$

5.2. [-Querschnitt

Die Normalspannungen des vollplastifizierten Querschnitts im Falle des positiven und negativen Bimomentes sind in der Abb. VIII.30 dargestellt.

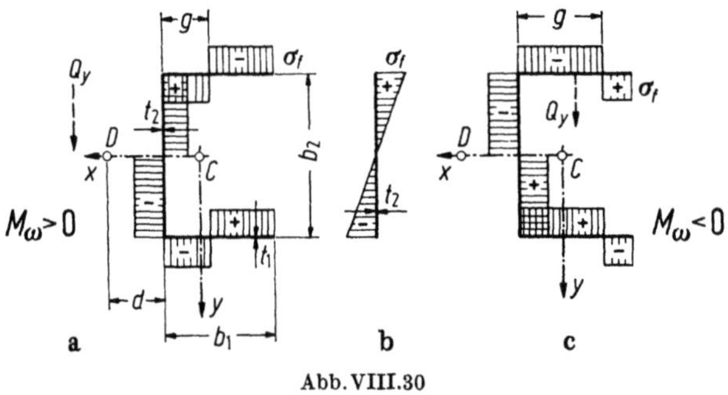

Abb. VIII.30

Für M_y und M_ω ergeben sich auf Grund der Abb. VIII.30a die folgenden Ausdrücke:

$$\left.\begin{aligned} M_y &= \int_F \sigma_z y\, dF = \sigma_f\left[(b_1 - 2g)\, b_2 t_1 - \frac{b_2^2}{4} t_2\right], \\ M_\omega &= \int_F \sigma_z \omega\, dF = \sigma_f b_2 t_1\left(\frac{b_1^2}{2} - g^2\right) - M_y\, d. \end{aligned}\right\} \qquad \text{(VIII.167a, b)}$$

Nach der Elimination von g:

$$g = \frac{b_1}{2}\left(1 - \frac{M_y + M_{yp,2}}{M_{yp,1}}\right), \qquad \text{(VIII.168)}$$

wo

$$M_{yp,1} = \sigma_f b_1 b_2 t_1$$

und

$$M_{yp,2} = \sigma_f \frac{b_2^2}{4} t_2 \qquad \text{(VIII.169)}$$

sind, ergibt sich:

$$\frac{1}{2}\left(1 - \frac{M_y + M_{yp,2}}{M_{yp,1}}\right)^2 + \frac{2}{b_1}\,\frac{M_y d + M_\omega}{M_{yp,1}} - 1 = 0.$$

Wenn wir das Bimoment durch das Biegemoment, gemäß der Gleichung (VIII.156) ausdrücken, läßt sich für $M_y/M_{yp,1}$ die folgende quadratische Gleichung anschreiben:

$$\frac{M_y^2}{M_{yp,1}^2} - 2\left(1 - \frac{M_{yp,2}}{M_{yp,1}} - 2\,\frac{d + d_*}{b_1}\right)\frac{M_y}{M_{yp,1}} + \left(1 - \frac{M_{yp,2}}{M_{yp,1}}\right)^2 - 2 = 0.$$

Die Auflösung liefert:

$$\left.\begin{aligned} \frac{M_y}{M_{yp,1}} &= \left(1 - \frac{M_{yp,2}}{M_{yp,1}} - \delta\right) \pm \sqrt{2\delta\left(\frac{M_{yp,2}}{M_{yp,1}} - 1\right) + \delta^2 + 2}, \\ &\text{wo} \\ \delta &= 2\,\frac{d + d_*}{b_1} \end{aligned}\right\} \qquad \text{(VIII.170a, b)}$$

ist.

Die Lage des Schubmittelpunktes wird auf Grund der Formel (VIII.124) bestimmt.

Für $g = 0$ ergibt sich auf Grund der Gleichungen (VIII.167) das Verhältnis:

$$d_* = \frac{M_\omega}{M_y} = \left(\frac{1}{2\left(1 - \dfrac{1}{4}\,\dfrac{b_2}{b_1}\,\dfrac{t_2}{t_1}\right)} - \frac{d}{b_1}\right) b_1. \qquad \text{(VIII.171)}$$

Eine weitere Versetzung des Nullpunktes auf den Steg kann gemäß der Formel (VIII.79) nicht erfolgen.

Für

$$M_\omega < \left(\frac{1}{2\left(1 - \dfrac{1}{4}\,\dfrac{b_2}{b_1}\,\dfrac{t_2}{t_1}\right)} - \frac{d}{b_1}\right) M_y b_1$$

ist somit die in Abb. VIII.30a dargestellte Verteilung der Normalspannungen nicht möglich. In solchen Fällen bleibt der Steg im elastoplastischen bzw. elastischen Zustand solange bis in den Gurten beachtliche Dehnungen anwachsen.

Für die elastische Verteilung der Normalspannungen im Steg (Abb. VIII.30b) mit dem Nullpunkt in der Ecke (d.h. für $g = 0$) erhält man:

$$\left.\begin{aligned} M_y &= \sigma_f\left(b_1 b_2 t_1 - \frac{b_2^2}{6} t_2\right), \\ M_\omega &= \sigma_f \frac{b_1^2 b_2 t_1}{2} - M_y d \\ \text{und}\quad d_* &= \frac{M_\omega}{M_y} = \left(\frac{1}{2\left(1 - \frac{1}{6}\frac{b_2 t_2}{b_1 t_1}\right)} - \frac{d}{b_1}\right) b_1 . \end{aligned}\right\} \quad \text{(VIII.172a–c)}$$

Als Grenzfall, wenn der Steg vollständig spannungslos ist, ergibt sich:

$$\left.\begin{aligned} d_* &= \left(\frac{1}{2} - \frac{d}{b_1}\right) b_1 \\ \text{und}\quad M_y &= \sigma_f b_1 b_2 t_1 . \end{aligned}\right\} \quad \text{(VIII.173a, b)}$$

Für die kleineren Verhältnisse besteht im Steg ein elastischer Verlauf der Normalspannungen mit dem zu Abb. 30b entgegengesetzten Vorzeichen. Dies gibt für $\sigma_{\max} = \sigma_f$:

$$\left.\begin{aligned} M_y &= \sigma_f\left(b_1 b_2 t_1 + \frac{b_2^2}{6} t_2\right), \\ M_\omega &= \sigma_f \frac{b_1^2 b_2 t_1}{2} - M_y d, \\ \text{und}\quad d_* &= \left(\frac{1}{2\left(1 + \frac{1}{6}\frac{b_2 t_2}{b_1 t_1}\right)} - \frac{d}{b_1}\right) b_1 . \end{aligned}\right\} \quad \text{(VIII.174a–c)}$$

Für $M_\omega < 0$ haben wir (siehe Abb. VIII.30c):

$$\left.\begin{aligned} M_y &= \sigma_f\left[(2g - b_1)\, b_2 t_1 + \frac{b_2^2}{4} t_2\right], \\ M_\omega &= \sigma_f b_2 t_1 \left(g^2 - \frac{b_1^2}{2}\right) - M_y d, \end{aligned}\right\} \quad \text{(VIII.175a, b)}$$

und ferner

$$g = \frac{b_1}{2}\left(1 - \frac{M_{yp,2} - M_y}{M_{yp,1}}\right). \qquad \text{(VIII.176)}$$

Durch Einsetzen des Ausdrucks (VIII.176) in die Gleichung (VIII.175b) ergibt sich:

$$\frac{1}{2}\left(1 - \frac{M_{yp,2} - M_y}{M_{yp,1}}\right)^2 - \frac{2}{b_1}\frac{M_y d + M_\omega}{M_{yp,1}} - 1 = 0$$

oder

$$\frac{M_y^2}{M_{yp,1}^2} + 2\left(1 - \frac{M_{yp,2}}{M_{yp,1}} - \delta\right)\frac{M_y}{M_{yp,1}} + \left(1 - \frac{M_{yp,2}}{M_{yp,1}}\right)^2 - 2 = 0 .$$

Daraus folgt:

$$\frac{M_y}{M_{yp,1}} = -\left(1 - \frac{M_{yp,2}}{M_{yp,1}} - \delta\right) \pm \sqrt{2\delta\left(\frac{M_{yp,2}}{M_{yp,1}} - 1\right) + \delta^2 + 2} \,. \qquad \text{(VIII.177)}$$

5.3. Rechteckiger Hohlquerschnitt

Die Normalspannungen des vollplastifizierten doppeltsymmetrischen Querschnitts für M_x, $M_{\hat{\omega}} > 0$ werden wie in Abb. VIII.31a gezeigt, vorausgesetzt.

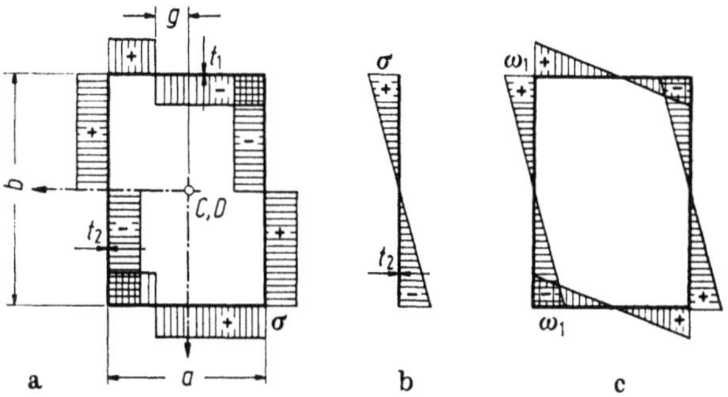

Abb. VIII.31

Für M_y und $M_{\hat{\omega}}$ ergeben sich die Ausdrücke:

$$\left.\begin{aligned} M_y &= 2\sigma b t_1 g \,, \\ M_{\hat{\omega}} &= \sigma\omega_1\left[\left(a - \frac{4g^2}{a}\right)t_1 + bt_2\right]. \end{aligned}\right\} \qquad \text{(VIII.178)}$$

Der Wert ω_1 wird nach der Formel (VIII.143) berechnet.

Da die Normalspannungen infolge Torsion bei den geschlossenen Querschnitten oft kleiner als die Schubspannungen sind, ist es angezeigt in die Fließbedingung auch die Schubspannungen einzuführen. Die Verteilung der Schubspannungen wird wie im Falle der reinen Torsion angenommen.

Nach der Formel (VIII.149) erhält man:

$$\left.\begin{aligned} T &= \tau t_2\left[2ab + t_2\left(\frac{t_1^2}{t_2^2} - 1\right)a\right], \quad \text{für } t_2 < t_1, \\ \text{bzw.:}\quad T &= \tau t_1\left[2ab + t_1\left(\frac{t_2^2}{t_1^2} - 1\right)b\right], \quad \text{für } t_1 < t_2. \end{aligned}\right\} \qquad \text{(VIII.179a, b)}$$

Das System von 4 Gleichungen (VIII.178), (VIII.179) und (VIII.81) bestimmt die Werte g, σ, τ und die Traglast des Querschnitts.

Das kleinste Verhältnis $M_{\hat{\omega}}/M_y = d_*$ für die in Abb. VIII.31 b dargestellte Verteilung der Normalspannungen erhält man für $g = a/2$:

$$d_* = \frac{M_{\hat{\omega}}}{M_y} = \frac{t_2}{t_1} \frac{\omega_1}{a}. \qquad \text{(VIII.180)}$$

Für

$$d_* < \frac{2}{3} \frac{t_2}{t_1} \frac{\omega_1}{a}$$

wird wie im vorgehenden Abschnitt eine elastoplastische bzw. elastische Verteilung der Normalspannungen im Steg angenommen. Eine elastische Verteilung der Normalspannungen liefert:

$$d_* = \frac{2}{3} \frac{t_2}{t_1} \frac{\omega_1}{a}. \qquad \text{(VIII.181)}$$

Als Beispiel nehmen wir den in Abb. VIII.32 gezeigten Träger.

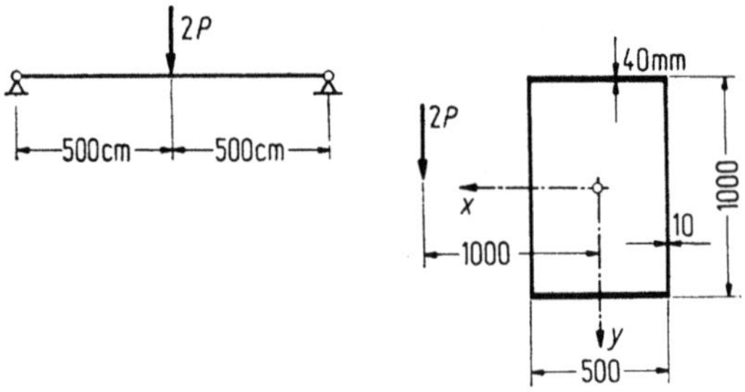

Abb. VIII.32

Die Querschnittswerte sind im Abschnitt 4.3 angegeben.
Für M_y in der Mitte des Trägers erhält man:

$$M_y = 500P.$$

Die Tabelle 1, Nr. 2 (S. 120 des 1. Bandes) liefert:

$$M_{\hat{\omega}} = \frac{1}{2\varrho k} T^* \tanh \frac{kl}{2} = 12{,}92 T^*,$$

$$T^* = 2 \cdot 100P,$$

$$T = 100P \quad (\text{für} < l/2).$$

Für d_* erhält man (siehe Formel (VIII.180)):

$$d_* = \frac{2\,586}{500} = 5{,}168 > \frac{t_2}{t_1} \frac{\omega_1}{a} = \frac{1}{4} \frac{9{,}722 \cdot 10^2}{50} = 4{,}861.$$

Die entsprechenden numerischen Werte werden in die Gleichungen (VIII.178), (VIII.179a), (VIII.81) eingetragen. Die Auflösung liefert durch Probieren:

$$g = 24{,}68\ \text{cm},$$

$$\sigma = 2{,}025\ \text{t/cm}^2,$$

$$\tau = 0{,}744\ \text{t/cm}^2,$$

$$P_p = 79{,}97,$$

$$M_y = 399{,}8 \cdot 10^2\ \text{tcm},$$

$$M_{\hat{\omega}} = 2067{,}6 \cdot 10^2\ \text{tcm}^2.$$

Wenn man den Einfluß des Bimoments vernachlässigt, erhält man:

$$M_y = \sigma\left(abt_1 + \frac{b^2}{2}t_2\right) = 2{,}5 \cdot 10^4\sigma.$$

Auf Grund der Formel (VIII.179a) ergibt sich:

$$T = \tau \cdot 1 \cdot \left[2 \cdot 100 \cdot 50 + 1 \cdot \left(\frac{16}{1} - 1\right) 50\right] = 1{,}075 \cdot 10^4\,\tau.$$

Ferner folgt:

$$\sigma = \frac{M_y}{2{,}5 \cdot 10^4} = \frac{500}{2{,}5 \cdot 10^4} P = 2{,}0 \cdot 10^{-2} P,$$

$$\tau = \frac{T}{1{,}075 \cdot 10^4} = \frac{100}{1{,}075 \cdot 10^4} = 0{,}93 \cdot 10^{-2} P.$$

Die Fließbedingung (VIII.81) liefert die Größe der Kraft P:

$$10^{-2}\sqrt{2^2 + 3 \cdot 0{,}93^2} \cdot P = 2{,}4$$

und

$$P = 93{,}5\ \text{t}.$$

6. Räumliche Biegung, Torsion und Längskraft eines I-Querschnitts

Die Verteilung der Normalspannungen für die positiven M_y und M_ω sind in Abb. VIII.28 gezeigt. Das positive Biegemoment M_x gibt das in Abb. VIII.33a gezeigte Diagramm; die Normalkraft — eine gleichmäßige Verteilung (siehe Abb. VIII.33b) von Normalspannungen.

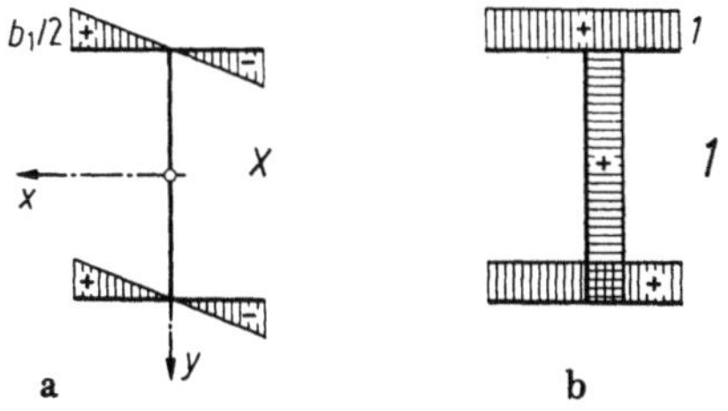

Abb. VIII.33

a) Wir setzen zuerst voraus, daß die Spannung σ_z infolge der Biegung in der xz-Ebene größer als diejenige infolge der Wölbkrafttorsion ist, d.h.: $|\sigma(M_x)| > |\sigma(M_\omega)|$.

In diesem Fall wird die Spannungsverteilung im vollplastifizierten Querschnitt wie es in Abb. VIII.34a gezeigt ist.

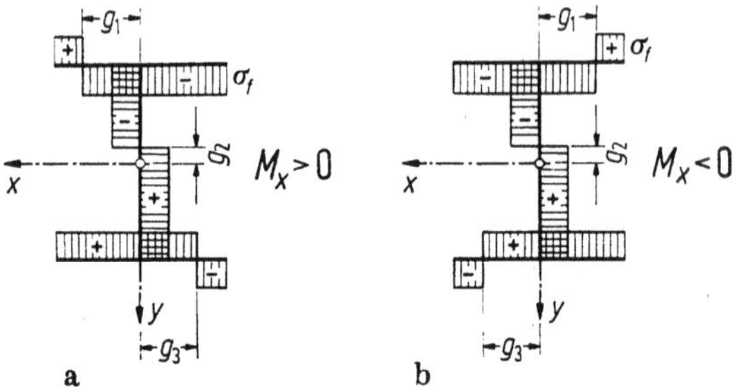

a b

Abb. VIII.34

Auf Grund der Ausdrücke (II.77) und des Diagramms in Abb. VIII.34a erhält man:

$$\left.\begin{aligned} M_y &= \sigma_f\left[(g_1+g_3)\,b_2t_1+\left(\frac{b_2^2}{4}-g_2^2\right)t_2\right],\\ M_x &= \sigma_f\left(\frac{b_1^2}{2}-g_1^2-g_3^2\right)t_1,\\ M_\omega &= \sigma_f(g_3^2-g_1^2)\frac{b_2}{2}t_1,\\ N &= 2\sigma_f[(g_3-g_1)\,t_1+g_2t_2]. \end{aligned}\right\} \quad \text{(VIII.182a–d)}$$

Diese Ausdrücke haben Gültigkeit wenn M_y, $M_x > 0$ sind. Dabei sind die numerischen Werte für M_ω und N mit den entsprechenden Vorzeichen einzutragen.

Aus den Gleichungen (VIII.182b, c) folgt:

$$\left.\begin{aligned} g_1 &= \pm\frac{b_1}{2}\sqrt{1-\frac{M_x}{M_{xp}}-\frac{M_\omega}{M_{\omega p}}},\\ g_3 &= \pm\frac{b_1}{2}\sqrt{1-\frac{M_x}{M_{xp}}+\frac{M_\omega}{M_{\omega p}}}, \end{aligned}\right\} \quad \text{(VIII.183a, b)}$$

wo

$$M_{xp} = \sigma_f\frac{b_1^2}{2}t_1$$

die Tragfähigkeit des, auf Biegung in der xz-Ebene beanspruchten Querschnitts ist.

Die Größe g_2 wird aus der Gleichung (VIII.182d) bestimmt:

$$g_2 = \frac{b_2}{2}\left[\frac{N}{N_{p,2}}-\frac{b_1}{b_2}\left(\pm\sqrt{1-\frac{M_x}{M_{xp}}+\frac{M_\omega}{M_{\omega p}}}\mp\sqrt{1-\frac{M_x}{M_{xp}}-\frac{M_\omega}{M_{\omega p}}}\right)\frac{t_1}{t_2}\right], \quad \text{(VIII.184)}$$

wo

$$N_{p,2} = \sigma_f b_2 t_2 \tag{VIII.185}$$

ist.

Durch Einsetzen der Ausdrücke für g_1, g_2 und g_3 in die Gleichung (VIII.182a) erhalten wir:

$$\begin{aligned}\frac{M_y}{M_{yp,1}} = \pm \frac{1}{2}\left(\sqrt{1-\frac{M_x}{M_{xp}}-\frac{M_\omega}{M_{\omega p}}}+\sqrt{1-\frac{M_x}{M_{xp}}+\frac{M_\omega}{M_{\omega p}}}\right)+ \\ +\frac{M_{yp,2}}{M_{yp,1}}-\frac{1}{4}\,\frac{b_2t_2}{b_1t_1}\left[\frac{N}{N_{p,2}}-\frac{b_1}{b_2}\left(\pm\sqrt{1-\frac{M_x}{M_{xp}}+\frac{M_\omega}{M_{\omega p}}}\mp\right.\right. \\ \left.\left.\mp\sqrt{1-\frac{M_x}{M_{xp}}-\frac{M_\omega}{M_{\omega p}}}\right)\frac{t_1}{t_2}\right]^2 .\end{aligned} \tag{VIII.186}$$

Der Ausdruck (VIII.186) kann auf die Gleichung des achten Grades zurückgeführt werden aus welcher die Belastung, welche der vollen Plastifizierung des Querschnitts entspricht, bestimmt wird.

Wenn wir z. B. alle Schnittkräfte im Querschnitt durch das Biegemoment M_y ausdrücken, unter Benutzung der Lösung für den elastischen Stab, können wir durch Probieren aus den Gleichungen (VIII.182) die Größe der gegebenen Belastung bestimmen.

Für das negative M_x, und die Bedingung $|\sigma_z(M_x)| > |\sigma_z(M_\omega)|$ ist das Diagramm der Normalspannungen in Abb. VIII.34b gezeigt. In diesem Fall erhalten wir statt der Ausdrücke (VIII.182b, c) die folgenden:

$$\left.\begin{aligned} M_x &= \sigma_f\left(-\frac{b_1^2}{2}+g_1^2+g_3^2\right)t_1 , \\ M_\omega &= \sigma_f\,(g_1^2-g_3^2)\,\frac{b_2}{2}\,t_1 . \end{aligned}\right\} \tag{VIII.187a, b}$$

Dabei ist zu beachten, daß die numerischen Werte, wie vorher, gemäß der eingeführten Konvention, mit entsprechenden Vorzeichen eingetragen werden müssen. Das heißt, daß in den Gleichungen (VIII.187) der numerische Wert des Biegemomentes M_x ein negatives Vorzeichen trägt. Das Bimoment M_ω wird mit seiner algebraischen Größe eingesetzt.

b) Im Falle, daß $|\sigma(M_x)| < |\sigma(M_\omega)|$ ist, sieht das Diagramm der σ_z-Spannungen wie in Abb. VIII.35a gezeigt, aus. Die Nullpunkte in den beiden Gurten befinden sich auf den gleichen Seiten in bezug auf den Steg.

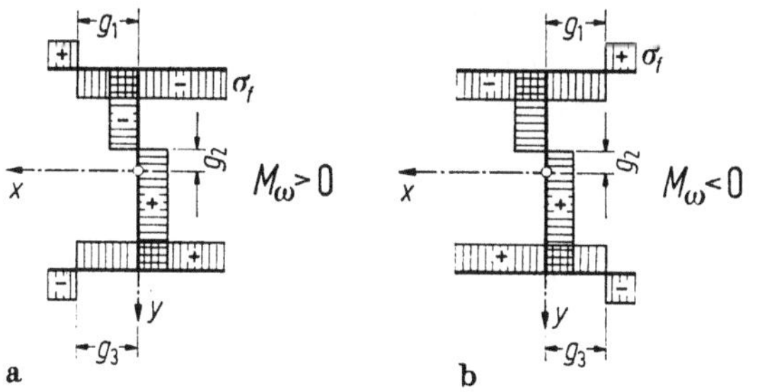

a b

Abb. VIII.35

Für M_y und N ergeben sich die Ausdrücke (VIII.182a, d). M_x und M_ω, für $M_\omega > 0$, haben die Werte:

$$\left.\begin{aligned} M_x &= \sigma_f(g_3^2 - g_1^2)\, t_1, \\ M_\omega &= \sigma_f\left(\frac{b_1^2}{2} - g_1^2 - g_3^2\right)\frac{b_2}{2}\, t_1. \end{aligned}\right\} \qquad \text{(VIII.188a, b)}$$

Aus dem System der Gleichungen (VIII.167a, d) und (VIII.188a, b) wird, ähnlich wie im vorherigen Beispiel, die Tragfähigkeit des Querschnitts bestimmt.

Für $M_\omega < 0$ sollen (siehe Abb. VIII.35b) statt der Ausdrücke (VIII.188) folgende Ausdrücke:

$$\left.\begin{aligned} M_x &= \sigma_f(g_1^2 - g_3^2)\, t_1, \\ M_\omega &= \sigma_f\left(-\frac{b_1^2}{2} + g_1^2 + g_3^2\right)\frac{b_2}{2}\, t_1 \end{aligned}\right\} \qquad \text{(VIII.189a, b)}$$

angenommen werden.

c) Im Sonderfall, wenn $|\sigma(M_x)| \approx |\sigma(M_\omega)|$ ist, besteht kein Nullpunkt auf dem unteren oder oberen Flansch. Für $M_\omega > 0$ (Abb. VIII.36a) ergibt sich:

$$\left.\begin{aligned} M_y &= \sigma_f\left[\left(\frac{b_1}{2} + g_1\right) b_2 t_1 + \left(\frac{b_2^2}{4} - g_2^2\right) t_2\right], \\ M_x &= \sigma_f\left(\frac{b_1^2}{4} - g_1^2\right) t_1, \\ M_\omega &= \sigma_f\left(\frac{b_1^2}{4} - g_1^2\right)\frac{b_2}{2}\, t_1, \\ N &= 2\sigma_f\left[\left(\frac{b_1}{2} - g_1\right) t_1 + g_2 t_2\right]. \end{aligned}\right\} \qquad \text{(VIII.190a–d)}$$

Für ein negatives M_y liegt der Nullpunkt auf der linken Seite des unteren Flansches

Wenn $M_\omega < 0$ ist, gilt (Abb. VIII.36b) anstatt der Ausdrücke (VIII.190b, c):

$$\left.\begin{aligned} M_x &= \sigma_f\left(\frac{b_1^2}{4} - g_1^2\right) t_1, \\ M_\omega &= \sigma_f\left(-\frac{b_1^2}{4} + g_1^2\right)\frac{b_2}{2}\, t_1. \end{aligned}\right\} \qquad \text{(VIII.191a, b)}$$

Für $M_y < 0$ befindet sich der Nullpunkt auf der rechten Seite des Gurtes.

d) Die angeschriebenen Ausdrücke haben auch Gültigkeit bei der räumlichen Biegung mit Torsion, aber ohne Längskraft, wenn wir $N = 0$ setzen.

Die Diagramme der Normalspannungen im Falle der räumlichen Biegung (ohne Torsion und Längskraft) werden durch Einsetzen von $g_1 = g_3$ und $g_2 = 0$ aus den Diagrammen VIII.34 erhalten.

Auf Grund der Gleichungen (VIII. 182) für $g_1 = g_3 = g$ und $g_2 = 0$ folgt:

$$\left.\begin{aligned} M_y &= \sigma_f\left[2 g b_2 t_1 + \frac{b_2^2}{4}\, t_2\right], \\ M_x &= 2\sigma_f\left(\frac{b_1^2}{4} - g^2\right) t_1. \end{aligned}\right\} \qquad \text{(VIII.192a, b)}$$

Aus den Gleichungen (VIII.192a, b) folgt nach der Elimination von g:

$$\frac{(M_y - M_{yp,2})^2}{M_{yp,1}^2} + \frac{M_x}{M_{xp}} = 1. \qquad \text{(VIII.193)}$$

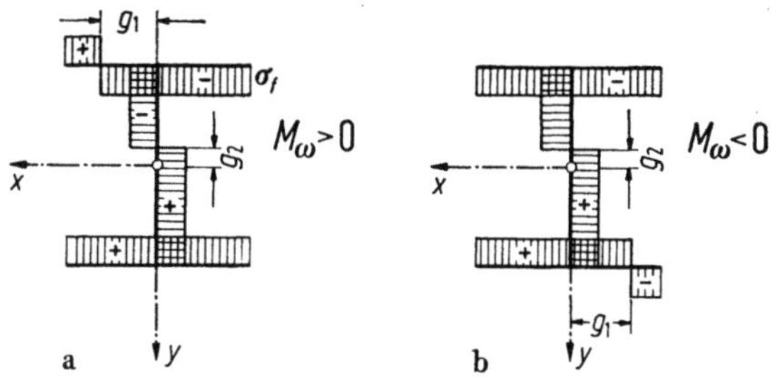

Abb. VIII.36

7. Traglasttheorie. Grenzwertsätze

Wir setzen wie bei der plastischen Biegetheorie voraus, daß die Fließgelenke in bestimmten Querschnitten konzentriert sind, und daß sich das Tragwerk zwischen den Gelenken elastisch verhält.

Außerdem nehmen wir an, daß das Verhältnis zwischen dem Biegemoment und Bimoment dasselbe bleibt wie im elastischen Zustand.

Durch die Bildung des ersten Fließgelenks geht der Träger in das System mit einem Gelenk mehr über.

Auf diese Weise entstehen die Systeme mit immer mehr Gelenken. In einfachen Fällen kann man daher Schritt für Schritt vorgehen und die Entwicklung der Gelenke der Reihe nach untersuchen. Nach der Bildung von hinreichend vielen Fließgelenken geht das Tragwerk in den Mechanismus über. Dadurch wird die Tragfähigkeit des Trägers erschöpft, und die Belastung, welche der Bildung des Mechanismus entspricht, wird als Traglast des Träger bezeichnet.

Unter Belastung wird die Gruppe aller auf das Tragwerk einwirkenden äußeren Kräfte verstanden, von denen vorausgesetzt wird, daß sie proportional zueinander anwachsen.

Die Gruppe aller Kräfte kann deshalb durch die Größe einer Kraft P dargestellt werden. Bei der Bildung des Mechanismus erreicht diese Kraft den Wert P_p, welcher die Traglast des Trägers darstellt.

Ein in bezug auf die Größen N, M_x, Q_x, M_y, Q_y und T statisch bestimmtes System wird nach der Erscheinung des ersten Gelenkes in den Mechanismus überführt. Die Tragfähigkeit des getroffenen Querschnitts ist gleichzeitig die Tragfähigkeit des Trägers (siehe Beispiel im Abschnitt 4.1).

Bei den statisch unbestimmten Tragwerken wird die Tragfähigkeit des Systems oder eines Teiles von demselben erst nach dem Auftreten genügend vieler Fließgelenke erschöpft, damit der Träger oder ein Teil des Trägers (unvollständiges Versagen) Mechanismus wird. Die Zahl der Fließgelenke kann nicht größer als $n + 1$ sein, wobei n die Zahl der statisch unbestimmten Größen ist.

Die schrittweise Berechnung der Systeme mit den immer mehr eingeführten Gelenken kann vermieden werden, wenn uns der Bruchmechanismus im voraus bekannt ist. Leider bestehen mehrere mögliche Mechanismen, unter denen nur ein einziger der tatsächliche Mechanismus ist.

Die Grenzwertsätze der Plastizitätstheorie erlauben uns die Grenzen, zwischen welchen sich die Traglast befinden muß, zu bestimmen. Die Sätze können wie folgt formuliert werden:

1. Grenzwertsatz. Jedes System der äußeren und inneren Kräfte, welches sich im Gleichgewicht befindet, wobei die Fließgrenze nirgends überschritten wird, wird als *statisch zulässig* und *stabil* bezeichnet.

Jede Belastung P_s, zu der sich ein stabiler statisch zulässiger Spannungszustand zuordnen läßt, ist nicht größer als die Traglast P_p:

$$P_s \leq P_p. \tag{VIII.194}$$

Die Belastung P_s stellt daher eine untere Schranke für die Traglast P_p dar.

Die praktische Benutzung dieses Satzes wird als *Statische Methode* bezeichnet. Man wählt frei die überzähligen Größen solange bis die größte Last gefunden wird, ohne die Fließbedingung zu verletzten.

2. Grenzwertsatz. Wenn uns der tatsächliche Mechanismus bekannt ist, erhält man die Traglast P_p durch die Aufstellung der Gleichgewichtsbedingungen mittels des Prinzips der virtuellen Verrückungen.

Für jeden beliebigen Mechanismus können wir auf gleiche Weise die Belastung $P = P_k$ bestimmen.

Jede Belastung, zu der sich ein instabiler aber kinematisch zulässiger Verschiebungszustand angeben läßt, ist nicht kleiner als die Tralglast P_p:

$$P_k \geq P_p. \tag{VIII.195}$$

Die Belastung P_k stellt somit eine obere Schranke für die Traglast P_p dar.

Auf dem zweiten Grenzwertsatz beruht die *Mechanismus-Methode.*

Es werden mehrere, praktisch nur einige annehmbare, Mechanismen untersucht, für welche, unter Benutzung der Gleichgewichtsbedingungen, die kinematische Last P_k gefunden wird. Die Mechanismen werden solange variiert bis die kleinste Last gefunden wird. Für den tatsächlichen Mechanismus darf die Fließbedingung nirgends überschritten werden.

Durch die Reduktion einer P_k Last bis zur Grenze, daß die Fließbedingung nicht überschritten wird, erhält man die untere Schranke P_s der Traglast:

$$P_s = \nu P_k, \tag{VIII.196}$$

wo $\nu < 1$ der maximale Wert des Reduktionsfaktors ist, mit welchem die Last P_k multipliziert wird, ohne daß die Fließbedingung übertreten wird.

Durch die Multiplikation werden selbstverständlich die Bedingungen für die Bildung des Mechanismus nicht mehr erfüllt. Die Spannungen werden kleiner und die Fließbedingung in einigen Gelenken wird nicht erreicht.

Durch die Anwendung beider Sätze erhält man die Schranken für die Traglast:

$$P_s \leq P_p \leq P_k. \tag{VIII.197}$$

Wenn diese zwei Grenzen nahe zueinander stehen, kann man darauf verzichten den genauen Wert durch das weitere Probieren von Mechanismen zu suchen.

8. Beispiele der Berechnung

8.1. Beispiel 1

Der beidseitig eingespannte Träger mit [-Querschnitt wird durch die exzentrische gleichmäßig verteilte Belastung nach Abb. VIII.37a beansprucht.

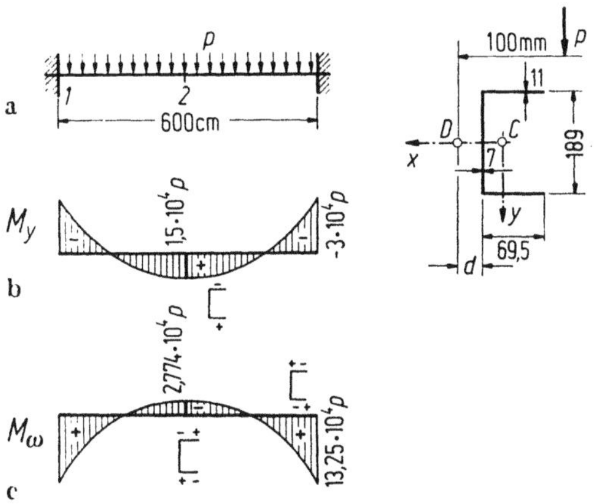

Abb. VIII.37

Die Querschnittswerte sind die folgenden (siehe Abschnitt II.2.3b):

$$F = 28{,}52 \text{ cm}^2,$$

$$I_{yy} = 1759 \text{ cm}^4,$$

$$d_{el} = 2{,}70 \text{ cm},$$

$$I_{\omega\omega} = 9187 \text{ cm}^6,$$

$$K = 8{,}33 \text{ cm}^4.$$

Das Diagramm der Biegemomente des beidseitig eingespannten Balkens ist in Abb. VIII.37b dargestellt.

Die gleichmäßig verteilte Torsionsbelastung beträgt:

$$m_D = -10 \cdot p \text{ tcm/cm}.$$

Auf Grund der Formeln Nr. 22 in der Tabelle 2, Seite 130 des ersten Bandes erhält man das in Abb. VIII.37c dargestellte Diagramm des Bimomentes M_ω.

Die Formel (VIII.124) liefert die Lage des Schubmittelpunkts des vollplastifizierten Querschnitts:

$$d_{pl} = \frac{6{,}95}{2\left(1 + \frac{1}{4}\,\frac{0{,}7}{1{,}1}\,\frac{18{,}9}{6{,}95}\right)} = 2{,}426 \text{ cm}.$$

Die ersten Fließgelenke werden an den Einspannstellen gebildet.

Die Größen M_{yp1} und M_{yp2} für $\sigma_f = 2{,}4$ t/cm² ergeben sich nach den Formeln (VIII.169) zu:

$$M_{yp1} = 346{,}78 \text{ tcm},$$

$$M_{yp2} = 150{,}028 \text{ tcm},$$

$$\frac{M_{yp2}}{M_{yp1}} = 0{,}4326.$$

Für d_* (siehe die Gleichung (VIII.156)) findet man:

$$d_* = \frac{M_\omega}{M_y^{(1)}} = -\frac{13,25}{3,00} = -4,417 \text{ cm}.$$

Mit δ aus dem Ausdruck (VIII.170 b)

$$\delta = 2 \cdot \frac{-4,417 + 2,426}{6,95} = -0,5729$$

erhält man auf Grund der Gleichung (VIII.177) den Wert des Biegemoments an der Einspannstelle:

$$\frac{-M_y^{(1)}}{346,78} = (1 - 0,4326 + 0,5729) \pm \sqrt{2 \cdot 0,5729 \cdot 0,5674 + 0,5729^2 + 2}$$

bzw.

$$\frac{-M_y^{(1)}}{346,78} = -1,1403 + 1,7257.$$

Daraus folgt als der kleinere Wert

$$M_y^{(1)} = -346,78 \cdot 0,5854 = -203,00 \text{ tcm}.$$

Diesem Moment entspricht die Belastung $p = p_1$ (siehe Abb. VIII.37b):

$$p_1 = -\frac{M_y^{(1)}}{3 \cdot 10^4} = \frac{203,00}{3 \cdot 10^4} = 0,677 \cdot 10^{-2} \text{ t/cm}.$$

Durch die Bildung der Fließgelenke in den beiden Endquerschnitten wird die Tragfähigkeit des Trägers nicht erschöpft.

Die weitere Belastung führt zur Plastifizierung des Querschnitts in der Mitte des Trägers.

Für diesen Querschnitt haben wir (siehe das Diagramm Abb. VIII.37b und c):

$$d_* = -\frac{2,774}{1,500} = -1,849 \text{ cm}$$

und

$$\delta = 2\frac{-1,849 + 2,426}{6,95} = 0,1660.$$

Die Tragfähigkeit des Querschnitts wird auf Grund der Formel (VIII.177) bestimmt:

$$\frac{M_y^{(2)}}{346,78} = -(1 - 0,4326 - 0,1660) \pm \sqrt{2 \cdot 0,1660 \cdot 0,5674 + 0,1660^2 + 2}$$

bzw.

$$M_y = 331,068 \text{ tcm}.$$

Die Belastung, welche der Plastifizierung des Querschnitts in der Mitte bzw. der Bildung des Mechanismus entspricht, wird, unter Benutzung der Gleichgewichtsbedingung des Balkens, festgesetzt:

$$|M_y^{(1)}| + |M_y^{(2)}| = \frac{pl^2}{8}.$$

Daraus folgt:

$$203{,}00 + 331{,}68 = 45\,000p$$

bzw.

$$p_p = 1{,}187 \cdot 10^{-2}\ \text{t/cm}.$$

Die Tragfähigkeitsreserve nach der Bildung der Endgelenke beträgt:

$$p_p - p_1 = (1{,}187 - 0{,}677) \cdot 10^{-2} = 0{,}510 \cdot 10^{-2}\ \text{t/cm}.$$

In den Endquerschnitten und in dem Querschnitt in der Mitte des Balkens erhält man nach der Formel (VIII.176) für die Nullpunktsabstände:

$$g^{(1)} = 4{,}01\ \text{cm},$$

$$g^{(2)} = 5{,}29\ \text{cm}.$$

8.2. Beispiel 2

Für eine konzentrierte, exzentrische Kraft in der Mitte desselben Trägers (Abb. VIII.38a) erhält man im elastischen Zustand die in Abb. VIII.38b, c dargestellten Diagramme M_y und M_ω.

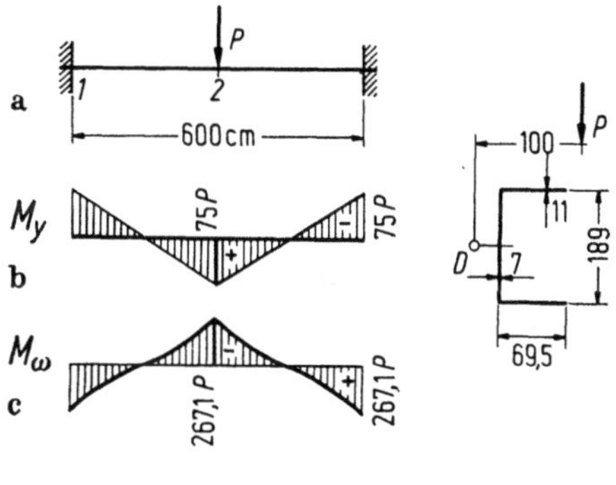

Abb. VIII.38

Alle drei möglichen Gelenke: an beiden Enden und in der Mitte des Trägers werden gleichzeitig gebildet, da die statischen Einflüsse in allen drei Querschnitten gleich sind. Für d_* ergibt sich:

$$d_* = \frac{M_\omega}{M_y} = -3{,}561\ \text{cm}.$$

Mit

$$\delta = 2\,\frac{-3{,}561 + 2{,}426}{6{,}95} = -0{,}3266$$

und

$$\frac{M_{yp,2}}{M_{yp,1}} = 0{,}4326$$

findet man das Biegemoment des vollplastifizierten Querschnitts zu:

$$\frac{M_y}{346{,}78} = -(1 - 0{,}4326 + 0{,}3266) \pm \sqrt{2 \cdot 0{,}3266 \cdot 0{,}5674 + 0{,}3266^2 + 2}$$

bzw.:

$$M_y = 235{,}81 \text{ tcm}.$$

Die Traglast P_p beträgt:

$$P_p = \frac{235{,}81}{75} = 3{,}144 \text{ t}.$$

Für den Nullpunktabstand g erhält man:

$$g = \frac{b_1}{2}\left(1 - \frac{M_{yp,2} - M_y}{M_{yp,1}}\right),$$

woraus folgt:

$$g = 4{,}33 \text{ cm}.$$

8.3. Beispiel 3

Wir betrachten den in Abb. VIII.39 gezeigten Rahmen, welcher normal zu seiner Ebene durch die konzentrierte Kraft belastet sei.

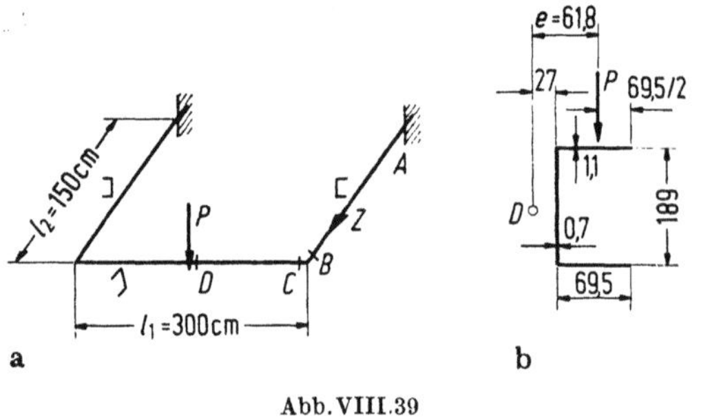

Abb. VIII.39

Der Querschnitt aller Stäbe des Rahmens ist derselbe wie im vorgehenden Beispiel.

Auf Grund des im Kapitel II.4 dargelegten Verfahrens werden die in Abb. VIII.40 gezeigten Diagramme der Schnittkräfte für den elastischen Zustand ausgerechnet.

Die Tragfähigkeit der Querschnitte wird nach den Formeln des Abschnitts 5.2 berechnet, wobei die Verhältnisse M_ω/M_y aus der elastischen Berechnung entnommen werden.

Für den Querschnitt A erhält man:

$$d_* = \frac{M_\omega}{M_y} = \frac{-40{,}57}{-78{,}09} = 0{,}519 \text{ cm}.$$

Nach den Formeln (VIII.173) ergibt sich für $d = d_{pl} = 2{,}426$ (siehe Beispiel 1) und $\sigma_f = 2{,}4$ t/cm²:

$$d_* = \left(\frac{1}{2} - \frac{2{,}426}{6{,}95}\right) 6{,}95 = 1{,}05 > 0{,}519$$

und

$$-M_y = 2{,}4 \cdot 6{,}95 \cdot 18{,}9 \cdot 1{,}1 = 347 \text{ tcm}.$$

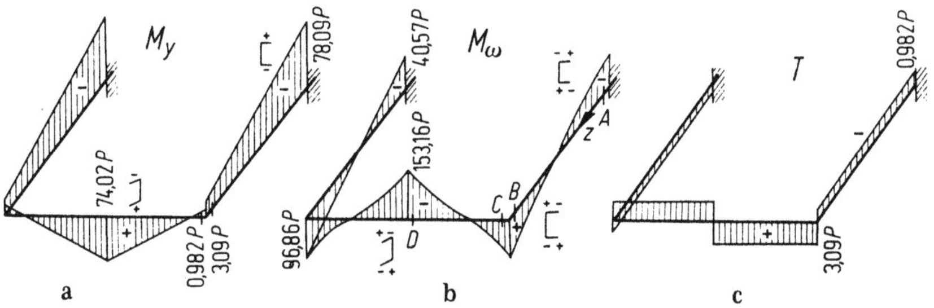

Abb. VIII.40

Die Formeln (VIII.174) liefern:

$$d_* = 0{,}264 \text{ cm} \quad \text{und} \quad -M_y = 444 \text{ tcm}.$$

Die Tragfähigkeit liegt in den Grenzen[1]

$$347 \text{ tcm} < |M_y| < 444 \text{ tcm}.$$

Für den Querschnitt B wird ermittelt:

$$d_* = \frac{M_\omega}{M_y'} = \frac{96{,}86}{-3{,}09} = -31{,}346 \text{ cm},$$

und

$$\delta = 2\,\frac{2{,}426 - 31{,}35}{6{,}95} = -8{,}322.$$

Nach der Formel (VIII.177) folgt:

$$-\frac{M_y}{346{,}78} = -(1 - 0{,}4326 + 8{,}322) + \sqrt{2 \cdot 8{,}322 \cdot 0{,}5674 + 8{,}322^2 + 2}$$

bzw.

$$-M_y = 32{,}56 \text{ tcm}.$$

Der Nullpunktabstand beträgt (siehe den Ausdruck (VIII.176)):

$$g = \frac{6{,}95}{2}\left(1 - \frac{150{,}028 - 32{,}56}{346{,}78}\right) = 2{,}30 \text{ cm}.$$

Die entsprechenden Angaben für den Querschnitt C sind die folgenden:

$$d_* = \frac{96{,}86}{-0{,}982} = -98{,}635 \text{ cm},$$

$$\delta = 2\,\frac{-98{,}635 + 2{,}426}{6{,}95} = -27{,}686.$$

[1] Der genaue Wert von M_y wird durch die Auswahl eines solchen elastischen σ-Diagramms im Steg, welches $d_* = 0{,}519$ cm gibt, gefunden.

Für $(-M_y) > 0$ und $(-M_\omega) < 0$ wird der Ausdruck (VIII.177) angewendet:

$$-\frac{M_y}{346{,}78} = -(1 - 0{,}4326 + 27{,}686) + \sqrt{2 \cdot 27{,}686 \cdot 0{,}5674 + 27{,}686^2 + 2}.$$

Daraus folgt:

$$-M_y = 10{,}299 \text{ tcm}.$$

Der Nullpunktabstand beträgt:

$$g = \frac{6{,}95}{2}\left(1 - \frac{150{,}028 - 10{,}299}{346{,}78}\right) = 2{,}075 \text{ cm}.$$

Für den Querschnitt D erhält man:

$$d_* = -\frac{153{,}16}{74{,}02} = -2{,}069 \text{ cm},$$

$$\delta = 2\,\frac{-2{,}069 - 2{,}426}{6{,}95} = 0{,}1027,$$

$$\frac{M_y}{346{,}78} = -(1 - 0{,}4326 - 0{,}1027) + \sqrt{-2 \cdot 0{,}1027 \cdot 0{,}5674 + 0{,}1027^2 + 2},$$

$$M_y = 316{,}09 \text{ tcm},$$

und

$$g = 5{,}14 \text{ cm}.$$

Die möglichen Mechanismen sind in Abb. VIII.41 gezeichnet.

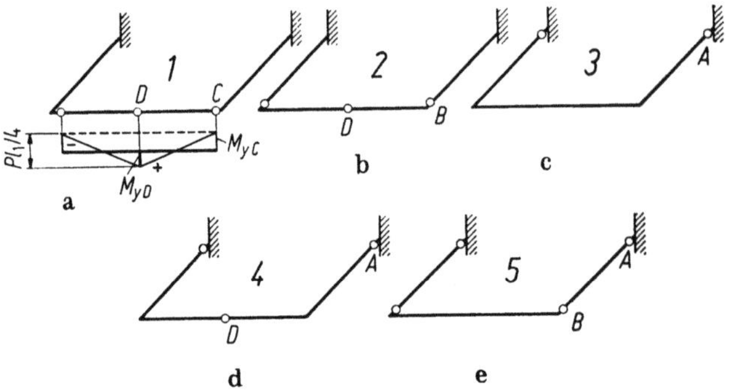

Abb. VIII.41

Für den Mechanismus 1 muß die Gleichgewichtsbedingung (siehe Abb. VIII.41a)

$$M_{y,D} - M_{y,C} = P_k\,\frac{l_1}{4}$$

befriedigt werden.

Daraus folgt:

$$P_k = \frac{4}{300}\,(316{,}09 + 10{,}30) = 4{,}35 \text{ t}.$$

Die Gleichgewichtsbedingung für den Mechanismus 2 liefert:

$$\frac{P_k}{2} e + M_{y,B} = 0, \quad e = 2{,}7 + \frac{6{,}95}{2} = 6{,}18 \text{ cm},$$

bzw.:

$$P_k = \frac{2 \cdot 32{,}56}{6{,}18} = 10{,}54 \text{ t}.$$

Der Mechanismus 3 gibt:

$$M_{y,A} = -78{,}09 P_k,$$

$$P_k > \frac{347}{78{,}09} = 4{,}45 \text{ t}.$$

Die Gleichgewichtsbedingung für den Mechanismus 4 lautet:

$$\frac{P_k}{2}(l_2 + e) + M_{y,A} = 0,$$

$$P_k > 2 \frac{347}{150 + 6{,}18} = 4{,}45 \text{ t}.$$

Der Mechanismus 5 ist nicht möglich.

Für

$$P = \frac{M_{yB}}{3{,}09}$$

bzw.:

$$P = \frac{32{,}56}{3{,}09} = 10{,}53 \text{ t}$$

wird das Biegungsmoment M_{yA} weit überschritten.

Mechanismus 1 ist daher der tatsächliche Mechanismus und die Kraft

$$P_p = P_{k\min} = 4{,}35 \text{ t}$$

die Traglast des Rahmens.

Man kann leicht zeigen, daß die Fließbedingung nirgends verletzt ist.

Anhang 1

Tabellen der Spannungen σ_z und der Biegemomente m_s (siehe das Kapitel VI., Beispiel 2):

$$\alpha = \frac{a}{l}, \qquad \beta = \frac{b}{a}, \qquad \Theta = \frac{t}{a}.$$

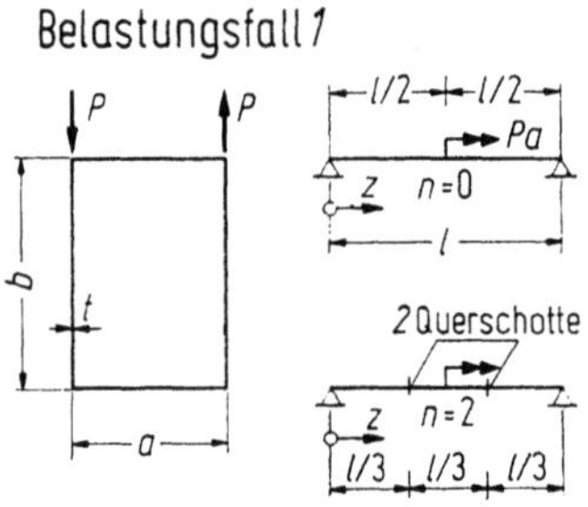

Abb. A.1.1

$$\sigma_z = k_1 \sigma_{z0},$$

$$\sigma_{z0} = \frac{1}{2\alpha\beta\Theta\left(1 + \frac{1}{3}\beta\right)} \cdot \frac{P}{a^2},$$

$$m_s = k_2 \frac{P}{(n+1)^2}; \qquad n = 0, 2.$$

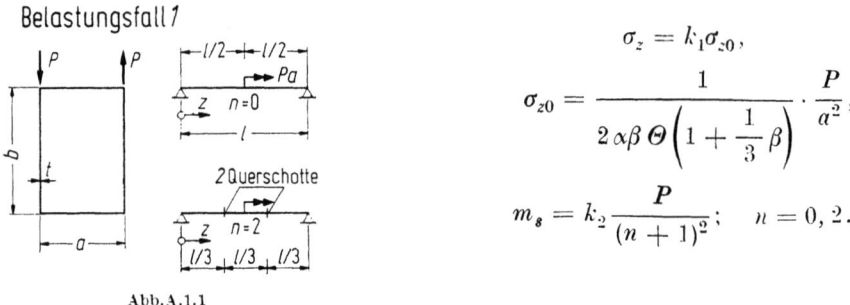

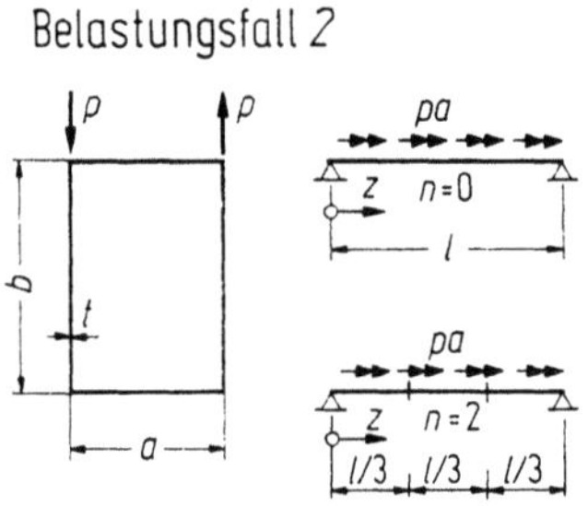

Abb. A.1.2

$$\sigma_z = k_1 \sigma_{z0},$$

$$\sigma_{z0} = \frac{1}{4\alpha^2\beta\Theta\left(1 + \frac{1}{3}\beta\right)} \cdot \frac{p}{a},$$

$$m_s = k_2 \frac{pl}{(n+1)^2}; \qquad n = 0, 2.$$

Tabelle 1.1. $\frac{t}{a} = \frac{1}{10}$, $\frac{b}{a} = 2$

$\frac{a}{l}$	$\frac{z}{l/2}$	Lastfall 1				Lastfall 2			
		k_1		$10k_2$		k_1		$10k_2$	
		$n = 0$	$n = 2$	$n = 0$	$n = 2$	$n = 0$	$n = 2$	$n = 0$	$n = 2$
$\frac{1}{15}$	0/15	0.000	0.000	0.000	0.000	0.000	0.000	0.000	0.000
	1/15	−0.013	−0.008	0.005	−0.052	0.033	0.040	0.015	0.072
	2/15	−0.026	−0.016	0.010	−0.101	0.054	0.068	0.029	0.130
	3/15	−0.038	−0.026	0.017	−0.146	0.065	0.083	0.042	0.172
	4/15	−0.049	−0.037	0.025	−0.183	0.069	0.086	0.053	0.193
	5/15	−0.057	−0.050	0.035	−0.209	0.068	0.079	0.063	0.194
	6/15	−0.062	−0.065	0.048	−0.219	0.064	0.060	0.070	0.176
	7/15	−0.063	−0.082	0.064	−0.209	0.057	0.030	0.076	0.143
	8/15	−0.058	−0.101	0.082	−0.172	0.048	−0.011	0.081	0.098
	9/15	−0.045	−0.122	0.103	−0.103	0.040	−0.066	0.085	0.049
	10/15	−0.023	−0.144	0.126	0.000	0.032	−0.135	0.088	0.000
	11/15	0.009	−0.062	0.151	0.235	0.025	−0.074	0.090	0.024
	12/15	0.055	0.022	0.177	0.485	0.019	−0.027	0.091	0.050
	13/15	0.118	0.111	0.202	0.732	0.014	0.005	0.092	0.074
	14/15	0.198	0.208	0.224	0.946	0.012	0.025	0.093	0.090
	15/15	0.299	0.313	0.240	1.096	0.011	0.031	0.093	0.096
$\frac{1}{10}$	0/15	0.000	0.000	0.000	0.000	0.000	0.000	0.000	0.000
	1/15	−0.007	−0.014	0.016	−0.024	0.056	0.046	0.016	0.035
	2/15	−0.013	−0.030	0.033	−0.048	0.100	0.078	0.032	0.064
	3/15	−0.017	−0.045	0.050	−0.068	0.134	0.097	0.047	0.084
	4/15	−0.018	−0.061	0.068	−0.084	0.157	0.101	0.061	0.095
	5/15	−0.015	−0.077	0.086	−0.095	0.174	0.092	0.074	0.096
	6/15	−0.007	−0.094	0.104	−0.097	0.184	0.069	0.085	0.089
	7/15	0.006	−0.112	0.123	−0.091	0.190	0.033	0.096	0.073
	8/15	0.028	−0.130	0.142	−0.074	0.192	−0.016	0.104	0.051
	9/15	0.058	−0.149	0.161	−0.044	0.192	−0.081	0.112	0.026
	10/15	0.098	−0.168	0.180	0.000	0.191	−0.160	0.118	0.000
	11/15	0.148	−0.067	0.199	0.118	0.188	−0.095	0.124	0.014
	12/15	0.211	0.035	0.216	0.243	0.186	−0.045	0.128	0.029
	13/15	0.286	0.138	0.232	0.365	0.184	−0.009	0.130	0.041
	14/15	0.375	0.245	0.246	0.475	0.182	0.011	0.132	0.048
	15/15	0.478	0.354	0.256	0.561	0.182	0.018	0.133	0.051
$\frac{1}{5}$	0/15	0.000	0.000	0.000	0.000	0.000	0.000	0.000	0.000
	1/15	0.067	−0.020	0.014	−0.004	0.158	0.044	0.011	0.012
	2/15	0.136	−0.040	0.029	−0.007	0.303	0.074	0.021	0.021
	3/15	0.205	−0.060	0.043	−0.011	0.434	0.090	0.032	0.028
	4/15	0.275	−0.080	0.057	−0.013	0.552	0.091	0.041	0.032
	5/15	0.348	−0.100	0.071	−0.015	0.658	0.077	0.050	0.033
	6/15	0.422	−0.121	0.084	−0.015	0.752	0.049	0.059	0.031
	7/15	0.499	−0.141	0.097	−0.014	0.835	0.006	0.067	0.027
	8/15	0.578	−0.161	0.109	−0.011	0.907	−0.051	0.074	0.020
	9/15	0.661	−0.182	0.121	−0.006	0.968	−0.123	0.080	0.011
	10/15	0.748	−0.202	0.131	0.000	1.019	−0.210	0.085	0.000
	11/15	0.838	−0.093	0.141	0.041	1.061	−0.144	0.089	0.009
	12/15	0.933	0.016	0.150	0.083	1.093	−0.093	0.093	0.016
	13/15	1.032	0.126	0.157	0.125	1.116	−0.056	0.095	0.021
	14/15	1.136	0.236	0.163	0.165	1.129	−0.034	0.096	0.024
	15/15	1.244	0.347	0.168	0.203	1.134	−0.027	0.097	0.025

Tabelle 1.2. $\frac{t}{a} = \frac{1}{10}$, $\frac{b}{a} = 1$

$\frac{a}{l}$	$\frac{z}{l/2}$	Lastfall 1				Lastfall 2			
		k_1		$10k_2$		k_1		$10k_2$	
		$n = 0$	$n = 2$	$n = 0$	$n = 2$	$n = 0$	$n = 2$	$n = 0$	$n = 2$
$\frac{1}{15}$	0/15	0.000	0.000	0.000	0.000	0.000	0.000	0.000	0.000
	1/15	−0.001	0.001	−0.004	−0.042	0.021	0.026	0.025	0.226
	2/15	−0.002	0.001	−0.007	−0.088	0.029	0.039	0.047	0.406
	3/15	−0.005	0.001	−0.011	−0.142	0.030	0.044	0.063	0.527
	4/15	−0.008	−0.000	−0.013	−0.202	0.027	0.044	0.074	0.585
	5/15	−0.013	−0.005	−0.013	−0.267	0.022	0.040	0.081	0.582
	6/15	−0.020	−0.012	−0.010	−0.326	0.016	0.031	0.085	0.524
	7/15	−0.027	−0.024	−0.001	−0.360	0.011	0.017	0.087	0.420
	8/15	−0.035	−0.040	0.014	−0.341	0.006	−0.004	0.088	0.285
	9/15	−0.041	−0.060	0.041	−0.229	0.003	−0.037	0.087	0.142
	10/15	−0.042	−0.082	0.081	0.000	0.001	−0.084	0.086	0.000
	11/15	−0.035	−0.052	0.135	0.605	−0.000	−0.036	0.086	0.120
	12/15	−0.013	−0.013	0.202	1.328	−0.001	−0.002	0.085	0.239
	13/15	0.030	0.040	0.278	2.122	−0.001	0.018	0.084	0.347
	14/15	0.104	0.119	0.353	2.869	−0.001	0.030	0.084	0.421
	15/15	0.216	0.233	0.408	3.388	−0.001	0.033	0.083	0.447
$\frac{1}{10}$	0/15	0.000	0.000	0.000	0.000	0.000	0.000	0.000	0.000
	1/15	−0.012	−0.005	0.002	−0.090	0.035	0.044	0.026	0.156
	2/15	−0.023	−0.011	0.005	−0.178	0.056	0.074	0.050	0.284
	3/15	−0.035	−0.018	0.010	−0.259	0.066	0.090	0.070	0.374
	4/15	−0.046	−0.028	0.019	−0.329	0.068	0.094	0.087	0.421
	5/15	−0.055	−0.040	0.031	−0.382	0.066	0.087	0.101	0.424
	6/15	−0.062	−0.055	0.049	−0.409	0.059	0.069	0.112	0.385
	7/15	−0.066	−0.074	0.072	−0.399	0.051	0.039	0.120	0.310
	8/15	−0.064	−0.095	0.102	−0.339	0.042	−0.003	0.126	0.211
	9/15	−0.055	−0.120	0.138	−0.210	0.034	−0.060	0.130	0.103
	10/15	−0.036	−0.146	0.181	0.000	0.026	−0.134	0.132	0.000
	11/15	−0.004	−0.062	0.229	0.494	0.019	−0.066	0.134	0.060
	12/15	0.044	0.025	0.280	1.035	0.013	−0.014	0.135	0.129
	13/15	0.112	0.120	0.331	1.570	0.010	0.020	0.136	0.191
	14/15	0.204	0.229	0.376	2.034	0.007	0.041	0.136	0.233
	15/15	0.323	0.353	0.409	2.350	0.006	0.047	0.136	0.249
$\frac{1}{5}$	0/15	0.000	0.000	0.000	0.000	0.000	0.000	0.000	0.000
	1/15	0.005	−0.016	0.032	−0.024	0.089	0.060	0.028	0.051
	2/15	0.012	−0.032	0.065	−0.047	0.163	0.104	0.056	0.092
	3/15	0.022	−0.048	0.098	−0.068	0.223	0.131	0.082	0.122
	4/15	0.035	−0.065	0.131	−0.084	0.272	0.140	0.107	0.139
	5/15	0.052	−0.082	0.164	−0.094	0.310	0.133	0.129	0.142
	6/15	0.076	−0.100	0.197	−0.096	0.339	0.109	0.150	0.133
	7/15	0.106	−0.117	0.230	−0.090	0.362	0.069	0.169	0.112
	8/15	0.145	−0.136	0.262	−0.073	0.378	0.012	0.185	0.081
	9/15	0.193	−0.154	0.294	−0.043	0.391	−0.062	0.199	0.042
	10/15	0.251	−0.173	0.324	0.000	0.399	−0.154	0.211	0.000
	11/15	0.321	−0.048	0.353	0.174	0.405	−0.076	0.221	0.032
	12/15	0.403	0.077	0.380	0.352	0.409	−0.016	0.229	0.060
	13/15	0.500	0.204	0.404	0.525	0.411	0.025	0.234	0.082
	14/15	0.610	0.333	0.424	0.679	0.412	0.051	0.238	0.096
	15/15	0.736	0.465	0.439	0.805	0.413	0.059	0.239	0.100

Tabelle 1.3. $\frac{t}{a} = \frac{1}{10}, \quad \frac{b}{a} = \frac{1}{2}$

$\frac{a}{l}$	$\frac{z}{l/2}$	Lastfall 1				Lastfall 2			
		k_1		$10k_2$		k_1		$10k_2$	
		$n = 0$	$n = 2$	$n = 0$	$n = 2$	$n = 0$	$n = 2$	$n = 0$	$n = 2$
$\frac{1}{15}$	0/15	0.000	0.000	0.000	0.000	0.000	0.000	0.000	0.000
	1/15	0.000	0.000	0.000	0.002	0.013	0.013	0.039	0.359
	2/15	0.000	0.000	0.000	0.003	0.015	0.015	0.065	0.604
	3/15	0.000	0.000	0.000	−0.000	0.013	0.013	0.080	0.740
	4/15	0.000	0.000	−0.001	−0.011	0.009	0.011	0.086	0.795
	5/15	0.000	0.000	−0.003	−0.034	0.006	0.010	0.087	0.793
	6/15	0.000	0.000	−0.008	−0.072	0.004	0.010	0.086	0.744
	7/15	−0.001	−0.001	−0.013	−0.121	0.003	0.010	0.085	0.642
	8/15	−0.004	−0.004	−0.018	−0.162	0.003	0.006	0.084	0.481
	9/15	−0.009	−0.009	−0.016	−0.151	0.003	−0.004	0.083	0.271
	10/15	−0.017	−0.017	−0.000	−0.000	0.003	−0.029	0.083	0.000
	11/15	−0.024	−0.024	0.046	0.420	0.003	−0.004	0.083	0.274
	12/15	−0.025	−0.025	0.140	1.267	0.003	0.007	0.083	0.483
	13/15	−0.008	−0.008	0.292	2.636	0.003	0.011	0.083	0.638
	14/15	0.046	0.046	0.488	4.392	0.003	0.011	0.083	0.723
	15/15	0.163	0.163	0.649	5.849	0.003	0.011	0.083	0.743
$\frac{1}{10}$	0/15	0.000	0.000	0.000	0.000	0.000	0.000	0.000	0.000
	1/15	−0.000	0.001	−0.004	−0.038	0.023	0.027	0.041	0.373
	2/15	−0.001	0.001	−0.009	−0.085	0.033	0.041	0.074	0.666
	3/15	−0.002	0.001	−0.013	−0.144	0.035	0.046	0.098	0.862
	4/15	−0.005	0.000	−0.017	−0.218	0.031	0.046	0.114	0.958
	5/15	−0.009	−0.002	−0.019	−0.305	0.026	0.042	0.124	0.959
	6/15	−0.015	−0.009	−0.017	−0.394	0.021	0.036	0.129	0.872
	7/15	−0.022	−0.019	−0.008	−0.460	0.016	0.025	0.131	0.710
	8/15	−0.030	−0.033	0.011	−0.460	0.013	0.006	0.131	0.488
	9/15	−0.037	−0.051	0.047	−0.329	0.010	−0.024	0.130	0.241
	10/15	−0.040	−0.072	0.104	0.000	0.009	0.072	0.128	0.000
	11/15	−0.033	−0.046	−0.187	0.934	0.008	−0.023	0.127	0.222
	12/15	−0.011	−0.011	0.296	2.104	0.007	0.008	0.126	0.446
	13/15	0.035	0.043	0.425	3.429	0.007	0.028	0.125	0.637
	14/15	0.117	0.129	0.557	4.719	0.007	0.038	0.125	0.758
	15/15	0.246	0.260	0.655	5.639	0.007	0.041	0.125	0.793
$\frac{1}{5}$	0/15	0.000	0.000	0.000	0.000	0.000	0.000	0.000	0.000
	1/15	−0.016	−0.010	0.020	−0.096	0.055	0.064	0.043	0.198
	2/15	−0.031	−0.020	0.041	−0.189	0.094	0.109	0.083	0.363
	3/15	−0.044	−0.031	0.065	−0.272	0.119	0.136	0.119	0.482
	4/15	−0.055	−0.044	0.092	−0.340	0.132	0.148	0.150	0.549
	5/15	−0.062	−0.058	0.124	−0.387	0.138	0.143	0.177	0.562
	6/15	−0.064	−0.074	0.162	−0.406	0.138	0.123	0.200	0.523
	7/15	−0.059	−0.092	0.206	−0.387	0.133	0.087	0.219	0.436
	8/15	−0.045	−0.111	0.256	−0.320	0.126	0.035	0.235	0.311
	9/15	−0.020	−0.132	0.312	−0.193	0.118	−0.035	0.247	0.161
	10/15	0.016	−0.154	0.374	0.000	0.109	−0.125	0.257	0.000
	11/15	0.069	0.036	−0.439	0.668	0.101	−0.043	0.264	0.121
	12/15	0.140	0.085	0.505	1.359	0.094	0.018	0.269	0.234
	13/15	0.233	0.212	0.569	2.019	0.089	0.061	0.273	0.326
	14/15	0.348	0.349	0.625	2.582	0.086	0.087	0.275	0.385
	15/15	0.490	0.498	0.666	2.978	0.085	0.096	0.275	0.406

Tabelle 1.4. $\frac{t}{a} = \frac{1}{20}$, $\frac{b}{a} = 2$

$\frac{a}{l}$	$\frac{z}{l/2}$	Lastfall 1				Lastfall 2			
		k_1		$10k_2$		k_1		$10k_2$	
		$n = 0$	$n = 2$	$n = 0$	$n = 2$	$n = 0$	$n = 2$	$n = 0$	$n = 2$
$\frac{1}{15}$	0/15	0.000	0.000	0.000	0.000	0.000	0.000	0.000	0.000
	1/15	−0.009	−0.014	0.011	−0.020	0.054	0.048	0.011	0.021
	2/15	−0.017	−0.028	0.022	−0.039	0.095	0.081	0.022	0.038
	3/15	−0.024	−0.042	0.034	−0.056	0.125	0.101	0.032	0.051
	4/15	−0.027	−0.058	0.046	−0.069	0.146	0.106	0.041	0.058
	5/15	−0.026	−0.073	0.058	−0.077	0.160	0.098	0.050	0.058
	6/15	−0.020	−0.090	0.071	−0.080	0.168	0.076	0.058	0.053
	7/15	−0.008	−0.108	0.084	−0.074	0.171	0.041	0.065	0.042
	8/15	0.011	−0.126	0.097	−0.060	0.171	−0.008	0.071	0.029
	9/15	0.039	−0.144	0.110	−0.036	0.169	−0.072	0.076	0.014
	10/15	0.078	−0.164	0.123	0.000	0.166	−0.151	0.080	0.000
	11/15	0.127	−0.061	0.135	0.071	0.162	−0.084	0.084	0.004
	12/15	0.189	0.041	0.147	0.148	0.158	−0.032	0.087	0.011
	13/15	0.263	0.146	0.157	0.221	0.156	0.005	0.089	0.017
	14/15	0.352	0.252	0.165	0.282	0.154	0.028	0.090	0.021
	15/15	0.456	0.362	0.170	0.322	0.153	0.037	0.090	0.022
$\frac{1}{10}$	0/15	0.000	0.000	0.000	0.000	0.000	0.000	0.000	0.000
	1/15	0.027	−0.016	0.014	−0.007	0.106	0.049	0.010	0.009
	2/15	0.055	−0.034	0.028	−0.013	0.199	0.083	0.020	0.016
	3/15	0.085	−0.051	0.041	−0.019	0.279	0.103	0.030	0.022
	4/15	0.117	−0.068	0.055	−0.023	0.349	0.108	0.040	0.025
	5/15	0.153	−0.085	0.069	−0.026	0.408	0.099	0.049	0.025
	6/15	0.193	−0.103	0.082	−0.027	0.458	0.075	0.057	0.023
	7/15	0.237	−0.121	0.094	−0.025	0.500	0.037	0.065	0.019
	8/15	0.288	−0.139	0.106	−0.020	0.535	−0.015	0.071	0.013
	9/15	0.344	−0.157	0.117	−0.012	0.564	−0.083	0.077	0.006
	10/15	0.408	−0.175	0.128	0.000	0.587	−0.165	0.082	0.000
	11/15	0.479	−0.066	0.137	0.031	0.605	−0.099	0.086	0.003
	12/15	0.558	0.041	0.145	0.064	0.619	0.048	0.090	0.007
	13/15	0.646	0.151	0.152	0.096	0.628	−0.011	0.092	0.010
	14/15	0.743	0.260	0.157	0.125	0.634	0.010	0.093	0.012
	15/15	0.850	0.371	0.160	0.147	0.636	0.017	0.094	0.012
$\frac{1}{5}$	0/15	0.000	0.000	0.000	0.000	0.000	0.000	0.000	0.000
	1/15	0.097	−0.020	0.004	−0.001	0.196	0.045	0.003	0.003
	2/15	0.194	−0.040	0.009	−0.002	0.379	0.075	0.006	0.005
	3/15	0.292	−0.061	0.014	−0.002	0.547	0.091	0.010	0.007
	4/15	0.390	−0.081	0.018	−0.003	0.700	0.092	0.013	0.008
	5/15	0.488	−0.101	0.023	−0.003	0.840	0.078	0.016	0.008
	6/15	0.588	−0.122	0.027	−0.004	0.966	0.049	0.018	0.007
	7/15	0.688	−0.142	0.031	−0.003	1.078	0.006	0.021	0.006
	8/15	0.789	−0.163	0.035	−0.002	1.177	−0.051	0.023	0.004
	9/15	0.891	−0.183	0.039	−0.001	1.262	−0.124	0.025	0.002
	10/15	0.994	−0.204	0.042	0.000	1.334	−0.212	0.027	0.000
	11/15	1.099	−0.093	0.045	0.010	1.392	−0.145	0.028	0.002
	12/15	1.205	0.017	0.047	0.020	1.438	−0.094	0.029	0.003
	13/15	1.312	0.127	0.050	0.031	1.470	0.057	0.030	0.005
	14/15	1.421	0.238	0.051	0.041	1.490	−0.035	0.031	0.006
	15/15	1.531	0.349	0.053	0.051	1.496	−0.027	0.031	0.006

Tabelle 1.5. $\frac{t}{a} = \frac{1}{20}$, $\frac{b}{a} = 1$

$\frac{a}{l}$	$\frac{z}{l/2}$	Lastfall 1				Lastfall 2			
		k_1		$10k_2$		k_1		$10k_2$	
		$n = 0$	$n = 2$	$n = 0$	$n = 2$	$n = 0$	$n = 2$	$n = 0$	$n = 2$
$\frac{1}{15}$	0/15	0.000	0.000	0.000	0.000	0.000	0.000	0.000	0.000
	1/15	−0.010	−0.003	0.000	−0.071	0.033	0.044	0.017	0.107
	2/15	−0.021	−0.008	0.000	−0.141	0.053	0.073	0.034	0.197
	3/15	−0.032	−0.014	0.003	−0.207	0.062	0.088	0.048	0.259
	4/15	−0.042	−0.023	0.008	−0.264	0.063	0.092	0.059	0.291
	5/15	−0.052	−0.035	0.015	−0.309	0.059	0.084	0.069	0.290
	6/15	−0.060	−0.050	0.027	−0.333	0.052	0.066	0.076	0.259
	7/15	−0.065	−0.070	0.043	−0.328	0.044	0.036	0.081	0.204
	8/15	−0.065	−0.093	0.064	−0.280	0.035	−0.006	0.085	0.133
	9/15	−0.058	−0.120	0.090	−0.174	0.027	−0.064	0.087	0.061
	10/15	−0.041	−0.149	0.120	0.000	0.019	−0.139	0.088	0.000
	11/15	−0.011	−0.067	0.155	0.336	0.013	−0.067	0.089	0.027
	12/15	0.034	0.019	0.191	0.711	0.007	−0.012	0.089	0.067
	13/15	0.101	0.114	0.226	1.079	0.004	0.025	0.090	0.017
	14/15	0.192	0.222	0.255	1.382	0.002	0.048	0.090	0.134
	15/15	0.311	0.346	0.272	1.552	0.001	0.056	0.090	0.142
$\frac{1}{10}$	0/15	0.000	0.000	0.000	0.000	0.000	0.000	0.000	0.000
	1/15	−0.015	−0.013	0.014	−0.045	0.054	0.056	0.018	0.051
	2/15	−0.030	−0.027	0.029	−0.088	0.092	0.096	0.036	0.094
	3/15	−0.043	−0.042	0.045	−0.126	0.119	0.119	0.053	0.124
	4/15	−0.052	−0.058	0.062	−0.156	0.135	0.127	0.068	0.140
	5/15	−0.057	−0.075	0.080	−0.176	0.143	0.119	0.082	0.141
	6/15	−0.056	−0.093	0.100	−0.183	0.144	0.095	0.094	0.128
	7/15	−0.048	−0.113	0.121	−0.172	0.142	0.055	0.104	0.103
	8/15	−0.031	−0.134	0.143	−0.141	0.136	0.000	0.113	0.070
	9/15	−0.004	−0.157	0.167	−0.084	0.129	−0.072	0.121	0.033
	10/15	0.034	−0.180	0.191	0.000	0.121	−0.162	0.127	0.000
	11/15	0.086	−0.063	0.215	0.171	0.114	−0.087	0.131	0.012
	12/15	0.154	0.054	0.238	0.355	0.108	−0.030	0.135	0.029
	13/15	0.239	0.175	0.259	0.529	0.103	0.008	0.138	0.046
	14/15	0.343	0.300	0.275	0.672	0.099	0.031	0.139	0.058
	15/15	0.466	0.431	0.285	0.761	0.098	0.036	0.139	0.065
$\frac{1}{5}$	0/15	0.000	0.000	0.000	0.000	0.000	0.000	0.000	0.000
	1/15	0.056	−0.017	0.021	−0.006	0.158	0.063	0.016	0.013
	2/15	0.114	−0.035	0.043	−0.013	0.300	0.108	0.031	0.024
	3/15	0.173	−0.052	0.065	−0.018	0.427	0.136	0.046	0.031
	4/15	0.234	−0.070	0.086	−0.023	0.539	0.146	0.061	0.036
	5/15	0.298	−0.088	0.106	−0.025	0.638	0.139	0.074	0.037
	6/15	0.366	−0.106	0.126	−0.026	0.724	0.114	0.087	0.034
	7/15	0.439	−0.124	0.145	−0.024	0.799	0.072	0.098	0.029
	8/15	0.517	−0.142	0.163	−0.019	0.862	0.012	0.109	0.021
	9/15	0.601	−0.160	0.180	−0.011	0.916	−0.064	0.118	0.011
	10/15	0.691	−0.179	0.195	0.000	0.961	−0.125	0.125	0.000
	11/15	0.788	−0.048	0.209	0.045	0.996	−0.080	0.132	0.008
	12/15	0.892	0.083	0.221	0.092	1.023	−0.018	0.137	0.015
	13/15	1.005	0.214	0.230	0.136	1.042	0.025	0.141	0.020
	14/15	1.125	0.347	0.237	0.176	1.054	0.051	0.143	0.024
	15/15	1.254	0.480	0.242	0.208	1.058	0.060	0.143	0.025

Tabelle 1.6. $\frac{t}{a} = \frac{1}{20}$, $\frac{b}{a} = \frac{1}{2}$

$\frac{a}{l}$	$\frac{z}{l/2}$	Lastfall 1				Lastfall 2			
		k_1		$10k_2$		k_1		$10k_2$	
		$n = 0$	$n = 2$	$n = 0$	$n = 2$	$n = 0$	$n = 2$	$n = 0$	$n = 2$
$\frac{1}{15}$	0/15	0.000	0.000	0.000	0.000	0.000	0.000	0.000	0.000
	1/15	0.000	0.001	−0.002	−0.020	0.021	0.025	0.028	0.261
	2/15	0.000	0.002	−0.005	−0.046	0.029	0.036	0.051	0.468
	3/15	−0.000	0.003	−0.009	−0.085	0.029	0.039	0.067	0.606
	4/15	−0.002	0.002	−0.012	−0.139	0.024	0.038	0.078	0.670
	5/15	−0.005	0.000	−0.015	−0.207	0.019	0.035	0.084	0.664
	6/15	−0.011	−0.005	−0.015	−0.280	0.013	0.029	0.087	0.595
	7/15	−0.018	−0.014	−0.011	−0.339	0.009	0.019	0.088	0.471
	8/15	−0.027	−0.029	−0.000	−0.349	0.006	0.001	0.087	0.310
	9/15	−0.036	−0.048	0.022	−0.255	0.004	−0.029	0.086	0.144
	10/15	−0.041	−0.070	0.061	0.000	0.003	−0.077	0.085	0.000
	11/15	−0.039	−0.050	0.120	0.629	0.002	−0.028	0.084	0.132
	12/15	−0.021	−0.021	0.198	1.450	0.002	0.003	0.084	0.284
	13/15	0.021	0.028	0.291	2.389	0.002	0.021	0.083	0.426
	14/15	0.101	0.111	0.382	3.276	0.002	0.030	0.083	0.525
	15/15	0.229	0.241	0.439	3.812	0.002	0.033	0.083	0.566
$\frac{1}{10}$	0/15	0.000	0.000	0.000	0.000	0.000	0.000	0.000	0.000
	1/15	−0.009	−0.002	−0.002	−0.101	0.036	0.047	0.028	0.198
	2/15	−0.018	−0.004	−0.003	−0.202	0.057	0.078	0.054	0.363
	3/15	−0.028	−0.009	−0.002	−0.300	0.066	0.094	0.076	0.479
	4/15	−0.038	−0.017	0.001	−0.390	0.067	0.098	0.094	0.538
	5/15	−0.047	−0.028	0.010	−0.464	0.062	0.092	0.107	0.537
	6/15	−0.056	−0.044	0.026	−0.512	0.055	0.074	0.117	0.482
	7/15	−0.063	−0.064	0.049	−0.515	0.046	0.044	0.124	0.381
	8/15	−0.065	−0.089	0.081	−0.450	0.038	0.000	0.128	0.251
	9/15	−0.061	−0.118	0.122	−0.288	0.029	0.059	0.131	0.114
	10/15	−0.046	−0.150	0.172	0.000	0.022	−0.137	0.132	0.000
	11/15	−0.016	−0.067	0.230	0.608	0.017	−0.070	0.132	0.062
	12/15	0.031	0.021	0.293	1.295	0.012	−0.022	0.132	0.153
	13/15	0.104	0.122	0.356	1.973	0.009	0.007	0.132	0.249
	14/15	0.208	0.241	0.410	2.535	0.007	0.020	0.132	0.335
	15/15	0.345	0.383	0.442	2.851	0.006	0.019	0.132	0.404
$\frac{1}{5}$	0/15	0.000	0.000	0.000	0.000	0.000	0.000	0.000	0.000
	1/15	−0.005	−0.016	0.033	−0.038	0.087	0.073	0.031	0.059
	2/15	−0.009	−0.032	0.068	−0.074	0.156	0.126	0.061	0.108
	3/15	−0.010	−0.048	0.102	−0.105	0.210	0.160	0.090	0.145
	4/15	−0.007	−0.065	0.137	−0.130	0.250	0.174	0.117	0.165
	5/15	0.001	−0.083	0.173	−0.146	0.280	0.169	0.142	0.169
	6/15	0.017	−0.101	0.209	−0.150	0.300	0.144	0.164	0.157
	7/15	0.042	−0.121	0.245	−0.141	0.313	0.101	0.184	0.130
	8/15	0.077	−0.140	0.282	0.114	0.321	0.037	0.202	0.092
	9/15	0.123	−0.160	0.318	−0.068	0.325	−0.045	0.217	0.047
	10/15	0.183	−0.181	0.353	0.000	0.326	−0.149	0.230	0.000
	11/15	0.258	−0.037	0.386	0.205	0.326	−0.058	0.240	0.031
	12/15	0.349	0.108	0.417	0.415	0.325	0.012	0.248	0.062
	13/15	0.457	0.255	0.443	0.612	0.323	0.062	0.254	0.087
	14/15	0.583	0.405	0.463	0.774	0.322	0.093	0.257	0.104
	15/15	0.729	0.558	0.476	0.880	0.322	0.103	0.258	0.109

Tabelle 1.7. $\frac{t}{a} = \frac{1}{50}$, $\frac{b}{a} = 2$

$\frac{a}{l}$	$\frac{z}{l/2}$	Lastfall 1				Lastfall 2			
		k_1		$100k_2$		k_1		$100k_2$	
		$n = 0$	$n = 2$	$n = 0$	$n = 2$	$n = 0$	$n = 2$	$n = 0$	$n = 2$
$\frac{1}{15}$	0/15	0.000	0.000	0.000	0.000	0.000	0.000	0.000	0.000
	1/15	0.036	−0.016	0.085	−0.037	0.118	0.050	0.062	0.036
	2/15	0.072	−0.033	0.171	−0.071	0.223	0.086	0.122	0.065
	3/15	0.111	−0.049	0.255	−0.102	0.315	0.107	0.181	0.087
	4/15	0.151	−0.066	0.338	−0.126	0.395	0.114	0.238	0.098
	5/15	0.195	−0.083	0.419	−0.140	0.465	0.106	0.291	0.099
	6/15	0.242	−0.100	0.497	−0.144	0.525	0.083	0.340	0.090
	7/15	0.294	−0.118	0.571	−0.134	0.576	0.045	0.385	0.07
	8/15	0.351	−0.135	0.641	−0.108	0.619	−0.007	0.426	0.049
	9/15	0.414	−0.152	0.706	−0.063	0.655	−0.074	0.462	0.023
	10/15	0.482	−0.170	0.765	0.000	0.685	−0.156	0.492	0.000
	11/15	0.558	−0.060	0.817	0.122	0.708	−0.088	0.518	0.006
	12/15	0.641	0.049	0.860	0.252	0.726	−0.035	0.538	0.016
	13/15	0.732	0.159	0.895	0.376	0.738	0.002	0.552	0.025
	14/15	0.831	0.269	0.918	0.478	0.745	0.025	0.561	0.032
	15/15	0.938	0.380	0.930	0.544	0.748	0.033	0.564	0.034
$\frac{1}{10}$	0/15	0.000	0.000	0.000	0.000	0.000	0.000	0.000	0.000
	1/15	0.084	−0.017	0.047	−0.011	0.180	0.049	0.032	0.015
	2/15	0.168	−0.035	0.093	−0.022	0.347	0.085	0.064	0.027
	3/15	0.254	−0.052	0.139	−0.031	0.499	0.105	0.096	0.036
	4/15	0.340	−0.070	0.184	−0.039	0.638	0.110	0.126	0.041
	5/15	0.427	−0.088	0.228	−0.043	0.763	0.101	0.154	0.041
	6/15	0.515	−0.106	0.269	−0.044	0.875	0.077	0.180	0.038
	7/15	0.605	−0.123	0.309	−0.041	0.974	0.038	0.204	0.031
	8/15	0.697	−0.141	0.345	−0.033	1.062	−0.014	0.226	0.022
	9/15	0.791	−0.159	0.379	−0.019	1.136	−0.083	0.246	0.011
	10/15	0.887	−0.177	0.409	0.000	1.199	−0.166	0.262	0.000
	11/15	0.986	−0.066	0.435	0.052	1.251	−0.100	0.276	0.006
	12/15	1.087	0.044	0.457	0.105	1.290	−0.048	0.287	0.012
	13/15	1.191	0.155	0.474	0.158	1.319	−0.011	0.295	0.016
	14/15	1.298	0.265	0.486	0.204	1.336	0.011	0.300	0.020
	15/15	1.407	0.376	0.493	0.239	1.341	0.018	0.301	0.021
$\frac{1}{5}$	0/15	0.000	0.000	0.000	0.000	0.000	0.000	0.000	0.000
	1/15	0.108	−0.020	0.008	−0.001	0.211	0.045	0.006	0.004
	2/15	0.217	−0.040	0.016	−0.003	0.408	0.075	0.011	0.008
	3/15	0.326	−0.061	0.024	−0.004	0.591	0.091	0.017	0.011
	4/15	0.435	−0.081	0.032	−0.005	0.758	0.092	0.023	0.013
	5/15	0.543	−0.102	0.040	−0.006	0.911	0.078	0.028	0.013
	6/15	0.653	−0.122	0.048	−0.006	1.049	0.050	0.032	0.012
	7/15	0.762	−0.143	0.055	−0.005	1.173	0.006	0.037	0.010
	8/15	0.871	−0.163	0.061	−0.004	1.282	−0.051	0.041	0.007
	9/15	0.981	−0.184	0.068	−0.002	1.376	−0.124	0.044	0.004
	10/15	1.090	−0.204	0.073	0.000	1.456	−0.212	0.047	0.000
	11/15	1.200	−0.093	0.078	0.016	1.521	−0.146	0.049	0.003
	12/15	1.311	0.017	0.083	0.033	1.572	−0.094	0.051	0.006
	13/15	1.421	0.128	0.086	0.050	1.608	−0.057	0.053	0.008
	14/15	1.532	0.239	0.089	0.066	1.630	0.035	0.054	0.009
	15/15	1.643	0.350	0.091	0.081	1.637	−0.028	0.054	0.010

Tabelle 1.8. $\frac{t}{a} = \frac{1}{50}$, $\frac{b}{a} = 1$

$\frac{l}{a}$	$\frac{z}{l/2}$	Lastfall 1				Lastfall 2			
		k_1		$100k_2$		k_1		$100k_2$	
		$n = 0$	$n = 2$	$n = 0$	$n = 2$	$n = 0$	$n = 2$	$n = 0$	$n = 2$
$\frac{1}{15}$	0/15	0.000	0.000	0.000	0.000	0.000	0.000	0.000	0.000
	1/15	−0.014	−0.014	0.107	−0.268	0.058	0.058	0.117	0.246
	2/15	−0.028	−0.030	0.217	−0.522	0.102	0.099	0.230	0.455
	3/15	−0.039	−0.046	0.330	−0.746	0.132	0.124	0.337	0.606
	4/15	−0.047	−0.063	0.447	−0.924	0.152	0.132	0.436	0.686
	5/15	−0.050	−0.081	0.571	−1.039	0.163	0.123	0.526	0.693
	6/15	−0.047	−0.100	0.701	−1.073	0.168	0.099	0.607	0.629
	7/15	−0.036	−0.120	0.837	−1.007	0.167	0.057	0.677	0.509
	8/15	−0.016	−0.142	0.978	−0.819	0.164	−0.000	0.739	0.351
	9/15	0.013	−0.164	1.122	−0.489	0.158	−0.075	0.790	0.187
	10/15	0.056	−0.188	1.265	0.000	0.151	−0.167	0.833	0.000
	11/15	0.112	−0.066	1.404	0.810	0.145	−0.088	0.867	0.070
	12/15	0.183	0.056	1.531	1.681	0.139	−0.027	0.894	0.126
	13/15	0.271	0.180	1.639	2.497	0.134	0.016	0.912	0.187
	14/15	0.376	0.308	1.719	3.133	0.131	0.042	0.923	0.233
	15/15	0.500	0.439	1.758	3.460	0.130	0.050	0.927	0.250
$\frac{1}{10}$	0/15	0.000	0.000	0.000	0.000	0.000	0.000	0.000	0.000
	1/15	0.021	−0.018	0.156	−0.091	0.113	0.061	0.117	0.091
	2/15	0.043	−0.036	0.312	−0.178	0.210	0.106	0.232	0.167
	3/15	0.068	−0.055	0.466	−0.253	0.292	0.132	0.343	0.222
	4/15	0.096	−0.074	0.618	−0.312	0.361	0.141	0.449	0.251
	5/15	0.128	−0.093	0.768	−0.349	0.419	0.133	0.548	0.254
	6/15	0.166	−0.112	0.913	−0.358	0.467	0.107	0.640	0.232
	7/15	0.211	−0.132	1.054	−0.334	0.506	0.064	0.724	0.188
	8/15	0.263	−0.152	1.188	−0.269	0.538	0.003	0.799	0.129
	9/15	0.323	−0.172	0.313	−0.160	0.563	−0.075	0.865	0.064
	10/15	0.393	−0.192	1.429	0.000	0.583	−0.171	0.921	0.000
	11/15	0.473	−0.062	1.532	0.308	0.598	−0.092	0.968	0.023
	12/15	0.564	0.068	1.620	0.635	0.609	−0.030	1.004	0.050
	13/15	0.667	0.199	1.690	0.942	0.617	0.013	1.030	0.076
	14/15	0.781	0.331	1.739	1.189	0.621	0.039	1.046	0.094
	15/15	0.908	0.464	1.763	1.338	0.622	0.048	1.051	0.101
$\frac{1}{5}$	0/15	0.000	0.000	0.000	0.000	0.000	0.000	0.000	0.000
	1/15	0.113	−0.018	0.058	−0.010	0.232	0.063	0.040	0.021
	2/15	0.226	−0.036	0.117	−0.021	0.447	0.109	0.080	0.038
	3/15	0.340	−0.054	0.174	−0.030	0.644	0.138	0.119	0.051
	4/15	0.455	−0.072	0.230	−0.037	0.825	0.148	0.157	0.058
	5/15	0.570	−0.090	0.284	−0.041	0.989	0.141	0.192	0.060
	6/15	0.687	−0.108	0.336	−0.042	1.136	0.116	0.225	0.056
	7/15	0.804	−0.126	0.385	−0.039	1.268	0.073	0.255	0.047
	8/15	0.923	−0.144	0.431	−0.031	1.383	0.013	0.282	0.034
	9/15	1.044	−0.162	0.473	−0.018	1.483	−0.064	0.306	0.018
	10/15	1.166	−0.180	0.510	0.000	1.567	−0.160	0.327	0.000
	11/15	1.290	−0.047	0.543	0.074	1.635	−0.080	0.344	0.013
	12/15	1.416	0.085	0.570	0.150	1.688	−0.018	0.358	0.024
	13/15	1.544	0.218	0.592	0.222	1.726	0.025	0.367	0.034
	14/15	1.674	0.351	0.607	0.286	1.749	0.052	0.373	0.039
	15/15	1.806	0.484	0.616	0.337	1.756	0.061	0.375	0.041

Tabelle 1.9. $\frac{t}{a} = \frac{1}{50}, \quad \frac{b}{a} = \frac{1}{2}$

$\frac{a}{l}$	$\frac{z}{l/2}$	Lastfall 1				Lastfall 2			
		k_1		$100k_2$		k_1		$100k_2$	
		$n = 0$	$n = 2$	$n = 0$	$n = 2$	$n = 0$	$n = 2$	$n = 0$	$n = 2$
$\frac{1}{15}$	0/15	0.000	0.000	0.000	0.000	0.000	0.000	0.000	0.000
	1/15	−0.011	−0.003	−0.006	−0.720	0.039	0.051	0.179	1.123
	2/15	−0.023	−0.008	−0.004	−1.421	0.061	0.084	0.344	2.074
	3/15	−0.035	−0.014	0.012	−2.078	0.071	0.102	0.486	2.755
	4/15	−0.046	−0.024	0.054	−2.653	0.073	0.107	0.605	3.112
	5/15	−0.057	−0.037	0.128	−3.089	0.068	0.099	0.698	3.133
	6/15	−0.066	−0.054	0.242	−3.308	0.060	0.078	0.768	2.843
	7/15	−0.072	−0.076	0.403	−3.201	0.051	0.045	0.819	2.304
	8/15	−0.073	−0.103	0.616	−2.631	0.040	−0.003	0.853	1.617
	9/15	−0.066	−0.133	0.881	−1.432	0.031	−0.067	0.875	0.928
	10/15	−0.048	−0.166	1.197	0.000	0.022	−0.151	0.888	0.000
	11/15	−0.015	−0.074	1.550	3.918	0.015	−0.071	0.894	0.603
	12/15	0.037	0.023	1.919	7.721	0.010	−0.011	0.896	0.976
	13/15	0.115	0.131	2.270	11.410	0.006	0.030	0.896	1.370
	14/15	0.221	0.256	2.551	14.328	0.003	0.055	0.895	1.656
	15/15	0.360	0.401	2.690	15.719	0.003	0.063	0.895	1.759
$\frac{1}{10}$	0/15	0.000	0.000	0.000	0.000	0.000	0.000	0.000	0.000
	1/15	−0.019	−0.015	0.144	−0.495	0.062	0.067	0.187	0.496
	2/15	−0.036	−0.030	0.292	−0.964	0.106	0.115	0.367	0.918
	3/15	−0.052	−0.047	0.448	−1.379	0.136	0.143	0.535	1.223
	4/15	−0.063	−0.064	0.616	−1.710	0.154	0.153	0.689	1.386
	5/15	−0.070	−0.084	0.798	−1.926	0.162	0.144	0.826	1.397
	6/15	−0.070	−0.105	0.996	−1.991	0.164	0.117	0.948	1.265
	7/15	−0.061	−0.128	1.210	−1.867	0.160	0.071	1.053	1.014
	8/15	−0.042	−0.153	1.439	−1.512	0.153	0.006	1.142	0.686
	9/15	−0.011	−0.179	1.679	−0.880	0.144	−0.077	1.216	0.340
	10/15	0.033	−0.206	1.925	0.000	0.134	−0.182	1.276	0.000
	11/15	0.094	−0.069	2.168	1.723	0.125	−0.091	1.324	0.122
	12/15	0.173	0.069	2.396	3.499	0.117	−0.020	1.360	0.262
	13/15	0.272	0.210	2.593	5.155	0.111	0.029	1.384	0.407
	14/15	0.393	0.356	2.740	6.436	0.107	0.059	1.399	0.512
	15/15	0.537	0.509	2.812	7.076	0.106	0.069	1.404	0.550
$\frac{1}{5}$	0/15	0.000	0.000	0.000	0.000	0.000	0.000	0.000	0.000
	1/15	0.062	−0.018	0.229	−0.069	0.181	0.077	0.163	0.100
	2/15	0.126	−0.037	0.456	−0.134	0.344	0.133	0.323	0.185
	3/15	0.192	−0.056	0.681	−0.191	0.488	0.169	0.478	0.248
	4/15	0.261	−0.074	0.901	−0.235	0.616	0.184	0.627	0.283
	5/15	0.333	−0.093	1.115	−0.262	0.727	0.178	0.767	0.291
	6/15	0.410	−0.112	1.321	−0.268	0.825	0.152	0.897	0.270
	7/15	0.493	−0.131	1.517	−0.249	0.909	0.106	1.016	0.225
	8/15	0.582	−0.151	1.701	−0.199	0.981	0.039	1.124	0.160
	9/15	0.678	−0.170	1.872	−0.114	1.041	−0.048	1.219	0.083
	10/15	0.781	−0.189	2.026	0.000	1.091	−0.156	1.300	0.000
	11/15	0.894	−0.036	2.161	0.358	1.131	−0.063	1.368	0.055
	12/15	1.015	0.117	2.275	0.718	1.161	0.008	1.421	0.105
	13/15	1.145	0.271	2.364	1.050	1.182	0.060	1.459	0.146
	14/15	1.286	0.426	2.425	1.322	1.195	0.091	1.482	0.173
	15/15	1.436	0.581	2.455	1.496	1.199	0.101	1.489	0.183

Tabelle 1.10. $\frac{t}{a} = \frac{1}{100}$, $\frac{b}{a} = 2$

$\frac{a}{l}$	$\frac{z}{l/2}$	Lastfall 1				Lastfall 2			
		k_1		$100k_2$		k_1		$100k_2$	
		$n = 0$	$n = 2$	$n = 0$	$n = 2$	$n = 0$	$n = 2$	$n = 0$	$n = 2$
$\frac{1}{15}$	0/15	0.000	0.000	0.000	0.000	0.000	0.000	0.000	0.000
	1/15	0.079	−0.017	0.036	−0.009	0.175	0.051	0.025	0.009
	2/15	0.159	−0.034	0.073	−0.018	0.336	0.087	0.050	0.016
	3/15	0.240	−0.051	0.109	−0.026	0.483	0.108	0.074	0.022
	4/15	0.322	−0.068	0.144	−0.032	0.616	0.115	0.098	0.025
	5/15	0.405	−0.085	0.178	−0.035	0.737	0.107	0.120	0.025
	6/15	0.489	−0.102	0.211	−0.036	0.844	0.084	0.140	0.022
	7/15	0.576	−0.119	0.241	−0.034	0.940	0.046	0.159	0.018
	8/15	0.664	−0.136	0.270	−0.027	1.023	−0.006	0.177	0.012
	9/15	0.755	−0.154	0.296	−0.016	1.094	−0.074	0.192	0.006
	10/15	0.849	−0.171	0.319	0.000	1.154	−0.156	0.205	0.000
	11/15	0.946	−0.060	0.339	0.030	1.203	−0.090	0.216	0.002
	12/15	1.045	0.050	0.356	0.063	1.240	−0.038	0.224	0.004
	13/15	1.148	0.160	0.368	0.094	1.267	0.001	0.230	0.006
	14/15	1.254	0.271	0.377	0.120	1.283	0.020	0.234	0.008
	15/15	1.363	0.382	0.380	0.136	1.289	0.028	0.235	0.009
$\frac{1}{10}$	0/15	0.000	0.000	0.000	0.000	0.000	0.000	0.000	0.000
	1/15	0.103	−0.017	0.013	−0.002	0.205	0.050	0.009	0.003
	2/15	0.206	−0.035	0.027	−0.005	0.395	0.085	0.018	0.006
	3/15	0.310	−0.053	0.041	−0.008	0.571	0.105	0.027	0.008
	4/15	0.414	−0.070	0.054	−0.009	0.733	0.111	0.036	0.010
	5/15	0.518	−0.088	0.066	−0.010	0.880	0.101	0.044	0.010
	6/15	0.622	−0.106	0.078	−0.011	1.012	0.077	0.052	0.009
	7/15	0.727	−0.124	0.090	−0.010	1.131	0.038	0.059	0.007
	8/15	0.833	−0.142	0.100	−0.008	1.235	−0.014	0.065	0.005
	9/15	0.939	−0.159	0.110	−0.004	1.325	−0.083	0.071	0.002
	10/15	1.046	−0.177	0.119	0.000	1.402	−0.167	0.076	0.000
	11/15	1.153	−0.066	0.126	0.012	1.464	−0.100	0.080	0.001
	12/15	1.261	0.044	0.133	0.026	1.512	−0.048	0.083	0.002
	13/15	1.370	0.155	0.137	0.039	1.547	−0.011	0.086	0.004
	14/15	1.480	0.266	0.141	0.050	1.568	0.010	0.087	0.004
	15/15	1.591	0.377	0.142	0.059	1.574	0.018	0.087	0.005
$\frac{1}{5}$	0/15	0.000	0.000	0.000	0.000	0.000	0.000	0.000	0.000
	1/15	0.110	−0.020	0.002	−0.000	0.214	0.045	0.001	0.001
	2/15	0.220	−0.040	0.004	−0.000	0.413	0.076	0.003	0.002
	3/15	0.331	−0.061	0.006	−0.001	0.598	0.091	0.004	0.002
	4/15	0.442	−0.081	0.008	−0.001	0.767	0.092	0.005	0.003
	5/15	0.552	−0.102	0.010	−0.001	0.922	0.079	0.007	0.003
	6/15	0.663	−0.122	0.012	−0.001	1.062	0.050	0.008	0.003
	7/15	0.773	−0.142	0.013	−0.001	1.188	0.007	0.009	0.002
	8/15	0.884	−0.163	0.015	−0.001	1.298	−0.051	0.010	0.001
	9/15	0.995	−0.183	0.017	−0.000	1.394	0.124	0.011	0.001
	10/15	1.105	−0.204	0.018	0.000	1.475	−0.212	0.012	0.000
	11/15	1.216	−0.093	0.019	0.004	1.542	−0.145	0.012	0.000
	12/15	1.327	0.017	0.021	0.008	1.593	−0.093	0.013	0.001
	13/15	1.438	0.129	0.021	0.012	1.630	−0.056	0.013	0.002
	14/15	1.549	0.240	0.022	0.016	1.652	−0.034	0.013	0.002
	15/15	1.660	0.351	0.023	0.020	1.660	−0.026	0.013	0.002

Tabelle 1.11. $\frac{t}{a} = \frac{1}{100}$, $\frac{b}{a} = 1$

$\frac{a}{l}$	$\frac{z}{l/2}$	Lastfall 1				Lastfall 2			
		k_1		$100k_2$		k_1		$100k_2$	
		$n = 0$	$n = 2$	$n = 0$	$n = 2$	$n = 0$	$n = 2$	$n = 0$	$n = 2$
$\frac{1}{15}$	0/15	0.000	0.000	0.000	0.000	0.000	0.000	0.000	0.000
	1/15	0.013	−0.018	0.110	−0.077	0.103	0.061	0.084	0.064
	2/15	0.027	−0.036	0.219	−0.150	0.190	0.106	0.166	0.119
	3/15	0.044	−0.055	0.328	−0.213	0.262	0.132	0.246	0.159
	4/15	0.065	−0.074	0.436	−0.262	0.322	0.141	0.321	0.180
	5/15	0.090	−0.093	0.542	−0.293	0.371	0.132	0.392	0.181
	6/15	0.121	−0.113	0.646	−0.300	0.410	0.106	0.458	0.163
	7/15	0.159	−0.133	0.746	−0.279	0.441	0.062	0.518	0.130
	8/15	0.205	−0.153	0.842	−0.223	0.466	0.001	0.572	0.087
	9/15	0.260	−0.174	0.933	−0.129	0.485	−0.078	0.618	0.042
	10/15	0.325	−0.194	1.016	0.000	0.499	−0.175	0.659	0.000
	11/15	0.401	−0.064	1.091	0.225	0.509	−0.094	0.692	0.007
	12/15	0.489	0.065	1.154	0.459	0.517	−0.032	0.717	0.020
	13/15	0.589	0.196	1.204	0.676	0.521	0.012	0.736	0.035
	14/15	0.702	0.328	1.238	0.844	0.524	0.039	0.747	0.046
	15/15	0.829	0.461	1.253	0.929	0.525	0.048	0.751	0.050
$\frac{1}{10}$	0/15	0.000	0.000	0.000	0.000	0.000	0.000	0.000	0.000
	1/15	0.076	−0.019	0.082	−0.023	0.185	0.062	0.057	0.022
	2/15	0.154	−0.038	0.165	−0.045	0.354	0.107	0.114	0.042
	3/15	0.232	−0.057	0.246	−0.065	0.507	0.134	0.169	0.056
	4/15	0.312	−0.076	0.325	−0.080	0.644	0.143	0.221	0.063
	5/15	0.395	−0.096	0.401	−0.089	0.767	0.135	0.271	0.064
	6/15	0.480	−0.115	0.475	−0.091	0.875	0.109	0.318	0.058
	7/15	0.569	−0.135	0.544	−0.085	0.970	0.065	0.361	0.047
	8/15	0.662	−0.154	0.609	−0.068	1.053	0.003	0.399	0.032
	9/15	0.759	−0.174	0.668	−0.040	1.123	−0.076	0.433	0.015
	10/15	0.861	−0.194	0.721	0.000	1.182	−0.173	0.463	0.000
	11/15	0.968	−0.061	0.767	0.079	1.229	−0.094	0.487	0.004
	12/15	1.080	0.070	0.805	0.162	1.266	−0.032	0.506	0.011
	13/15	1.198	0.203	0.834	0.240	1.291	0.010	0.520	0.017
	14/15	1.322	0.336	0.853	0.302	1.307	0.036	0.528	0.022
	15/15	1.453	0.469	0.861	0.340	1.312	0.044	0.531	0.024
$\frac{1}{5}$	0/15	0.000	0.000	0.000	0.000	0.000	0.000	0.000	0.000
	1/15	0.127	−0.018	0.016	−0.002	0.251	0.063	0.011	0.005
	2/15	0.255	−0.036	0.032	−0.005	0.484	0.110	0.022	0.009
	3/15	0.383	−0.054	0.048	−0.007	0.699	0.138	0.032	0.012
	4/15	0.511	−0.072	0.063	−0.009	0.898	0.148	0.043	0.014
	5/15	0.640	−0.090	0.078	−0.010	1.078	0.141	0.052	0.015
	6/15	0.769	−0.108	0.092	−0.010	1.241	0.116	0.061	0.014
	7/15	0.898	−0.126	0.106	−0.009	1.387	0.073	0.070	0.011
	8/15	1.027	−0.144	0.118	−0.008	1.516	0.013	0.077	0.008
	9/15	1.157	−0.163	0.130	−0.004	1.627	−0.065	0.084	0.004
	10/15	1.287	−0.181	0.140	0.000	1.721	−0.161	0.089	0.000
	11/15	1.418	−0.047	0.149	0.018	1.798	−0.081	0.094	0.003
	12/15	1.549	0.085	0.156	0.037	1.858	−0.018	0.098	0.006
	13/15	1.681	0.218	0.162	0.055	1.900	0.025	0.101	0.008
	14/15	1.813	0.351	0.166	0.071	1.926	0.052	0.102	0.009
	15/15	1.946	0.485	0.168	0.084	1.935	0.061	0.103	0.010

Tabelle 1.12. $\frac{t}{a} = \frac{1}{100}$, $\frac{b}{a} = \frac{1}{2}$

$\frac{a}{l}$	$\frac{z}{l/2}$	Lastfall 1				Lastfall 2			
		k_1		$100k_2$		k_1		$100k_2$	
		$n = 0$	$n = 2$	$n = 0$	$n = 2$	$n = 0$	$n = 2$	$n = 0$	$n = 2$
$\frac{1}{15}$	0/15	0.000	0.000	0.000	0.000	0.000	0.000	0.000	0.000
	1/15	−0.020	−0.014	0.085	−0.409	0.058	0.066	0.130	0.379
	2/15	−0.039	−0.028	0.174	−0.796	0.098	0.112	0.255	0.703
	3/15	−0.056	−0.044	0.270	−1.140	0.124	0.140	0.371	0.935
	4/15	−0.070	−0.062	0.376	−1.417	0.138	0.148	0.476	1.057
	5/15	−0.078	−0.081	0.494	−1.599	0.143	0.139	0.570	1.060
	6/15	−0.081	−0.103	0.626	−1.656	0.141	0.111	0.651	0.952
	7/15	−0.075	−0.127	0.773	−1.556	0.134	0.065	0.720	0.754
	8/15	−0.060	−0.153	0.934	−1.261	0.125	−0.000	0.778	0.502
	9/15	−0.033	−0.181	1.105	−0.731	0.114	−0.085	0.826	0.246
	10/15	0.008	−0.210	1.284	0.000	0.103	−0.190	0.864	0.000
	11/15	0.065	−0.076	1.463	1.303	0.093	−0.097	0.894	0.062
	12/15	0.141	0.059	1.631	2.649	0.084	−0.026	0.916	0.144
	13/15	0.238	0.199	1.777	3.905	0.077	0.024	0.931	0.241
	14/15	0.358	0.344	1.884	4.857	0.073	0.055	0.940	0.314
	15/15	0.501	0.496	1.931	5.283	0.072	0.065	0.942	0.341
$\frac{1}{10}$	0/15	0.000	0.000	0.000	0.000	0.000	0.000	0.000	0.000
	1/15	0.004	−0.020	0.173	−0.154	0.104	0.072	0.138	0.135
	2/15	0.010	−0.040	0.346	−0.300	0.190	0.124	0.274	0.249
	3/15	0.018	−0.060	0.519	−0.427	0.259	0.156	0.404	0.333
	4/15	0.031	−0.081	0.691	−0.527	0.315	0.167	0.528	0.377
	5/15	0.050	−0.103	0.861	−0.589	0.358	0.158	0.643	0.380
	6/15	0.076	−0.125	1.030	−0.605	0.391	0.128	0.750	0.343
	7/15	0.111	−0.147	1.195	−0.563	0.415	0.079	0.846	0.273
	8/15	0.156	−0.171	1.355	−0.454	0.433	0.009	0.932	0.182
	9/15	0.212	−0.194	1.508	−0.267	0.446	−0.081	1.007	0.086
	10/15	0.280	−0.218	1.651	0.000	0.454	−0.192	1.071	0.000
	11/15	0.363	−0.067	1.780	0.466	0.460	−0.098	1.123	0.018
	12/15	0.460	0.083	1.892	0.955	0.463	0.026	1.164	0.050
	13/15	0.574	0.234	1.981	1.407	0.465	0.025	1.193	0.085
	14/15	0.703	0.387	2.042	1.753	0.466	0.057	1.210	0.111
	15/15	0.850	0.542	2.068	1.922	0.466	0.067	1.216	0.120
$\frac{1}{5}$	0/15	0.000	0.000	0.000	0.000	0.000	0.000	0.000	0.000
	1/15	0.119	−0.019	0.091	−0.017	0.254	0.077	0.062	0.025
	2/15	0.238	−0.038	0.183	−0.034	0.489	0.134	0.124	0.046
	3/15	0.359	−0.057	0.272	−0.049	0.704	0.170	0.185	0.062
	4/15	0.480	−0.076	0.360	−0.060	0.899	0.185	0.242	0.071
	5/15	0.603	−0.095	0.444	−0.067	1.076	0.180	0.297	0.072
	6/15	0.728	−0.114	0.525	−0.069	1.234	0.153	0.348	0.067
	7/15	0.855	−0.133	0.601	−0.064	1.375	0.107	0.395	0.056
	8/15	0.985	−0.153	0.671	−0.051	1.498	0.039	0.438	0.039
	9/15	1.117	−0.172	0.736	−0.030	1.604	−0.048	0.476	0.020
	10/15	1.253	−0.191	0.793	0.000	1.693	−0.158	0.508	0.000
	11/15	1.391	−0.036	0.843	0.089	1.765	−0.064	0.535	0.012
	12/15	1.534	0.118	0.884	0.179	1.821	0.007	0.556	0.025
	13/15	1.680	0.273	0.915	0.263	1.861	0.059	0.571	0.035
	14/15	1.829	0.429	0.936	0.332	1.885	0.090	0.581	0.042
	15/15	1.983	0.584	0.945	0.375	1.893	0.100	0.584	0.044

Anhang 2[1]

Tabellen der Querschnittswerte
für das einfach symmetrische Rechteckprofil

(Siehe Kapitel III.1, Band 1)

a) Abbildungen und Formeln.

b) 7 Tabellen, 2.1. bis 2.7.

---

1 *C. F. Kollbrunner* und *N. Hajdin:*
Wölbkrafttorsion dünnwandiger Stäbe mit geschlossenem Profil.
Mitteilung der Technischen Kommission, Heft Nr. 32.
Schweizer Stahlbau-Vereinigung, Juni 1966.

a) Abbildungen und Formeln

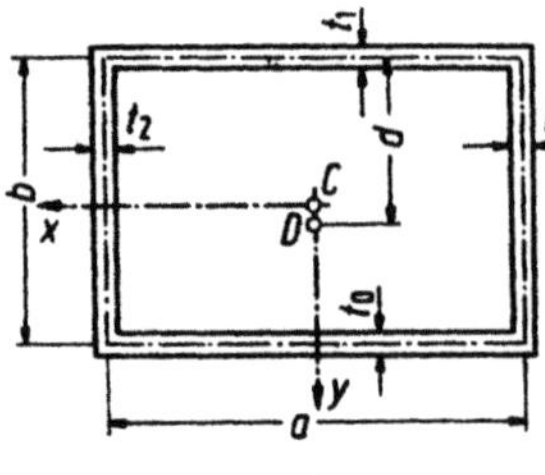

Abb. A/2/1

$$\frac{b}{a} = \beta; \qquad \frac{t_1}{t_0} = \theta_1; \qquad \frac{t_2}{t_0} = \theta_2,$$

$$F_0 = a\,t_0; \qquad A = a\,b.$$

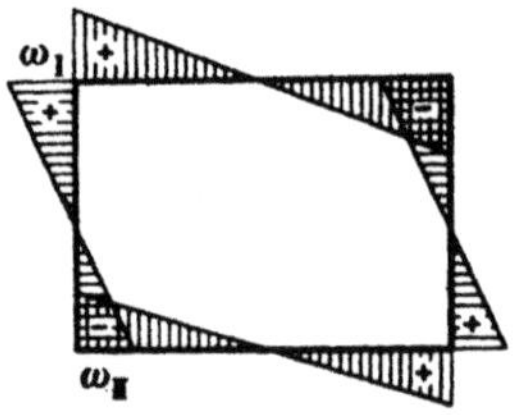

Abb. A/2/2

$$K = \mu_1 A\,b\,t_0, \qquad \mu_1 = \frac{4}{1 + \frac{1}{\theta_1} + \frac{2\beta}{\theta_2}},$$

$$\frac{d}{b} = \mu_2, \qquad \mu_2 = \frac{1 + 3\beta\theta_2 + \frac{3}{2}\beta\frac{\theta_2}{\theta_1}(1-\theta_1)\mu_1}{1 + \theta_1 + 6\theta_2\beta},$$

$$\omega_I = \mu_3 A, \qquad \mu_3 = \frac{1}{2}\left(\mu_2 - \frac{1}{2\theta_1}\mu_1\right),$$

$$\omega_{II} = \mu_4 A, \qquad \mu_4 = \tfrac{1}{2}\left(\mu_2 - 1 + \tfrac{1}{2}\mu_1\right),$$

$$I_{\hat\omega\hat\omega} = \mu_5 a^2 A\,b\,t_0, \qquad \mu_5 = \tfrac{1}{3}\left[\mu_3^2\theta_1 + \mu_4^2 + 2\beta\theta_2(\mu_3^2 + \mu_3\mu_4 + \mu_4^2)\right],$$

$$I_{hh} = \mu_6 A\,b\,t_0, \qquad \mu_6 = \mu_2^2\theta_1 + (1-\mu_2)^2 + \frac{1}{2\beta}\theta_2.$$

b) Tabellen 2.1. bis 2.7.

Tabelle 2.1.

$\theta_1 = 1{,}0$

β	θ_2	μ_1	μ_2	μ_3	μ_4	μ_5	μ_6
	0.25	1.00000	0.50000	0.00000	0.00000	0.00000	1.00000
	0.50	1.33333	0.50000	-0.08333	0.08333	0.00521	1.50000
	0.75	1.50000	0.50000	-0.12500	0.12500	0.01237	2.00000
	1.00	1.60000	0.50000	-0.15000	0.15000	0.01875	2.50000
	1.25	1.66667	0.50000	-0.16667	0.16667	0.02431	3.00000
0.25	1.50	1.71429	0.50000	-0.17857	0.17857	0.02923	3.50000
	2.00	1.77778	0.50000	-0.19444	0.19444	0.03781	4.50000
	2.50	1.81818	0.50000	-0.20455	0.20455	0.04533	5.50000
	3.00	1.84615	0.50000	-0.21154	0.21154	0.05221	6.50000
	5.00	1.90476	0.50000	-0.22619	0.22619	0.07674	10.50000
	10.00	1.95122	0.50000	-0.23780	0.23780	0.13195	20.50000
	0.25	0.66667	0.50000	0.08333	-0.08333	0.00521	0.75000
	0.50	1.00000	0.50000	0.00000	0.00000	0.00000	1.00000
	0.75	1.20000	0.50000	-0.05000	0.05000	0.00229	1.25000
	1.00	1.33333	0.50000	-0.08333	0.08333	0.00694	1.50000
	1.25	1.42857	0.50000	-0.10714	0.10714	0.01244	1.75000
0.50	1.50	1.50000	0.50000	-0.12500	0.12500	0.01823	2.00000
	2.00	1.60000	0.50000	-0.15000	0.15000	0.03000	2.50000
	2.50	1.66667	0.50000	-0.16667	0.16667	0.04167	3.00000
	3.00	1.71429	0.50000	-0.17857	0.17857	0.05315	3.50000
	5.00	1.81818	0.50000	-0.20455	0.20455	0.09762	5.50000
	10.00	1.90476	0.50000	-0.22619	0.22619	0.20465	10.50000
	0.25	0.50000	0.50000	0.12500	-0.12500	0.01237	0.66667
	0.50	0.80000	0.50000	0.05000	-0.05000	0.00229	0.83333
	0.75	1.00000	0.50000	0.00000	0.00000	0.00000	1.00000
	1.00	1.14286	0.50000	-0.03571	0.03571	0.00149	1.16667
	1.25	1.25000	0.50000	-0.06250	0.06250	0.00505	1.33333
0.75	1.50	1.33333	0.50000	-0.08333	0.08333	0.00984	1.50000
	2.00	1.45455	0.50000	-0.11364	0.11364	0.02152	1.83333
	2.50	1.53846	0.50000	-0.13462	0.13462	0.03473	2.16667
	3.00	1.60000	0.50000	-0.15000	0.15000	0.04875	2.50000
	5.00	1.73913	0.50000	-0.18478	0.18478	0.10812	3.83333
	10.00	1.86047	0.50000	-0.21512	0.21512	0.26223	7.16667

Tabelle 2.1. $\theta_1 = 1{,}0$ (Fortsetzung)

β	θ_2	μ_1	μ_2	μ_3	μ_4	μ_5	μ_6
	0.25	0.40000	0.50000	0.15000	-0.15000	0.01875	0.62500
	0.50	0.66667	0.50000	0.08333	-0.08333	0.00694	0.75000
	0.75	0.85714	0.50000	0.03571	-0.03571	0.00149	0.87500
	1.00	1.00000	0.50000	0.00000	0.00000	0.00000	1.00000
	1.25	1.11111	0.50000	-0.02778	0.02778	0.00116	1.12500
1.00	1.50	1.20000	0.50000	-0.05000	0.05000	0.00417	1.25000
	2.00	1.33333	0.50000	-0.08333	0.08333	0.01389	1.50000
	2.50	1.42857	0.50000	-0.10714	0.10714	0.02679	1.75000
	3.00	1.50000	0.50000	-0.12500	0.12500	0.04167	2.00000
	5.00	1.66667	0.50000	-0.16667	0.16667	0.11111	3.00000
	10.00	1.81818	0.50000	-0.20455	0.20455	0.30682	5.50000
	0.25	0.33333	0.50000	0.16667	-0.16667	0.02431	0.60000
	0.50	0.57143	0.50000	0.10714	-0.10714	0.01244	0.70000
	0.75	0.75000	0.50000	0.06250	-0.06250	0.00505	0.80000
	1.00	0.88889	0.50000	0.02778	-0.02778	0.00116	0.90000
	1.25	1.00000	0.50000	0.00000	0.00000	0.00000	1.00000
1.25	1.50	1.09091	0.50000	-0.02273	0.02273	0.00099	1.10000
	2.00	1.23077	0.50000	-0.05769	0.05769	0.00777	1.30000
	2.50	1.33333	0.50000	-0.08333	0.08333	0.01910	1.50000
	3.00	1.41176	0.50000	-0.10294	0.10294	0.03356	1.70000
	5.00	1.60000	0.50000	-0.15000	0.15000	0.10875	2.50000
	10.00	1.77778	0.50000	-0.19444	0.19444	0.34028	4.50000
	0.25	0.28571	0.50000	0.17857	-0.17857	0.02923	0.58333
	0.50	0.50000	0.50000	0.12500	-0.12500	0.01823	0.66667
	0.75	0.66667	0.50000	0.08333	-0.08333	0.00984	0.75000
	1.00	0.80000	0.50000	0.05000	-0.05000	0.00417	0.83333
	1.25	0.90909	0.50000	0.02273	-0.02273	0.00099	0.91667
1.50	1.50	1.00000	0.50000	0.00000	0.00000	0.00000	1.00000
	2.00	1.14286	0.50000	-0.03571	0.03571	0.00340	1.16667
	2.50	1.25000	0.50000	-0.06250	0.06250	0.01237	1.33333
	3.00	1.33333	0.50000	-0.08333	0.08333	0.02546	1.50000
	5.00	1.53846	0.50000	-0.13462	0.13462	0.10269	2.16667
	10.00	1.73913	0.50000	-0.18478	0.18478	0.36421	3.83333
	0.25	0.22222	0.50000	0.19444	-0.19444	0.03781	0.56250
	0.50	0.40000	0.50000	0.15000	-0.15000	0.03000	0.62500
	0.75	0.54545	0.50000	0.11364	-0.11364	0.02152	0.68750
	1.00	0.66667	0.50000	0.08333	-0.08333	0.01389	0.75000
	1.25	0.76923	0.50000	0.05769	-0.05769	0.00777	0.81250
2.00	1.50	0.85714	0.50000	0.03571	-0.03571	0.00340	0.87500
	2.00	1.00000	0.50000	0.00000	0.00000	0.00000	1.00000
	2.50	1.11111	0.50000	-0.02778	0.02778	0.00309	1.12500
	3.00	1.20000	0.50000	-0.05000	0.05000	0.01167	1.25000
	5.00	1.42857	0.50000	-0.10714	0.10714	0.08418	1.75000
	10.00	1.66667	0.50000	-0.16667	0.16667	0.38889	3.00000

Tabelle 2.1. $\theta_1 = 1,0$ (Fortsetzung)

β	θ_2	μ_1	μ_2	μ_3	μ_4	μ_5	μ_6
	0.25	0.18182	0.50000	0.20455	-0.20455	0.04533	0.55000
	0.50	0.33333	0.50000	0.16667	-0.16667	0.04167	0.60000
	0.75	0.46154	0.50000	0.13462	-0.13462	0.03473	0.65000
	1.00	0.57143	0.50000	0.10714	-0.10714	0.02679	0.70000
	1.25	0.66667	0.50000	0.08333	-0.08333	0.01910	0.75000
	1.50	0.75000	0.50000	0.06250	-0.06250	0.01237	0.80000
2.50	2.00	0.88889	0.50000	0.02778	-0.02778	0.00309	0.90000
	2.50	1.00000	0.50000	0.00000	0.00000	0.00000	1.00000
	3.00	1.09091	0.50000	-0.02273	0.02273	0.00293	1.10000
	5.00	1.33333	0.50000	-0.08333	0.08333	0.06250	1.50000
	10.00	1.60000	0.50000	-0.15000	0.15000	0.39000	2.50000
	0.25	0.15385	0.50000	0.21154	-0.21154	0.05221	0.54167
	0.50	0.28571	0.50000	0.17857	-0.17857	0.05315	0.58333
	0.75	0.40000	0.50000	0.15000	-0.15000	0.04875	0.62500
	1.00	0.50000	0.50000	0.12500	-0.12500	0.04167	0.66667
	1.25	0.58824	0.50000	0.10294	-0.10294	0.03356	0.70833
3.00	1.50	0.66667	0.50000	0.08333	-0.08333	0.02546	0.75000
	2.00	0.80000	0.50000	0.05000	-0.05000	0.01167	0.83333
	2.50	0.90909	0.50000	0.02273	-0.02273	0.00293	0.91667
	3.00	1.00000	0.50000	0.00000	0.00000	0.00000	1.00000
	5.00	1.25000	0.50000	-0.06250	0.06250	0.04167	1.33333
	10.00	1.53846	0.50000	-0.13462	0.13462	0.37451	2.16667
	0.25	0.09524	0.50000	0.22619	-0.22619	0.07674	0.52500
	0.50	0.18182	0.50000	0.20455	-0.20455	0.09762	0.55000
	0.75	0.26087	0.50000	0.18478	-0.18478	0.10812	0.57500
	1.00	0.33333	0.50000	0.16667	-0.16667	0.11111	0.60000
	1.25	0.40000	0.50000	0.15000	-0.15000	0.10875	0.62500
5.00	1.50	0.46154	0.50000	0.13462	-0.13462	0.10269	0.65000
	2.00	0.57143	0.50000	0.10714	-0.10714	0.08418	0.70000
	2.50	0.66667	0.50000	0.08333	-0.08333	0.06250	0.75000
	3.00	0.75000	0.50000	0.06250	-0.06250	0.04167	0.80000
	5.00	1.00000	0.50000	0.00000	0.00000	0.00000	1.00000
	10.00	1.33333	0.50000	-0.08333	0.08333	0.23611	1.50000
	0.25	0.04878	0.50000	0.23780	-0.23780	0.13195	0.51250
	0.50	0.09524	0.50000	0.22619	-0.22619	0.20465	0.52500
	0.75	0.13953	0.50000	0.21512	-0.21512	0.26223	0.53750
	1.00	0.18182	0.50000	0.20455	-0.20455	0.30682	0.55000
	1.25	0.22222	0.50000	0.19444	-0.19444	0.34028	0.56250
10.00	1.50	0.26087	0.50000	0.18478	-0.18478	0.36421	0.57500
	2.00	0.33333	0.50000	0.16667	-0.16667	0.38889	0.60000
	2.50	0.40000	0.50000	0.15000	-0.15000	0.39000	0.62500
	3.00	0.46154	0.50000	0.13462	-0.13462	0.37451	0.65000
	5.00	0.66667	0.50000	0.08333	-0.08333	0.23611	0.75000
	10.00	1.00000	0.50000	0.00000	0.00000	0.00000	1.00000

Tabelle 2.2.

$\theta_1 = 1,25$

β	θ_2	μ_1	μ_2	μ_3	μ_4	μ_5	μ_6
	0.25	1.05263	0.44486	0.01190	-0.01441	0.00014	1.05556
	0.50	1.42857	0.44048	-0.06548	0.07738	0.00422	1.55559
	0.75	1.62162	0.43594	-0.10636	0.12337	0.01146	2.05572
	1.00	1.73913	0.43188	-0.13188	0.15072	0.01819	2.55591
	1.25	1.81818	0.42837	-0.14945	0.16873	0.02413	3.05614
0.25	1.50	1.87500	0.42535	-0.16233	0.18142	0.02940	3.55638
	2.00	1.95122	0.42044	-0.18002	0.19803	0.03857	4.55685
	2.50	2.00000	0.41667	-0.19167	0.20833	0.04653	5.55729
	3.00	2.03390	0.41368	-0.19994	0.21532	0.05375	6.55768
	5.00	2.10526	0.40621	-0.21795	0.22942	0.07911	10.55885
	10.00	2.16216	0.39875	-0.23306	0.23991	0.13509	20.56025
	0.25	0.68966	0.44971	0.08693	-0.10273	0.00743	0.80562
	0.50	1.05263	0.44561	0.01228	-0.01404	0.00016	1.05556
	0.75	1.27660	0.44031	-0.03517	0.03930	0.00138	1.30559
	1.00	1.42857	0.43537	-0.06803	0.07483	0.00551	1.55574
	1.25	1.53846	0.43109	-0.09215	0.10016	0.01075	1.80596
0.50	1.50	1.62162	0.42743	-0.11061	0.11912	0.01645	2.05621
	2.00	1.73913	0.42161	-0.13702	0.14559	0.02824	2.55673
	2.50	1.81818	0.41725	-0.15501	0.16317	0.04002	3.05722
	3.00	1.87500	0.41389	-0.16806	0.17569	0.05164	3.55766
	5.00	2.00000	0.40580	-0.19710	0.20290	0.09662	5.55892
	10.00	2.10526	0.39820	-0.22195	0.22542	0.20428	10.56037
	0.25	0.51282	0.45442	0.12464	-0.14459	0.01574	0.72245
	0.50	0.83333	0.45139	0.05903	-0.06597	0.00389	0.88900
	0.75	1.05263	0.44620	0.01257	-0.01374	0.00019	1.05556
	1.00	1.21212	0.44108	-0.02189	0.02357	0.00064	1.22225
	1.25	1.33333	0.43651	-0.04841	0.05159	0.00343	1.38903
0.75	1.50	1.42857	0.43254	-0.06944	0.07341	0.00764	1.55587
	2.00	1.56863	0.42614	-0.10065	0.10523	0.01852	1.88964
	2.50	1.66667	0.42130	-0.12269	0.12731	0.03123	2.22343
	3.00	1.73913	0.41753	-0.13906	0.14355	0.04490	2.55719
	5.00	1.90476	0.40837	-0.17677	0.18038	0.10361	3.89182
	10.00	2.05128	0.39967	-0.21042	0.21266	0.25728	7.22673

Tabelle 2.2. $\theta_1 = 1{,}25$ (Fortsetzung)

β	θ_2	μ_1	μ_2	μ_3	μ_4	μ_5	μ_6
	0.25	0.40816	0.45850	0.14762	-0.16871	0.02279	0.68100
	0.50	0.68966	0.45649	0.09031	-0.09934	0.00971	0.80588
	0.75	0.89552	0.45163	0.04671	-0.05030	0.00293	0.93067
	1.00	1.05263	0.44657	0.01276	-0.01356	0.00024	1.05557
	1.25	1.17647	0.44193	-0.01433	0.01508	0.00034	1.18057
1.00	1.50	1.27660	0.43783	-0.03641	0.03806	0.00242	1.30565
	2.00	1.42857	0.43108	-0.07018	0.07268	0.01062	1.55596
	2.50	1.53846	0.42586	-0.09476	0.09755	0.02233	1.80633
	3.00	1.62162	0.42176	-0.11345	0.11628	0.03627	2.05671
	5.00	1.81818	0.41156	-0.15786	0.16032	0.10333	3.05799
	10.00	2.00000	0.40161	-0.19920	0.20080	0.29665	5.55968
	0.25	0.33898	0.46199	0.16320	-0.18426	0.02877	0.65625
	0.50	0.58824	0.46078	0.11275	-0.12255	0.01610	0.75616
	0.75	0.77922	0.45630	0.07230	-0.07705	0.00765	0.85587
	1.00	0.93023	0.45140	0.03965	-0.04174	0.00262	0.95566
	1.25	1.05263	0.44680	0.01287	-0.01344	0.00031	1.05557
1.25	1.50	1.15385	0.44266	-0.00944	0.00979	0.00018	1.15556
	2.00	1.31148	0.43573	-0.04443	0.04574	0.00491	1.35573
	2.50	1.42857	0.43027	-0.07058	0.07228	0.01445	1.55601
	3.00	1.51899	0.42590	-0.09085	0.09270	0.02736	1.75633
	5.00	1.73913	0.41482	-0.14042	0.14219	0.09816	2.55753
	10.00	1.95122	0.40366	-0.18841	0.18964	0.32454	4.55930
	0.25	0.28986	0.46498	0.17452	-0.19505	0.03399	0.63984
	0.50	0.51282	0.46439	0.12963	-0.13960	0.02260	0.72312
	0.75	0.68966	0.46025	0.09219	-0.09746	0.01347	0.80612
	1.00	0.83333	0.45556	0.06111	-0.06389	0.00683	0.88917
	1.25	0.95238	0.45106	0.03505	-0.03638	0.00255	0.97232
1.50	1.50	1.05263	0.44695	0.01295	-0.01337	0.00039	1.05557
	2.00	1.21212	0.43996	-0.02245	0.02301	0.00142	1.22227
	2.50	1.33333	0.43434	-0.04949	0.05051	0.00812	1.38912
	3.00	1.42857	0.42979	-0.07082	0.07204	0.01913	1.55604
	5.00	1.66667	0.41799	-0.12434	0.12566	0.08984	2.22380
	10.00	1.90476	0.40573	-0.17809	0.17906	0.34279	3.89226
	0.25	0.22472	0.46977	0.18994	-0.20894	0.04293	0.61950
	0.50	0.40816	0.47001	0.15337	-0.16296	0.03538	0.68203
	0.75	0.56075	0.46646	0.12108	-0.12658	0.02681	0.74415
	1.00	0.68966	0.46219	0.09316	-0.09649	0.01872	0.80626
	1.25	0.80000	0.45797	0.06899	-0.07101	0.01184	0.86847
2.00	1.50	0.89552	0.45403	0.04791	-0.04911	0.00647	0.93076
	2.00	1.05263	0.44712	0.01303	-0.01328	0.00059	1.05557
	2.50	1.17647	0.44140	-0.01459	0.01482	0.00088	1.18058
	3.00	1.27660	0.43666	-0.03699	0.03748	0.00658	1.30569
	5.00	1.53846	0.42385	-0.09577	0.09654	0.06857	1.80651
	10.00	1.81818	0.40974	-0.15877	0.15942	0.35644	3.05827

Tabelle 2.2. $\theta_1 = 1,25$ (Fortsetzung)

β	θ_2	μ_1	μ_2	μ_3	μ_4	μ_5	μ_6
	0.25	0.18349	0.47343	0.20002	-0.21741	0.05067	0.60745
	0.50	0.33898	0.47414	0.16927	-0.17818	0.04772	0.65754
	0.75	0.47244	0.47106	0.14104	-0.14636	0.04127	0.70715
	1.00	0.58824	0.46718	0.11594	-0.11935	0.03343	0.75672
	1.25	0.68966	0.46326	0.09370	-0.09596	0.02547	0.80635
2.50	1.50	0.77922	0.45953	0.07392	-0.07543	0.01812	0.85607
	2.00	0.93023	0.45286	0.04038	-0.04101	0.00676	0.95571
	2.50	1.05263	0.44720	0.01308	-0.01324	0.00085	1.05557
	3.00	1.15385	0.44241	-0.00956	0.00967	0.00053	1.15556
	5.00	1.42857	0.42903	-0.07120	0.07166	0.04634	1.55609
	10.00	1.73913	0.41351	-0.14107	0.14154	0.34775	2.55771
	0.25	0.15504	0.47631	0.20715	-0.22308	0.05770	0.59951
	0.50	0.28986	0.47729	0.18068	-0.18889	0.05969	0.64132
	0.75	0.40816	0.47457	0.15565	-0.16067	0.05625	0.68260
	1.00	0.51282	0.47104	0.13295	-0.13628	0.04981	0.72381
	1.25	0.60606	0.46740	0.11249	-0.11478	0.04196	0.76507
3.00	1.50	0.68966	0.46390	0.09402	-0.09564	0.03371	0.80641
	2.00	0.83333	0.45752	0.06209	-0.06291	0.01855	0.88927
	2.50	0.95238	0.45200	0.03553	-0.03590	0.00733	0.97235
	3.00	1.05263	0.44725	0.01310	-0.01322	0.00117	1.05557
	5.00	1.33333	0.43360	-0.04986	0.05014	0.02687	1.38915
	10.00	1.66667	0.41701	-0.12483	0.12517	0.32422	2.22392
	0.25	0.09569	0.48350	0.22261	-0.23433	0.08254	0.58399
	0.50	0.18349	0.48478	0.20569	-0.21174	0.10522	0.60922
	0.75	0.26432	0.48294	0.18860	-0.19245	0.11795	0.63389
	1.00	0.33898	0.48036	0.17238	-0.17508	0.12322	0.65846
	1.25	0.40816	0.47760	0.15717	-0.15916	0.12298	0.68303
5.00	1.50	0.47244	0.47486	0.14294	-0.14446	0.11873	0.70764
	2.00	0.58824	0.46964	0.11717	-0.11812	0.10265	0.75698
	2.50	0.68966	0.46490	0.09452	-0.09513	0.08168	0.80650
	3.00	0.77922	0.46063	0.07447	-0.07488	0.05995	0.85615
	5.00	1.05263	0.44733	0.01314	-0.01318	0.00302	1.05557
	10.00	1.42857	0.42869	-0.07137	0.07149	0.17389	1.55611
	0.25	0.04890	0.49063	0.23553	-0.24246	0.13797	0.57285
	0.50	0.09569	0.49167	0.22670	-0.23024	0.21311	0.58557
	0.75	0.14052	0.49066	0.21723	-0.21954	0.27421	0.59786
	1.00	0.18349	0.48915	0.20788	-0.20955	0.32307	0.61005
	1.25	0.22472	0.48747	0.19879	-0.20008	0.36128	0.62222
10.00	1.50	0.26432	0.48575	0.19001	-0.19104	0.39023	0.63439
	2.00	0.33898	0.48234	0.17337	-0.17408	0.42505	0.65879
	2.50	0.40816	0.47907	0.15790	-0.15842	0.43569	0.68325
	3.00	0.47244	0.47598	0.14350	-0.14390	0.42848	0.70779
	5.00	0.68966	0.46536	0.09475	-0.09491	0.30649	0.80654
	10.00	1.05263	0.44736	0.01315	-0.01316	0.01167	1.05557

Tabelle 2.3.

$\theta_1 = 1{,}50$

β	θ_2	μ_1	μ_2	μ_3	μ_4	μ_5	μ_6
	0.25	1.09091	0.40119	0.01877	-0.02668	0.00044	1.10000
	0.50	1.50000	0.39423	-0.05288	0.07212	0.00348	1.60008
	0.75	1.71429	0.38670	-0.09236	0.12192	0.01074	2.10044
	1.00	1.84615	0.37981	-0.11779	0.15144	0.01774	2.60102
	1.25	1.93548	0.37373	-0.13571	0.17074	0.02401	3.10172
0.25	1.50	2.00000	0.36842	-0.14912	0.18421	0.02961	3.60249
	2.00	2.08696	0.35968	-0.16798	0.20158	0.03932	4.60406
	2.50	2.14286	0.35286	-0.18071	0.21214	0.04772	5.60556
	3.00	2.18182	0.34740	-0.18994	0.21916	0.05529	6.60692
	5.00	2.26415	0.33349	-0.21061	0.23278	0.08151	10.61106
	10.00	2.33010	0.31928	-0.22871	0.24216	0.13831	20.61629
	0.25	0.70588	0.40950	0.08710	-0.11878	0.00944	0.85023
	0.50	1.09091	0.40341	0.01989	-0.02557	0.00051	1.10003
	0.75	1.33333	0.39474	-0.02485	0.03070	0.00082	1.35007
	1.00	1.50000	0.38636	-0.05682	0.06818	0.00450	1.60046
	1.25	1.62162	0.37892	-0.08081	0.09486	0.00954	1.85111
0.50	1.50	1.71429	0.37245	-0.09949	0.11480	0.01517	2.10190
	2.00	1.84615	0.36199	-0.12670	0.14253	0.02700	2.60361
	2.50	1.93548	0.35403	-0.14556	0.16089	0.03893	3.10528
	3.00	2.00000	0.34783	-0.15942	0.17391	0.05072	3.60681
	5.00	2.14286	0.33265	-0.19082	0.20204	0.09628	5.61134
	10.00	2.26415	0.31814	-0.21829	0.22511	•0.20467	10.61675
	0.25	0.52174	0.41754	0.12181	-0.16079	0.01868	0.76744
	0.50	0.85714	0.41353	0.06391	-0.07895	0.00544	0.93379
	0.75	1.09091	0.40522	0.02079	-0.02466	0.00062	1.10007
	1.00	1.26316	0.39662	-0.01222	0.01410	0.00023	1.26670
	1.25	1.39535	0.38873	-0.03819	0.04320	0.00240	1.43365
0.75	1.50	1.50000	0.38176	-0.05912	0.06588	0.00615	1.60083
	2.00	1.65517	0.37031	-0.09070	0.09895	0.01642	1.93554
	2.50	1.76471	0.36150	-0.11337	0.12193	0.02875	2.27037
	3.00	1.84615	0.35457	-0.13041	0.13882	0.04219	2.60516
	5.00	2.03390	0.33746	-0.17025	0.17720	0.10051	3.94311
	10.00	2.20183	0.32091	-0.20652	0.21091	0.25404	7.28231

Tabelle 2.3. $\theta_1 = 1{,}50$ (Fortsetzung)

β	θ_2	μ_1	μ_2	μ_3	μ_4	μ_5	μ_6
	0.25	0.41379	0.42457	0.14332	-0.18427	0.02627	0.72651
	0.50	0.70588	0.42246	0.09358	-0.11230	0.01220	0.85126
	0.75	0.92308	0.41484	0.05357	-0.06181	0.00440	0.97555
	1.00	1.09091	0.40642	0.02139	-0.02406	0.00077	1.10010
	1.25	1.22449	0.39847	-0.00485	0.00536	0.00004	1.22501
1.00	1.50	1.33333	0.39130	-0.02657	0.02899	0.00141	1.35019
	2.00	1.50000	0.37931	-0.06034	0.06466	0.00844	1.60107
	2.50	1.62162	0.36988	-0.08533	0.09035	0.01925	1.85227
	3.00	1.71429	0.36237	-0.10453	0.10976	0.03248	2.10354
	5.00	1.93548	0.34342	-0.15087	0.15558	0.09777	3.10800
	10.00	2.14286	0.32457	-0.19486	0.19800	0.28933	5.61422
	0.25	0.34286	0.43061	0.15816	-0.19898	0.03261	0.70234
	0.50	0.60000	0.43000	0.11500	-0.13500	0.01932	0.80225
	0.75	0.80000	0.42308	0.07821	-0.08846	0.01006	0.90133
	1.00	0.96000	0.41500	0.04750	-0.05250	0.00415	1.00056
	1.25	1.09091	0.40718	0.02177	-0.02368	0.00096	1.10013
1.25	1.50	1.20000	0.40000	0.00000	0.00000	0.00000	1.20000
	2.00	1.37143	0.38776	-0.03469	0.03673	0.00318	1.40037
	2.50	1.50000	0.37794	-0.06103	0.06397	0.01138	1.60122
	3.00	1.60000	0.37000	-0.08167	0.08500	0.02312	1.80225
	5.00	1.84615	0.34952	-0.13293	0.13630	0.09057	2.60637
	10.00	2.08696	0.32847	-0.18359	0.18597	0.31296	4.61279
	0.25	0.29268	0.43582	0.16913	-0.20892	0.03808	0.68654
	0.50	0.52174	0.43634	0.13121	-0.15140	0.02638	0.76997
	0.75	0.70588	0.43005	0.09738	-0.10851	0.01668	0.85226
	1.00	0.85714	0.42236	0.06832	-0.07453	0.00932	0.93458
	1.25	0.98361	0.41475	0.04344	-0.04672	0.00422	1.01721
1.50	1.50	1.09091	0.40767	0.02202	-0.02344	0.00120	1.10015
	2.00	1.26316	0.39538	-0.01284	0.01348	0.00049	1.26672
	2.50	1.39535	0.38535	-0.03988	0.04151	0.00552	1.43387
	3.00	1.50000	0.37712	-0.06144	0.06356	0.01496	1.60131
	5.00	1.76471	0.35542	-0.11641	0.11889	0.08071	2.27164
	10.00	2.03390	0.33239	-0.17279	0.17467	0.32694	3.94476
	0.25	0.22642	0.44425	0.18439	-0.22127	0.04737	0.66740
	0.50	0.41379	0.44625	0.15416	-0.17343	0.03998	0.73035
	0.75	0.57143	0.44099	0.12526	-0.13665	0.03131	0.79170
	1.00	0.70588	0.43408	0.09939	-0.10649	0.02290	0.85290
	1.25	0.82192	0.42701	0.07652	-0.08102	0.01548	0.91432
2.00	1.50	0.92308	0.42026	0.05629	-0.05910	0.00942	0.97603
	2.00	1.09091	0.40823	0.02230	-0.02316	0.00181	1.10017
	2.50	1.22449	0.39812	-0.00502	0.00518	0.00011	1.22501
	3.00	1.33333	0.38961	-0.02742	0.02814	0.00373	1.35027
	5.00	1.62162	0.36627	-0.08714	0.08854	0.05786	1.85284
	10.00	1.93548	0.33996	-0.15260	0.15385	0.33259	3.10901

Tabelle 2.3. $\theta_1 = 1{,}50$ (Fortsetzung)

β	θ_2	μ_1	μ_2	μ_3	μ_4	μ_5	μ_6
	0.25	0.18462	0.45077	0.19462	-0.22846	0.05534	0.65644
	0.50	0.34286	0.45357	0.16964	-0.18750	0.05288	0.70717
	0.75	0.48000	0.44909	0.14455	-0.15545	0.04674	0.75602
	1.00	0.60000	0.44286	0.12143	-0.12857	0.03899	0.80459
	1.25	0.70588	0.43633	0.10052	-0.10536	0.03087	0.85330
2.50	1.50	0.80000	0.43000	0.08167	-0.08500	0.02312	0.90225
	2.00	0.96000	0.41846	0.04923	-0.05077	0.01041	1.00085
	2.50	1.09091	0.40852	0.02244	-0.02301	0.00258	1.10018
	3.00	1.20000	0.40000	0.00000	0.00000	0.00000	1.20000
	5.00	1.50000	0.37581	-0.06210	0.06290	0.03580	1.60146
	10.00	1.84615	0.34704	-0.13417	0.13506	0.31711	2.60701
	0.25	0.15584	0.45594	0.20199	-0.23307	0.06253	0.64949
	0.50	0.29268	0.45917	0.18081	-0.19724	0.06525	0.69209
	0.75	0.41379	0.45528	0.15867	-0.16891	0.06246	0.73264
	1.00	0.52174	0.44963	0.13786	-0.14475	0.05649	0.77282
	1.25	0.61856	0.44361	0.11871	-0.12356	0.04886	0.81309
3.00	1.50	0.70588	0.43769	0.10120	-0.10469	0.04059	0.85355
	2.00	0.85714	0.42672	0.07050	-0.07236	0.02465	0.93512
	2.50	0.98361	0.41708	0.04461	-0.04556	0.01185	1.01740
	3.00	1.09091	0.40869	0.02253	-0.02293	0.00353	1.10019
	5.00	1.39535	0.38416	-0.04048	0.04092	0.01794	1.43396
	10.00	1.76471	0.35359	-0.11732	0.11797	0.28834	2.27205
	0.25	0.09600	0.46900	0.21850	-0.24150	0.08773	0.63690
	0.50	0.18462	0.47253	0.20549	-0.21758	0.11166	0.66315
	0.75	0.26667	0.47000	0.19056	-0.19833	0.12590	0.68725
	1.00	0.34286	0.46593	0.17582	-0.18132	0.13278	0.71087
	1.25	0.41379	0.46142	0.16175	-0.16584	0.13409	0.73443
5.00	1.50	0.48000	0.45684	0.14842	-0.15158	0.13121	0.75808
	2.00	0.60000	0.44800	0.12400	-0.12600	0.11717	0.80576
	2.50	0.70588	0.43985	0.10228	-0.10361	0.09713	0.85397
	3.00	0.80000	0.43243	0.08288	-0.08378	0.07523	0.90263
	5.00	1.09091	0.40894	0.02265	-0.02280	0.00904	1.10020
	10.00	1.50000	0.37521	-0.06240	0.06260	0.13346	1.60154
	0.25	0.04898	0.48222	0.23294	-0.24665	0.14348	0.62940
	0.50	0.09600	0.48492	0.22646	-0.23354	0.22028	0.64303
	0.75	0.14118	0.48359	0.21827	-0.22291	0.28376	0.65497
	1.00	0.18462	0.48123	0.20985	-0.21323	0.33555	0.66650
	1.25	0.22642	0.47851	0.20152	-0.20414	0.37707	0.67791
10.00	1.50	0.26667	0.47568	0.19339	-0.19550	0.40956	0.68932
	2.00	0.34286	0.46997	0.17784	-0.17930	0.45172	0.71224
	2.50	0.41379	0.46444	0.16326	-0.16433	0.46948	0.73538
	3.00	0.48000	0.45918	0.14959	-0.15041	0.46874	0.75876
	5.00	0.70588	0.44084	0.10277	-0.10311	0.36206	0.85417
	10.00	1.09091	0.40905	0.02271	-0.02275	0.03487	1.10020

Tabelle 2.4.

$\theta_1 = 2,0$

β	θ_2	μ_1	μ_2	μ_3	μ_4	μ_5	μ_6
	0.25	1.14286	0.33598	0.02513	-0.04630	0.00120	1.16669
	0.50	1.60000	0.32667	-0.03667	0.06333	0.00249	1.66680
	0.75	1.84615	0.31585	-0.07284	0.11946	0.00965	2.16758
	1.00	2.00000	0.30556	-0.09722	0.15278	0.01707	2.66898
	1.25	2.10526	0.29622	-0.11505	0.17443	0.02388	3.17080
0.25	1.50	2.18182	0.28788	-0.12879	0.18939	0.03003	3.67287
	2.00	2.28571	0.27381	-0.14881	0.20833	0.04075	4.67730
	2.50	2.35294	0.26253	-0.16285	0.21950	0.04997	5.68171
	3.00	2.40000	0.25333	-0.17333	0.22667	0.05822	6.68587
	5.00	2.50000	0.22917	-0.19792	0.23958	0.08621	10.69922
	10.00	2.58065	0.20341	-0.22088	0.24686	0.14484	20.71731
	0.25	0.72727	0.34848	0.08333	-0.14394	0.01284	0.91736
	0.50	1.14286	0.34127	0.02778	-0.04365	0.00139	1.16686
	0.75	1.41176	0.32913	-0.01190	0.01751	0.00026	1.41672
	1.00	1.60000	0.31667	-0.04167	0.05833	0.00319	1.66750
	1.25	1.73913	0.30515	-0.06481	0.08736	0.00792	1.91905
0.50	1.50	1.84615	0.29487	-0.08333	0.10897	0.01346	2.17110
	2.00	2.00000	0.27778	-0.11111	0.13889	0.02546	2.67593
	2.50	2.10526	0.26441	-0.13095	0.15852	0.03774	3.18092
	3.00	2.18182	0.25379	-0.14583	0.17235	0.04992	3.68565
	5.00	2.35294	0.22712	-0.18056	0.20180	0.09679	5.70051
	10.00	2.50000	0.20076	-0.21212	0.22538	0.20687	10.71940
	0.25	0.53333	0.36061	0.11364	-0.18636	0.02349	0.83556
	0.50	0.88889	0.35714	0.06746	-0.09921	0.00824	1.00170
	0.75	1.14286	0.34594	0.03011	-0.04132	0.00169	1.16714
	1.00	1.33333	0.33333	0.00000	0.00000	0.00000	1.33333
	1.25	1.48148	0.32126	-0.02456	0.03100	0.00122	1.50044
0.75	1.50	1.60000	0.31026	-0.04487	0.05513	0.00429	1.66826
	2.00	1.77778	0.29167	-0.07639	0.09028	0.01370	2.00521
	2.50	1.90476	0.27694	-0.09962	0.11466	0.02556	2.34287
	3.00	2.00000	0.26515	-0.11742	0.13258	0.03875	2.68061
	5.00	2.22222	0.23529	-0.16013	0.17320	0.09686	4.02884
	10.00	2.42424	0.20549	-0.20028	0.20881	0.25074	7.38236

Tabelle 2.4. $\theta_1 = 2{,}0$ (Fortsetzung)

β	θ_2	μ_1	μ_2	μ_3	μ_4	μ_5	μ_6
	0.25	0.42105	0.37135	0.13304	-0.20906	0.03197	0.79600
	0.50	0.72727	0.37121	0.09470	-0.13258	0.01650	0.92097
	0.75	0.96000	0.36133	0.06067	-0.07933	0.00713	1.04402
	1.00	1.14286	0.34921	0.03175	-0.03968	0.00208	1.16742
	1.25	1.29032	0.33717	0.00730	-0.00883	0.00012	1.29171
1.00	1.50	1.41176	0.32598	-0.01348	0.01593	0.00043	1.41683
	2.00	1.60000	0.30667	-0.04667	0.05333	0.00578	1.66880
	2.50	1.73913	0.29106	-0.07186	0.08031	0.01533	1.92203
	3.00	1.84615	0.27839	-0.09158	0.10073	0.02759	2.17572
	5.00	2.10526	0.24561	-0.14035	0.14912	0.09057	3.18975
	10.00	2.35294	0.21195	-0.18814	0.19421	0.28001	5.71087
	0.25	0.34783	0.38071	0.14688	-0.22269	0.03892	0.77340
	0.50	0.61538	0.38319	0.11467	-0.15456	0.02478	0.87412
	0.75	0.82759	0.37456	0.08383	-0.10582	0.01426	0.97177
	1.00	1.00000	0.36310	0.05655	-0.06845	0.00704	1.06932
	1.25	1.14286	0.35137	0.03283	-0.03860	0.00257	1.16764
1.25	1.50	1.26316	0.34026	0.01223	-0.01408	0.00039	1.26681
	2.00	1.45455	0.32071	-0.02146	0.02399	0.00137	1.46714
	2.50	1.60000	0.30460	-0.04770	0.05230	0.00767	1.66914
	3.00	1.71429	0.29132	-0.06863	0.07423	0.01779	1.87196
	5.00	2.00000	0.25617	-0.12191	0.12809	0.08060	2.68453
	10.00	2.28571	0.21886	-0.17628	0.18086	0.29748	4.70598
	0.25	0.29630	0.38889	0.15741	-0.23148	0.04486	0.75926
	0.50	0.53333	0.39333	0.13000	-0.17000	0.03275	0.84413
	0.75	0.72727	0.38578	0.10198	-0.12529	0.02216	0.92492
	1.00	0.88889	0.37500	0.07639	-0.09028	0.01370	1.00521
	1.25	1.02564	0.36370	0.05364	-0.06174	0.00741	1.08610
1.50	1.50	1.14286	0.35281	0.03355	-0.03788	0.00316	1.16781
	2.00	1.33333	0.33333	0.00000	0.00000	0.00000	1.33333
	2.50	1.48148	0.31699	-0.02669	0.02887	0.00269	1.50080
	3.00	1.60000	0.30333	-0.04833	0.05167	0.00997	1.66937
	5.00	1.90476	0.26637	-0.10491	0.10938	0.06880	2.34679
	10.00	2.22222	0.22581	-0.16487	0.16846	0.30546	4.03469
	0.25	0.22857	0.40238	0.17262	-0.24167	0.05483	0.74347
	0.50	0.42105	0.40936	0.15205	-0.19006	0.04768	0.80901
	0.75	0.58537	0.40346	0.12856	-0.15193	0.03879	0.86892
	1.00	0.72727	0.39394	0.10606	-0.12121	0.02984	0.92769
	1.25	0.85106	0.38357	0.08540	-0.09545	0.02165	0.98674
2.00	1.50	0.96000	0.37333	0.06667	-0.07333	0.01462	1.04647
	2.00	1.14286	0.35450	0.03439	-0.03704	0.00466	1.16801
	2.50	1.29032	0.33822	0.00782	-0.00831	0.00028	1.29174
	3.00	1.41176	0.32428	-0.01433	0.01508	0.00108	1.41691
	5.00	1.73913	0.28502	-0.07488	0.07729	0.04435	1.92367
	10.00	2.10526	0.23920	-0.14356	0.14591	0.30021	3.19325

Tabelle 2.4. $\theta_1 = 2,0$ (Fortsetzung)

β	θ_2	μ_1	μ_2	μ_3	μ_4	μ_5	μ_6
2.50	0.25	0.18605	0.41301	0.18325	-0.24699	0.06327	0.73571
	0.50	0.34783	0.42133	0.16718	-0.20238	0.06151	0.78989
	0.75	0.48980	0.41658	0.14706	-0.16926	0.05570	0.83746
	1.00	0.61538	0.40812	0.12714	-0.14209	0.04799	0.88345
	1.25	0.72727	0.39864	0.10841	-0.11886	0.03962	0.92946
	1.50	0.82759	0.38911	0.09111	-0.09855	0.03136	0.97600
	2.00	1.00000	0.37121	0.06061	-0.06439	0.01689	1.07097
	2.50	1.14286	0.35538	0.03483	-0.03660	0.00658	1.16812
	3.00	1.26316	0.34156	0.01288	-0.01343	0.00104	1.26687
	5.00	1.60000	0.30128	-0.04936	0.05064	0.02332	1.66975
	10.00	2.00000	0.25163	-0.12418	0.12582	0.27601	2.68669
3.00	0.25	0.15686	0.42157	0.19118	-0.25000	0.07083	0.73169
	0.50	0.29630	0.43056	0.17824	-0.21065	0.07457	0.77836
	0.75	0.42105	0.42663	0.16069	-0.18142	0.07256	0.81778
	1.00	0.53333	0.41905	0.14286	-0.15714	0.06714	0.85537
	1.25	0.63492	0.41036	0.12582	-0.13609	0.05980	0.89280
	1.50	0.72727	0.40152	0.10985	-0.11742	0.05151	0.93061
	2.00	0.88889	0.38462	0.08120	-0.08547	0.03466	1.00789
	2.50	1.02564	0.36939	0.05649	-0.05889	0.01995	1.08723
	3.00	1.14286	0.35589	0.03509	-0.03634	0.00892	1.16819
	5.00	1.48148	0.31541	-0.02748	0.02808	0.00848	1.50096
	10.00	1.90476	0.26308	-0.10656	0.10773	0.24105	2.34814
5.00	0.25	0.09639	0.44378	0.20984	-0.25402	0.09691	0.72826
	0.50	0.18605	0.45284	0.20317	-0.22707	0.12254	0.75951
	0.75	0.26966	0.45065	0.19162	-0.20726	0.13869	0.78296
	1.00	0.34783	0.44532	0.17918	-0.19038	0.14762	0.80429
	1.25	0.42105	0.43892	0.16683	-0.17528	0.15093	0.82511
	1.50	0.48980	0.43219	0.15487	-0.16146	0.14992	0.84598
	2.00	0.61538	0.41880	0.13248	-0.13675	0.13883	0.88858
	2.50	0.72727	0.40618	0.11218	-0.11509	0.12047	0.93259
	3.00	0.82759	0.39451	0.09381	-0.09585	0.09888	0.97790
	5.00	1.14286	0.35668	0.03548	-0.03595	0.02253	1.16830
	10.00	1.60000	0.30033	-0.04983	0.05017	0.08583	1.66993
10.00	0.25	0.04908	0.46711	0.22742	-0.25418	0.15355	0.73286
	0.50	0.09639	0.47390	0.22490	-0.23896	0.23255	0.75094
	0.75	0.14201	0.47294	0.21872	-0.22803	0.29903	0.76264
	1.00	0.18605	0.46992	0.21170	-0.21853	0.35453	0.77263
	1.25	0.22857	0.46612	0.20449	-0.20980	0.40029	0.78206
	1.50	0.26966	0.46200	0.19729	-0.20158	0.43739	0.79133
	2.00	0.34783	0.45352	0.18328	-0.18628	0.48931	0.81000
	2.50	0.42105	0.44513	0.16993	-0.17217	0.51685	0.82916
	3.00	0.48980	0.43705	0.15730	-0.15903	0.52528	0.84894
	5.00	0.72727	0.40834	0.11326	-0.11401	0.44334	0.93355
	10.00	1.14286	0.35702	0.03566	-0.03577	0.08631	1.16835

Tabelle 2.5.

$\theta_1 = 3,0$

β	θ_2	μ_1	μ_2	μ_3	μ_4	μ_5	μ_6
	0.25	1.20000	0.25429	0.02714	-0.07286	0.00268	1.25007
	0.50	1.71429	0.24436	-0.02068	0.05075	0.00145	1.75013
	0.75	2.00000	0.23171	-0.05081	0.11585	0.00832	2.25134
	1.00	2.18182	0.21901	-0.07231	0.15496	0.01624	2.75384
	1.25	2.30769	0.20704	-0.08879	0.18044	0.02382	3.25738
0.25	1.50	2.40000	0.19600	-0.10200	0.19800	0.03083	3.76166
	2.00	2.52632	0.17669	-0.12218	0.21992	0.04319	4.77150
	2.50	2.60870	0.16059	-0.13710	0.23247	0.05388	5.78198
	3.00	2.66667	0.14706	-0.14869	0.24020	0.06339	6.79239
	5.00	2.79070	0.10971	-0.17770	0.25253	0.09490	10.82873
	10.00	2.89157	0.06690	-0.20751	0.25634	0.15760	20.88410
	0.25	0.75000	0.26974	0.07237	-0.17763	0.01775	1.00156
	0.50	1.20000	0.26364	0.03182	-0.06818	0.00314	1.25074
	0.75	1.50000	0.25000	-0.00000	0.00000	0.00000	1.50000
	1.00	1.71429	0.23469	-0.02551	0.04592	0.00188	1.75094
	1.25	1.87500	0.21976	-0.04637	0.07863	0.00616	2.00366
0.50	1.50	2.00000	0.20588	-0.06373	0.10294	0.01164	2.25779
	2.00	2.18182	0.18182	-0.09091	0.13636	0.02410	2.76860
	2.50	2.30769	0.16221	-0.11120	0.15803	0.03716	3.28083
	3.00	2.40000	0.14615	-0.12692	0.17308	0.05019	3.79314
	5.00	2.60870	0.10412	-0.16533	0.20423	0.10004	5.83513
	10.00	2.79070	0.06019	-0.20246	0.22777	0.21414	10.89411
	0.25	0.54545	0.28492	0.09701	-0.22118	0.03033	0.92154
	0.50	0.92308	0.28462	0.06538	-0.12692	0.01267	1.08813
	0.75	1.20000	0.27288	0.03644	-0.06356	0.00382	1.25209
	1.00	1.41176	0.25779	0.01125	-0.01817	0.00036	1.41691
	1.25	1.57895	0.24231	-0.01042	0.01589	0.00032	1.58357
0.75	1.50	1.71429	0.22757	-0.02907	0.04236	0.00250	1.75201
	2.00	1.92000	0.20154	-0.05923	0.08077	0.01093	2.09273
	2.50	2.06897	0.18005	-0.08239	0.10726	0.02244	2.43624
	3.00	2.18182	0.16234	-0.10065	0.12662	0.03560	2.78074
	5.00	2.44898	0.11571	-0.14623	0.17010	0.09463	4.15547
	10.00	2.69663	0.06684	-0.19130	0.20758	0.25083	7.55085

Tabelle 2.5. $\theta_1 = 3{,}0$ (Fortsetzung)

β	θ_2	μ_1	μ_2	μ_3	μ_4	μ_5	μ_6
	0.25	0.42857	0.29870	0.11364	-0.24351	0.04010	0.88449
	0.50	0.75000	0.30357	0.08929	-0.16071	0.02307	1.01148
	0.75	1.00000	0.29412	0.06373	-0.10294	0.01164	1.13279
	1.00	1.20000	0.28000	0.04000	-0.06000	0.00467	1.25360
	1.25	1.36364	0.26482	0.01877	-0.02668	0.00106	1.37588
1.00	1.50	1.50000	0.25000	-0.00000	0.00000	0.00000	1.50000
	2.00	1.71429	0.22321	-0.03125	0.04018	0.00330	1.75287
	2.50	1.87500	0.20066	-0.05592	0.06908	0.01144	2.00974
	3.00	2.00000	0.18182	-0.07576	0.09091	0.02273	2.26860
	5.00	2.30769	0.13122	-0.12670	0.14253	0.08386	3.30643
	10.00	2.60870	0.07677	-0.17901	0.19056	0.27245	5.87004
	0.25	0.35294	0.31101	0.12610	-0.25626	0.04805	0.86489
	0.50	0.63158	0.32003	0.10739	-0.18209	0.03306	0.96962
	0.75	0.85714	0.31262	0.08488	-0.12941	0.02089	1.06568
	1.00	1.04348	0.29962	0.06285	-0.08932	0.01187	1.15985
	1.25	1.20000	0.28505	0.04252	-0.05748	0.00569	1.25491
1.25	1.50	1.33333	0.27049	0.02413	-0.03142	0.00193	1.35168
	2.00	1.54839	0.24363	-0.00722	0.00891	0.00019	1.55016
	2.50	1.71429	0.22057	-0.03257	0.03885	0.00428	1.75347
	3.00	1.84615	0.20102	-0.05334	0.06205	0.01259	1.95960
	5.00	2.18182	0.14732	-0.10816	0.11911	0.07061	2.79218
	10.00	2.52632	0.08761	-0.16672	0.17538	0.28234	4.85548
	0.25	0.30000	0.32200	0.13600	-0.26400	0.05480	0.85407
	0.50	0.54545	0.33422	0.12166	-0.19652	0.04243	0.94504
	0.75	0.75000	0.32849	0.10174	-0.14826	0.03061	1.02464
	1.00	0.92308	0.31657	0.08136	-0.11095	0.02062	1.10106
	1.25	1.07143	0.30269	0.06206	-0.08080	0.01273	1.17777
1.50	1.50	1.20000	0.28857	0.04429	-0.05571	0.00689	1.25595
	2.00	1.41176	0.26203	0.01337	-0.01604	0.00071	1.41725
	2.50	1.57895	0.23883	-0.01216	0.01415	0.00065	1.58383
	3.00	1.71429	0.21889	-0.03341	0.03802	0.00547	1.75387
	5.00	2.06897	0.16291	-0.09096	0.09870	0.05671	2.44700
	10.00	2.44898	0.09857	-0.15480	0.16153	0.28316	4.17506
	0.25	0.23077	0.34066	0.15110	-0.27198	0.06606	0.84538
	0.50	0.42857	0.35714	0.14286	-0.21429	0.05952	0.92092
	0.75	0.60000	0.35385	0.12692	-0.17308	0.05019	0.98064
	1.00	0.75000	0.34375	0.10937	-0.14062	0.04036	1.03516
	1.25	0.88235	0.33127	0.09211	-0.11378	0.03105	1.08892
2.00	1.50	1.00000	0.31818	0.07576	-0.09091	0.02273	1.14360
	2.00	1.20000	0.29286	0.04643	-0.05357	0.00988	1.25735
	2.50	1.36364	0.27005	0.02139	-0.02406	0.00239	1.37661
	3.00	1.50000	0.25000	-0.00000	0.00000	0.00000	1.50000
	5.00	1.87500	0.19141	-0.06055	0.06445	0.03117	2.01373
	10.00	2.30769	0.11973	-0.13244	0.13679	0.26558	3.31788

Tabelle 2.5. $\theta_1 = 3{,}0$ (Fortsetzung)

β	θ_2	μ_1	μ_2	μ_3	μ_4	μ_5	μ_6
	0.25	0.18750	0.35585	0.16230	-0.27520	0.07551	0.84481
	0.50	0.35294	0.37468	0.15793	-0.22442	0.07495	0.91218
	0.75	0.50000	0.37295	0.14481	-0.18852	0.06933	0.96047
	1.00	0.63158	0.36427	0.12950	-0.15997	0.06138	1.00223
	1.25	0.75000	0.35302	0.11401	-0.13599	0.05247	1.04245
2.50	1.50	0.85714	0.34097	0.09906	-0.11523	0.04343	1.08310
	2.00	1.04348	0.31714	0.07161	-0.08056	0.02679	1.16803
	2.50	1.20000	0.29518	0.04759	-0.05241	0.01367	1.25817
	3.00	1.33333	0.27551	0.02664	-0.02891	0.00487	1.35260
	5.00	1.71429	0.21609	-0.03481	0.03662	0.01231	1.75460
	10.00	2.18182	0.13932	-0.11216	0.11511	0.23233	2.79900
	0.25	0.15789	0.36842	0.17105	-0.27632	0.08388	0.84776
	0.50	0.30000	0.38846	0.16923	-0.23077	0.08923	0.91002
	0.75	0.42857	0.38776	0.15816	-0.19898	0.08792	0.95091
	1.00	0.54545	0.38017	0.14463	-0.17355	0.08283	0.98444
	1.25	0.65217	0.36998	0.13064	-0.15197	0.07554	1.01591
3.00	1.50	0.75000	0.35887	0.11694	-0.13306	0.06704	1.04741
	2.00	0.92308	0.33654	0.09135	-0.10096	0.04900	1.11329
	2.50	1.07143	0.31560	0.06851	-0.07434	0.03217	1.18388
	3.00	1.20000	0.29655	0.04828	-0.05172	0.01828	1.25867
	5.00	1.57895	0.23740	-0.01288	0.01344	0.00196	1.58397
	10.00	2.06897	0.15723	-0.09380	0.09586	0.19177	2.45109
	0.25	0.09677	0.40252	0.19320	-0.27454	0.11217	0.86805
	0.50	0.18750	0.42270	0.19572	-0.24178	0.14020	0.91930
	0.75	0.27273	0.42367	0.18911	-0.21998	0.15828	0.94565
	1.00	0.35294	0.41869	0.17993	-0.20242	0.16913	0.96382
	1.25	0.42857	0.41136	0.16997	-0.18718	0.17436	0.97915
5.00	1.50	0.50000	0.40306	0.15986	-0.17347	0.17517	0.99371
	2.00	0.63158	0.38569	0.14021	-0.14926	0.16715	1.02365
	2.50	0.75000	0.36867	0.12184	-0.12816	0.15078	1.05633
	3.00	0.85714	0.35258	0.10486	-0.10942	0.12994	1.09209
	5.00	1.20000	0.29870	0.04935	-0.05065	0.04498	1.25949
	10.00	1.71429	0.21476	-0.03548	0.03595	0.04421	1.75497
	0.25	0.04918	0.44090	0.21635	-0.26726	0.17130	0.90827
	0.50	0.09677	0.45636	0.22011	-0.24763	0.25310	0.94533
	0.75	0.14286	0.45773	0.21696	-0.23542	0.32263	0.96010
	1.00	0.18750	0.45508	0.21191	-0.22559	0.38182	0.96823
	1.25	0.23077	0.45083	0.20618	-0.21689	0.43181	0.97383
10.00	1.50	0.27273	0.44584	0.20019	-0.20890	0.47358	0.97842
	2.00	0.35294	0.43501	0.18809	-0.19426	0.53565	0.98691
	2.50	0.42857	0.42393	0.17625	-0.18089	0.57370	0.99601
	3.00	0.50000	0.41304	0.16486	-0.16848	0.59239	1.00633
	5.00	0.75000	0.37336	0.12418	-0.12582	0.54160	1.06087
	10.00	1.20000	0.29967	0.04983	-0.05017	0.16999	1.25987

Tabelle 2.6.

$\theta_1 = 5,0$

β	θ_2	μ_1	μ_2	μ_3	μ_4	μ_5	μ_6
	0.25	1.25000	0.17157	0.02328	-0.10172	0.00471	1.33348
	0.50	1.81818	0.16330	-0.00926	0.03620	0.00067	1.83340
	0.75	2.14286	0.15163	-0.03133	0.11153	0.00702	2.33469
	1.00	2.35294	0.13922	-0.04804	0.15784	0.01542	2.83785
	1.25	2.50000	0.12698	-0.06151	0.18849	0.02392	3.34278
0.25	1.50	2.60870	0.11528	-0.07279	0.20982	0.03202	3.84917
	2.00	2.75862	0.09387	-0.09100	0.23659	0.04670	4.86513
	2.50	2.85714	0.07509	-0.10531	0.25183	0.05962	5.88365
	3.00	2.92683	0.05865	-0.11702	0.26103	0.07118	6.90334
	5.00	3.07692	0.00997	-0.14886	0.27422	0.10911	10.98065
	10.00	3.20000	-0.05238	-0.18619	0.27381	0.18053	21.12122
	0.25	0.76923	0.18661	0.05484	-0.21439	0.02343	1.08572
	0.50	1.25000	0.18333	0.02917	-0.09583	0.00569	1.33500
	0.75	1.57895	0.17145	0.00678	-0.01954	0.00028	1.58347
	1.00	1.81818	0.15657	-0.01263	0.03283	0.00090	1.83395
	1.25	2.00000	0.14103	-0.02949	0.07051	0.00467	2.08728
0.50	1.50	2.14286	0.12585	-0.04422	0.09864	0.01016	2.34333
	2.00	2.35294	0.09804	-0.06863	0.13725	0.02355	2.86159
	2.50	2.50000	0.07407	-0.08796	0.16204	0.03810	3.38477
	3.00	2.60870	0.05362	-0.10362	0.17899	0.05280	3.91001
	5.00	2.85714	-0.00340	-0.14456	0.21259	0.10882	6.00687
	10.00	3.07692	-0.06838	-0.18803	0.23504	0.23203	11.16480
	0.25	0.55556	0.20175	0.07310	-0.26023	0.03824	1.00739
	0.50	0.95238	0.20563	0.05519	-0.15909	0.01841	1.17577
	0.75	1.25000	0.19667	0.03583	-0.08917	0.00706	1.33873
	1.00	1.48148	0.18254	0.01720	-0.03836	0.00154	1.50151
	1.25	1.66667	0.16667	0.00000	0.00000	0.00000	1.66667
0.75	1.50	1.81818	0.15062	-0.01560	0.02986	0.00120	1.83488
	2.00	2.05128	0.12051	-0.04231	0.07308	0.00880	2.17945
	2.50	2.22222	0.09420	-0.06401	0.10266	0.02042	2.53151
	3.00	2.35294	0.07164	-0.08183	0.12406	0.03419	2.88751
	5.00	2.66667	0.00877	-0.12895	0.17105	0.09704	4.31625
	10.00	2.96296	-0.06209	-0.17919	0.20969	0.26071	7.81398

Tabelle 2.6. $\theta_1 = 5{,}0$ (Fortsetzung)

β	θ_2	μ_1	μ_2	μ_3	μ_4	μ_5	μ_6
	0.25	0.43478	0.21594	0.08623	-0.28333	0.04970	0.97290
	0.50	0.76923	0.22650	0.07479	-0.19444	0.03154	1.10481
	0.75	1.03448	0.22085	0.05870	-0.13095	0.01791	1.22595
	1.00	1.25000	0.20833	0.04167	-0.08333	0.00868	1.34375
	1.25	1.42857	0.19312	0.02513	-0.04630	0.00311	1.46253
1.00	1.50	1.57895	0.17719	0.00965	-0.01667	0.00046	1.58400
	2.00	1.81818	0.14646	-0.01768	0.02778	0.00157	1.83578
	2.50	2.00000	0.11905	-0.04048	0.05952	0.00853	2.09694
	3.00	2.14286	0.09524	-0.05952	0.08333	0.01927	2.36395
	5.00	2.50000	0.02778	-0.11111	0.13889	0.08102	3.44907
	10.00	2.85714	-0.04978	-0.16775	0.18939	0.27378	6.11444
	0.25	0.35714	0.22902	0.09666	-0.29620	0.05908	0.95666
	0.50	0.64516	0.24524	0.09036	-0.21609	0.04390	1.07038
	0.75	0.88235	0.24257	0.07717	-0.15813	0.02998	1.16790
	1.00	1.08108	0.23173	0.06181	-0.11386	0.01881	1.25873
	1.25	1.25000	0.21748	0.04624	-0.07876	0.01053	1.34883
1.25	1.50	1.39535	0.20206	0.03126	-0.05013	0.00487	1.44085
	2.00	1.63265	0.17153	0.00413	-0.00607	0.00009	1.63348
	2.50	1.81818	0.14371	-0.01905	0.02640	0.00200	1.83650
	3.00	1.96721	0.11921	-0.03875	0.05141	0.00877	2.04685
	5.00	2.35294	0.04834	-0.09348	0.11241	0.06405	2.91734
	10.00	2.75862	-0.03555	-0.15570	0.17188	0.27546	5.07868
	0.25	0.30303	0.24105	0.10537	-0.30372	0.06709	0.94986
	0.50	0.55556	0.26190	0.10317	-0.23016	0.05534	1.05442
	0.75	0.76923	0.26169	0.09238	-0.17685	0.04225	1.13751
	1.00	0.95238	0.25238	0.07857	-0.13571	0.03036	1.21075
	1.25	1.11111	0.23913	0.06401	-0.10266	0.02042	1.28151
1.50	1.50	1.25000	0.22436	0.04968	-0.07532	0.01260	1.35330
	2.00	1.48148	0.19444	0.02315	-0.03241	0.00291	1.50463
	2.50	1.66667	0.16667	0.00000	0.00000	0.00000	1.66667
	3.00	1.81818	0.14187	-0.01997	0.02548	0.00250	1.83702
	5.00	2.22222	0.06863	-0.07680	0.08987	0.04788	2.55767
	10.00	2.66667	-0.02083	-0.14375	0.15625	0.26875	4.37760
	0.25	0.23256	0.26227	0.11951	-0.31072	0.08055	0.95068
	0.50	0.43478	0.28986	0.12319	-0.24638	0.07588	1.04939
	0.75	0.61224	0.29320	0.11599	-0.20034	0.06615	1.11689
	1.00	0.76923	0.28632	0.10470	-0.16453	0.05504	1.16924
	1.25	0.90909	0.27489	0.09199	-0.13528	0.04407	1.21611
2.00	1.50	1.03448	0.26149	0.07902	-0.11063	0.03397	1.26229
	2.00	1.25000	0.23333	0.05417	-0.07083	0.01753	1.36000
	2.50	1.42857	0.20635	0.03175	-0.03968	0.00661	1.46778
	3.00	1.57895	0.18170	0.01190	-0.01441	0.00102	1.58469
	5.00	2.00000	0.10606	-0.04697	0.05303	0.02146	2.10537
	10.00	2.50000	0.00794	-0.12103	0.12897	0.23892	3.48450

Tabelle 2.6. $\theta_1 = 5{,}0$ (Fortsetzung)

β	θ_2	μ_1	μ_2	μ_3	μ_4	μ_5	μ_6
	0.25	0.18868	0.28036	0.13075	-0.31265	0.09189	0.96089
	0.50	0.35714	0.31217	0.13823	-0.25463	0.09408	1.06036
	0.75	0.50847	0.31774	0.13344	-0.21401	0.08876	1.12026
	1.00	0.64516	0.31260	0.12404	-0.18241	0.08012	1.16111
	1.25	0.76923	0.30264	0.11286	-0.15637	0.07009	1.19427
2.50	1.50	0.88235	0.29051	0.10114	-0.13416	0.05969	1.22535
	2.00	1.08108	0.26426	0.07808	-0.09760	0.04001	1.29049
	2.50	1.25000	0.23851	0.05675	-0.06825	0.02361	1.36430
	3.00	1.39535	0.21455	0.03751	-0.04389	0.01142	1.44709
	5.00	1.81818	0.13861	-0.02160	0.02385	0.00530	1.83806
	10.00	2.35294	0.03469	-0.10030	0.10558	0.19745	2.93784
	0.25	0.15873	0.29592	0.14002	-0.31236	0.10192	0.97524
	0.50	0.30303	0.33030	0.15000	-0.25909	0.11064	1.07733
	0.75	0.43478	0.33724	0.14688	-0.22269	0.11017	1.13290
	1.00	0.55556	0.33333	0.13889	-0.19444	0.10494	1.16667
	1.25	0.66667	0.32456	0.12895	-0.17105	0.09704	1.19125
3.00	1.50	0.76923	0.31352	0.11830	-0.15093	0.08768	1.21273
	2.00	0.95238	0.28912	0.09694	-0.11735	0.06742	1.25663
	2.50	1.11111	0.26471	0.07680	-0.08987	0.04788	1.30767
	3.00	1.25000	0.24167	0.05833	-0.06667	0.03090	1.36708
	5.00	1.66667	0.16667	-0.00000	0.00000	0.00000	1.66667
	10.00	2.22222	0.05914	-0.08154	0.08513	0.15258	2.56937
	0.25	0.09709	0.34106	0.16568	-0.30520	0.13515	1.04082
	0.50	0.18868	0.37781	0.17947	-0.26393	0.16773	1.15082
	0.75	0.27523	0.38637	0.17942	-0.23801	0.18788	1.19794
	1.00	0.35714	0.38492	0.17460	-0.21825	0.20007	1.21914
	1.25	0.43478	0.37906	0.16779	-0.20177	0.20637	1.22900
5.00	1.50	0.50847	0.37105	0.16010	-0.18735	0.20812	1.23398
	2.00	0.64516	0.35239	0.14394	-0.16251	0.20158	1.24030
	2.50	0.76923	0.33286	0.12797	-0.14126	0.18606	1.24905
	3.00	0.88235	0.31373	0.11275	-0.12255	0.16532	1.26309
	5.00	1.25000	0.24679	0.06090	-0.06410	0.07278	1.37186
	10.00	1.81818	0.13696	-0.02243	0.02302	0.01824	1.83863
	0.25	0.04926	0.39772	0.19640	-0.28882	0.20087	1.16616
	0.50	0.09709	0.42826	0.20928	-0.26160	0.28742	1.26893
	0.75	0.14354	0.43545	0.21055	-0.24639	0.35993	1.30431
	1.00	0.18868	0.43539	0.20826	-0.23513	0.42200	1.31661
	1.25	0.23256	0.43224	0.20449	-0.22574	0.47513	1.31902
10.00	1.50	0.27523	0.42756	0.20002	-0.21741	0.52033	1.31673
	2.00	0.35714	0.41610	0.19019	-0.20266	0.58999	1.30663
	2.50	0.43478	0.40357	0.18004	-0.18952	0.63620	1.29507
	3.00	0.50847	0.39083	0.16999	-0.17746	0.66313	1.28484
	5.00	0.76923	0.34263	0.13286	-0.13638	0.63997	1.26912
	10.00	1.25000	0.24917	0.06209	-0.06291	0.26819	1.37418

Tabelle 2.7.

$\theta_1 = 10{,}0$

β	θ_2	μ_1	μ_2	μ_3	μ_4	μ_5	μ_6
	0.25	1.29032	0.09482	0.01515	-0.13001	0.00703	1.40926
	0.50	1.90476	0.08967	-0.00279	0.02102	0.00021	1.90911
	0.75	2.26415	0.08160	-0.01580	0.10684	0.00588	2.41004
	1.00	2.50000	0.07250	-0.02625	0.16125	0.01471	2.91282
	1.25	2.66667	0.06311	-0.03511	0.19822	0.02420	3,41759
0.25	1.50	2.79070	0.05375	-0.04289	0.22455	0.03360	3.92428
	2.00	2.96296	0.03571	-0.05622	0.25860	0.05132	4.94260
	2.50	3.07692	0.01890	-0.06747	0.27868	0.06748	5.96612
	3.00	3.15789	0.00340	-0.07725	0.29117	0.08228	6.99334
	5.00	3.33333	-0.04730	-0.10698	0.30968	0.13197	11.11920
	10.00	3.47826	-0.12458	-0.14925	0.30727	0.22378	21.41989
	0.25	0.78431	0.10576	0.03327	-0.25104	0.02935	1.16152
	0.50	1.29032	0.10516	0.02032	-0.12484	0.00882	1.41133
	0.75	1.64384	0.09757	0.00769	-0.04026	0.00108	1.65958
	1.00	1.90476	0.08673	-0.00425	0.01956	0.00029	1.90928
	1.25	2.10526	0.07449	-0.01539	0.06356	0.00351	2.16206
0.50	1.50	2.26415	0.06178	-0.02572	0.09693	0.00912	2.41843
	2.00	2.50000	0.03676	-0.04412	0.14338	0.02413	2.94134
	2.50	2.66667	0.01351	-0.05991	0.17342	0.04139	3.47498
	3.00	2.79070	-0.00756	-0.07355	0.19390	0.05931	4.01574
	5.00	3.07692	-0.07249	-0.11317	0.23299	0.12866	6.20277
	10.00	3.33333	-0.15854	-0.16260	0.25407	0.27524	11.59355
	0.25	0.56338	0.11710	0.04447	-0.30060	0.04658	1.08331
	0.50	0.97561	0.12310	0.03716	-0.19455	0.02522	1.25382
	0.75	1.29032	0.11879	0.02714	-0.11802	0.01140	1.41764
	1.00	1.53846	0.10918	0.01613	-0.06079	0.00359	1.57943
	1.25	1.73913	0.09693	0.00499	-0.01675	0.00032	1.74282
0.75	1.50	1.90476	0.08350	-0.00587	0.01794	0.00041	1.90969
	2.00	2.16216	0.05608	-0.02601	0.06858	0.00742	2.25577
	2.50	2.35294	0.03007	-0.04379	0.10327	0.02002	2.61647
	3.00	2.50000	0.00638	-0.05931	0.12819	0.03572	2.98769
	5.00	2.85714	-0.06610	-0.10448	0.18124	0.10940	4.51359
	10.00	3.20000	-0.15893	-0.15946	0.22054	0.29516	8.26237

Tabelle 2.7. $\theta_1 = 10,0$ (Fortsetzung)

β	θ_2	μ_1	μ_2	μ_3	μ_4	μ_5	μ_6
	0.25	0.43956	0.12813	0.05308	-0.32604	0.06013	1.04933
	0.50	0.78431	0.14076	0.05077	-0.23354	0.04186	1.18642
	0.75	1.06195	0.14031	0.04361	-0.16436	0.02622	1.31093
	1.00	1.29032	0.13283	0.03416	-0.11101	0.01446	1.42842
	1.25	1.48148	0.12162	0.02377	-0.06882	0.00652	1.54447
1.00	1.50	1.64384	0.10856	0.01318	-0.03476	0.00191	1.66252
	2.00	1.90476	0.08075	-0.00725	0.01656	0.00054	1.91023
	2.50	2.10526	0.05364	-0.02581	0.05314	0.00669	2.17437
	3.00	2.26415	0.02863	-0.04229	0.08035	0.01781	2.45176
	5.00	2.66667	-0.04878	-0.09106	0.14228	0.08631	3.62374
	10.00	3.07692	-0.14843	-0.15114	0.19502	0.29815	6.53920
	0.25	0.36036	0.13868	0.06033	-0.34057	0.07144	1.03419
	0.50	0.65574	0.15740	0.06231	-0.25736	0.05755	1.15773
	0.75	0.90226	0.16064	0.05776	-0.19412	0.04231	1.26257
	1.00	1.11111	0.15541	0.04992	-0.14452	0.02874	1.35485
	1.25	1.29032	0.14556	0.04052	-0.10464	0.01782	1.44194
1.25	1.50	1.44578	0.13327	0.03049	-0.07192	0.00971	1.52883
	2.00	1.70213	0.10597	0.01043	-0.02148	0.00109	1.71159
	2.50	1.90476	0.07863	-0.00830	0.01551	0.00069	1.91075
	3.00	2.06897	0.05301	-0.02522	0.04375	0.00637	2.12489
	5.00	2.50000	-0.02771	-0.07635	0.11115	0.06395	3.06386
	10.00	2.96296	-0.13372	-0.14093	0.17388	0.28955	5.46414
	0.25	0.30534	0.14871	0.06672	-0.34931	0.08130	1.02918
	0.50	0.56338	0.17288	0.07235	-0.27272	0.07218	1.14966
	0.75	0.78431	0.17937	0.07008	-0.21424	0.05851	1.24517
	1.00	0.97561	0.17622	0.06372	-0.16799	0.04452	1.32248
	1.25	1.14286	0.16774	0.05530	-0.13042	0.03193	1.39068
1.50	1.50	1.29032	0.15635	0.04592	-0.09924	0.02141	1.45620
	2.00	1.53846	0.12997	0.02653	-0.05040	0.00701	1.59254
	2.50	1.73913	0.10286	0.00795	-0.01379	0.00063	1.74399
	3.00	1.90476	0.07707	-0.00909	0.01472	0.00084	1.91120
	5.00	2.35294	-0.00578	-0.06171	0.08535	0.04425	2.67859
	10.00	2.85714	-0.11740	-0.13013	0.15559	0.27346	4.71973
	0.25	0.23392	0.16729	0.07780	-0.35787	0.09829	1.03577
	0.50	0.43956	0.20039	0.08920	-0.28992	0.09864	1.16593
	0.75	0.62176	0.21205	0.09048	-0.23854	0.08976	1.25801
	1.00	0.78431	0.21228	0.08653	-0.19778	0.07732	1.32112
	1.25	0.93023	0.20617	0.07983	-0.16436	0.06402	1.36773
2.00	1.50	1.06195	0.19652	0.07171	-0.13625	0.05120	1.40678
	2.00	1.29032	0.17235	0.05392	-0.09124	0.02930	1.48205
	2.50	1.48148	0.14634	0.03613	-0.05646	0.01359	1.56789
	3.00	1.64384	0.12096	0.01938	-0.02856	0.00408	1.66902
	5.00	2.10526	0.03632	-0.03447	0.04448	0.01551	2.19187
	10.00	2.66667	-0.08397	-0.10865	0.12468	0.22858	3.74550

Tabelle 2.7. $\theta_1 = 10{,}0$ (Fortsetzung)

β	θ_2	μ_1	μ_2	μ_3	μ_4	μ_5	μ_6
	0.25	0.18957	0.18407	0.08730	-0.36057	0.11297	1.05456
	0.50	0.36036	0.22389	0.10293	-0.29797	0.12217	1.20360
	0.75	0.51502	0.23916	0.10671	-0.25166	0.11890	1.30086
	1.00	0.65574	0.24180	0.10451	-0.21516	0.10972	1.35955
	1.25	0.78431	0.23752	0.09915	-0.18516	0.09786	1.39553
2.50	1.50	0.90226	0.22932	0.09211	-0.15977	0.08503	1.41983
	2.00	1.11111	0.20732	0.07588	-0.11856	0.05994	1.45815
	2.50	1.29032	0.18274	0.05911	-0.08605	0.03833	1.50185
	3.00	1.44578	0.15824	0.04298	-0.05943	0.02146	1.55896
	5.00	1.90476	0.07392	-0.01066	0.01315	0.00166	1.91227
	10.00	2.50000	-0.05202	-0.08851	0.09899	0.17724	3.13380
	0.25	0.15936	0.19927	0.09565	-0.36053	0.12614	1.07991
	0.50	0.30534	0.24408	0.11441	-0.30162	0.14351	1.25051
	0.75	0.43956	0.26183	0.11993	-0.25919	0.14605	1.35544
	1.00	0.56338	0.26615	0.11899	-0.22608	0.14097	1.41356
	1.25	0.67797	0.26322	0.11466	-0.19890	0.13177	1.44402
3.00	1.50	0.78431	0.25619	0.10849	-0.17583	0.12037	1.45959
	2.00	0.97561	0.23612	0.09367	-0.13804	0.09519	1.47437
	2.50	1.14286	0.21301	0.07793	-0.10778	0.07057	1.48975
	3.00	1.29032	0.18958	0.06253	-0.08263	0.04874	1.51618
	5.00	1.73913	0.10676	0.00990	-0.01184	0.00158	1.74519
	10.00	2.35294	-0.02248	-0.07006	0.07699	0.12719	2.71719
	0.25	0.09732	0.24788	0.12151	-0.35173	0.17023	1.20513
	0.50	0.18957	0.30231	0.14642	-0.30145	0.21537	1.45071
	0.75	0.27714	0.32379	0.15497	-0.26882	0.24069	1.58066
	1.00	0.36036	0.33092	0.15645	-0.24445	0.25480	1.64273
	1.25	0.43956	0.33075	0.15438	-0.22474	0.26147	1.66683
5.00	1.50	0.51502	0.32653	0.15039	-0.20798	0.26278	1.66976
	2.00	0.65574	0.31194	0.13958	-0.18010	0.25428	1.64648
	2.50	0.78431	0.29378	0.12728	-0.15703	0.23616	1.61179
	3.00	0.90226	0.27455	0.11472	-0.13716	0.21252	1.58005
	5.00	1.29032	0.20156	0.06852	-0.07664	0.10623	1.54378
	10.00	1.90476	0.07212	-0.01156	0.01225	0.00523	1.91298
	0.25	0.04932	0.32052	0.15903	-0.32741	0.25406	1.50153
	0.50	0.09732	0.37422	0.18468	-0.28856	0.35505	1.81701
	0.75	0.14406	0.39360	0.19320	-0.26719	0.43368	1.95441
	1.00	0.18957	0.40057	0.19555	-0.25232	0.49911	2.01391
	1.25	0.23392	0.40177	0.19504	-0.24063	0.55453	2.03460
10.00	1.50	0.27714	0.39988	0.19301	-0.23078	0.60162	2.03419
	2.00	0.36036	0.39138	0.18668	-0.21422	0.67479	2.00218
	2.50	0.43956	0.37991	0.17896	-0.20016	0.72461	1.95280
	3.00	0.51502	0.36723	0.17074	-0.18763	0.75533	1.89900
	5.00	0.78431	0.31530	0.13804	-0.14627	0.74596	1.71296
	10.00	1.29032	0.20751	0.07151	-0.07365	0.37028	1.55872

Literatur

Literatur zum Kapitel V

Djurić, M.: Theorie des langen prismatischen Faltwerkes. Zbornik Gradjevinskog fakulteta u Beogradu, 1953 (serbokroatisch).

Girkmann, K.: Flächentragwerke, IV. Auflage, Wien: Springer 1956.

Goodier, J. N., Barton, M. V.: The Effects of Web Deformation on the Torsion of I-Beams. Journal of Applied Mechanics, March 1944.

Gruber, E.: Berechnung prismatischer Scheibenwerke. Internationale Vereinigung für Brückenbau und Hochbau. Abhandlungen IVBH, 1932, Bd. I.

Hutter, K.: Regular and Singular Perturbation Methods in Beam Problems. MS-Thesis. Cornell University, June 1970.

Hutter, K., Pao, Y. H.: Regular and Singular Perturbation Methods in Beam Problems. International Journal of Solids and Structures, Nov. 1971.

Hutter, K.: Electrodynamics of deformable Continua. A Thesis presented to the Faculty of the Graduate School of Cornell University for the Degree of Doctor of Philosophy. January 1973.

Kollbrunner, C. F., Basler, K.: Torsion. Berlin, Heidelberg, New York: Springer 1966.

Kollbrunner, C. F., Hajdin, N.: Wölbkrafttorsion dünnwandiger Stäbe mit offenem Profil, Teil I. Mitteilungen der Techn. Kommission der Schweizer Stahlbau-Vereinigung. Heft 29. Verlag Schweizer Stahlbau-Vereinigung, Zürich 1964.

Kollbrunner, C. F., Hajdin, N.: Betrachtungen zur Theorie der dünnwandigen Stäbe und ihrer Anwendung im Bauwesen. Schweizerische Bauzeitung, 84. Jg. Heft 41 (1966).

Kollbrunner, C. F., Hajdin, N.: Die Verschiebungsmethode in der Theorie der dünnwandigen Stäbe und ein neues Berechnungsmodell des Stabes mit in seinen Ebenen deformierbaren Querschnitten. „Abhandlungen" IVBH, Bd. 28-II, 1968.

Kollbrunner, C. F., Hajdin, N.: Dünnwandige Stäbe mit in ihren Ebenen deformierbaren Querschnitten. Theorie der Faltwerke nach der Verschiebungsmethode. Inst. für bauwissenschaftliche Forschung, Stiftung Kollbrunner/Rodio, H. 1, Zürich: Leemann 1968.

Kubo, G. G., Johnston, B. G., Eney, W. J.: Non-uniform Torsion of Plate Girders. Proceedings of the American Society of Civil Engineers, Bd. 80, Nr. 449, 1954.

Lacher, G.: Zur Berechnung des Einflusses der Querschnittsverformung auf die Spannungsverteilung bei durch elastische Querschotte versteiften Tragwerken mit prismatischem, offenem oder geschlossenem biegesteifem Querschnitt unter Querlast. Der Stahlbau 31 (1962) H. 10, 11.

Lee, S. L., Mousa, A. M.: Prismatic Shell Structure Continuous over Transverse Diaphragms. IVBH Abhandlungen, Bd. 27, 1967.

Mousa, A. M., Parmelee, R. A., Lee, S. L.: Approximate Analysis of Continuous Prismatic Shells. IVBH Abhandlungen, Bd. 28-I, 1968.

Ohlig, R.: Beitrag zur Theorie der prismatischen Faltwerke. Ing.-Archiv. 6, 1935.

Powell, G. H.: Comparison of Simplified Theories for Folded Plates. Journal of the Structural Division, ASCE, Vol. 88, No. ST 5.

Scheer, J.: Die Berücksichtigung der Stegverformungen bei der Wölbkrafttorsion von doppelsymmetrischen I-Profilen. Der Stahlbau (1955) 257–260.

Stein, P.: Systematische Ableitung der Differentialgleichungen der Wölbkrafttorsion des frei beweglichen, des elastisch gebetteten und des starr gelagerten dünnwandigen Stabes mit offenem, formtreuem Profil unter besonderer Berücksichtigung einer freien, elastischen oder starren Längsbettung. Der Bauingenieur 47 (1972).

Strugackij, J. M.: Einige Fragen der Berechnung der prismatischen Faltwerke nach der halbmomenten Theorie (russisch). Berechnung der räumlichen Konstruktionen, Bd. XI. Izdatelstvo literaturi po stroitelstvu, Moskau, 1964.

Wansleben, F.: Die Theorie der Drillfestigkeit. Forschungshefte aus dem Gebiete des Stahlbaues, H. 11. Herausgegeben vom Deutschen Stahlbau-Verband, Köln, (1956).

Wlassow, W. S.: Dünnwandige elastische Stäbe. Bd. I (1964), Bd. II (1965), Berlin: VEB Verlag für Bauwesen.

Yitzhaki, D., Reiss, M.: Analysis of Folded Plates. Journal of the Structural Division, ASCE, Vol. 91, No. ST 6.

Zurmühl, R.: Matrizen. Berlin, Göttingen, Heidelberg: Springer 1958.

Literatur zum Kapitel VI

Akselrad, E. L., Beilin, E. A.: Über den Einfluß der Querchnittsverformung in der Theorie der gekrümmten Stäbe. Beiträge zur XXIII wissenschaftlichen Konferenz, LISI, 1965 (russisch).

Beilin, E. A.: Zur Frage des Spannungs-Verformungs-Zustandes der dünnwandigen gekrümmten Stäbe mit dem geschlossenen verformbaren Querschnitt. Beiträge zur XXIV wissenschaftlichen Konferenz, LISI, 1966 (russisch).

Chapman, J. C., Dowling, P. J., Lim, P. T. K., Bilington, C. J.: The Structural Behaviour of Steel and Concrete Box Girder Bridges. Structural Engineer. (1971) No. 3.

Cheung, Y. K.: Analysis of Box Girder Bridges by Finite Strip Method. 2nd Int. Sym. on Concrete Bridge Design, Chicago, 1969.

Dabrowski, R.: Der Schubverformungseinfluß auf die Wölbkrafttorsion der Kastenträger mit verformbarem biegesteifen Profil. Der Bauingenieur 40 (1965) H. 11.

Esslinger, M.: Deformationen und Spannungen eines torsionsbeanspruchten Kastenträgers, der an den Krafteinleitungsstellen keine Querschotte hat. Der Stahlbau 25 (1956) H. 7.

Goschy, B.: Analysis of the Torsional Equation of Box Girders Being in the State of Complex Torsion. Acta Technica Academiae Scientarum Hungaricae, T. 69, 3—4 (1970).

Hajdin, N.: Ein Verfahren zur numerischen Lösung der Randwertaufgaben vom elliptischen Typus. Publication de l'institut mathematique de l'Academie Serbe des sciences, tome IX, 1956.

Hajdin, N.: Eine Methode zur numerischen Lösung der Randwertaufgaben und ihre Anwendung auf einige Probleme der Elastizitätstheorie. Dr. sc. Dissertation, 1956. Abhandlungen der Fakultät für Bauingenieurwesen, Univ. Beograd, 4, 1958, (serbokroatisch).

Hajdin, N.: Beitrag zur Berechnung des durch die Querrahmen ausgesteiften dünnwandigen Stabes. Symposium über die Wirkung von dünnwandigen offenen und geschlossenen ein- oder mehrzelliger Querschnitten. Pieštany, 1972.

Hajdin, N.: Einfluß der Queraussteifungen auf die Verformung der Kastenträger. Symposium über die Stahlkonstruktionen, Beograd, 1972 (serbokroatisch).

Hajdin, N., Krajčinović, D.: Integral Equation Method for Solution of Boundary value Problems of Structural Mechanics, Part I and Part II. International Journal for Numerical Methods in Engineering, Vol. 4, 1972.

Hees, G.: Die Einführung eines „Verzerrungsnullpunktes“ und eines „Verzerrungsmomentes“ zur Berechnung der Profilverformung einzelligen Kastenträger. Proceedings IASS-Kolloquium über Faltwerke. Wien, 1970.

Hees, G.: Querschnittsverformung des einzelligen Kastenträgers mit vier Wänden in einer zur Wölbkrafttorsion analogen Darstellung. Die Bautechnik, H. 11 (1971) und H. 1 (1972).

Krajčinović, D.: Torsion of Prismatic Shells. Int. Journal mech. Sciences., Vol. 12, 1970.

Křístek, V.: Tapered Box Girders of Deformable Cross Section. Journal of the Structural Division, ASCE, ST 8, 1970.

Lacher, G.: Zur Berechnung des Einflusses der Querschnittsverformung bei durch elastische oder starre Querschotte versteiften Tragwerken mit prismatischem, offenem oder geschlossenem biegesteifem Querschnitt unter Querlast. Der Stahlbau 31 (1962) H. 10 und 11.

Nowinski, J.: Theory of Thin-Walled Bars. Applied Mechanics Review, V. 12 (1959).

Resinger, F.: Der dünnwandige Kastenträger. Forschungshefte aus dem Gebiet des Stahlbaues. H. 13. Stahlbauverlag, Köln, (1959).

Sakai, F., Okumura, T.: Influence of Diaphragms on Behaviour of Box Girders with Deformable Cross Section. IX Kongress der IVBH, Vorbericht, Amsterdam (1972).

Schardt, R.: Eine Erweiterung der technischen Biegelehre für die Berechnung biegesteifer prismatischer Faltwerke. Der Stahlbau 35 (1966) H. 6.

Sedlacek, G.: Systematische Darstellung des Biege- und Verdrehvorganges für prismatische Stäbe mit dünnwandigem Querschnitt unter Berücksichtigung der Profilverformung. Fortschrittbericht VDI-Z. Reihe 4, H. 8 (1968).

Sedlacek, G.: Die Anwendung der erweiterten Biege- und Verdrehtheorie auf die Berechnung von Kastenträger mit verformbarem Querschnitt. Straße, Brücke, Tunnel, H. 9 (1971).

Steinle, A.: Torsion und Profilverformung. Dissertation, Universität Stuttgart, 1967.

Wansleben, F.: Die Theorie der Drillfestigkeit von Stahlbauteilen. Forschungshefte aus dem Gebiete des Stahlbaues, H. 11, Köln, Stahlbau-Verlag (1956).

Wlassow, W. S.: Dünnwandige elastische Stäbe. Bd. I (1964), Bd. II (1965). Berlin: VEB Verlag für Bauwesen.

Literatur zum Kapitel VII

Arutiunian, N. Kh.: Einige Fragen der Theorie des Kriechens. GOSIZDAT, Moskau, 1952 (russisch).

Arutiunian, N. Kh.: Application de la theorie du fluage. Traduit du russe par. P. Mrozowicz. Edition Eyrolles, Paris, 1957.

Berg, O. Ja., Ščerbakov, E. N.: The evaluation of the creep of concrete in the design of structures. Proceedings of the Symposium AIPS. Cement and Concrete Assotiation, London, 1968.

Berg, O. Ja., Ščerbakov, E. N.: Eine praktische Berechnungsmethode der Vorspannungsverluste in Spanngliedern von Stahlbetonkonstruktionen. IVBH Symposium: Der Einfluß des Kriechens, Schwindens und der Temperaturänderungen in Stahlbetonkonstruktionen, Vorbericht, Madrid, 1970.

Birkenmaier, M.: Berechnung von Verbundkonstruktionen aus Beton und Stahl. Zürich: Leemann 1969.

Birkenmaier, M.: Über einige Begriffe im Spannbeton. Inst. für bauwissenschaftliche Forschung, Stiftung Kollbrunner/Rodio, H. 16 (1970), Verlag Leemann, Zürich.

Courbon, J., Fauchart, J.: L'influence du fluage et du retrait, l'effect des changement de temperature sur les constructions en beton. IVBH Symposium: Der Einfluß des Kriechens, Schwindens und der Temperaturänderungen in Stahlbetonkonstruktionen, Madrid, 1970.

Davis, R. E., Davis, H. E.: Flow of Concrete under Substained Compressive Stress. Proc. Am. Soc. Testing Mat. Vol. 30, 1930.

Dimitrijević, D.: Untersuchung der Spannungs-Verzerrungs-Beziehung des Betons unter Berücksichtigung des Kriechens (serbokroatisch). Naše Gradjevinarstvo, No. 5 (1971), Beograd.

Dischinger, F.: Untersuchung über die Knicksicherheit, die elastische Verformung und das Kriechen des Betons bei Bogenbrücken. Bauingenieur (1937) H. 33/34 und Bauingenieur (1939) H. 5/6.

Djurić, M.: Theorie der Verbund- und vorgespannten Konstruktionen. Serbische Akademie der Wissenschaften und Künste, Monographien, Bd. CCCLXIV, 1963 (serbokroatisch).

Djurić, M.: Ein Näherungsverfahren zur Berechnung der Verbund- und vorgespannten Konstruktionen. IVBH Symposium: Der Einfluß des Kriechens, Schwindens und der Temperaturänderungen in Stahlbetonkonstruktionen, Madrid, 1970.

Falk, S.: Die Berechnung des beliebig gestützten Durchlaufträgers nach dem Reduktionsverfahren. Ing.-Archiv. 24 (1956) H. 3.

Freudenthal, A. M., Roll, F.: Creep and Creep Recovery of Concrete under High Compressive stress. Journal ACI (1958).

Fritz, B.: Vereinfachtes Berechnungsverfahren für Stahlträger mit einer Beton-Druckplatte bei Berücksichtigung des Kriechens und Schwindens, Bautechnik 27 (1950).

Fritz, B.: Verbundträger. Berlin, Göttingen, Heidelberg: Springer 1961.

Fröhlich, H.: Einfluß des Kriechens auf Verbundträger. Bauingenieur 24 (1949).

Fröhlich, H.: Theorie der Stahlverbund-Tragwerke. Bauingenieur 25 (1950).

Hajdin, N.: Der Einfluß des Kriechens und Schwindens des Betons in dünnwandigen Trägern mit gekrümmter Achse. IVBH Symposium: Der Einfluß des Kriechens, Schwindens und der Temperaturänderungen in Stahlbetonkonstruktionen, Schlußbericht, Madrid, 1970.

IBM-STRAPP (Structural Analysis Program Package). Durchlaufträger B., Berechnung nach dem Reduktionsverfahren.

Rüsch, H.: Einfluß von Kriechen und Schwinden des Betons auf die Schnittgrößen und Spannungen. TH München, 1966.

Sattler, K.: Eine einfache Näherungsberechnung für statisch unbestimmte Stahlträger-Verbundkonstruktionen. Bautechnik 31 (1954).

Sattler, K.: Theorie der Verbundkonstruktionen. 2. Aufl., Berlin, Göttingen, Heidelberg: Springer 1959.

Ščerbakov, E. N.: Entwicklung praktischer Methoden der Berücksichtigung von Kriechen und Schwinden des Betons bei der Projektierung von Stahlbetonkonstruktionen. Beton i Železobeton, Nr. 8, 1967.

Scheer, J.: Benutzung programmgesteuerter Rechenautomaten für statische Aufgaben. Stahlbau, H. 9 u. 10, 27. Jahrg. (1958).

Trost, H.: Auswirkungen des Superpositionsprinzips auf Kriech- und Relaxationsprobleme bei Beton und Spannbeton. Beton und Stahlbetonbau. H. 10/11, 1967.

Trost, H.: Folgerungen aus Theorien und Versuchen für die baupraktische Untersuchung von Kriech- und Relaxationsproblemen in Spannbetontragwerken. IVBH Symposium: Der Einfluß des Kriechens, Schwindens und der Temperaturänderungen in Stahlbetonkonstruktionen, Vorbericht, Madrid, 1970.

Trost, H., Wolff, H. J.: Spannungsänderungen infolge Kriechen und Schwinden in beliebig bewehrten Spannbetonträgern bei statisch bestimmter und unbestimmter Auflagerung. IVBH Symposium: Der Einfluß des Kriechens, Schwindens und der Temperaturänderungen in Stahlbetonkonstruktionen, Madrid, 1970.

Ulitskij: Theorie und Berechnung der Stahlbetonkonstruktionen unter Berücksichtigung der dauernden Vorgänge (russisch). Izdatelstvo „Budiwelnik", Kiew, 1967.

Zerna, W., Trost, H.: Rheologische Beschreibung des Werkstoffes Beton. Beton und Stahlbeton H. 7/1967.

Zerna, W.: Spannungs-Dehnungs-Beziehung für Beton bei einachsiger Beanspruchung. Franz-Festschrift, Berlin, 1969.

Literatur zum Kapitel VIII

Akesson, B., Bäcklund, J.: Numerische Berechnung des plastischen Wlassowschen Wölbwiderstandsmomentes Z_W der normierten Walzprofile I PBl, I PB, I PBv, I PE, I, [und ⌐. Chalmers Technische Hochschule, Institut für Festigkeitslehre, Publ. Nr. 24, Göteborg 1972.

Akesson, B., Bäcklund, J.: Plastisches Wlassowsches Wölbwiderstandsmoment offener Walzprofile. Der Stahlbau, 42. Jg. (1973) H. 1.

Bäcklund, J., Akesson, B.: Plastisches Saint-Venantsches Torsionswiderstandsmoment offener Walzprofile. Der Stahlbau, 41. Jg. (1972), H. 10.

Baker, J., Heyman, J.: Plastic Design of Frames. Cambridge, At the University Press, 1969.

Drucker, D. C., Prager, W., Greenberg, H. J.: Extended Limit Design Theorems for Continuous Media. Quart. Applied Math., Vol. 9, 381, 1952.

Hill, R.: The mathematical theory of plasticity. Oxford: Clarendon Press 1950.

Hodge, P. G., Sankaranarayanan, R.: The determination of safe loads of beams subjected to combined twisting and biaxial bending moments. J. Applied Mechanics, V. 26, 1959.

Neal, B. G.: The plastic methods of structural analysis. London: Chapman and Hall 1956.

Prager, W., Hodge, P. G.: Theorie ideal plastischer Körper. Wien: Springer 1954.

Reckling, K. A.: Plastizitätstheorie und ihre Anwendung auf Festigkeitsprobleme. Berlin, Heidelberg, New York: Springer 1967.

Sokolovskij, V. V.: Theorie der Plastizität. Berlin: VEB Verlag Technik 1955.

Strelbizkaja, A. I.: Untersuchung der Festigkeit dünnwandiger Stäbe oberhalb der Proportionalitätsgrenze (russisch). Akad. Nauk Ukrainskoi SSR, Kiew, 1958.

Strelbizkaja, A. I.: Tragfähigkeit von Rahmen aus dünnwandigen Stäben infolge Biegung und Torsion (russisch). Akad. Nauk Ukrainskoi SSR, Kiew, 1964.

Thürlimann, B., Ziegler, H.: Plastische Berechnungsmethoden. Eidg. Techn. Hochschule Zürich; Vorlesungen anläßlich des Fortbildungskurses für Bau- und Maschinen-Ingenieure, 1963.

Namenverzeichnis

MIX
Papier aus verantwortungsvollen Quellen
Paper from responsible sources
FSC® C105338

If you have any concerns about our products,
you can contact us on
ProductSafety@springernature.com

In case Publisher is established outside the EU,
the EU authorized representative is:
Springer Nature Customer Service Center GmbH
Europaplatz 3, 69115 Heidelberg, Germany

Printed by Libri Plureos GmbH
in Hamburg, Germany